精通 MySQL 8

（视频教学版）

刘华贞 著

U0341210

清华大学出版社

北京

内 容 简 介

本书以 MySQL 8 版本为基础，通过全面的基础知识循序渐进，基本覆盖数据库使用技术和场景，结合当下流行的 Java 开发，配套实例演示 MySQL 的整体使用，提供全程多媒体语音教学视频以及所涉及的 SQL 源码。

本书共 20 章，涵盖的主要内容有：MySQL 8 的安装，升级和新特性，数据库操作，数据表操作，数据操作，数据查询，索引，视图，存储过程和函数，触发器，事务和锁，安全管理，数据库备份，恢复与复制，MySQL 服务管理，日志管理，MySQL 8 数据字典新特性，MySQL 8 InnoDB 新特性，MySQL 8 NoSQL 新特性，Java 连接数据库，网上课堂数据库设计与实现，论坛系统数据库设计与实现。

本书内容新颖，知识全面，适合各个层次的开发人员或数据库管理人员阅读，特别适合想了解 MySQL 最新前沿技术的人员参考。

图书在版编目（CIP）数据

精通 MySQL 8：视频教学版 / 刘华贞著.—北京：清华大学出版社，2019（2019.11重印）

ISBN 978-7-302-52874-6

Ⅰ．①精… Ⅱ．①刘… Ⅲ．①SQL 语言－程序设计 Ⅳ．①TP311.132.3

中国版本图书馆 CIP 数据核字（2019）第 083032 号

责任编辑：夏毓彦
封面设计：王　翔
责任校对：闫秀华
责任印制：丛怀宇

出版发行：清华大学出版社

　　网　　　址：http://www.tup.com.cn，http://www.wqbook.com
　　地　　　址：北京清华大学学研大厦 A 座　　　邮　　编：100084
　　社 总 机：010-62770175　　　　　　　　　邮　　购：010-62786544
　　投稿与读者服务：010-62776969，c-service@tup.tsinghua.edu.cn
　　质量反馈：010-62772015，zhiliang@tup.tsinghua.edu.cn

印 装 者：清华大学印刷厂
经　　销：全国新华书店
开　　本：190mm×260mm　　印　张：25　　　字　数：640 千字
版　　次：2019 年 6 月第 1 版　　　　　印　次：2019 年 11 月第 2 次印刷
定　　价：79.00 元

产品编号：081511-01

前 言

MySQL 作为一个灵活轻便的数据库管理系统，越来越受开发人员的青睐。由于它是开源软件，维护成本相对较低，越来越多的企业开始选择 MySQL 作为数据存储软件。不论作为开发人员还是数据库维护人员、项目负责人，了解 MySQL 的使用方法和功能特点都将有益于工作开展。特别是需要深入研究 MySQL 的开发人员和维护人员，全面学习运用 MySQL 应作为必备技能。

MySQL 8 的出现是一个新的里程碑，它带来了一些前所未有的特点和功能，使 MySQL 更趋于人性化、更便利。目前市面上鲜有 MySQL 8 的入门书籍，本书以 MySQL 8 的前沿技术为前提，通过 200 多个实例演示数据库的设计与实现，使读者全面、深入、透彻地理解 MySQL 的功能特点和使用方法，提高 MySQL 理解和运用能力。

本书特色

1. 附带多媒体语音教学视频，提高学习效率

为了便于读者理解本书内容，提高学习效率，专门为每一章内容都录制了大量的多媒体语音教学视频。这些视频和本书涉及的源代码一起收录于网盘中。

2. 全面涵盖 MySQL 技术

本书涵盖 MySQL 常用数据库操作、索引、视图、存储过程和函数、触发器、事务和锁、安全管理、备份、恢复和复制、MySQL 服务管理、日志管理、数据字典、InnoDB 及 NoSQL。

3. 剖析 MySQL 8 新特性

本书除了涵盖以往的 MySQL 技术之外，在涉及 MySQL 8 新特性的章节都做了详细讲解，包括 MySQL 8 的安装、升级、数据字典新特性、InnoDB 新特性和 NoSQL 新特性。

4. 知识点全面，循序渐进

本书知识点从易到难逐步进阶，思路清晰，条理清楚，包含了多个操作系统下的操作。读者遵循本书一步步学习，最终将会收获颇多。

5. 项目案例典型，贴合实际

本书最后提供 Java 操作数据库的方法以及两个数据库设计案例（网上课堂数据库和论坛数据库）。在设计与实现的过程中，演示了实际使用数据库时的操作，并设计了索引、视图和触发器，相信读者深入学习后，对数据库的运用能力会得到很大提升。

本书知识体系

第 1 章　MySQL 8 的安装、升级和新特性

本章介绍 MySQL 8 在多操作系统下的安装和升级，简要提及 MySQL 8 的新特性，更详细的内容在后续章节。

第 2~5 章　数据库操作

第 2~5 章讲解了如何操作数据库，包括数据的查询、修改和删除。其中，第 2 章还会介绍 MySQL 的存储引擎，第 3 章会介绍数据类型及 MySQL 8 在字符集和排序规则方面的新特性。

第 6 章　索引

本章介绍索引的含义和分类，如何设计和创建索引，以及 MySQL 8 中索引的新特性。

第 7 章　视图

本章介绍视图的含义，以及如何创建、查看、更新和删除视图。

第 8~9 章　存储过程、函数、触发器

第 8~9 章介绍存储过程、函数和触发器的定义、创建和删除。

第 10 章　事务和锁

本章介绍事务概述、事务的隔离级别以及 InnoDB 的锁机制。

第 11 章　安全管理

本章介绍 MySQL 的权限表、账户管理、访问控制，包括角色、组件和插件、FIPS。

第 12 章　数据备份、恢复与复制

本章介绍数据备份和恢复的多种方法，如何迁移数据、导入导出表，如何进行数据复制和组复制。

第 13 章　MySQL 服务管理

本章介绍 MySQL 服务，包括 MySQL 服务的配置、数据目录、MySQL 系统数据库、服务组件和插件、服务日志。

第 14 章　日志管理

本章介绍 MySQL 日志的定义和分类以及各种日志的操作方法，包括二进制日志、错误日志、通用查询日志和慢查询日志，同时对 MySQL 8 新增的中继日志和数据定义语句日志进行介绍。

第 15 章　MySQL 8 新特性：数据字典

本章介绍 MySQL 8 数据字典的新特性，包括数据字典的模式、存储方式、用法差异和限制。

第 16 章　MySQL 8 新特性：InnoDB

本章介绍 MySQL 8 中 InnoDB 的新特性，讲解 InnoDB 的架构、优势、表空间、表和索引、备份和恢复、InnoDB 与 MySQL 复制以及 memecached 插件。

第 17 章　MySQL 8 新特性：NoSQL

本章介绍如何将 MySQL 设置为 NoSQL 存储以及如何安装并使用 MySQL Shell 和 X 插件。

第 18 章　Java 连接 MySQL

本章介绍各个操作系统下 JDBC 的加载、使用 Statement、PreparedStatement 接口操作 SQL 及使用 Java 进行数据库备份与恢复。

第 19～20 章　数据库设计实例

这两章演示了两个具有代表性的管理系统的数据库设计与实现：网上课堂系统和论坛系统，其中包括需求的分析、表和字段的设计、表与表之间的关系，还包括索引、视图和触发器的设计与实现。

代码、教学视频下载

本书配套代码下载地址请扫描右侧二维码获取。如果下载有问题，请联系 booksaga@163.com，邮件主题为"精通 MySQL 8"。

本书读者与作者

- 需要 MySQL 作为存储的各个语言的开发人员；
- MySQL 数据库管理员；
- 软件开发项目经理。

本书由刘华贞创作。如果读者对本书有疑问和建议，请联系 booksaga@163.com。

著　者

2019 年 4 月

目　录

第 1 章

◀ MySQL 8的安装、升级和新特性 ▶

数据库（Database），就是按照数据结构来组织、存储和管理数据，建立在计算机存储设备上的仓库。我们可以把数据库看成电子化的文件柜，也就是存储电子文件的处所，用户可以对文件中的数据进行新增、查询、更新、删除等操作。

本章主要涉及的内容有：

- 认识 MySQL 数据库：了解 MySQL 的发展历史与优势。
- MySQL 8 新特性与移除的旧特性。
- MySQL 8 的安装：在 Windows、Linux 以及 Mac OS X 平台下安装 MySQL。
- MySQL 的升级与降级。
- MySQL 常用的图形管理工具。

通过本章的学习，我们将对 MySQL 数据库系统以及 MySQL 8 的新特性有一个初步的了解。

1.1 认识 MySQL 数据库

随着时间的推移，开源数据库管理系统逐渐流行起来。开源数据库管理系统之所以能在中低端应用中占据很大的市场份额，是因为开源数据库具有免费使用、配置简单、稳定性好、性能优良的特点。本书所介绍的 MySQL 数据库管理系统正是开源数据库中的杰出代表，为了便于讲解，后面将用 MySQL 代替 MySQL 数据库管理系统。

1.1.1 MySQL 与开源文化

所谓"开源"，就是开放资源（Open Source）的意思，不过在程序界更多人习惯理解为"开放源代码"的意思。开放源代码运动起源于自由软件和黑客文化，最早来自于 1997 年在加利福尼亚州召开的一次研讨会，参加研讨会的有一些黑客和程序员，也有来自于 Linux 国际协会的人员。在此会议上通过了一个新的术语"开源"。1998 年 2 月，网景公司正式宣布其发布的 Navigator 浏览器的源代码，这一事件成为开源软件发展历史的转折点。

开源是自由的化身，提倡一种公开的、自由的精神。软件开源的发展历程，为软件行业及非软件行业带来了巨大的参考价值。虽然获取开发软件的源码是免费的，但是对源码的使用、修改却需要遵循该开源软件所做的许可声明。开源软件常用的许可证方式包括 BSD（Berkley Software Distribution）、Apache Licence、GPL（General Public License）等，其中 GNU 的 GPL 为最常见的许可证之一，被许多开源软件所采用。

在计算机发展的早期阶段，软件几乎都是开放的，在程序员的社团中大家互相分享软件，共同提高知识水平。这种自由的风气给大家带来了欢乐和进步。在开源文化的强力带动下，产生了强大的开源操作系统 Linux，其他还有 Apache 服务器、Perl 程序语言、MySQL 数据库、Mozilla 浏览器等。

1.1.2　MySQL 发展历史

MySQL 从开发人员手中的"玩具"变成如今流行的开源数据库，其过程伴随着产品升级、新功能的增加。随着 MySQL 5.0 被完美开发，很少有人将 MySQL 称为"玩具数据库"了。如今，MySQL 又迎来了里程碑式的 MySQL 8。我们可以用一张图来展示 MySQL 的发展历史，如图 1-1 所示。

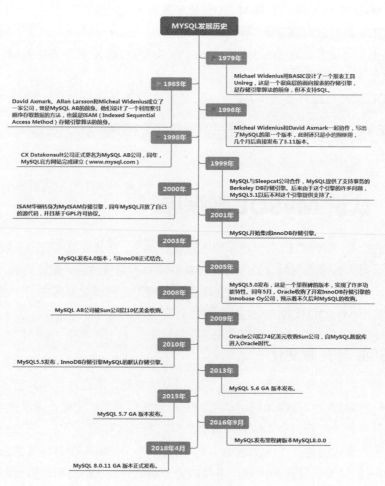

图 1-1　MySQL 发展历史

1.1.3　使用 MySQL 的优势

如今很多主流网站都选择 MySQL 数据库来存储数据，比如阿里巴巴的淘宝。那么，MySQL 到底有什么优势，吸引了这么多用户？本小节将介绍选择 MySQL 数据库的原因。

1. 开源

开源软件是互联网行业未来发展的趋势。MySQL 是开放源代码的数据库，这就使得任何人都可以获取 MySQL 的源代码，并修正 MySQL 的缺陷，并且任何人都能以任何目的来使用该数据库，这是一款自由使用的软件。对于很多互联网公司来说，选择使用 MySQL 是一个化被动为主动的过程，无须再因为依赖封闭的数据库产品而受牵制。

2. 成本因素

MySQL 社区版是完全免费的，企业版基于服务和支持收费。相比之下，Oracle、DB2 和 SQL Server 价格不菲，再考虑到搭载的服务器和存储设备，那么成本差距是巨大的。

3. 跨平台性

MySQL 不仅提供 Windows 系列的版本，还提供 UNIX、Linux 和 Mac OS 等操作系统对应的版本。因为很多网站都选择 UNIX、Linux 作为网站的服务器，所以 MySQL 具有跨平台的优势。

4. 容易使用

MySQL 是一个真正的多用户、多线程 SQL 数据库服务器，能够快速、高效、安全地处理大量的数据。MySQL 和 Oracle 性能并没有太大的区别，在低硬件环境下，MySQL 分布式的方案同样可以解决问题，而且成本比较经济，从产品质量、成熟度、性价比来讲，MySQL 都是非常不错的。另外，MySQL 的管理和维护非常简单，初学者很容易上手，学习成本较低。

5. 集群功能

当一个网站的业务量发展得越来越大，Oracle 的集群就不能很好地支撑整个业务了，架构解耦势在必行，意味着要拆分业务，继而要拆分数据库。如果业务只需要十几个或者几十个集群就能承载，Oracle 可以胜任，但是大型互联网公司的业务常常需要成百上千的机器来承载，对于这样的规模，MySQL 这样的轻量级数据库更合适。

6. 轻量级

MySQL 体积小，安装快速方便。MySQL 的核心程序采用完全的多线程编程，并且是轻量级的进程，可以灵活地为用户提供服务。

7. 支持多语言开发接口

MySQL 支持 C、C++、Java、PHP、Python、Ruby 等多种语言的开发接口，方便开发人员进行使用。

以上是 MySQL 数据库的一些基本优势，简而言之，好用、方便、开源、免费，使得 MySQL 深受中小企业的欢迎。

1.2 MySQL 8 的新特性

MySQL 从 5.7 版本直接跳跃发布了 8.0 版本，可见这是一个令人兴奋的里程碑版本。MySQL 8 版本在功能上做了显著的改进与增强，不仅在速度上得到了改善，还提供了一系列巨大的变化，为用户带了更好的性能和更棒的体验。

1.2.1 更简便的 NoSQL 支持

NoSQL 泛指非关系型数据库和数据存储。随着互联网平台的规模飞速发展，传统的关系型数据库已经越来越不能满足需求。从 5.6 版本开始，MySQL 就开始支持简单的 NoSQL 存储功能。MySQL 8 对这一功能做了优化，以更灵活的方式实现 NoSQL 功能，不再依赖模式（schema）。详细内容请参见第 17 章。

1.2.2 更好的索引

在查询中，正确地使用索引可以提高查询的效率。MySQL 8 中新增了隐藏索引和降序索引。隐藏索引可以用来测试去掉索引对查询性能的影响。在查询中混合存在多列索引时，使用降序索引可以提高查询的性能，详细内容请参见第 6 章。

1.2.3 更完善的 JSON 支持

MySQL 从 5.7 开始就支持原生 JSON 数据的存储，MySQL 8 对这一功能做了优化，增加了聚合函数 JSON_ARRAYAGG() 和 JSON_OBJECTAGG()，将参数聚合为 JSON 数组或对象，新增了行内操作符 ->>，是列路径运算符 -> 的增强，对 JSON 排序做了提升，并优化了 JSON 的更新操作，详细内容请参见第 3 章，JSON 类型及 MySQL 8 JSON 增强。

1.2.4 安全和账户管理

MySQL 8 中新增了 caching_sha2_password 授权插件、角色、密码历史记录和 FIPS 模式支持，这些特性提高了数据库的安全性和性能，使数据库管理员能够更灵活地进行账户管理工作。详细内容请参考第 11 章。

1.2.5 InnoDB 的变化

InnoDB 是 MySQL 默认的存储引擎，是事务型数据库的首选引擎，支持事务安全表（ACID），支持行锁定和外键。在 MySQL 8 版本中，InnoDB 在自增、索引、加密、死锁、共享锁等方面做了大量的改进和优化，并且支持原子数据定义语言（DDL），提高了数据安全性，对事务提供更好的支持。详细内容请参见第 16 章。

1.2.6　数据字典

在之前的 MySQL 版本中，字典数据都存储在元数据文件和非事务表中。从 MySQL 8 开始新增了事务数据字典，在这个字典里存储着数据库对象信息，这些数据字典存储在内部事务表中。详细内容请参见第 15 章。

1.2.7　原子数据定义语句

MySQL 8 开始支持原子数据定义语句（Automic DDL），即原子 DDL。目前，只有 InnoDB 存储引擎支持原子 DDL。原子数据定义语句将与 DDL 操作相关的数据字典更新、存储引擎操作、二进制日志写入结合到一个单独的原子事务中，这使得即使服务器崩溃，事务也会提交或回滚。

使用支持原子操作的存储引擎所创建的表，在执行 DROP TABLE、CREATE TABLE、ALTER TABLE、 RENAME TABLE、TRUNCATE TABLE、CREATE TABLESPACE、DROP TABLESPACE 等操作时，都支持原子操作，即事务要么完全操作成功，要么失败后回滚，不再进行部分提交。

对于从 MySQL 5.7 复制到 MySQL 8 版本中的语句，可以添加 IF EXISTS 或 IF NOT EXISTS 语句来避免发生错误。

1.2.8　资源管理

MySQL 8 开始支持创建和管理资源组，允许将服务器内运行的线程分配给特定的分组，以便线程根据组内可用资源执行。组属性能够控制组内资源，启用或限制组内资源消耗。数据库管理员能够根据不同的工作负载适当地更改这些属性。

目前，CPU 时间是可控资源，由"虚拟 CPU"这个概念来表示，此术语包含 CPU 的核心数、超线程、硬件线程等。服务器在启动时确定可用的虚拟 CPU 数量。拥有对应权限的数据库管理员可以将这些 CPU 与资源组关联，并为资源组分配线程。

资源组组件为 MySQL 中的资源组管理提供了 SQL 接口。资源组的属性用于定义资源组。MySQL 中存在两个默认组，系统组和用户组，默认的组不能被删除，其属性也不能被更改。对于用户自定义的组，资源组创建时可初始化所有的属性，除去名字和类型，其他属性都可在创建之后进行更改。

在一些平台下，或进行了某些 MySQL 的配置时，资源管理的功能将受到限制，甚至不可用。例如，如果安装了线程池插件，或者使用的是 macOS 系统，资源管理将处于不可用状态。在 FreeBSD 和 Solaris 系统中，资源线程优先级将失效。在 Linux 系统中，只有配置了 CAP_SYS_NICE 属性，资源管理优先级才能发挥作用。

1.2.9　字符集支持

MySQL 8 中默认的字符集由 latin1 更改为 utf8mb4，并首次增加了日语所特定使用的集合 utf8mb4_ja_0900_as_cs。详情请参见第 3 章。

1.2.10　优化器增强

MySQL 优化器开始支持隐藏索引和降序索引。隐藏索引不会被优化器使用，验证索引的必要性时不需要删除索引，先将索引隐藏，如果优化器性能无影响就可以真正地删除索引。降序索引允许优化器对多个列进行排序，并且允许排序顺序不一致。详细信息请参见第 6 章。

1.2.11　通用表表达式

通用表表达式（Common Table Expressions）简称为 CTE。MySQL 现在支持递归和非递归两种形式的 CTE。CTE 通过在 SELECT 语句或其他特定语句前使用 WITH 语句对临时结果集进行命名。

基础语法如下：

```
WITH cte_name (col_name1,col_name2 ...) AS (Subquery)
SELECT * FROM cte_name;
```

Subquery 代表子查询，子查询前使用 WITH 语句将结果集命名为 cte_name，在后续的查询中即可使用 cte_name 进行查询。

1.2.12　窗口函数

MySQL 8 开始支持窗口函数。在之前的版本中已存在的大部分聚合函数在 MySQL 8 中也可以作为窗口函数来使用。表 1-1 列出了 MySQL 8 中的窗口函数。

表 1-1　窗口函数

函数名称	描述
CUME_DIST()	累计的分布值
DENSE_RANK()	对当前记录不间断排序
FIRST_VALUE()	返回窗口首行记录的对应字段值
LAG()	返回对应字段的前 N 行记录
LAST_VALUE()	返回窗口尾行记录的对应字段值
LEAD()	返回对应字段的后 N 行记录
NTH_VALUE()	返回第 N 条记录对应的字段值
NTILE()	将区划分为 N 组，并返回组的数量
PERCENT_RANK()	返回 0 到 1 之间的小数，表示某个字段值在数据分区中的排名
RANK()	返回分区内每条记录对应的排名
ROW_NUMBER()	返回每一条记录对应的序号，且不重复

1.2.13　正则表达式支持

MySQL 在 8.0.4 以后的版本中采用支持 Unicode 的国际化组件库实现正则表达式操作，这种方式不仅能提供完全的 Unicode 支持，而且是多字节安全编码。MySQL 增加了 REGEXP_LIKE()、EGEXP_INSTR()、REGEXP_REPLACE()和 REGEXP_SUBSTR()等函数来提升性能。另外，regexp_stack_limit 和 regexp_time_limit 系统变量能够通过匹配引擎来控制资源消耗。

1.2.14　内部临时表

TempTable 存储引擎取代 MEMORY 存储引擎成为内部临时表的默认存储引擎。TempTable 存储引擎为 VARCHAR 和 VARBINARY 列提供高效存储。internal_tmp_mem_storage_engine 会话变量定义了内部临时表的存储引擎，可选的值有两个，TempTable 和 MEMORY，其中 TempTable 为默认的存储引擎。temptable_max_ram 系统配置项定义了 TempTable 存储引擎可使用的最大内存数量。

1.2.15　日志记录

在 MySQL 8 中错误日志子系统由一系列 MySQL 组件构成。这些组件的构成由系统变量 log_error_services 来配置，能够实现日志事件的过滤和写入。详细信息请参见第 13 章的 MySQL 服务日志。

1.2.16　备份锁

新的备份锁允许在线备份期间执行数据操作语句，同时阻止可能造成快照不一致的操作。新备份锁由 LOCK INSTANCE FOR BACKUP 和 UNLOCK INSTANCE 语法提供支持，执行这些操作需要备份管理员特权。

1.2.17　增强的 MySQL 复制

MySQL 8 复制支持对 JSON 文档进行部分更新的二进制日志记录，该记录使用紧凑的二进制格式，从而节省记录完整 JSON 文档的空间。当使用基于语句的日志记录时，这种紧凑的日志记录会自动完成，并且可以通过将新的 binlog_row_value_options 系统变量值设置为 PARTIAL_JSON 来启用。详细信息请参见第 12 章的数据复制。

1.3　MySQL 8 移除的旧特性

在 MySQL 8.0 中本节介绍的内容已被移除。在 MySQL 5.7 版本上开发的应用程序如果使用了本节移除的特性，当从 MySQL 5.7 主站复制到 MySQL 8.0 从站时，语句可能会失败，或者产生不同的执行结果。为了避免这些问题，对于使用了移除特性的应用，应当尽力修正避免使用这些特性，并尽可能使用替代方法。

1.3.1　查询缓存

查询缓存已被移除，删除的项有：

（1）语句：FLUSH QUERY CACHE 和 RESET QUERY CACHE。

（2）系统变量：query_cache_limit、query_cache_min_res_unit、query_cache_size、query_cache_type、query_cache_wlock_invalidate。

（3）状态变量：Qcache_free_blocks、Qcache_free_memory、Qcache_hits、Qcache_inserts、Qcache_lowmem_prunes、Qcache_not_cached、Qcache_queries_in_cache、Qcache_total_blocks。

（4）线程状态：checking privileges on cached query、checking query cache for query、invalidating query cache entries、sending cached result to client、storing result in query cache、waiting for query cache lock。

1.3.2　加密相关

删除的加密相关的内容有：ENCODE()、DECODE()、ENCRYPT()、DES_ENCRYPT()和 DES_DECRYPT() 函数，配置项 des-key-file，系统变量 have_crypt，FLUSH 语句的 DES_KEY_FILE 选项，HAVE_CRYPT CMake 选项。

对于移除的 ENCRYPT() 函数，考虑使用 SHA2() 替代，对于其他移除的函数，使用 AES_ENCRYPT() 和 AES_DECRYPT() 替代。

1.3.3　空间函数相关

在 MySQL 5.7 版本中，多个空间函数已被标记为过时。这些过时函数在 MySQL 8 中都已被移除，只保留了对应的 ST_ 和 MBR 函数。

1.3.4　\N 和 NULL

在 SQL 语句中，解析器不再将\N 视为 NULL，所以在 SQL 语句中应使用 NULL 代替\N。这项变化不会影响使用 LOAD DATA INFILE 或者 SELECT...INTO OUTFILE 操作文件的导入和导出。在这类操作中，NULL 仍等同于\N。

1.3.5　mysql_install_db

在 MySQL 分布中，已移除了 mysql_install_db 程序，数据字典初始化需要调用带着 --initialize 或者 --initialize-insecure 选项的 mysqld 来代替实现。另外，--bootstrap 和 INSTALL_SCRIPTDIR CMake 也已被删除。

1.3.6　通用分区处理程序

通用分区处理程序已从 MySQL 服务中被移除。为了实现给定表分区，表所使用的存储引擎需要自有的分区处理程序。

提供本地分区支持的 MySQL 存储引擎有两个，即 InnoDB 和 NDB，而在 MySQL 8 中只支持 InnoDB。

1.3.7　系统和状态变量信息

在 INFORMATION_SCHEMA 数据库中，对系统和状态变量信息不再进行维护。GLOBAL_VARIABLES、SESSION_VARIABLES、GLOBAL_STATUS、SESSION_STATUS 表都已被删除。另外，系统变量 show_compatibility_56 也已被删除。被删除的状态变量有 Slave_heartbeat_period、Slave_last_heartbeat,Slave_received_heartbeats、Slave_retried_transactions、Slave_running。以上被删除的内容都可使用性能模式中对应的内容进行替代。

1.3.8　mysql_plugin 工具

mysql_plugin 工具用来配置 MySQL 服务器插件，现已被删除，可使用--plugin-load 或 --plugin-load-add 选项在服务器启动时加载插件或者在运行时使用 INSTALL PLUGIN 语句加载插件来替代该工具。

1.4　Windows 平台下安装与配置 MySQL

在 Windows 操作系统下，MySQL 数据库的安装包分为图形化界面安装和免安装（noinstall）这两种安装包。本节只介绍图形化界面的安装。

MySQL 数据库分为社区版（Community）、企业版（Enterprise）、集群版（MySQL Cluster）和高级集群版（MySQL Cluster CGE）。其中：

● 社区版是开源且免费的，但不提供官方技术支持，适用于普通用户；
● 企业版是收费的，提供了更多的功能和完备的技术支持,适用于要求较高的企业客户；
● 集群版是开源且免费的，可将几个 MySQL Server 封装成一个 Server;
● 高级集群版是付费的。

MySQL 现在主推（GA）的社区版本为 8.0，本书介绍的是 8.0.12 的安装和配置。

1.4.1　安装 MySQL 8

读者可以免费下载 MySQL 8 版本。

（1）下载网址为 https://dev.mysql.com/downloads/windows/installer/8.0.html，如图 1-2 所示。

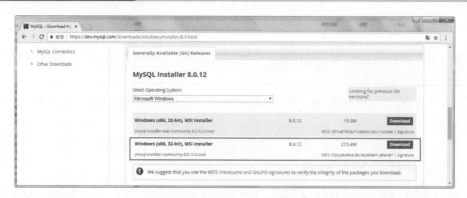

图 1-2　MySQL 8.0.12 下载页面

（2）进入 MySQL 的下载页面之后，操作系统（Select Operating System）选择 Microsoft Windows，单击社区版对应的 Download 按钮，出现如图 1-3 所示的内容。

图 1-3　登录页面

（3）注册账号再登录，登录成功后，出现如图 1-4 所示的内容。

（4）单击下载（Download Now）按钮，会弹出图 1-5 所示的窗口。

图 1-4　登录成功后的下载页面　　　　　　图 1-5　弹出的下载对话框

（5）单击"保存"按钮，下载好的安装文件如图 1-6 所示。

mysql-installer-community-8.0.12.0　　2018/8/29 17:26　　Windows Install...　　279,952 KB

图 1-6　MySQL 8.0 安装文件

（6）双击 MySQL 安装程序，进入 License Agreement 窗口，如图 1-7 所示。

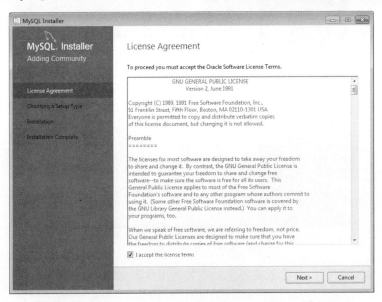

图 1-7　License Agreement 对话框

（7）选中 I accept the license terms 复选框，单击 Next 按钮进入 Choosing a Setup Type 窗口，如图 1-8 所示。

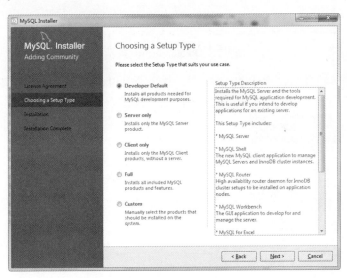

图 1-8　Choosing a Setup Type 窗口

（8）选中 Developer Default 单选框，单击 Next 按钮进入 Check Requirements 窗口，如图 1-9 所示。

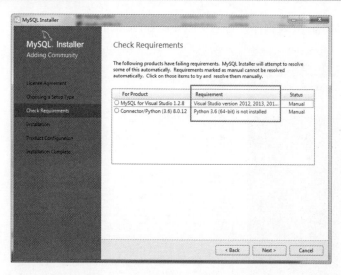

图 1-9　Check Requirements 窗口

（9）单击 Next 按钮，会提示需要手动安装的组件，如图 1-10 所示。

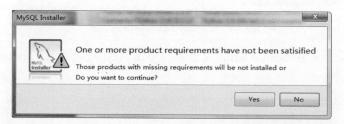

图 1-10　Requirements 提示

（10）手动安装组件后，单击 Next 按钮，进入 Installation 窗口，如图 1-11 所示。

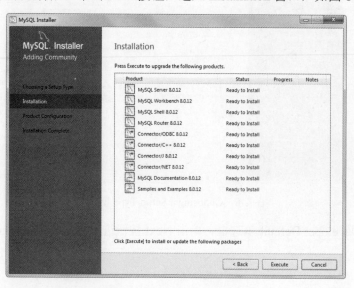

图 1-11　Installation 窗口

（11）单击 Execute 按钮，安装完成后，如图 1-12 所示。

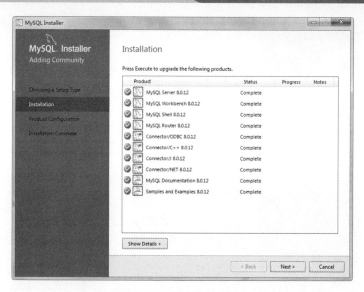

图 1-12　Installation 窗口

至此，MySQL 8 安装完毕，接下来将介绍 MySQL 8 的配置。

1.4.2　配置 MySQL 8

安装完成后，进入配置阶段，可以设置 MySQL 8 数据库相关的各种参数。

（1）在图 1-12 中，单击 Next 按钮，进入产品配置窗口，如图 1-13 所示。

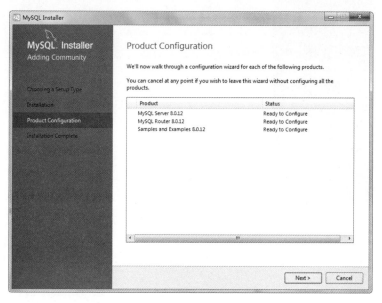

图 1-13　产品配置窗口

（2）单击 Next 按钮，进入组复制窗口，如图 1-14 所示。

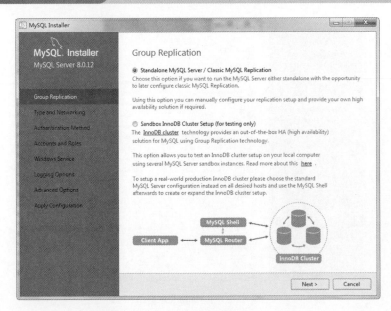

图 1-14　组复制窗口

（3）选择默认选项，单击 Next 按钮，进入类型和网络窗口，如图 1-15 所示。

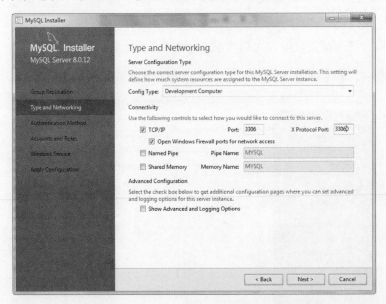

图 1-15　类型和网络窗口

（4）选择默认选项，单击 Next 按钮，进入账号和角色窗口，如图 1-16 所示。

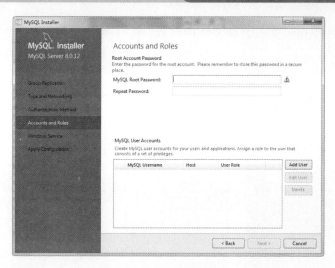

图 1-16　账号和角色窗口

（5）在 MySQL Root Password 和 Repeat Password 中输入 root 账户的密码，单击 Add User 按钮，打开如图 1-17 所示的对话框。

图 1-17　User Details 对话框

（6）填入用户、主机、角色、密码等信息，单击 OK 按钮，就会成功添加一个账户，如图 1-18 所示。

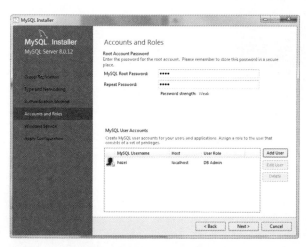

图 1-18　Accounts and Roles 窗口

（7）单击 Next 按钮，进入 Windows 服务窗口，如图 1-19 所示。

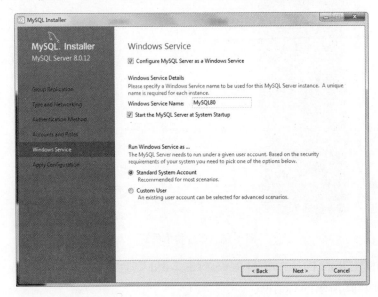

图 1-19　Windows 服务窗口

（8）选择默认设置，单击 Next 按钮，进入保存配置窗口，如图 1-20 所示。

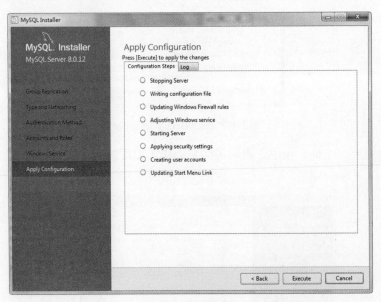

图 1-20　保存配置窗口

（9）选择默认设置，单击 Execute 按钮，执行保存配置，如图 1-21 所示。

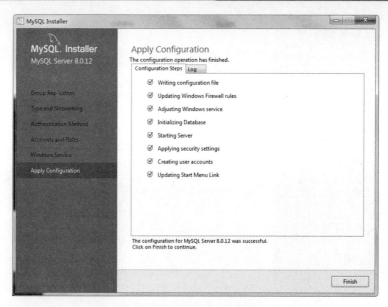

图 1-21　保存配置执行完毕

（10）单击 Finish 按钮，进入连接服务器窗口，如图 1-22 所示。

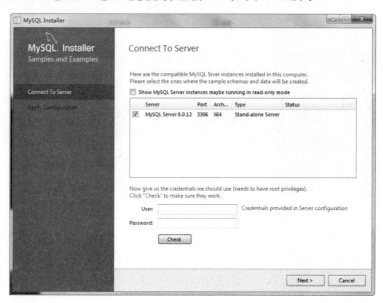

图 1-22　连接服务器

（11）单击 Check 按钮，测试服务器是否能够连接成功，如图 1-23 所示。

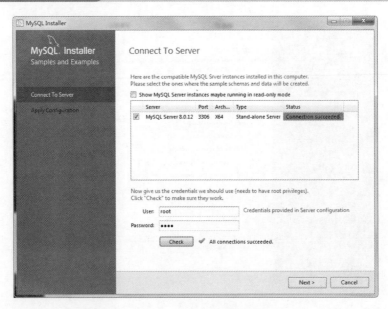

图 1-23　连接服务器成功

（12）单击 Next 按钮，进入安装完成窗口，如图 1-24 所示。

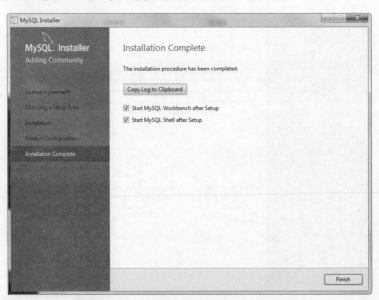

图 1-24　安装完成（Installation Complete）

1.4.3　启动 MySQL 服务

本小节开始为读者介绍配置 MySQL 的内容，先学习如何在 Windows 系统下启动 MySQL 服务。

只有启动 MySQL 服务，客户端才可以登录到 MySQL 数据库。在 Windows 操作系统中，有两种方法可以启动 MySQL 服务，一种是图形化界面启动，一种是命令行启动。

首先介绍图像化界面启动和关闭 MySQL 服务的方法，步骤如下：

（1）右击"计算机"，在快捷菜单中选择"管理"命令，如图 1-25 所示，打开"计算机管理"对话框，如图 1-26 所示。也可以执行"开始"|"控制面板"|"管理工具"|"服务"来启动服务。

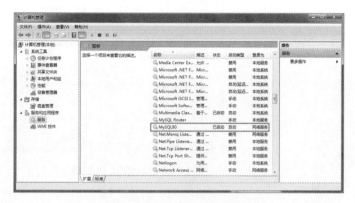

图 1-25　打开"计算机管理"窗口　　　　　图 1-26　"计算机管理"窗口

（2）选择"计算机管理（本地）"|"服务和应用程序"|"服务"节点，右边窗口就会显示 Windows 系统的所有服务，其中包含名为"MySQL 80"的服务。

（3）查看 MySQL 服务可以发现该服务已经处于"启动"状态，并且该服务的类型为"自动"。如果想修改 MySQL 服务的状态，可以单击"计算机管理"工具栏中的相应按钮，其中有"启动""停止""暂停"和"重新启动"按钮；也可以选中 MySQL 服务，单击鼠标右键，同样可以进行"启动""停止""暂停"和"重新启动"操作，如图 1-27 所示。

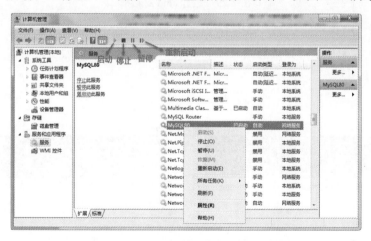

图 1-27　"计算机管理"服务操作示意

（4）由于 MySQL 不是系统自带的服务，因此要设置为手动类型。在具体设置时，需要右击 MySQL 服务，在快捷菜单中选择"属性"命令，打开"MySQL80 的属性（本地计算机）"对话框，如图 1-28 所示，在"启动类型"一栏中选择"手动"，再单击"确定"按钮保存即可。

图 1-28 "MySQL80 的属性"对话框

1.4.4 关闭 MySQL 服务

接下来介绍如何通过 DOS 窗口启动和关闭 MySQL 服务，具体步骤如下：

（1）选择"开始"命令，在左下方的文本框中输入"cmd"，如图 1-29 所示。

图 1-29 运行 cmd 对话框

（2）在图 1-29 中按回车键，弹出 DOS 命令窗口，如图 1-30 所示。

（3）在 DOS 窗口中，如果想查看 Windows 系统已经启动的服务，可以通过如下命令来实现，如图 1-31 所示。

```
net start
```

图 1-30 DOS 窗口   图 1-31 查看已启动的服务

（4）如果 MySQL 软件的服务已经启动，可以通过命令来关闭 MySQL 服务，具体命令如下，运行过程如图 1-32 所示。

```
net stop MySQL 80
```

（5）可以通过命令来启动 MySQL 服务，具体命令如下，运行过程如图 1-33 所示。

```
net start MySQL 80
```

图 1-32　关闭 MySQL 服务　　　　图 1-33　启动 MySQL 服务

打开任务管理器，切换到"服务"页面，如果存在"MySQL80"服务，则表示 MySQL软件的服务已启动，如图 1-34 所示。

图 1-34　任务管理器

1.4.5　配置 Path 变量

将 MySQL 应用程序的目录添加到 Windows 系统的 Path 中，可以使以后的操作更加方便。配置 Path 路径的具体步骤如下：

（1）右击"计算机"，在快捷菜单中先选择"属性"，再选择"高级系统设置"，打开"系统属性"对话框，如图 1-35 所示。

（2）在"系统属性"对话框中，单击"环境变量"按钮，弹出"环境变量"对话框，如图 1-36 所示。

图 1-35　"系统属性"对话框　　　　图 1-36　"环境变量"对话框

（3）在"系统变量"中找到 Path 变量，单击"编辑"按钮，打开"编辑系统变量"对话框，如图 1-37 所示，已经存在的目录用分号隔开，添加的 MySQL 目录为"C:\Program Files\MySQL\MySQL Server 8.0\bin"，将该目录添加到"变量值"中，然后单击"确定"按钮，这样 MySQL 数据库的 Path 变量就添加好了，可以直接在 DOS 窗口中输入 mysql 命令了。如果在 DOS 窗口中执行 mysql 命令，就能够成功地登录到 MySQL 数据中，说明 Path 变量已经配置成功。

图 1-37 "编辑系统变量"对话框

1.4.6 登录 MySQL 数据库

在 Windows 操作系统下可以在 DOS 窗口中登录 MySQL 数据库。

单击"开始"按钮，在"运行"文本框中输入"cmd"，按 Enter 键，进入 DOS 窗口。在 DOS 窗口中，可以通过命令登录 MySQL 数据库，命令如下：

```
mysql -h 127.0.0.1 -uroot -p123456
```

其中，mysql 是登录 MySQL 数据库的命令；-h 后面加上服务器的 IP，本地计算机 IP 为 127.0.0.1；-u 后面接数据库的用户名，此处用 root 用户登录；-p 后面接用户的密码，此处用 "123456"，读者可以输入自己设置的密码。登录成功后的界面如图 1-38 所示。

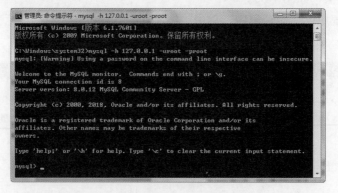

图 1-38 DOS 命令窗口登录 MySQL

1.5 Linux 平台下安装与配置 MySQL

本节将会介绍如何在 Linux 平台下安装和配置 MySQL。本书中 Linux 系统选用 Ubuntu 18.04，MySQL 版本选用 8.0.12。

1.5.1 安装和配置 MySQL 8

我们采用 APT 方式在 Ubuntu 系统中安装 MySQL，这种方式安装的版本都是最新的版本，目前是 8.0.12，通过这种方式安装好之后，所有的服务、环境变量都会启动和配置好，无须手动配置。

（1）由于 MySQL 和 Ubuntu 之间的版本适配原因，首先需要到 MySQL 官网下载 MySQL APT 安装配置包，下载地址为 https://dev.mysql.com/downloads/repo/apt/，如图 1-39 所示。下载后可使用如下命令进行安装。

```
sudo dpkg -i mysql-apt-config_0.8.10-1_all.deb
```

图 1-39 下载 MySQL APT 配置包

（2）安装过程中出现选择项，选择 OK 继续安装即可，如图 1-40 所示。安装完成之后如图 1-41 所示。

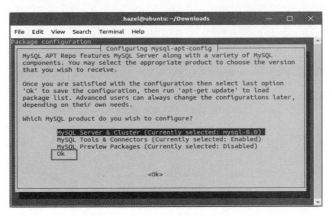

图 1-40 MySQL APT 配置包安装过程图

图 1-41　MySQL APT 配置包安装完成

（3）Ubuntu 刚开始安装软件时需要更新数据源，而更新操作往往会失败，可以进入网址 https://repogen.simplylinux.ch/，选择国家和自己装的 Linux 版本，选择"Ubuntu Branches"，将下面的选项全部打勾，如图 1-42 所示。

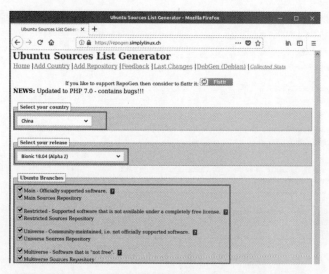

图 1-42　根据国家和本机系统版本寻找数据源

（4）将网页拉到最下端，单击 Generate List 按钮，如图 1-43 所示。

图 1-43　生成数据源

（5）生成的数据源如图 1-44 所示。

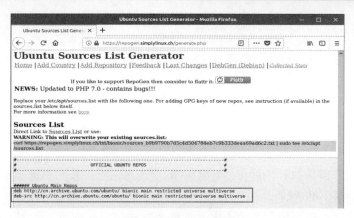

图 1-44　生成的数据源

（6）用生成的源替换 Linux 系统下/etc/apt/sources.list 中的内容，如图 1-45 所示。

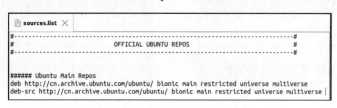

图 1-45　替换系统原有的数据源

（7）在 Linux 终端使用以下命令更新数据源，如图 1-46、图 1-47 所示。

```
$ sudo apt-get update
```

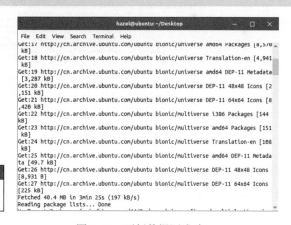

图 1-46　更新数据源　　　　　　　　图 1-47　更新数据源成功

（8）使用以下命令安装 MySQL 8，如图 1-48 所示。

```
$ apt-get install mysql-server
```

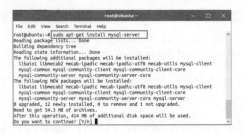

图 1-48　安装 mysql-server- 8.0

（9）输入"Y"继续执行，弹出 MySQL 8 安装对话框，按回车键确定，进入设置 root 密码的对话框，如图 1-49 所示。

（10）输入 root 密码，按回车键确定，需要再次确认 root 密码，如图 1-50 所示。

图 1-49　设置 root 密码　　　　　图 1-50　再次确认 root 密码

（11）按回车键确定，MySQL 8 安装完成，如图 1-51 所示。

图 1-51　MySQL 8.0 安装完成

（12）MySQL 8 安装好之后，会创建如下目录，如图 1-52、图 1-53、图 1-54、图 1-55 所示。

● 数据库目录：/var/lib/mysql/。
● 配置文件：/usr/share/mysql-8.0（命令及配置文件），/etc/mysql（如 my.cnf）。
● 相关命令：/usr/bin（mysqladmin、mysqldump 等命令）和/usr/sbin。
● 启动脚本：/etc/init.d/mysql（启动脚本文件 mysql 的目录）。

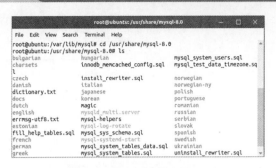

图 1-52　/var/lib/mysql/目录　　　　　图 1-53　/usr/share/mysql-8.0/目录

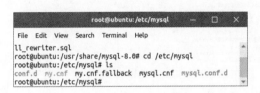

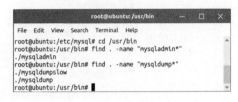

图 1-54　/etc/mysql/目录　　　　　图 1-55　MySQL 8 配置文件

1.5.2　启动 MySQL 服务

通过 1.5.1 节的 APT 方式安装好之后，所有的服务、环境变量都会启动和配置好，无须手动配置。

1. 服务器启动后端口查询

用以下命令去查看 MySQL 端口，如图 1-56 所示。

```
$ sudo netstat -anp | grep mysql
```

图 1-56　查看 MySQL 8 端口

2. 服务管理

（1）服务状态

```
$ sudo service mysql status
```

（2）停止

```
$ sudo service mysql stop
```

从图 1-57 中可以看出，通过 APT 方式安装的 MySQL 8 服务已经自动开启，状态为"active（running）"。在图 1-58 中，先关闭 MySQL 服务，再去查询服务状态，可以看到服务的状态为"inactive（dead）"。

```
root@ubuntu:~# sudo service mysql status
● mysql.service - MySQL Community Server
   Loaded: loaded (/lib/systemd/system/mysql.service; enabled; vendor preset: enabled)
   Active: active (running) since Fri 2018-08-31 20:42:03 +14; 4 days ago
     Docs: man:mysqld(8)
           http://dev.mysql.com/doc/refman/en/using-systemd.html
 Main PID: 8261 (mysqld)
   Status: "SERVER_OPERATING"
    Tasks: 37 (limit: 1678)
   CGroup: /system.slice/mysql.service
           └─8261 /usr/sbin/mysqld

Aug 31 20:42:02 ubuntu systemd[1]: Starting MySQL Community Server...
Aug 31 20:42:03 ubuntu systemd[1]: Started MySQL Community Server.
```

图 1-57　查看 MySQL 服务状态

```
root@ubuntu:~# sudo service mysql stop
root@ubuntu:~# sudo service mysql status
● mysql.service - MySQL Community Server
   Loaded: loaded (/lib/systemd/system/mysql.service; enabled; vendor preset: enabled)
   Active: inactive (dead) since Tue 2018-09-04 22:29:01 +14; 5s ago
     Docs: man:mysqld(8)
           http://dev.mysql.com/doc/refman/en/using-systemd.html
  Process: 8261 ExecStart=/usr/sbin/mysqld (code=exited, status=0/SUCCESS)
 Main PID: 8261 (code=exited, status=0/SUCCESS)
   Status: "SERVER_SHUTTING_DOWN"

Aug 31 20:42:02 ubuntu systemd[1]: Starting MySQL Community Server...
Aug 31 20:42:03 ubuntu systemd[1]: Started MySQL Community Server.
Sep 04 22:28:58 ubuntu systemd[1]: Stopping MySQL Community Server...
Sep 04 22:29:01 ubuntu systemd[1]: Stopped MySQL Community Server.
root@ubuntu:~#
```

图 1-58　停止 MySQL 服务后再查看

（3）启动

```
$ sudo service mysql start
```

（4）重启

```
$ sudo service mysql restart
```

在图 1-59 中，先开启 MySQL 服务再去查询状态，可以看到服务的状态为 active（running）。
在图 1-60 中，先重启 MySQL 服务再查询服务状态，可以看到服务的状态为 active（running）。

```
root@ubuntu:~# sudo service mysql start
root@ubuntu:~# sudo service mysql status
● mysql.service - MySQL Community Server
   Loaded: loaded (/lib/systemd/system/mysql.service; enabled; vendor preset: en
   Active: active (running) since Tue 2018-09-04 22:30:23 +14; 2min 36s ago
     Docs: man:mysqld(8)
           http://dev.mysql.com/doc/refman/en/using-systemd.html
  Process: 10397 ExecStartPre=/usr/share/mysql-8.0/mysql-systemd-start pre (code
 Main PID: 10436 (mysqld)
   Status: "SERVER_OPERATING"
    Tasks: 36 (limit: 1678)
   CGroup: /system.slice/mysql.service
           └─10436 /usr/sbin/mysqld
```

图 1-59　启动 MySQL 服务后再查看状态

```
root@ubuntu:~# sudo service mysql restart
root@ubuntu:~# sudo service mysql status
● mysql.service - MySQL Community Server
   Loaded: loaded (/lib/systemd/system/mysql.service; enabled; vendor preset: en
   Active: active (running) since Tue 2018-09-04 22:34:03 +14; 5s ago
     Docs: man:mysqld(8)
           http://dev.mysql.com/doc/refman/en/using-systemd.html
  Process: 10613 ExecStartPre=/usr/share/mysql-8.0/mysql-systemd-start pre (code
 Main PID: 10652 (mysqld)
   Status: "SERVER_OPERATING"
    Tasks: 37 (limit: 1678)
   CGroup: /system.slice/mysql.service
           └─10652 /usr/sbin/mysqld
```

图 1-60　重启 MySQL 服务后再查看状态

1.5.3　登录 MySQL 数据库

使用以下命令登录 MySQL，如图 1-61 所示。

```
$ mysql -h 127.0.0.1 -P 3306 -uroot -proot
```

使用以下命令显示当前 MySQL 系统所有的数据库，如图 1-62 所示。

```
mysql>show databases;
```

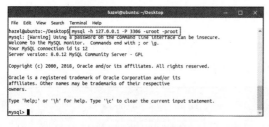
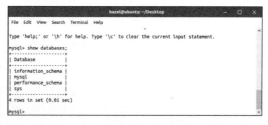

图 1-61　Ubuntu 环境登录 MySQL 8　　　　图 1-62　显示 MySQL 8 中所有的数据库

从图 1-61 可以看出，数据库可以正常登录；从图 1-62 可以看到所有数据库的列表。

1.6 Mac OS X 平台下安装与配置 MySQL

前面介绍了 Windows 和 Linux 下的安装，目前 Mac OS 也很流行，所以本节就介绍一下如何在 Mac OS X 平台下安装 MySQL。

1.6.1　安装 MySQL 8

1. 下载 MySQL 8

（1）下载地址为 https://dev.mysql.com/downloads/mysql/8.0.html#downloads，如图 1-63 所示。

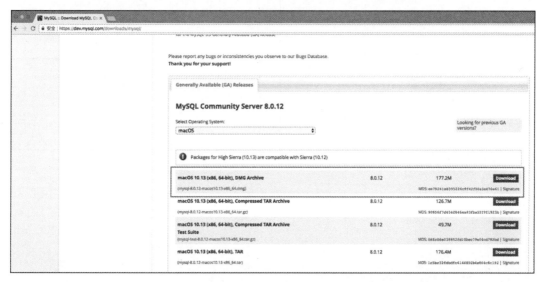

图 1-63　Mac OS X 平台 MySQL 8.0 下载页面

（2）在图 1-63 中，选择 DMG Archive 版本，单击 Download 按钮，下载完毕后，在 Finder 中可以看到 MySQL 的安装文件"mysql-8.0.12-macos10.13-x86_64.dmg"，如图 1-64 所示。

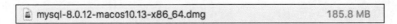

图 1-64　Finder 中的 MySQL 安装文件

（3）双击"mysql-8.0.12-macos10.13-x86_64.dmg"，弹出如图 1-65 所示的安装包。

（4）双击 MySQL 8 安装包，弹出如图 1-66 所示的安装界面。

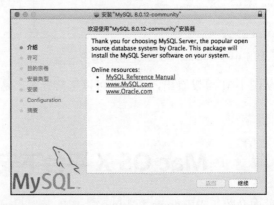

图 1-65　MySQL 8.0 安装包　　　　　　　图 1-66　MySQL 安装界面

（5）单击"继续"按钮，进入软件许可协议，如图 1-67 所示。

（6）单击"继续"按钮，提示"若要继续安装软件，您必须同意软件许可协议中的条款"，如图 1-68 所示，单击"同意"按钮，继续安装，进入图 1-69。

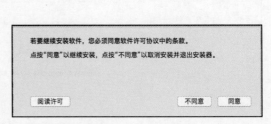

图 1-67　软件许可协议　　　　　　　图 1-68　是否同意软件许可协议提示信息

（7）单击"自定"按钮，进入"自定安装"窗口，如图 1-70 所示。

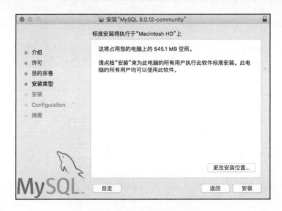

图 1-69　安装类型　　　　　　　　　　　　图 1-70　自定安装

（8）在本书中，我们选择标准安装。在图 1-70 中单击"标准安装"按钮，返回图 1-69 所示的窗口，单击"安装"按钮，进入安装过程，如图 1-71 所示。

（9）中间会提示图 1-72，选择加密协议。为了兼容旧版本，请选择"Use Legacy Password Encryption"，然后单击 Next 按钮，进入密码输入窗口，如图 1-73 所示。

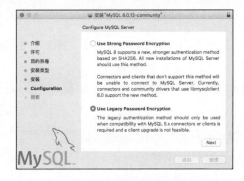

图 1-71　MySQL 8 自动安装过程　　　　　图 1-72　选择加密协议

（10）在图 1-73 中，输入满足条件的密码，单击"Finish"按钮，MySQL 继续安装。

（11）待 MySQL 安装完毕，在图 1-74 中，单击"关闭"按钮即可。正常情况下，此时只是安装成功，还需要进行额外的配置。

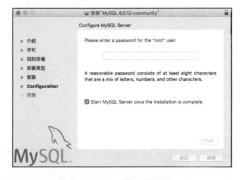
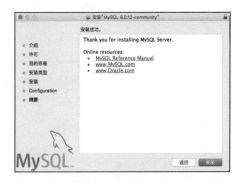

图 1-73　输入密码　　　　　　　　　　　图 1-74　MySQL 8 安装成功

1.6.2　启动 MySQL 8

（1）单击 Mac 桌面左上方的苹果标志，在下拉菜单中选择"系统偏好设置"选项，如图 1-75 所示。

（2）单击"系统偏好设置"，打开"系统偏好设置"窗口，如图 1-76 所示。

图 1-75　系统偏好设置

图 1-76　Mac OS 系统偏好设置窗口

（3）双击右下方的"MySQL"图标，打开 MySQL 服务窗口。MySQL 安装完成后，服务默认为开启状态，如图 1-77 所示。

（4）单击图 1-77 中的"Stop MySQL Server"按钮，可以关闭 MySQL 服务，如图 1-78 所示。

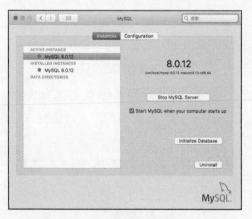

图 1-77　MySQL 服务启动窗口

图 1-78　MySQL 服务关闭窗口

1.6.3　配置和登录 MySQL 8

（1）此时 MySQL 已经安装和配置完毕，我们在终端输入以下命令，如图 1-79 所示。

```
$ mysql -h 12.0.0.1 -uroot -p<password>
```

（2）从图 1-79 中可以看出，提示错误"command not found"，这说明系统还不能识别

MySQL 相关的命令，我们还需要将 MySQL 加入系统环境变量。编辑/etc/profile，命令如下：

```
$ vi /etc/profile
```

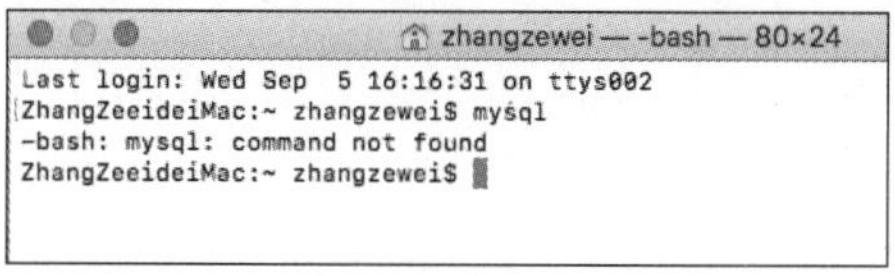

图 1-79　使用"mysql"命令登录失败

（3）在图 1-80 中设置好 MySQL 的环境变量后，编辑/etc/profile，按 etc 键，然后输入"wq"保存。关闭原来的终端，打开一个新的终端，在终端中重新输入如下命令，如图 1-81 所示，其中 root 的登密码来自于图 1-73 设置的密码。

```
$ mysql -uroot -proot+123
```

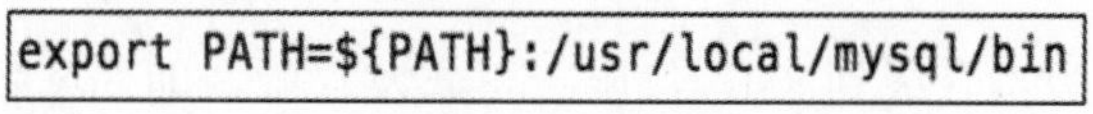

```
export PATH=${PATH}:/usr/local/mysql/bin
```

图 1-80　设置路径

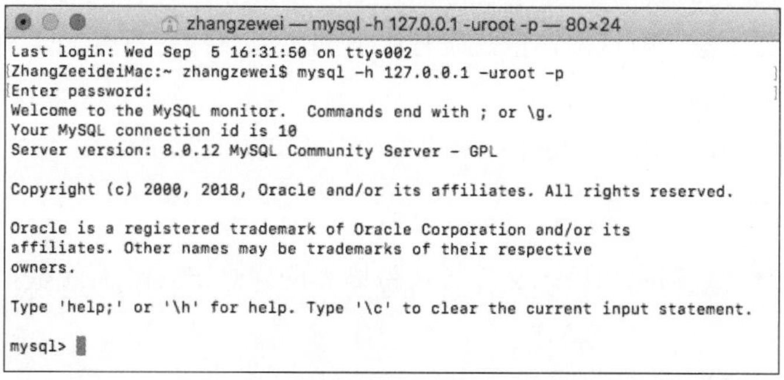

图 1-81　在 Mac 终端窗口使用"mysql"命令登录成功

登录成功后，也可以通过下面的两种命令修改密码：

```
UPDATE mysql.USER SET Password=PASSWORD('newpwd')
    WHERE User='root';
FLUSH PRIVILEGES;
    SET PASSWORD FOR 'root'@'localhost' = PASSWORD('newpwd');
```

1.7　MySQL 的升级和降级

升级是常用的操作，可以修补版本出现的漏洞。进行升级操作时，比较稳妥的做法是，先在测试环境进行测试，确保过程顺利，再到生产环境进行操作。

降级并不常用，使用降级通常是由于兼容性或性能问题。

1.7.1 升级 MySQL

1. 升级方法

MySQL 推荐两种升级方式：就地升级和逻辑升级。就地升级需要关闭旧版本的 MySQL，替换当前的二进制文件或包，然后在现有的数据目录上重启 MySQL，并运行 mysql_upgrade。逻辑升级需要使用备份或导出语句从旧版本的 MySQL 中导出 SQL 语句，然后安装新版本，在新版本的基础上执行导出的 SQL 语句。

> 使用旧版本导出的 SQL 语句在新版本中可能会报错，所以请预先使用 checkForServerUpgrade 脚本进行检查，使逻辑升级能够顺利进行。

2. 升级路线

MySQL 支持从 5.7 版本升级到 8.0，仅限于正式发行版，即 GA 版。

MySQL 支持逐级升级，不可跳级。例如，要想升级到 MySQL 8，必须先升级到 5.7 版本，5.6 版本无法直接升级到 8 版本。

一旦发行系列到达稳定版状态，正式发行版之间可以直接进行升级。例如，MySQL 8.0.x 可升级至 8.0.y，也可升级至 8.0.z。

MySQL 8.0.11 是 MySQL 8.0 发行系列的第一个正式发行版本。

3. 升级前的准备

首先需要备份当前数据库和日志文件。备份内容应包含 mysql 系统数据库，涵盖 MySQL 数据字典表和系统表。

MySQL 8 包含一个全局数据字典。在之前的 MySQL 版本中，字典数据存储在元数据文件和非事务的系统表中。将 MySQL 5.7 升级到 8 时，需将数据目录从基于文件的结构升级到基于数据字典的结构。

升级前需检查版本之间的兼容问题，重点检查新特性、过时或废弃特性以及一些影响应用的改变，在升级前后及时处理以确保应用正常运行。

4. 验证 MySQL 5.7 升级到 8 前的先决条件

（1）确保没有使用过时的数据类型、函数和单独的 frm 文件的数据库表、非本地分区的 InnoDB 引擎表以及没有定义的触发器。检查命令如下：

```
mysqlcheck -u root -p --all-databases --check-upgrade
```

（2）确保已分区的数据库表使用的存储引擎都支持本地分区。检查命令如下：

```
SELECT TABLE_SCHEMA, TABLE_NAME
FROM INFORMATION_SCHEMA.TABLES
WHERE ENGINE NOT IN ('innodb', 'ndbcluster')
AND CREATE_OPTIONS LIKE '%partitioned%';
```

　　上述语句中查询出的数据库表可通过两种方式进行修正，将存储引擎改为 InnoDB 或移除表的分区。命令如下：

```
#设置表的存储引擎为 InnoDB
ALTER TABLE table_name ENGINE = INNODB;
#移除表分区
ALTER TABLE tablename REMOVE PARTITIONING;
```

　　（3）确保 MySQL 5.7 版本中 mysql 系统数据库中的表名与 MySQL 8 数据字典的表名不重复。检查命令如下：

```
SELECT TABLE_SCHEMA, TABLE_NAME
FROM INFORMATION_SCHEMA.TABLES
WHERE LOWER(TABLE_SCHEMA) = 'mysql'
and LOWER(TABLE_NAME) IN
(
'catalogs',
'character_sets',
'collations',
'column_statistics',
'column_type_elements',
'columns',
'dd_properties',
'events',
'foreign_key_column_usage',
'foreign_keys',
'index_column_usage',
'index_partitions',
'index_stats',
'indexes',
'parameter_type_elements',
'parameters',
'resource_groups',
'routines',
'schemata',
'st_spatial_reference_systems',
'table_partition_values',
'table_partitions',
'table_stats',
'tables',
'tablespace_files',
'tablespaces',
'triggers',
'view_routine_usage',
```

```
'view_table_usage'
);
```

（4）确保外键限制名称均不超过 64 个字符。检查命令如下：

```
SELECT TABLE_SCHEMA, TABLE_NAME
FROM INFORMATION_SCHEMA.TABLES
WHERE TABLE_NAME IN
 (SELECT LEFT(SUBSTR(ID,INSTR(ID,'/')+1),
 INSTR(SUBSTR(ID,INSTR(ID,'/')+1),'_ibfk_')-1)
 FROM INFORMATION_SCHEMA.INNODB_SYS_FOREIGN
 WHERE LENGTH(SUBSTR(ID,INSTR(ID,'/')+1))>64);
```

（5）确保数据库表或程序使用单独的枚举或设置列元素的长度不超过 255 个字符或 1020 个字节。

（6）确保本地的 MySQL 5.7 版本中未使用在 MySQL 8 中已不再提供支持的特性。

5. 就地升级

（1）参考第三条中升级前的准备，做好准备工作。

（2）关闭 MySQL 5.7 服务。

（3）替换二进制文件或安装包。

（4）启动 MySQL 8 服务，使用现有的数据目录，参考命令如下：

```
mysqld_safe --user=mysql --datadir=/path/to/existing-datadir
```

（5）MySQL 8.0 服务启动成功之后，运行如下命令：

```
mysql_upgrade -u root -p
```

这个命令可以检查当前数据库中所有不兼容的表。

（6）关闭并重启服务，确保所有更改已生效。参考命令如下：

```
mysqladmin -u root -p shutdown
mysqldsafe --user=mysql --datadir=/path/to/existing-datadir
```

6. 升级问题

（1）在 MySQL 5.7 中，frm 表文件和 InnoDB 数据字典模式不匹配会导致升级失败。

（2）如果出现 mysqld 服务无法启动的情况，检查是否存在旧的配置文件。

（3）如果升级后客户端程序编译报错，检查一下是否使用了旧的头文件或库文件。

（4）如果升级后自定义函数名称与新版本的函数名称重复，那么自定义函数将无法被使用，需要使用 DROP FUNCTION 命令移除函数后再使用 CREATE FUNCTION 命令重新创建不重名的函数。

1.7.2   降级 MySQL

目前，无法从 MySQL 8 降级到 MySQL 5.7。唯一可选的方案是，在 MySQL 5.7 升级到 8 之前存储备份数据。所以，升级前务必对数据进行备份。

1.7.3   重建或修复表或索引

由于 MySQL 处理数据类型和字符集方式的改变，以及使用 CHECK TABLE、mysqlcheck 和 mysql_upgrade 命令时提示必须要修复和升级表，这就需要重建或修复表或索引。

1. 转储或重载表方法

如果因为不同版本的 MySQL 在二进制（就地）升级或降级后无法处理数据库表而重建，就必须使用 dump-and-reload 方法。升级或降级之前，先转储数据库表，然后在升级或降级完成之后重载这些表。

如果只使用 dump-and-reload 方法重建索引，可在升级或降级之后再进行转储。

CHECK TABLE 操作提示需要升级表而进行 InnoDB 表重建，需要使用 mysqldump 命令建立转储文件，并使用 mysql 命令重载该文件，可参考如下命令：

```
mysqldump dbname tablename > dump.sql
mysql dbname < dump.sql
```

如果要重建数据库中的所有表，参考命令如下：

```
mysqldump db_name > dump.sql
mysql db_name < dump.sql
```

如果要重建所有数据库中的所有表，参考命令如下：

```
mysqldump --all-databases > dump.sql
mysql < dump.sql
```

2. 更改表方法

使用 ALTER TABLE 语句将表设定为其已拥有的存储引擎。例如，某个表的存储引擎为 InnoDB，可使用如下命令：

```
ALTER TABLE tablename ENGINE = InnoDB;
```

如果更改前不确定表的存储引擎，就应先使用 SHOW CREATE TABLE 语句查看。

3. 修复表方法

REPAIR TABLE 方法只适用于 MyISAM、ARCHIVE 和 CSV 表。

如果表检查操作提示存在腐败或需要升级，此时可使用 REPAIR TABLE 语句，例如：

```
REPAIR TABLE tablename;
```

mysqlcheck --repair 为修复表提供更方便的方法，可以添加--databases 或--all-databases 选

项分别修复特定数据库或所有数据库中的所有表，参考命令如下：

```
mysqlcheck --repair --databases db_name ...
mysqlcheck --repair --all-databases
```

1.7.4 将 MySQL 数据库复制到另一台机器

如果需要在不同机器之间传递数据库，要使用 mysqldump 生成包含 SQL 语句的文件，然后将该文件传输到目标机器上，并使用 MySQL 客户端导入该文件。

复制数据库到另一台机器最便捷的方法是在源数据库机器上运行如下命令：

```
mysqladmin -h 'other_hostname' create db_name
mysqldump db_name | mysql -h 'other_hostname' db_name
```

其中，other_hostname 代表目标数据库的 IP 地址或域名。

如果在目标机器上获取远程的数据库并复制过来，可使用如下命令：

```
mysqladmin create db_name
mysqldump -h 'other_hostname' --compress db_name | mysql db_name
```

也可以通过命令将源数据库存储到压缩文件中，然后将压缩文件传输到目标机器上，在目标机器上运行命令将数据解压到数据库中，参考命令如下：

```
mysqldump --quick dbname | gzip > dbname.gz
mysqladmin create db_name
gunzip < db_name.gz | mysql db_name
```

另外，也可以通过 mysqldump 和 mysqlimport 命令来传输数据库。这种方式适合大数据量传输。首先在源数据库机器上创建文件目录，用以存放数据库文件，然后将这些文件传输到目标机器上，并在目标机器上装载这些文件，命令如下：

```
#源数据库机器执行命令
mkdir DUMPDIR
mysqldump --tab=DUMPDIR db_name
#目标机器执行命令
mysqladmin create db_name # create database
cat DUMPDIR/*.sql | mysql db_name # create tables in database
mysqlimport db_name DUMPDIR/*.txt # load data into tables
```

不要忘记复制 MySQL 系统数据库，并且在复制完成后执行 **mysqladmin flush-privileges** 命令，以便服务器重新装载授权信息。

1.8 MySQL 常用图形管理工具

MySQL 图形管理工具可以在图形界面上操作 MySQL 数据库。在命令行中操作数据库时，需要使用很多命令；图形管理工具则是使用鼠标和键盘来操作，这使得 MySQL 的使用更加方便和简单。本节将会介绍一种常用的 MySQL 图形管理工具。

MySQL 的图形管理工具很多，常用的有 MySQL-Workbench、SQLyog、Navicat 等。每种图形管理工具各有特点，下面分别进行简单的介绍。

本节介绍的工具都以 Microsoft Windows 系统对应的软件为例子，在其他系统下载、安装、使用都是类似的，区别不大。

1.8.1　MySQL 官方客户端 MySQL-Workbench

MySQL 为了方便初级用户，专门开发了官方的图形化客户端软件 MySQL-Workbench，安装 MySQL 时，系统默认安装了该工具。为了深入学习，接下来介绍如何单独下载、安装和简单使用图形化客户端软件 MySQL-Workbench，具体步骤如下：

（1）打开下载页面 https://dev.mysql.com/downloads/workbench/，如图 1-82 所示。

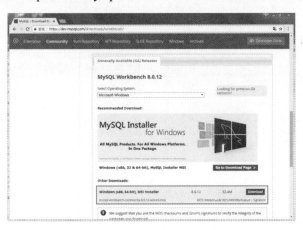

图 1-82　MySQL-Workbench 下载页面

（2）在图 1-82 中单击 Download 按钮，开始下载，如图 1-83 所示。

（3）下载完毕后，安装文件如图 1-84 所示。

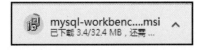

图 1-83　MySQL-Workbench 下载中　　　　图 1-84　MySQL-Workbench 安装文件

（4）双击安装文件进行安装，如图 1-85 所示。

（5）在图 1-85 中，单击 Next 按钮进入安装目录选择页，如图 1-86 所示。

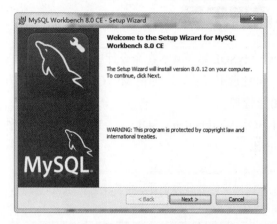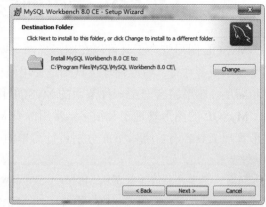

图 1-85　MySQL-Workbench 安装界面　　　图 1-86　MySQL-Workbench 安装路径选择界面

（6）在图 1-86 中可单击 Change 按钮更改安装目录，更改完成后单击 Next 按钮进入类型选择页，如图 1-87 所示。

（7）图 1-87 中选择默认 Complete 类型，单击 Next 按钮进入信息确认页，如图 1-88 所示。

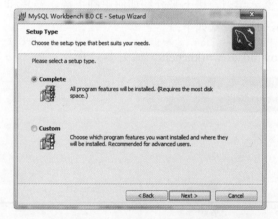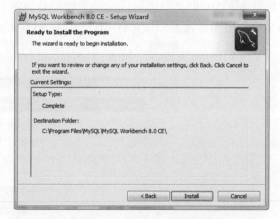

图 1-87　MySQL-Workbench 安装类型选择界面　　　图 1-88　MySQL-Workbench 安装信息确认界面

（8）在图 1-88 中单击 Install 按钮进行安装，进入安装进程界面，如图 1-89 所示。

（9）安装完成后单击 Finish 按钮关闭安装界面，如图 1-90 所示，然后打开 MySQL Workbench 界面，如图 1-91 所示。至此，可以使用 MySQL-Workbench 对 MySQL 数据库进行可视化管理了。

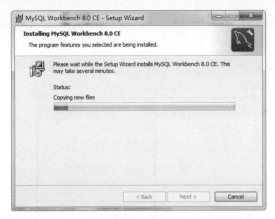

图 1-89　MySQL-Workbench 安装进程界面　　　　图 1-90　MySQL-Workbench 安装完成界面

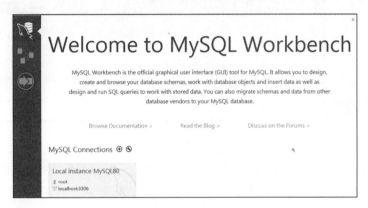

图 1-91　MySQL-Workbench 欢迎界面

（10）在图 1-91 中，单击左下方的连接实例，进入 MySQL Workbench 工作界面，如图 1-92 所示。

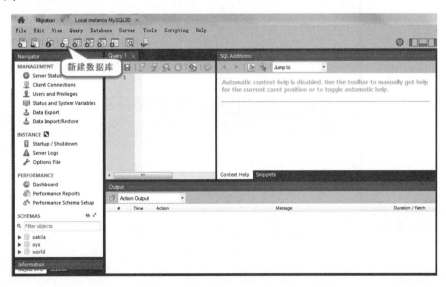

图 1-92　MySQL-Workbench 工作界面

（11）在图 1-92 中，单击"新建数据库"按钮，输入 Schema Name，选择 Default Collation，再单击 Apply 按钮，就可以新建一个数据库了，如图 1-93 所示。

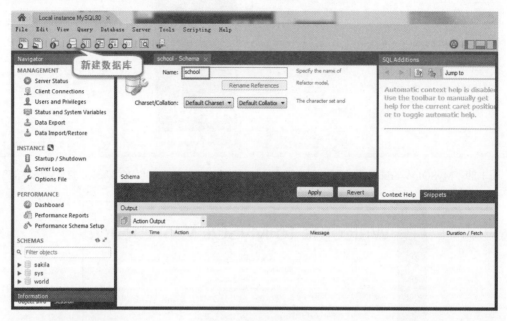

图 1-93　新建数据库

（12）双击新建的数据库 school，再单击"新建数据表"按钮，如图 1-94 所示，填写表名、字段等信息，再单击 Apply 按钮。

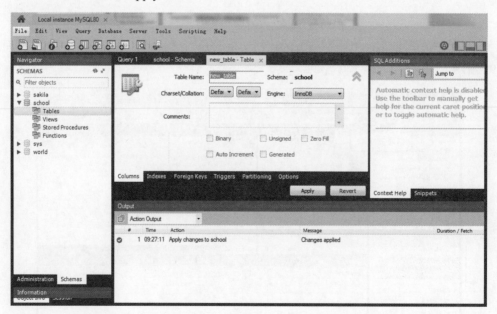

图 1-94　在数据库中新建表

由于篇幅所限，本文关于 MySQL-Workbench 的使用介绍到此为止，具体详细的使用可以参考官方手册：https://dev.mysql.com/doc/workbench/en/。

1.8.2　SQLyog 图形管理工具

SQLyog 是一款简洁高效且功能强大的图形化 MySQL 数据库管理工具。这款工具是使用 C++语言开发的。用户可以使用这款软件来有效地管理 MySQL 数据库。该工具可以方便地创建数据库、表、视图和索引等，可以方便地进行插入、更新和删除等操作，还可以方便地进行数据库、数据表备份和还原。该工具不仅可以通过 SQL 文件进行大量文件的导入和导出，还可以导入和导出 XML、HTML 和 CSV 等多种格式的数据。下载地址为：https://www.webyog.com/product/downloads。

1. SQLyog 安装

SQLyog 一般在 Windows 系统使用的比较多，接下来简单介绍一下 SQLyog（版本：SQLyog-12.4.3-0.x86Trial）在 Windows 7 系统的安装。

（1）打开下载界面：https://www.webyog.com/product/sqlyog，如图 1-95 所示。

（2）单击 Download free trial 按钮，会跳转到信息填写页面，如图 1-96 所示。

图 1-95　SQLyog 下载页面

图 1-96　填写 Email 和手机号对话框

（3）填写个人相关信息，再单击 Start free trial 跳转到下载链接页面，如图 1-97 所示。

（4）SQLyog 安装文件下载完毕后如图 1-98 所示。

图 1-97　个人邮箱中的下载链接

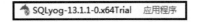

图 1-98　SQLyog 安装文件

（5）双击 SQLyog 安装文件，弹出图 1-99 所示的对话框。

（6）选择安装语言，单击 OK 按钮，进入图 1-100 所示的窗口。

图 1-99　选择安装语言　　　　　　　　　图 1-100　SQLyog 安装向导

（7）单击"下一步"按钮，进入许可证协议窗口，如图 1-101 所示。

（8）选择接受"许可证协议"中的条款，单击"下一步"按钮，进入"选择组件"阶段，如图 1-102 所示。

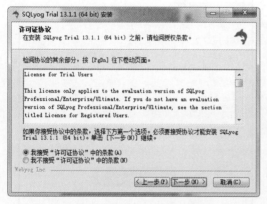

图 1-101　SQLyog 许可证协议　　　　　　图 1-102　SQLyog 选择组件

（9）单击"下一步"按钮，进入"选择安装位置"窗口，如图 1-103 所示。

（10）单击"安装"按钮，进入安装阶段，安装完成后如图 1-104 所示。

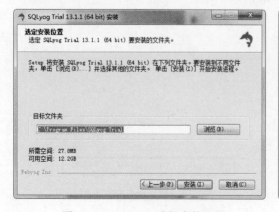

图 1-103　SQLyog 选择安装位置　　　　　图 1-104　SQLyog 安装完成

（11）单击"下一步"按钮，如图 1-105 所示。

（12）选择运行 SQLyog，单击"完成"按钮，弹出"选择 UI（用户界面）语言"对话框，如图 1-106 所示。

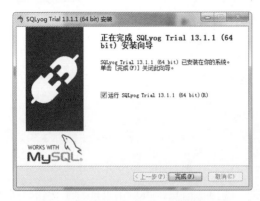

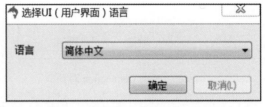

图 1-105　SQLyog 安装成功　　　　　　　　　图 1-106　选择 UI 语言

（13）选择"简体中文"选项，单击"确定"按钮，弹出注册窗口，如图 1-107 所示。

（14）SQLyog 是收费的，可以单击"购买"按钮，在 SQLyog 官网购买相关的账号和秘钥。本书中，我们选择使用"试用"版本，并不影响功能的讲解，单击"试用"按钮，进入连接主机的窗口，如图 1-108 所示。

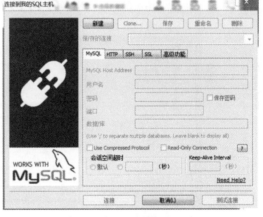

图 1-107　注册 SQLyog　　　　　　　　　图 1-108　MySQL 连接窗口

（15）单击"新建"按钮，弹出 New Connection 对话框，如图 1-109 所示。

（16）填写新连接的名称，再单击"确定"按钮，如图 1-110 所示。

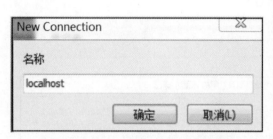

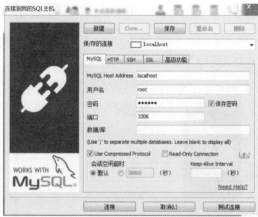

图 1-109　New Connection 对话框　　　　　　图 1-110　MySQL 新连接

（17）填写连接名、主机地址、用户名、密码、端口等信息，再单击"连接"按钮，进入
SQLyog 主界面，可以开始使用了，如图 1-111 所示。

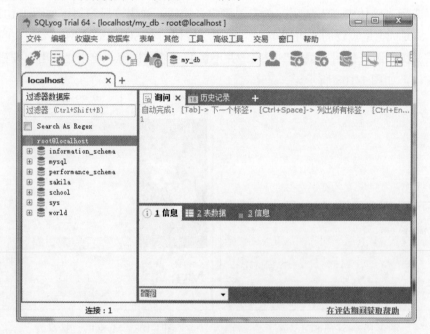

图 1-111　SQLyog 主界面

2. 通过 SQLyog 创建数据库

下面通过一个具体的示例说明如何通过 SQLyog 创建数据库。

【示例 1-1】创建数据库 school。操作步骤如下：

（1）右击"对象资源管理器"窗口中的空白处，在弹出的快捷菜单中选择"创建数据库"
命令，如图 1-112 所示，打开"创建数据库"对话框，如图 1-113 所示。

图 1-112　选择"创建数据库"命令

（2）在图 1-113 中，填写数据库名，选择基本字符集，单击"创建"按钮，数据库 school 创建成功，如图 1-114 所示。

图 1-113　"创建数据库"对话框

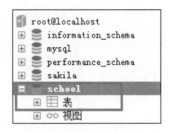

图 1-114　数据库创建成功

3. 通过 SQLyog 创建表

下面通过一个具体的示例说明如何通过 SQLyog 创建表。

【示例 1-2】在数据库 school 中创建名为 t_class 的表。操作步骤如下：

（1）在"对象资源管理器"中，右击 school 数据库，在弹出的快捷菜单中选择"创建表"命令，如图 1-115 所示。

图 1-115　选择"创建表"命令

（2）单击"创建表"命令，打开"新表"界面，如图 1-116 所示。在图 1-116 中，在"表名称"中输入表的名称，在"列"选项卡的"列名"列设置字段名、"数据类型"列设置字段的类型、"长度"列设置类型的宽度，单击"保存"按钮，实现创建表 t_class，如图 1-117 所示。

图 1-116 "新表"界面

（3）除了可以通过以上步骤创建表外，还可以在"询问"窗口中输入创建表的 SQL 语句，然后单击工具栏中的"执行查询"按钮，实现表的创建，如图 1-118 所示。

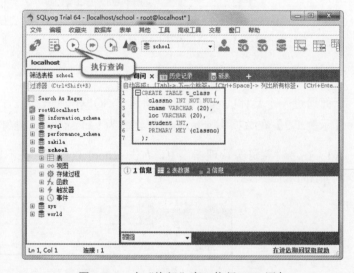

图 1-117 新表创建成功　　　　图 1-118 在"询问"窗口执行 SQL 语句

4. 通过 SQLyog 删除表

在客户端软件 SQLyog 中，不仅可以在"询问"窗口中执行 DROP TABLE 语句来删除表，也可以通过向导来实现。

下面先来介绍如何在"询问"窗口执行 DROP TABLE 语句。

（1）在"询问"窗口中输入以下 SQL 语句，如图 1-119 所示，单击"执行"按钮，可以在"信息"窗口中看到执行结果，显示已删除成功。

```
DROP TABLE t_class;
```

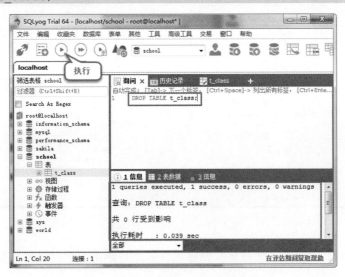

图 1-119　在"询问"窗口中删除表

（2）在"询问"窗口中输入以下 SQL 语句，如图 1-120 所示，可以看到表已经不存在。

```
DESCRIBE t_class;
```

图 1-120　在"询问"窗口中查看已删除的表

接下来介绍在 SQLyog 中通过向导来显示删除表操作。

【示例 1-3】通过 SQLyog 向导删除表。

（1）在"对象资源管理器"窗口中，右击数据库 school 中表 t_class 节点，从弹出的快捷菜单中选择"更多表操作"|"从数据库删除表"命令，如图 1-121 所示。

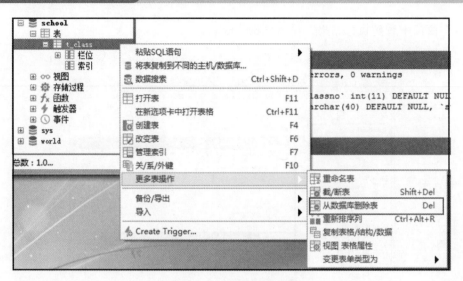

图 1-121　选择删除表命令

（2）在图 1-121 中单击"从数据库删除表"命令，弹出一个确认对话框，如图 1-122 所示。

（3）在图 1-122 中单击"是"按钮，从图 1-123 中可以看出，数据库 school 中已经不存在 t_class 表，说明已经删除成功。

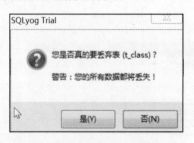

图 1-122　确认是否删除表

图 1-123　删除表成功

5. 通过 SQLyog 来插入数据记录

【示例 1-4】插入数据。

除了 SQL 语句，我们还可以通过客户端软件 SQLyog 来插入数据记录。基于前文的基础，数据库、表都已准备好，具体步骤如下。

（1）在"对象资源管理器"窗口中，右击数据库 school 中表 t_class 节点，从弹出的快捷菜单中选择"在新选项卡中打开表格"命令，如图 1-124 所示。

图 1-124　选择"在新选项卡中打开表格"命令

（2）在新选项卡中 t_class 表格被打开，如图 1-125 所示。

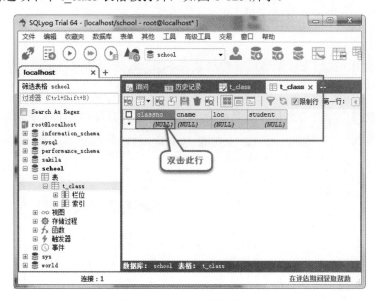

图 1-125　t_class 表格被打开

（3）在图 1-125 中，双击初始行，就会新增可以编辑的一行。在图 1-126 中，双击某个单元格，就可以输入相应的数据记录，一行数据为一组记录，单击"保存"按钮，就可以保存输入的数据记录。

图 1-126　在 t_class 表格中插入数据

通过上述步骤，可以实现插入数据记录的功能。

6. 通过 SQLyog 来更新数据记录

【示例 1-5】更新数据。

除了 SQL 语句，我们还可以通过客户端软件 SQLyog 来更新数据记录。基于前文的基础，数据库、表和表中的数据都已经准备好，具体步骤如下。

（1）在新选项卡中打开表格，具体操作见前文，打开后如图 1-127 所示。

图 1-127　t_class 表格被打开

（2）在图 1-127 中双击字段 loc 中的单元格，使其处于编辑状态，就可以更新单元格中的内容了，如图 1-128 所示。

图 1-128　编辑字段 loc 的数据

（3）在图 1-128 中，单击"保存"按钮，保存修改过的 loc 字段的数据记录。为了检验更新结果，在"询问"窗口中用 SELECT 语句来查询 t_class 中的数据，执行结果如图 1-129 所示。

图 1-129　查询表 t_class 中的数据

从图 1-129 的查询结果可以看出，表 t_class 的数据已经更新完毕。

7. 通过 SQLyog 删除数据记录

【示例 1-6】删除数据记录。

除了 SQL 语句，我们还可以通过客户端软件 SQLyog 来更新数据记录。基于前文的基础，数据库、表和数据都已经准备好，具体步骤如下。

（1）在选项卡中打开表格，具体操作见前文描述，如图 1-130 所示。

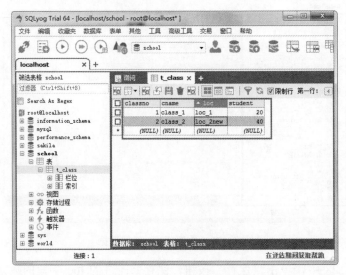

图 1-130　在新的选项卡中打开表格

（2）在图 1-130 中，在"t_class"页面中，先在最左边的复选框中勾选要删除的数据记录所在行，再右击，在弹出的快捷菜单中选择"删除所选行"命令，如图 1-131 所示。

（3）弹出如图 1-132 所示的对话框，提示是否确定删除所选行。

图 1-131　选择"删除所选行"命令

图 1-132　删除提示信息

（4）在图 1-132 中，单击"是"按钮，所选择行的数据记录就会被删除，如图 1-133 所示。

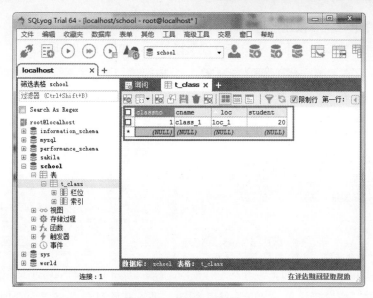

图 1-133　数据删除成功

　　由于篇幅有限，关于 SQLyog 的操作就介绍到这里了。读者可以到官网自行搜索教程，或查阅其他相关书籍进行深入研究。

1.8.3　Navicat 图形管理工具

　　Navicat 是一套快速、可靠的数据库管理工具，专为简化数据库的管理及降低系统管理成本而设。它的设计符合数据库管理员、开发人员及中小企业的需要。Navicat 是以直觉化的图形用户界面而建的，让用户可以以安全并且简单的方式创建、组织、访问并公用信息。Navicat 适用于三种平台：Microsoft Windows、Mac OS X 及 Linux，本小节将介绍如何在 Microsoft Windows 系统下载、安装和使用 Navicat。

　　（1）Navicat 的下载地址是 https://www.navicat.com.cn/products，下载完后的文件如图 1-134 所示。

　　（2）双击 Navicat 安装文件，弹出如图 1-135 所示的窗口。

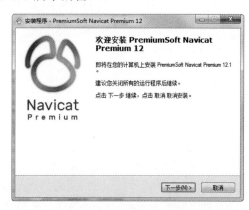

| navicat121_premium_cs_x64 | 应用程序 |

图 1-134　Navicat 安装文件　　　　　　图 1-135　Navicat 安装界面

（3）单击"下一步"按钮，进入许可证界面，如图 1-136 所示。

（4）选择同意协议进入下一步安装位置选择界面，如图 1-137 所示。

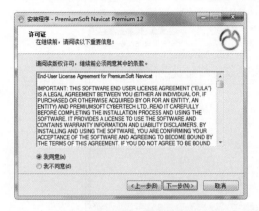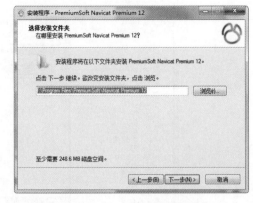

图 1-136　Navicat 许可证　　　　　　　　　　　图 1-137　Navicat 安装位置

（5）选好安装位置后，单击"下一步"按钮，进入开始目录选择界面，如图 1-138 所示。

（6）在图 1-138 中单击"下一步"按钮，进入快捷方式创建界面，如图 1-139 所示。

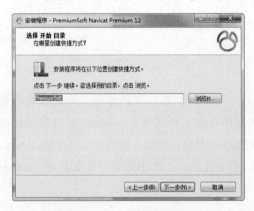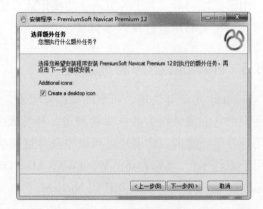

图 1-138　Navicat 开始目录　　　　　　　　　　图 1-139　Navicat 桌面快捷方式

（7）在图 1-139 中单击"下一步"按钮，进入准备安装页，如图 1-140 所示；然后单击"安装"按钮进行安装，安装完成后如图 1-141 所示。

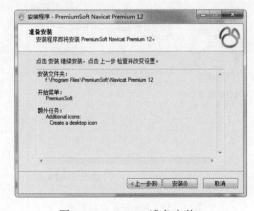

图 1-140　Navicat 准备安装　　　　　　　　　　图 1-141　Navicat 安装成功

（8）安装完成后，打开 Navicat，单击左上角的"连接"按钮，选择 MySQL，如图 1-142 所示。

（9）在图 1-142 中的下拉菜单中单击 MySQL 选项，进入"新建连接"界面，如图 1-143 所示。

图 1-142　选择 MySQL　　　　　　　　图 1-143　建立 MySQL 连接

（10）在图 1-143 中单击"测试连接"按钮，连接成功，弹出提示对话框，如图 1-144 所示。

（11）单击"确定"按钮，新建连接成功，返回主界面，如图 1-145 所示。

图 1-144　建立连接成功提示对话框　　　图 1-145　新的 MySQL 连接已经建立

（12）在图 1-145 中，双击新建的 MySQL 连接，就可以打开连接，如图 1-146 所示。

（13）右击新连接，在下拉菜单中选择"新建数据库"命令，如图 1-147 所示。

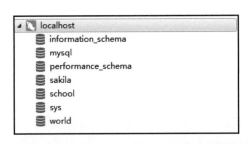

图 1-146　在 Navicat 中打开新建的连接　　　图 1-147　选择"新建数据库"命令

（14）在弹出的"新建数据库"对话框（见图 1-148）中，填写"数据库名"，选择默认字符集，单击"确定"按钮。新的数据库建立完成，如图 1-149 所示。

 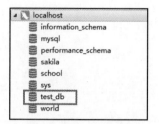

图 1-148　新建数据库　　　　　　　　　　　图 1-149　新建的数据库

（15）双击新建的数据库，打开数据库，如图 1-150 所示。

（16）选中"表"，右击，在下拉菜单中选择"新建表"命令，如图 1-151 所示。

 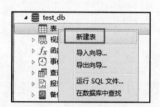

图 1-150　打开新建的数据库　　　　　　　　图 1-151　新建表

（17）新建数据表，如图 1-152 所示。

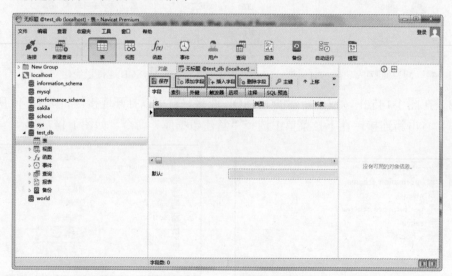

图 1-152　填写数据表信息

（18）单击"添加字段"按钮，可以新增字段；单击"删除字段"按钮，可以删除字段；单击"插入字段"按钮，可以在当前字段前插入字段；单击"保存"按钮，可以保存当前编辑的表，弹出如图 1-153 所示的对话框。

（19）单击"确定"按钮，新表建立成功，如图 1-154 所示。

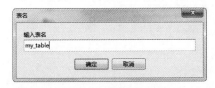

图 1-153　填写数据表名称

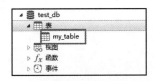

图 1-154　新建的数据表

第 2 章

◀ 数据库操作 ▶

数据库是一种可以通过某种方式存储数据库对象的容器。简而言之，数据库就是一个存储数据的地方，可以想象成一个文件柜，而数据库对象则是存放在文件柜中的各种文件，并且是按照特定规律存放的，这样可以方便管理和处理。

通过本章的学习，可以掌握如下内容：

● 通过命令行客户端创建、查看、选择、删除数据库。
● 了解 MySQL 所支持的存储引擎。
● 学习如何选择数据库所需要的引擎。

2.1 操作数据库

数据库的操作包括创建数据库、查看数据库、选择数据库以及删除数据库。本节详细讲解如何通过命令行创建数据库。

2.1.1 创建数据库

创建数据库是指在数据库系统中划分一块空间，用来存储相应的数据，这是进行表操作的基础，也是进行数据库管理的基础。

（1）在 MySQL 中，创建数据库之前，可以使用 SHOW 语句来显示当前已经存在的数据库，具体 SQL 语句如下，执行结果如图 2-1 所示。

```
SHOW DATABASES;
```

（2）创建数据库的 SQL 语句如下，其中参数 database_name 表示所要创建的数据库的名称。

```
CREATE DATABASE database_name;
```

我们先使用 CREATE DATABASE test 创建 test 数据库，再通过 SHOW 语句查询，结果如图 2-2 所示。

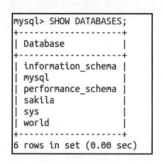

图 2-1　查询所有数据库

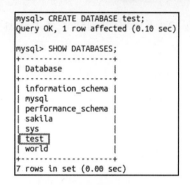

图 2-2　创建数据库

2.1.2　查看数据库

查看数据库在 2.1.1 节中已经提过，这里不再赘述。SQL 语句如下：

```
SHOW DATABASES;
```

2.1.3　选择数据库

在数据库管理系统中一般会存在许多数据库。在操作数据库对象之前，需要先选择一个数据库。

在 MySQL 中选择数据库可以通过 SQL 语句 USE 来实现，其语法形式如下：

```
USE database_name;
```

在上述语句中，database_name 参数表示所要选择的数据库名字。

在选择具体的数据库之前，首先要查看数据库管理系统中已经存在的数据库，然后才能从这些已经存在的数据库中进行选择。如果选择一个不存在的数据库，就会出现如图 2-3 所示的错误。正确的操作执行结果如图 2-4 所示。

```
USE database_name;
```

```
mysql> USE test_db_nothing;
ERROR 1049 (42000): Unknown database 'test_db_nothing'
```

图 2-3　选择不存在的数据库

```
mysql> USE test;
Database changed
```

图 2-4　选择数据库

2.1.4　删除数据库

在删除数据库之前，首先需要确定所操作的数据库对象已经存在。在 MySQL 中删除数据库可以通过 SQL 语句 DROP DATABASE 来实现，其语法形式如下：

```
DROP DATABASE database_name
```

在上述语句中，database_name 参数表示所要删除的数据库名字。

（1）在 2.1.1 节中已创建了名为 test 的数据库，使用如下命令可将该数据库删除，如图 2-5 所示。

```
DROP DATABASE test;
```

（2）使用如下命令查询数据库是否删除成功，如图 2-6 所示，从中可以看到 test 数据库已经被删除。

```
SHOW DATABASES;
```

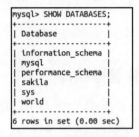

```
mysql> SHOW DATABASES;
+--------------------+
| Database           |
+--------------------+
| information_schema |
| mysql              |
| performance_schema |
| sakila             |
| sys                |
| world              |
+--------------------+
6 rows in set (0.00 sec)
```

```
mysql> DROP DATABASE test;
Query OK, 0 rows affected (0.03 sec)
```

图 2-5　删除数据库　　　　　　　　　　图 2-6　查询数据库

2.2　什么是存储引擎

MySQL 中提到了存储引擎的概念。简而言之，存储引擎就是指表的类型。在具体开发时，为了提高 MySQL 数据库管理系统的使用效率和灵活性，可以根据实际需要来选择存储引擎。因为存储引擎指定了表的类型，即如何存储和索引数据、是否支持事务等，同时存储引擎也决定了表在计算机中的存储方式。

2.2.1　MySQL 支持的存储引擎

用户在选择存储引擎之前，首先需要确定数据库管理系统支持哪些存储引擎。在 MySQL 数据库管理系统，通过 SHOW ENGINES 来查看支持的存储引擎，语法如下：

```
SHOW ENGINES;
```

在 MySQL 中执行 SHOW ENGINES 的结果如图 2-7 所示。

```
mysql> SHOW ENGINES;
+--------------------+---------+----------------------------------------------------------------+--------------+------+------+
| Engine             | Support | Comment                                                        | Transactions | XA   | Save |
+--------------------+---------+----------------------------------------------------------------+--------------+------+------+
| MEMORY             | YES     | Hash based, stored in memory, useful for temporary tables      | NO           | NO   | NO   |
| MRG_MYISAM         | YES     | Collection of identical MyISAM tables                          | NO           | NO   | NO   |
| CSV                | YES     | CSV storage engine                                             | NO           | NO   | NO   |
| FEDERATED          | NO      | Federated MySQL storage engine                                 | NULL         | NULL | NULL |
| PERFORMANCE_SCHEMA | YES     | Performance Schema                                             | NO           | NO   | NO   |
| MyISAM             | YES     | MyISAM storage engine                                          | NO           | NO   | NO   |
| InnoDB             | DEFAULT | Supports transactions, row-level locking, and foreign keys     | YES          | YES  | YES  |
| BLACKHOLE          | YES     | /dev/null storage engine (anything you write to it disappears) | NO           | NO   | NO   |
| ARCHIVE            | YES     | Archive storage engine                                         | NO           | NO   | NO   |
+--------------------+---------+----------------------------------------------------------------+--------------+------+------+
9 rows in set (0.00 sec)
```

图 2-7　查询数据库存储引擎

也可以通过以下语句来查询：

```
SHOW ENGINES \G;
```

查询结果如图 2-8 所示。

图 2-8　查询数据库存储引擎

查询结果显示，MySQL 8 支持 9 种存储引擎，分别为 MEMORY、MRG_MYISAM、CSV、FEDERATED、PERFORMANCE_SCHEMA、MyISAM、InnoDB、BLACKHOLE 和 ARCHIVE。其中：

- Engine 参数表示存储引擎名称。
- Support 参数表示 MySQL 数据库管理系统是否支持该存储引擎：YES 表示支持，NO 表示不支持。
- DEFAULT 表示系统默认支持的存储引擎。
- Comment 参数表示对存储引擎的评论。
- Transactions 参数表示存储引擎是否支持事务：YES 表示支持，NO 表示不支持。
- XA 参数表示存储引擎所支持的分布式是否符合 XA 规范：YES 表示支持，NO 表示不支持。
- Savepoints 参数表示存储引擎是否支持事务处理的保存点：YES 表示支持，NO 表示不支持。

在 MySQL 数据管理系统中，除了可以通过 SQL 语句 SHOW ENGINES 查看所支持的存储引擎外，还可以通过 SQL 语句 SHOW VARIABLES 来查看所支持的存储引擎，具体 SQL 语句如下，查询结果如图 2-9 所示。

```
SHOW VARIABLES LIKE 'have%';
```

在创建表时，若没有指定存储引擎，表的存储引擎将为默认的存储引擎。如果需要操作默认存储引擎，首先需要查看默认存储引擎。可以使用下面的 SQL 语句来查询默认存储引擎，执行结果如图 2-10 所示。

```
SHOW VARIABLES LIKE 'default_storage_engine';
```

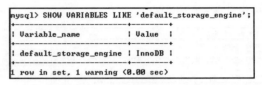

图 2-9　查询存储引擎　　　　　　　　　　　图 2-10　查询默认存储引擎

在图 2-10 显示的结果中，Variable_name 参数表示存储引擎的名字；Value 参数表示 MySQL 数据库管理系统是否支持存储引擎，其中 YES 表示支持、NO 表示不支持、DISABLE 表示支持但还未开启。

如果想修改 MySQL 的默认存储引擎，可以通过修改 MySQL 数据库管理系统的 my.cnf 或者 my.ini 文件的配置来实现，如图 2-11 所示。首先关闭 MySQL 服务，然后打开 my.ini 进行编辑，配置默认存储引擎，如图 2-12 所示。

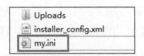

图 2-11　my.ini 配置文件　　　　　　　　　图 2-12　配置默认存储引擎

修改好默认存储引擎后，保存文件，再重新开启 MySQL 服务。或者用以下 SQL 语句来修改默认存储引擎，修改完毕之后，再用 SHOW 语句去查询，结果如图 2-13、图 2-14 所示。

```
SET DEFAULT_STORAGE_ENGINE=MyISAM;
SHOW VARIABLES LIKE '%storage_engine%';
```

图 2-13　设置默认存储引擎　　　　　　　　　图 2-14　查看默认存储引擎

接下来简单介绍几种常见的存储引擎。

2.2.2　InnoDB 存储引擎

InnoDB 是 MySQL 数据库的一种存储引擎。InnoDB 给 MySQL 的表提供了事务、回滚、崩溃修复能力和多版本并发控制的事务安全。MySQL 从 3.23.34a 开始就包含 InnoDB 存储引擎。InnoDB 是 MySQL 第一个提供外键约束的表引擎，而且 InnoDB 对事务处理的能力也是 MySQL 对其他存储引擎所无法与之比拟的。

MySQL 5.6 版本之后，除系统数据库之外，默认的存储引擎由 MyISAM 改为 InnoDB，

MySQL 8.0 版本在原先的基础上将系统数据库的存储引擎也改为了 InnoDB。

InnoDB 存储引擎中支持自动增长列 AUTO_INCREMENT。自动增长列的值不能为空，且值必须唯一。MySQL 中规定自增列必须为主键。在插入值时，如果自动增长列不输入值，那么插入的值为自动增长后的值；如果输入的值为 0 或空（NULL），那么插入的值也为自动增长后的值；如果插入某个确定的值，且该值在前面没有出现过，那么可以直接插入。

InnoDB 存储引擎中支持外键（FOREIGN KEY）。外键所在的表为子表，外键所依赖的表为父表。父表中被子表外键关联的字段必须为主键。当删除、更新父表的某条信息时，子表也必须有相应的改变。

InnoDB 存储引擎的优势在于提供了良好的事务管理、崩溃修复能力和并发控制；缺点是其读写效率稍差，占用的数据空间相对比较大。

2.2.3 MyISAM 存储引擎

MyISAM 存储引擎是 MySQL 中常见的存储引擎，曾是 MySQL 的默认存储引擎。MyISAM 存储引擎是基于 ISAM 存储引擎发展起来的。MyISAM 增加了很多有用的扩展。

MyISAM 存储引擎的表存储成 3 个文件。文件的名字与表名相同，或站名包括 frm、MYD 和 MYI。其中，frm 为扩展名的文件存储表的结构；MYD 为扩展名的文件存储数据，是 MYData 的缩写；MYI 为扩展名的文件存储索引，是 MYIndex 的缩写。

基于 MyISAM 存储引擎的表支持 3 种存储格式，包括静态型、动态型和压缩型。其中，静态型为 MyISAM 存储引擎的默认存储格式，其字段是固定长度的；动态型包含变长字段，记录的长度不是固定的；压缩型需要使用 myiampack 工具创建，占用的磁盘空间较小。

MyISAM 存储引擎的优势在于占用空间小，处理速度快；缺点是不支持事务的完整性和并发性。

2.2.4 MEMORY 存储引擎

MEMORY 存储引擎是 MySQL 中一类特殊存储引擎。其使用存储在内存中的内容来创建表，而且所有数据也放在内存中。这些特性都与 InnoDB 存储引擎、MyISAM 存储引擎不同。

每个基于 MEMORY 存储引擎的表实际对应一个磁盘文件，该文件的文件名与表名相同，类型为 frm 类型，该文件中只存储表的结构，而其数据文件都是存储在内存中的。这样有利于数据的快速处理，提供整个表的处理效率。值得注意的是，服务器需要有足够的内存来维持 MEMORY 存储引擎的表的使用。如果不需要使用了，可以释放这些内存，甚至可以删除不需要的表。

MEMORY 存储引擎默认使用哈希（HASH）索引。其速度要比使用 B 型树（BTREE）索引快。如果读者希望使用 B 型树索引，可以在创建索引时选择使用。

MEMORY 表的大小是受到限制的。表的大小主要取决于两个参数，分别是 max_rows 和 max_heap_table_size。其中，max_rows 可以在创建表时指定；max_heap_table_size 的大小默认为 16MB，可以按需要进行扩大。因此，其存在于内存中的特性，这类表的处理速度非常快。

但是，其数据易丢失，生命周期短。基于这个缺陷，选择 MEMORY 存储引擎时需要特别小心。

2.2.5 选择存储引擎

在具体使用 MySQL 数据库管理系统时，选择一个合适的存储引擎是非常复杂的问题。因为每种存储引擎都有自己的特性、优势和应用场合，所以不能随便选择存储引擎。为了能够正确地选择存储引擎，必须掌握各种存储引擎的特性。

下面从存储引擎的事务安全、存储限制、空间使用、内存使用、插入数据的速度和对外键的支持等角度来比较 InnoDB、MyISAM 和 MEMORY，如表 2-1 所示。

表 2-1　存储类型对比

特性	InnoDB	MyISAM	MEMORY
事务安全	支持	无	无
存储显示	64TB	有	有
空间使用	高	低	低
内存使用	高	低	高
插入数据的速度	低	高	高
锁机制	行锁	表锁	表锁
对外键的支持	支持	无	无
数据可压缩	无	支持	无
批量插入速度	低	高	高

表 2-1 给出了 InnoDB、MyISAM、MEMORY 这 3 种存储引擎特性的对比。下面根据其不同的特性，给出相应的建议。

（1）InnoDB 存储引擎

InnoDB 存储引擎支持事务处理，支持外键，同时支持崩溃修复能力和并发控制。如果需要对事务的完整性要求比较高，要求实现并发控制，那么选择 InnoDB 存储引擎会有很大的优势。如果需要频繁地进行更新、删除操作的数据库，也可以选择 InnoDB 存储引擎。因为该类存储引擎可以实现事务的提交（Commit）和回滚（Rollback）。

（2）MyISAM 存储引擎

MyISAM 存储引擎的出入数据快，空间和内存使用比较低。如果表主要是用于插入新记录和读出记录，那么选择 MyISAM 存储引擎能实现处理的高效率。如果应用的完整性、并发性要求很低，也可以选择 MyISAM 存储引擎。

（3）MEMORY 存储引擎

MEMORY 存储引擎的所有数据都在内存中，数据的处理速度快，但安全性不高。如果需要很快的读写速度，对数据的安全性要求较低，那么可以选择 MEMORY 存储引擎。MEMORY 存储引擎对表的大小有要求，不能建立太大的表，所以使用于相对较小的数据库表中。

　　这些选择存储引擎的建议都是根据各种存储引擎的不同特点提出的，并不是绝对的，实际应用中还需要根据实际情况进行分析。

> 在同一个数据库中，不同的表可以使用不同的存储引擎：如果一个表要求较高的事务处理，可以选择 InnoDB；如果一个表会被频繁查询，可以选择 MyISAM 存储引擎；如果是一个用于查询的临时表，那么可以选择 MEMORY 存储引擎。

第 3 章

◀ 数据表操作 ▶

在 MySQL 数据库中，表是一种很重要的数据库对象，是组成数据库的基本元素，由若干个字段组成，主要用来实现存储数据记录。表的操作包含创建表、查询表、修改表和删除表，这些操作是数据库对象的表管理中最基本也是最重要的操作。

本章主要涉及的内容有：

● 数据表的基本概念。

● 数据表的设计理念。

● 数据类型及 MySQL 8 中的字符集与排序规则新特性。

● 表的基本操作：创建、查看、更新和删除。

3.1 数据表的设计理念

数据表是包含数据库中所有数据的数据库对象。在关系型数据库中，数据在表中的组织方式与在电子表格中相似，都是按行和列的格式组织的。其中每一行代表一条唯一的记录，每一列代表记录中的一个字段，如图 3-1 所示。表中的数据库对象包含列、索引和触发器，如图 3-2 所示。

（1）列，也称为栏位（Column）：属性列，创建表时，必须指定列的名字和数据类型。

（2）索引（Index）：根据指定的数据库表列建立起来的顺序，提供了快速访问数据的途径且可监督表的数据，使其索引指向的列中的数据不重复。

（3）触发器（Trigger）：用户定义的事务命令的集合，当对一个表中的数据进行插入、更新或删除时，这组命令就会自动执行，可以用来确保数据的完整性和安全性。

Host	User	Select_priv	Insert_priv	Update_priv	Delete_priv	Create_priv
localhost	hazel	Y				Y
localhost	sql.infoschema	Y	N			N
localhost	mysql.session	N	N	N	N	N
localhost	mysql.sys	N	N	N	N	N
localhost	root	Y	Y	Y	Y	Y

图 3-1　表

图 3-2　表中的数据库对象

关于数据库的数据表设计，有一些基本的原则和理念。

1. 标准化和规范化

关于数据表的设计，有三个范式要遵循。

（1）第一范式（1NF），确保每列保持原子性。

数据库的每一列都是不可分割的原子数据项，而不能是集合、数组、记录等非原子数据项。

（2）第二范式（2NF），确保每列都和主键相关。

满足第一范式（2NF）必须先满足第一范式（1NF），第二范式（2NF）要求实体的属性完全依赖主关键字。如果存在不完全依赖，那么这个属性和主关键字的这一部分应该分离出来形成一个新的实体，新实体与元实体之间是一对多的关系。

（3）第三范式（3NF）确保每列都和主键列直接相关，而不是间接相关。

满足第三范式（3NF）必须先满足第二范式（2NF），要求一个关系中不包含已在其他关系已包含的非主关键字信息。

数据的标准化有助于消除数据库中的数据冗余，第三范式（3NF）通常被认为在性能、扩展性和数据完整性方面达到了最好的平衡，遵守 3NF 的数据表只包括其本身基本的属性，当不是它们本身所具有的属性时，就需要进行分解，表和表之间的关系通过外键相连接，有一组表专门存放通过键连接起来的关联数据。

2. 数据驱动

数据的标准化有助于消除数据库中的数据冗余，第三范式（3NF）通常被认为在性能、扩展性和数据完整性方面达到了最好的平衡，遵守 3NF 的数据表只包括其本身基本的属性，当不是它们本身所具有的属性时，就需要进行分解，表和表之间的关系通过外键相连接，有一组表专门存放通过键连接起来的关联数据。

采用数据驱动而非硬编码的方式，许多策略变更和维护都会方便得多，大大增强了系统的灵活性和扩展性。

例如，如果用户界面要访问外部数据源（文件、XML 文档、其他数据库等），不妨把相应的连接和路径信息存储在用户界面支持表里。

还有，如果用户界面执行工作流之类的任务（发送邮件、修改记录、添加用户等），产生的工作流数据也可以存放在数据库里。角色权限管理也可以通过数据驱动来完成。事实上，如果过程是数据驱动的，就可以把相当大的责任交给用户，由用户自己来维护工作流过程。

3. 考虑各种变化

在设计数据表的时候，要考虑到哪些字段将来可能会发生变更。

4. 表和表的关系

数据库里表和表的关系有三种：一对一、一对多、多对多。

（1）一对一，主表和相关联的表之间是一一对应的，比如说，我们新建一个学生基本信息表 t_student，然后新建一个成绩表，里面有个外键 stuID，学生基本信息表里的字段 stuID 和成绩表里的 stuID 就是一一对应的。

（2）一对多，比如说，我们新建一个班级表，而每个班级都有多个学生，每个学生则对应一个班级，班级对学生就是一对多的关系。

（3）多对多，比如我们新建一个选课表，可能有许多科目，每个科目有很多学生选，而每个学生又可以选择多个科目，这就是多对多的关系。

其实在设计数据表的时候，我们最多要遵循的就是第三范式（3NF），但并不是越满足第三范式就越完美，有时候增加点冗余数据反而会提高效率，因此在实际的设计过程中要理论结合实际，灵活运用。

数据库提供了多种数据类型，其中包括整数类型、浮点数类型、定点数类型、日期和时间类型、字符串类型和二进制数据类型。不同的数据类型有各自的特点，适用范围不相同，而且存储方式也不一样。本章讲解各种数据类型。

3.2 数据库中的数据类型

3.2.1 整数类型

整数类型是数据库中最基本的数据类型。标准 SQL 中支持 INTEGER 和 SMALLINT 这两种数据类型。MySQL 数据库除了支持这两种类型以外，还扩展支持了 TINYINT、MEDIUMINT 和 BIGINT。表 3-1 从不同整数类型的字节数、取值范围等方面进行对比。

表 3-1　整数类型

整数类型	字节数	无符号数的取值范围	有符号数的取值范围
TINYINT	1	0~255	-128~127
SMALLINT	2	0~65535	-32768~32767
MEDIUMINT	3	0~16777215	-8388608~8388607
INT	4	0~4294967295	-2147483648~2147483647
INTEGER	4	0~4294967295	-2147483648~2147483647
BIGINT	8	0~18446744073709551615	-9223372036854775808~9223372036854775807

从表 3-1 中可以看到，INT 类型和 INTEGER 类型的字节数和取值范围都是一样的。其实，在 MySQL 中 INT 类型和 INTEGER 类型是一样的。TINYINT 类型占用的字节最小，只需要 1 个字节。因此，其取值范围是最小的。BIGINT 类型占用的字节最大，需要 8 个字节，因此，其取值范围是最大的。

不同类型的整数类型的字节数不同，根据类型所占的字节数可以算出该类型的取值范围。例如，TINYINT 的空间为 1 个字节，1 个字节是 8 位，那么 TINYINT 无符号数的最大值为 2^8-1，即为 255。TINYINT 有符号数的最大值为 2^7-1，即为 127。同理可以算出其他不同整数类型的取值范围。

字段选择哪个整数类型取决于该字段的范围。如果字段的最大值不超过 255，那么选择 TINYINT 类型就足够了。取值很大时，根据最大值的范围选择 INT 类型或 BIGINT 类型。现在常用的整数类型是 INT 类型。

【示例 3-1】INT 的创建。

使用命令"HELP INT"可以查看 INT 的数据范围，如图 3-3 所示。

```
mysql> help int;
Name: 'INT'
Description:
INT[(M)] [UNSIGNED] [ZEROFILL]

A normal-size integer. The signed range is -2147483648 to 2147483647.
The unsigned range is 0 to 4294967295.

URL: http://dev.mysql.com/doc/refman/8.0/en/numeric-type-overview.html
```

图 3-3　INT 类型帮助文档

首先创建一个含有 INT 类型字段的表，再使用 INSERT 语句插入符合范围的数据，如果插入的数据超出了规定的范围，就会插入失败，如图 3-4、图 3-5 所示。

```
create TABLE int_example(
int_value INTEGER);


insert into int_example values(0),(-3),(6.1),(214783647),(-214783648);


select * from int_example;
```

```
mysql> create TABLE
    -> int_example(int_value INTEGER);
Query OK, 0 rows affected (0.03 sec)

mysql>
```

图 3-4　创建表

图 3-5　在表里插入数据再查询

3.2.2 浮点数类型和定点数类型

数据表中用浮点数类型和定点数类型来表示小数。浮点数类型包括单精度浮点数（FLOAT型）和双精度浮点数（DOUBLE 型）。定点数类型就是 DECIMAL 型。下面从这三种类型的字节数、取值范围等方面进行对比，如表 3-2 所示。

表 3-2　浮点数和定点数类型

类型	字节数	负数的取值范围	非负数的取值范围
FLOAT	4	-3.402823466E+38~ -1.175494351E-38	0 和 1.175494351E-38~ 3.402823466E+38
DOUBLE	8	-1.7976931348623157E+308~ -2.2250738585072014E-308	0 和 2.2250738585072014E-308~ 1.7976931348623157E+308
DECIMAL(M,D) 或 DEC(M,D)	M+2	同 DOUBLE 型	同 DOUBLE 型

从表 3-2 可以看到，DECIMAL 型的取值范围与 DOUBLE 相同，但是 DECIMAL 的有效值范围由 M 和 D 决定；而且 DECIMAL 型的字节数是 M+2，也就是说，定点数的存储空间是根据其精度决定的。

【示例 3-2】FLOAT、DOUBLE 和 DECIMAL 的创建（见图 3-6、图 3-7、图 3-8）。

```
CREATE TABLE fdd_example(
a float(10,5),
b double(10,5),
c decimal(10,5));

INSERT INTO fdd_example values(12345.00001,12345.00001,12345.00001);
SELECT * FROM fdd_example;
```

```
mysql> CREATE TABLE fdd_example(a float(10,5),b double(10,5),c decimal(10,5));
Query OK, 0 rows affected (0.06 sec)
```

图 3-6　创建含有 FLOAT、DOUBLE 和 DECIMAL 类型字段的数据表

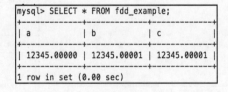

```
mysql> INSERT INTO fdd_example
    -> VALUES(12345.00001,12345.00001,12345.00001);
Query OK, 1 row affected (0.00 sec)
```

```
mysql> SELECT * FROM fdd_example;
+-----------+-----------+-----------+
| a         | b         | c         |
+-----------+-----------+-----------+
| 12345.00000 | 12345.00001 | 12345.00001 |
+-----------+-----------+-----------+
1 row in set (0.00 sec)
```

图 3-7　插入数据　　　　　　图 3-8　查询数据

由图 3-6、图 3-7、图 3-8 可见，FLOAT、DOUBLE 数据类型存储数据时存储的是近似值，DECIMAL 存储的是字符串，因此提供了更高的精度。在金融系统中，表示货币金额的时候，会优先考虑 DECIMAL 数据类型；在一般的价格体系中，比如购物平台中货品的标价，一般选择 FLOAT 类型就可以。

3.2.3 日期与时间类型

日期与时间类型是为了方便在数据库中存储日期和时间而设计的,数据库有多种表示日期和时间的数据类型。其中,YEAR 类型表示年,DATE 类型表示日期,TIME 类型表示时间,DATETIME 和 TIMESTAMP 表示日期和时间。下面从这 5 种日期与时间类型的字节数、取值范围和零值等方面进行对比,如表 3-3 所示。

表 3-3 日期与时间类型

类型	字节数	取值范围	零值
YEAR	1	1901~2155	0000
DATE	4	1000-01~9999-12-31	0000:00:00
TIME	3	-838:59:59~838:59:59	00-00-00
DATETIME	8	1000-01 00:00:00~9999-12-21 23:59:59	0000-00-00 00:00:00
TIMESTAMP	4	19700101080001~2038011911407	00000000000000

从表 3-3 可以看到,每种日期与时间类型都有一个有效范围。如果插入的值超过了这个范围,系统就会报错,并将零值插入到数据库中。不同的日期与时间类型均有不同的零值,表 3-3 中已经详细列出。

【示例 3-3】日期和时间类型的使用。

```
CREATE TABLE dt_example(
e_date DATE,
e_datetime DATETIME,
e_timestamp TIMESTAMP,
e_time TIME,
e_year YEAR);

insert into dt_example values(CURDATE(),NOW(),NOW(),time(NOW()),YEAR(NOW()));

select * from dt_example;
```

在图 3-9 中,先创建一个包含日期和时间类型的表,再插入相关数据,最后查询展示数据,由此示例可以了解日期和事件类型的使用。在实际应用中,我们有时在线申请工作或者补助的时候需要填写出生年月,后来的数据就会存储成日期和时间类型;事实上,我们在大部分平台上的任何操作,后来服务器都会记录操作的日期和时间,在数据库中存储,比如购物日期时间、发货日期时间、收货时间。

```
mysql> CREATE TABLE dt_example(
    -> e_date DATE,
    -> e_datetime DATETIME,
    -> e_timestamp TIMESTAMP,
    -> e_time TIME,
    -> e_year YEAR);
Query OK, 0 rows affected (0.07 sec)

mysql> insert into dt_example values(CURDATE(),NOW(),NOW(),time(NOW()),YEAR(NOW()));
Query OK, 1 row affected (0.11 sec)

mysql> select * from dt_example;
+------------+---------------------+---------------------+----------+--------+
| e_date     | e_datetime          | e_timestamp         | e_time   | e_year |
+------------+---------------------+---------------------+----------+--------+
| 2018-09-13 | 2018-09-13 14:04:28 | 2018-09-13 14:04:28 | 14:04:28 |   2018 |
+------------+---------------------+---------------------+----------+--------+
1 row in set (0.00 sec)
```

图 3-9　日期时间类型数据插入和查询

3.2.4　字符串类型

字符串类型是在数据库中存储字符串的数据类型。字符串类型包括 CHAR、VARCHAR、BLOB、TEXT、ENUM 和 SET。

1. CHAR 类型和 VARCHAR 类型

CHAR 类型和 VARCHAR 类型都在创建表时指定了最大长度，其基本形式如下：

字符串类型（M）

其中，"字符串类型"参数指定了数据类型为 CHAR 类型还是 VARCHAR 类型；M 参数指定了该字符串的最大长度为 M。例如，CHAR(4)就是数据类型为 CHAR 类型，其最大长度为 4。

CHAR 类型的长度是固定的，在创建表时就指定了。其长度可以是 0~255 的任意值。例如，CHAR(100)就是指定 CHAR 类型的长度为 100。

VARCHAR 类型的长度是可变的，在创建表时指定了最大长度。定义时，其最大值可以取 0~65535 之间的任意值。指定 VARCHAR 类型的最大值以后，其长度可以在 0 到最大长度之间。例如，VARCHAR(100)的最大长度是 100，但是不是每条记录都要占用 100 个字节，而是在这个最大值范围内使用多少就分配多少。VARCHAR 类型实际占用的空间为字符串的实际长度加 1，这样即可有效节约系统的空间。

下面向 CHAR(5)与 VARCHAR(5)中存入不同长度的字符串，将数据库中的存储形式和占用的字节数进行对比，如表 3-4 所示。

表 3-4　CHAR(5)与 VARCHAR(5)的对比

插入值	CHAR(5)	占用字节数	VARCHAR(5)	占用字节数
''	1	5 个字节	''	1 个字节
'a'	4	5 个字节	'a'	2 个字节
'abc'	3	5 个字节	'abc'	4 个字节
'abc '	8	5 个字节	'abc '	5 个字节
'abcde'	4	5 个字节	'abcde'	6 个字节

表 3-4 显示，CHAR(5)所占用的空间都是 5 个字节，这表示 CHAR(5)的固定长度就是 5 个字节。VARCHAR(5)所占的字节数是在实际长度的基础上加 1，因为字符串的结束标识符占用了 1 个字节。从表 3-4 的第三行可以看到，VARCHAR 将字符串'abc '最后的空格保留着。

【示例 3-4】字符串类型的使用。

创建记录电影名字的表格，名字的字段用 VARCHAR 类型，如果字符串的长度超过了定义的长度，就无法插入，并显示出错信息，如图 3-10、图 3-11、图 3-12、图 3-13 所示。

```
CREATE TABLE movie_char(
id INT,
name VARCHAR(10));

INSERT INTO movie_char values(1,'战狼2'),(2,'地球神奇的一天'),(3,'三生三世十里桃林起么爱情飞升上仙');

INSERT INTO movie_char values(1,'战狼2'),(2,'地球神奇的一天'),(3,'三生三世十里桃林');
```

```
mysql> CREATE TABLE movie_char(
    -> id INT,
    -> name VARCHAR(10));
Query OK, 0 rows affected (0.02 sec)
```

图 3-10　创建包含字符类型字段的表

```
mysql> INSERT INTO movie_char
    -> VALUES(1,'战狼2'),
    -> (2,'地球神奇的一天'),
    -> (3,'三生三世十里桃林起么爱情飞升上仙');
ERROR 1406 (22001): Data too long for column 'name' at row 3
```

图 3-11　插入超过定义长度的数据

```
mysql> INSERT INTO movie_char
    -> VALUES(1,'战狼2'),
    -> (2,'地球神奇的一天'),
    -> (3,'三生三世十里桃林');
Query OK, 3 rows affected (0.00 sec)
Records: 3  Duplicates: 0  Warnings: 0
```

图 3-12　插入符合定义长度的字符数据

```
mysql> SELECT * FROM movie_char;
+------+--------------------+
| id   | name               |
+------+--------------------+
|    1 | 战狼2              |
|    2 | 地球神奇的一天     |
|    3 | 三生三世十里桃林   |
+------+--------------------+
3 rows in set (0.00 sec)
```

图 3-13　查看插入字符数据

2. TEXT 类型

TEXT 类型是一种特殊的字符串类型，包括 TINYTEXT、TEXT、MEDIUMTEXT 和 LONGTEXT，其长度和存储空间的对比如表 3-5 所示。

表 3-5　各种 TEXT 类型的对比

类　　型	允许的长度	存储空间
TINYTEXT	0~255 字节	值的长度+2 个字节
TEXT	0~65535 字节	值的长度+2 个字节
MEDIUMTEXT	0~16772150 字节	值的长度+3 个字节
LONGTEXT	0~4294967295 字节	值的长度+4 个字节

从表 3-5 可以看出，各种 TEXT 类型的区别在于允许的长度和存储空间不同。因此，在这几种 TEXT 类型中，根据需求选取既能满足需要又节省空间的类型即可。

3. ENUM 类型

ENUM 类型又称为枚举类型。在创建表时，ENUM 类型的取值范围以列表的形式指定，其基本形式如下：

```
属性名  ENUM('值1', '值2', …, '值n')
```

其中，"属性名"参数指字段的名称，"值 n"参数表示列表中的第 n 个值。ENUM 类型的值只能取列表中的一个元素。其取值列表中最多能有 65535 个值。列表中的每个值独有一个顺序排列的编号，MySQL 中存入的是这个编号，而不是列表中的值。

如果 ENUM 类型加上了 NOT NULL 属性，其默认值为取值列表的第一个元素。如果不加 NOT NULL 属性，ENUM 类型将允许插入 NULL，而且 NULL 为默认值。

4. SET 类型

在创建表时，SET 类型的取值范围就以列表的形式指定了，其基本形式如下：

```
属性名  SET('值1', '值2', …, '值n')
```

其中，属性名参数指字段的名称，"值 n"参数表示列表中的第 n 个值，这些值末尾的空格将会被系统直接删除。其基本形式与 ENUM 类型一样。SET 类型的值可以取列表中的一个元素或者多个元素的组合。取多个元素时，不同元素之间用逗号隔开。SET 类型的值最多只能是由 64 个元素构成的组合。

3.2.5 二进制类型

二进制类型是存储二进制数据的数据类型，包括 BINARY、VARBINARY、BIT、TINYBLOB、BLOB、MEDIUMBLOB 和 LONGBLOB。二进制类型之间的对比如表 3-6 所示。

表 3-6　二进制类型

类　　型	取值范围
BINARY(M)	字节数为 M，允许长度为 0~M 的定长二进制字符串
VARBINARY(M)	允许长度为 0~M 的变长二进制字符串，字节数为值的长度加 1
BIT(M)	M 位二进制数据，M 最大值为 64
TINYBLOB	可变长二进制数据，最多 255 个字节
BLOB	可变长二进制数据，最多（$2^{16}-1$）个字节
MEDIUMBLOB	可变长二进制数据，最多（$2^{24}-1$）个字节
LONGBLOB	可变长二进制数据，最多（$2^{32}-1$）个字节

1. BINARY 和 VARBINARY 类型

BINARY 类型和 VARBINARY 类型都是在创建表时指定最大长度，其基本形式如下：

字符串类型（M）

其中，"字符串类型"参数指定数据类型为 BINARY 类型还是 VARBINARY 类型；M 参数指定该二进制数的最大字节长度为 M。这与 CHAR 类型和 VARCHAR 类型相似。例如，BINARY(10)就是指数据类型为 BINARY 类型，其最大长度为 10。

BINARY 类型的长度是固定的，在创建表时就指定了，不足最大长度的空间由"\0"补全。例如，BINARY(50)就是指定 BINARY 类型的长度为 50。

VARBINARY 类型的长度是可变的，在创建表时指定了最大的长度，其长度可以在 0 到最大长度之间，在这个最大值范围内使用多少就分配多少。

2. BIT 类型

BIT 类型在创建表时指定最大长度，其基本形式如下：

BIT（M）

其中，"M"指定该二进制数的最大字节长度为 M，M 的最大值为 64。例如，BIT(4)就是指数据类型为 BIT 类型，长度为 4。若字段的类型 BIT(4)存储的数据是 0~15，因为变成二进制之后 15 的值为 1111，则其长度为 4。如果插入的值为 16，其二进制数为 10000，长度为 5，超过了最大长度，因此大于 16 的数是不能插入 BIT(4)类型字段中的。

3. BLOB 类型

BLOB 类型是特殊的二进制类型。BLOB 用来保存数据量很大的二进制数据，如图片等。BLOB 类型包括 TINYBLOB、BLOB、MEDIUMBLOB 和 LONGBLOB。这几种 BLOB 类型的区别是能够保存的最大长度不同。LONGBLOB 的长度最大，TINYBLOB 的长度最小。

BLOB 类型与 TEXT 类型类似，不同在于 BLOB 类型用于存储二进制数据，BLOB 类型数据根据其二进制编码进行比较和排序，而 TEXT 类型是文本模式进行比较和排序的。

3.2.6　JSON 类型及 MySQL 8 JSON 增强

JSON 是一种轻量级的数据交换格式。相比格式化 JSON 以字符串形式存储在数据库中，使用 JSON 类型有如下好处：

（1）对存储在 JSON 列的 JSON 文档进行原子化验证；
（2）优化存储格式。

在 MySQL 中，存储 JSON 文档的空间与 LONGBLOB 和 LONGTEXT 大致相当。对于 JSON 类型的列无法设置默认值。

1. 创建 JSON 值

JSON 数组包括在方括号"[]"之间，例如：

```
["abc", 10, null, true, false]
```

JSON 对象是一系列键值对，包括在"{}"之间，例如：

```
{"k1": "value", "k2": 10}
```

JSON 数组和对象可以嵌套，例如：

```
[99, {"id": "HK500", "cost": 75.99}, ["hot", "cold"]]
{"k1": "value", "k2": [10, 20]}
```

在 MySQL 中，JSON 值是以字符串形式写入的，写入时 MySQL 会对字符串进行解析，如果不符合 JSON 格式，那么写入将失败。

【示例 3-5】JSON 类型的使用。

```
CREATE TABLE json_example(
jdoc JSON
);

INSERT INTO json_example VALUES('{"key1": "json_value1", "key2":
"json_value2"}');

INSERT INTO json_example VALUES('[1, 2,');
```

创建一个包含 JSON 类型的表，然后向表中插入数据，如果插入的字符串不是合法的 JSON，操作会失败，如图 3-14、图 3-15、图 3-16、图 3-17 所示。

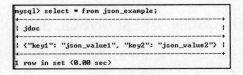

```
mysql> CREATE TABLE json_example(
    -> jdoc JSON
    -> );
Query OK, 0 rows affected (0.09 sec)
```

图 3-14 创建表

```
mysql> INSERT INTO json_example VALUES('{"key1": "json_value
1", "key2": "json_value2"}');
Query OK, 1 row affected (0.04 sec)
```

图 3-15 插入 JSON 数据成功

```
mysql> INSERT INTO json_example VALUES('[1, 2,');
ERROR 3140 (22032): Invalid JSON text: "Invalid value." at p
osition 6 in value for column 'json_example.jdoc'.
```

图 3-16 插入 JSON 数据失败

```
mysql> select * from json_example;
+------------------------------------------------+
| jdoc                                           |
+------------------------------------------------+
| {"key1": "json_value1", "key2": "json_value2"} |
+------------------------------------------------+
1 row in set (0.00 sec)
```

图 3-17 查询数据

2. JSON 函数

JSON 类型支持 SQL 函数。表 3-7 列举了当前 MySQL 支持的 JSON 函数。

表 3-7　JSON 函数

名称	描述
JSON_ARRAY()	创建 JSON 数组
JSON_ARRAY_APPEND()	向 JSON 文档追加数据
JSON_ARRAY_INSERT()	插入 JSON 数组
->	JSON 列路径运算符，等同于 JSON_EXTRACT()
JSON_CONTAINS()	判断路径中是否包含某个对象
JSON_CONTAINS_PATH()	判断路径中是否包含数据
JSON_DEPTH()	JSON 文档的最大深度
JSON_EXTRACT()	返回 JSON 文档数据
->>	增强的列路径运算符，等同于 JSON_UNQUOTE(JSON_EXTRACT())
JSON_INSERT()	向 JSON 文档插入数据
JSON_KEYS()	返回 JSON 文档的键数组
JSON_LENGTH()	返回 JSON 文档的元素个数
JSON_MERGE()	MySQL 8.0.3 版本后已过时，功能同 JSON_MERGE_PRESERVE()
JSON_MERGE_PATCH()	合并 JSON 文档，替换重复的键值
JSON_MERGE_PRESERVE()	合并 JSON 文档，保留重复的键值
JSON_OBJECT()	创建 JSON 对象
JSON_PRETTY()	以可读模式打印 JSON 文档
JSON_QUOTE()	引用 JSON 文档
JSON_REMOVE()	从 JSON 文档中移除数据
JSON_REPLACE()	替换 JSON 文档中的值
JSON_SEARCH()	JSON 文档中的值路径
JSON_SET()	向 JSON 文档中插入数据
JSON_STORAGE_FREE()	部分更新后，JSON 列值的二进制形式的空余空间
JSON_STORAGE_SIZE()	二进制形式的 JSON 文档占用的空间
JSON_TABLE()	以关系表的形式返回 JSON 表达式的数据
JSON_TYPE()	JSON 值的类型
JSON_UNQUOTE()	解除引用
JSON_VALID()	验证 JSON 值是否合法

在以上函数中，MySQL 8 新添加的有 ->>、JSON_PRETTY()、JSON_STORAGE_SIZE()、JSON_STORAGE_FREE()、JSON_TABLE()和 JSON_MERGE_PATCH()。JSON_MERGE() 函数被改名为 JSON_MERGE_PRESERVE()。除此之外，MySQL 8 中新增加了两个聚合函数

JSON_ARRAYAGG()和 JSON_OBJECTAGG()。

【示例 3-6】演示 JSON_MERGE_PATCH()函数的使用。

JSON_MERGE_PATCH()函数合并时，遵循以下规则：

（1）如果第一个或第二个参数不是 JSON 对象，那么合并结果为第二个参数，如图 3-18 所示。

```
mysql> SELECT JSON_MERGE_PATCH('[1, 2]', '[true, false]');
+---------------------------------------------+
| JSON_MERGE_PATCH('[1, 2]', '[true, false]') |
+---------------------------------------------+
| [true, false]                               |
+---------------------------------------------+
1 row in set (0.00 sec)

mysql> SELECT JSON_MERGE_PATCH('1', 'true');
+-------------------------------+
| JSON_MERGE_PATCH('1', 'true') |
+-------------------------------+
| true                          |
+-------------------------------+
1 row in set (0.00 sec)

mysql> SELECT JSON_MERGE_PATCH('[1, 2]', '{"id": 47}');
+------------------------------------------+
| JSON_MERGE_PATCH('[1, 2]', '{"id": 47}') |
+------------------------------------------+
| {"id": 47}                               |
+------------------------------------------+
1 row in set (0.00 sec)
```

图 3-18　JSON 合并演示 1

（2）如果参数均为对象，合并时会去掉重复的键值，保留最后一个，并且去除字面为 null 的参数，如图 3-19 所示。

```
SELECT JSON_MERGE_PATCH('[1, 2]', '[true, false]');

SELECT JSON_MERGE_PATCH('1', 'true');

SELECT JSON_MERGE_PATCH('[1, 2]', '{"id": 47}');

SELECT JSON_MERGE_PATCH('{ "a": 1, "b":2 }','{ "a": 3, "c":4 }','{ "b": null,
"d":6 }');
```

```
mysql> SELECT JSON_MERGE_PATCH('{ "a": 1, "b":2 }','{ "a": 3
, "c":4 }','{ "b": null, "d":6 }');
+------------------------------------------------------------
-------------------------+
| JSON_MERGE_PATCH('{ "a": 1, "b":2 }','{ "a": 3, "c":4 }','
{ "b": null, "d":6 }') |
+------------------------------------------------------------
-------------------------+
| {"a": 3, "c": 4, "d": 6}
                       |
+------------------------------------------------------------
-------------------------+
1 row in set (0.00 sec)
```

图 3-19　JSON 合并演示 2

【示例 3-7】演示聚合函数 JSON_ARRAYAGG() 的使用。

```
create table json_arrayagg_example(
o_id int,
attribute varchar(20),
value varchar(20));

insert into json_arrayagg_example values(
2,'color','red'),(2,'fabric','silk'),(3,'color','green'),(3,'shape','square
');

select o_id,attribute,value from json_arrayagg_example;

select o_id,JSON_ARRAYAGG(attribute) from json_arrayagg_example group by o_id;
```

该函数返回结果集组成的数组，如图 3-20 所示。

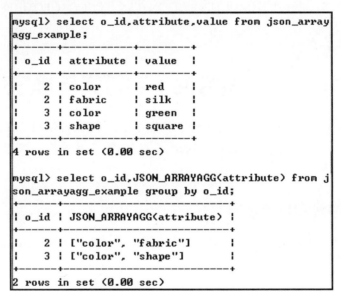

图 3-20　JSON 聚合函数

由于篇幅有限，其他函数就不一一演示了，读者可结合表 3-7 以及官方文档自行深入研究。

3. JSON 值部分更新

在 MySQL 8 中，优化器支持 JSON 文档的部分、就地更新。更新需要满足以下条件：

（1）更新的列必须声明为 JSON 类型。

（2）更新语句需要使用 JSON_SET()、JSON_REPLACE() 或 JSON_REMOVE() 函数。

（3）输入列与目标列需为同一列。

（4）所有的操作都是替换原先已有的值，不可新增。

（5）新值的长度不可超过原先的值。

通过设置 binlog_row_value_options 变量值为 PARTIAL_JSON，部分更新操作将会被写入二进制日志中。

3.2.7　Spatial 数据类型

Spatial 数据即空间数据，又称为几何数据，用来表示物体的位置、形态、大小分布等各方面的信息，是对现实世界中存在的具有定位意义的事物和现象的定量描述。

开放地理空间信息联盟简称为 OGC，发布了空间数据文档。遵循此文档，MySQL 实现了空间扩展。作为几何类型 SQL 环境的子集，该扩展空间实现了空间特性的生成、存储和分析。

MySQL 包含的空间数据类型有几何体（GEOMETRY）、点（POINT）、线（LINESTRING）和多边形（POLYGON），其中几何体可以存储任何类型的几何数据，而其他三种只能存储对应类型的几何数据。

另外，MySQL 还包含其他集合类型的空间数据类型：多点（MULTIPOINT）、多线（MULTILINESTRING）、多多边形（MULTIPOLYGON）以及几何集合（GEOMETRYCOLLECTION）。

3.3　MySQL 8 新特性：字符集与排序规则

MySQL 支持字符集，能够实现使用多种字符集存储数据。MyISAM、MEMORY 和 InnoDB 存储引擎支持使用字符集。字符集问题不仅影响数据存储，还影响客户端程序与 MySQL 服务器之间的通信。

3.3.1　一般字符集和排序规则

字符集是符号和编码的集合，排序是规则的集合。假设有一个包含 A、B、a、b 的字母表，给每个字母设定一个值：

```
A=0
B=1
```

此时要比较 A 与 B 的大小，可以直接比较设定的值，所以 A 小于 B。B 以及它们的编码值组成的集合就成为字符集，判断大小时使用比较编码的规则就成为排序。

实际应用中，字符集更复杂，可能包含整张字母表，或数张字母表以及包含几千个字符的东方文字系统，例如汉字，排序规则也会更多。

在实际操作中，往往需要实现以下功能：

（1）使用多种字符集存储字符串。

（2）使用多种规则比较字符串。

（3）在同一个服务器、数据库甚至是数据表中混合使用多种不同的字符集和字符串。

（4）在任何层面上设置字符集和排序规则可用。

在 MySQL 中，要想高效地使用这些特征，必须确定支持哪些字符集和排序、如何修改默认设置以及这些特征如何影响字符串的操作和函数。

3.3.2 MySQL 中的字符集和排序规则

MySQL 服务器支持多种字符集。查看可用的字符集，可使用 INFORMATION_SCHEMA 库中的 CHARACTER_SETS 表或 SHOW CHARACTER SET 语句，如图 3-21 所示。

```
mysql> SHOW CHARACTER SET;
+----------+-----------------------------+---------------------+--------+
| Charset  | Description                 | Default collation   | Maxlen |
+----------+-----------------------------+---------------------+--------+
| armscii8 | ARMSCII-8 Armenian          | armscii8_general_ci |      1 |
| ascii    | US ASCII                    | ascii_general_ci    |      1 |
| big5     | Big5 Traditional Chinese    | big5_chinese_ci     |      2 |
| binary   | Binary pseudo charset       | binary              |      1 |
| cp1250   | Windows Central European    | cp1250_general_ci   |      1 |
| cp1251   | Windows Cyrillic            | cp1251_general_ci   |      1 |
| cp1256   | Windows Arabic              | cp1256_general_ci   |      1 |
| cp1257   | Windows Baltic              | cp1257_general_ci   |      1 |
| cp850    | DOS West European           | cp850_general_ci    |      1 |
| cp852    | DOS Central European        | cp852_general_ci    |      1 |
| cp866    | DOS Russian                 | cp866_general_ci    |      1 |
| cp932    | SJIS for Windows Japanese   | cp932_japanese_ci   |      2 |
| dec8     | DEC West European           | dec8_swedish_ci     |      1 |
| eucjpms  | UJIS for Windows Japanese   | eucjpms_japanese_ci |      3 |
| euckr    | EUC-KR Korean               | euckr_korean_ci     |      2 |
| gb18030  | China National Standard GB18030 | gb18030_chinese_ci |   4 |
| gb2312   | GB2312 Simplified Chinese   | gb2312_chinese_ci   |      2 |
| gbk      | GBK Simplified Chinese      | gbk_chinese_ci      |      2 |
| geostd8  | GEOSTD8 Georgian            | geostd8_general_ci  |      1 |
| greek    | ISO 8859-7 Greek            | greek_general_ci    |      1 |
| hebrew   | ISO 8859-8 Hebrew           | hebrew_general_ci   |      1 |
| hp8      | HP West European            | hp8_english_ci      |      1 |
| keybcs2  | DOS Kamenicky Czech-Slovak  | keybcs2_general_ci  |      1 |
| koi8r    | KOI8-R Relcom Russian       | koi8r_general_ci    |      1 |
| koi8u    | KOI8-U Ukrainian            | koi8u_general_ci    |      1 |
| latin1   | cp1252 West European        | latin1_swedish_ci   |      1 |
| latin2   | ISO 8859-2 Central European | latin2_general_ci   |      1 |
| latin5   | ISO 8859-9 Turkish          | latin5_turkish_ci   |      1 |
| latin7   | ISO 8859-13 Baltic          | latin7_general_ci   |      1 |
| macce    | Mac Central European        | macce_general_ci    |      1 |
| macroman | Mac West European           | macroman_general_ci |      1 |
| sjis     | Shift-JIS Japanese          | sjis_japanese_ci    |      2 |
| swe7     | 7bit Swedish                | swe7_swedish_ci     |      1 |
| tis620   | TIS620 Thai                 | tis620_thai_ci      |      1 |
| ucs2     | UCS-2 Unicode               | ucs2_general_ci     |      2 |
| ujis     | EUC-JP Japanese             | ujis_japanese_ci    |      3 |
| utf16    | UTF-16 Unicode              | utf16_general_ci    |      4 |
| utf16le  | UTF-16LE Unicode            | utf16le_general_ci  |      4 |
| utf32    | UTF-32 Unicode              | utf32_general_ci    |      4 |
| utf8     | UTF-8 Unicode               | utf8_general_ci     |      3 |
| utf8mb4  | UTF-8 Unicode               | utf8mb4_0900_ai_ci  |      4 |
+----------+-----------------------------+---------------------+--------+
41 rows in set (0.00 sec)
```

图 3-21 查看字符集

字符集至少包含一种排序，在图 3-21 中，"Default collation"显示的是当前默认排序，要查看所有排序可使用 INFORMATION_SCHEMA 库中的 COLLATIONS 表或 SHOW COLLATION 语句。默认情况下，SHOW COLLATION 语句显示所有可用的排序，可使用 LIKE 或 WHERE 语句指定显示某个或某些字符集的排序，如图 3-22 所示。

```
mysql> SHOW COLLATION WHERE Charset = 'utf8mb4';
+----------------------+---------+-----+---------+----------+---------+---------------+
| Collation            | Charset | Id  | Default | Compiled | Sortlen | Pad_attribute |
+----------------------+---------+-----+---------+----------+---------+---------------+
| utf8mb4_0900_ai_ci   | utf8mb4 | 255 | Yes     | Yes      |       0 | NO PAD        |
| utf8mb4_0900_as_ci   | utf8mb4 | 305 |         | Yes      |       0 | NO PAD        |
| utf8mb4_0900_as_cs   | utf8mb4 | 278 |         | Yes      |       0 | NO PAD        |
| utf8mb4_bin          | utf8mb4 |  46 |         | Yes      |       1 | PAD SPACE     |
| utf8mb4_croatian_ci  | utf8mb4 | 245 |         | Yes      |       8 | PAD SPACE     |
| utf8mb4_cs_0900_ai_ci| utf8mb4 | 266 |         | Yes      |       0 | NO PAD        |
| utf8mb4_cs_0900_as_cs| utf8mb4 | 289 |         | Yes      |       0 | NO PAD        |
| utf8mb4_czech_ci     | utf8mb4 | 234 |         | Yes      |       8 | PAD SPACE     |
| utf8mb4_danish_ci    | utf8mb4 | 235 |         | Yes      |       8 | PAD SPACE     |
| utf8mb4_da_0900_ai_ci| utf8mb4 | 267 |         | Yes      |       0 | NO PAD        |
| utf8mb4_da_0900_as_cs| utf8mb4 | 290 |         | Yes      |       0 | NO PAD        |
| utf8mb4_de_pb_0900_ai_ci | utf8mb4 | 256 |     | Yes      |       0 | NO PAD        |
| utf8mb4_de_pb_0900_as_cs | utf8mb4 | 279 |     | Yes      |       0 | NO PAD        |
| utf8mb4_eo_0900_ai_ci| utf8mb4 | 273 |         | Yes      |       0 | NO PAD        |
| utf8mb4_eo_0900_as_cs| utf8mb4 | 296 |         | Yes      |       0 | NO PAD        |
| utf8mb4_esperanto_ci | utf8mb4 | 241 |         | Yes      |       8 | PAD SPACE     |
| utf8mb4_estonian_ci  | utf8mb4 | 230 |         | Yes      |       8 | PAD SPACE     |
| utf8mb4_es_0900_ai_ci| utf8mb4 | 263 |         | Yes      |       0 | NO PAD        |
| utf8mb4_es_0900_as_cs| utf8mb4 | 286 |         | Yes      |       0 | NO PAD        |
| utf8mb4_es_trad_0900_ai_ci | utf8mb4 | 270 |   | Yes      |       0 | NO PAD        |
| utf8mb4_es_trad_0900_as_cs | utf8mb4 | 293 |   | Yes      |       0 | NO PAD        |
| utf8mb4_et_0900_ai_ci| utf8mb4 | 262 |         | Yes      |       0 | NO PAD        |
| utf8mb4_et_0900_as_cs| utf8mb4 | 285 |         | Yes      |       0 | NO PAD        |
| utf8mb4_general_ci   | utf8mb4 |  45 |         | Yes      |       1 | PAD SPACE     |
| utf8mb4_german2_ci   | utf8mb4 | 244 |         | Yes      |       8 | PAD SPACE     |
| utf8mb4_hr_0900_ai_ci| utf8mb4 | 275 |         | Yes      |       0 | NO PAD        |
```

图 3-22　查看字符集的排序

排序有如下特点：

（1）两个不同的字符集不能有相同的排序。

（2）每个字符集都有默认的排序，例如 utf8mb4 和 latin1 字符集的默认排序分别为 utf8mb4_0900_ai_ci 和 latin1_swedish_ci。

（3）排序名称以字符集名称开始，通常后边跟一个或多个后缀表示其他的特性。

1. 字符集编码表

字符集编码表是字符集中的字符集和。字符串表达式的编码表属性包含两个值：

（1）ASCII：表达式只能包含 Unicode 码从 U+0000 到 U+007F。

（2）UNICODE：表达式包含 Unicode 码从 U+0000 到 U+10FFFF。

ASCII 是 UNICODE 的子集。 ASCII 字符编码可以被无损地转化为任何 UNICODE 编码或者其他 ASCII 的父集。

字符集编码表有如下特点：

（1）字符串的编码表取决于字符串内容，有可能与字符集的编码表不同。例如：

```
SET NAMES utf8; SELECT 'abc';
SELECT _utf8'def';
SELECT N'MySQL';
```

虽然字符集是 utf8，但是字符内容并不包含超出 ASCII 编码表范围的内容，所以它们的编码表是 ASCII 而不是 UNICODE。

（2）含有一个字符串参数的函数继承参数的编码表。

（3）返回字符串但没有字符串参数，并且使用 character_set_connection 变量设置的函数，其编码表为 character_set_connection 设置的编码表。

（4）含有两个及以上字符串参数的函数使用"最宽的"参数编码表作为编码表。如果在两个参数中，一个为 ASCII 字符集，另一个为 UNICODE 字符集，那么函数的编码表为 UNICODE。

2. 元数据的 UTF-8 编码

元数据是"关于数据的数据"。与数据库内容相对的其他任何描述数据库的内容都是元数据。因此，列名、数据库名、版本名、用户名以及大部分 show 语句展示的结果都是元数据。INFORMATION_SCHEMA 库中的表内容也是元数据，因为这些表由关于数据库对象的信息定义。

元数据满足以下特点：

（1）所有的元数据必须为同一个字符集，否则在 INFORMATION_SCHEMA 中 SHOW 语句或 SELECY 语句无法正常运行。

（2）元数据必须包含所有语言所用到的所有字符，否则使用者无法使用自己的语言命名列和表。

为满足以上需求，MySQL 使用 UNICODE 字符集存储数据，命名为 UTF-8。

服务器设置系统变量 character_set_system 的值为元数据的编码名称，可使用 show 语句查看，如图 3-23 所示。

```
mysql> SHOW VARIABLES LIKE 'character_set_system';
+----------------------+-------+
| Variable_name        | Value |
+----------------------+-------+
| character_set_system | utf8  |
+----------------------+-------+
1 row in set, 1 warning (0.00 sec)
```

图 3-23　查看编码

使用 SELECT 语句时，返回的字符集取决于 character_set_results 系统变量，该变量设置的默认值为 utf8mb4。 如果想要服务器以不同的字符集传递元数据结果，使用 SET NAMES 语句强制服务器完成字符集转换，也可以通过客户端接收到结果后再转换，但不是所有的客户端都能满足要求。

如果 character_set_results 设置的值为空，那么服务器不会进行转换，并且会以初始化的字符集返回元数据。初始化的字符集由 character_set_system 变量设置。

3.3.3　指定字符集和排序规则

在 MySQL 中，对于字符集和排序有 4 个层面的默认设置：服务器、数据库、表和列。在语句中可使用 CHARACTER SET 指定字符集。字符集设置问题不仅影响数据存储，还影响客户端程序与服务器之间的通信。

1. 排序命名约定

MySQL 排序的名称遵循以下约定：

（1）排序名称以字符集开头，以一个或多个后缀标明其他特性。例如，utf8mb4_general_ci

是 utf8mb4 的排序。

（2）指定语言的排序包括本地编码或语言名称。例如，在 utf8mb4_tr_0900_ai_ci 中，tr 表明该排序使用土耳其（Turkish）的规则排序。

（3）排序后缀指明这个排序是否区分大小写或重音。常见后缀含义如表 3-8 所示。

表 3-8　常见后缀含义

后缀	说明
_ai	不区分重音
_as	区分重音
_ci	不区分大小写
_cs	区分大小写
_ks	区分假名类型
_bin	二进制排序

（4）对 Unicode 字符集，排序名称可能包含版本号数字来指明对应的 Unicode 排序算法（UCA）的版本号。如果不包含版本号，就默认使用版本 4.0.0。例如：

- utf8mb4_0900_ai_ci 基于 UCA 9.0.0;
- utf8mb4_unicode_520_ci 基于 UCA 5.2.0;
- utf8mb4_unicode_ci 基于 UCA 4.0.0。

2. 服务器字符集和排序

MySQL 服务器的字符集和排序可在服务器启动时通过命令或在配置文件中设置，在运行时可以修改。服务器字符集和排序取决于你启动 mysqld 时使用的配置项，可以使用 --character-set-server 设置，在这个命令之后可以加上 --collation-server 设置排序。如果不指定字符集，默认为 utf8mb4。如果只指定字符集，不指定排序，就使用字符集对应的默认排序。若要查看字符集的默认排序，则可参考 3.3.2 小节。

3. 数据库字符集和排序

数据库包含自己的字符集和排序。CREATE DATABASE 和 ALTER DATABASE 语句都可使用选项指定数据库的字符集和排序。

```
CREATE DATABASE db_name
[[DEFAULT] CHARACTER SET charset_name]
[[DEFAULT] COLLATE collation_name]
ALTER DATABASE db_name
[[DEFAULT] CHARACTER SET charset_name]
[[DEFAULT] COLLATE collation_name]
```

在 MySQL 中，可使用如下语句查看数据库对应的字符集和排序，如图 3-24 所示：

```
SELECT @@character_set_database, @@collation_database;
```

```
mysql> use ch03;
Database changed
mysql> SELECT @@character_set_database, @@collation_database;
+--------------------------+----------------------+
| @@character_set_database | @@collation_database |
+--------------------------+----------------------+
| utf8                     | utf8_general_ci      |
+--------------------------+----------------------+
1 row in set (0.00 sec)
```

图 3-24　使用命令查看数据库字符集和排序

也可以通过 INFORMATION_SCHEMA 库中的 SCHEMATA 表查看，如图 3-25 所示。

SCHEMA_NAME	DEFAULT_CHARACTER_SE	DEFAULT_COLLATION_NA
mysql	utf8mb4	utf8mb4_0900_ai_ci
information_schema	utf8	utf8_general_ci
performance_schema	utf8mb4	utf8mb4_0900_ai_ci
sys	utf8mb4	utf8mb4_0900_ai_ci
sakila	utf8mb4	utf8mb4_0900_ai_ci
world	utf8mb4	utf8mb4_0900_ai_ci
school	utf8	utf8_general_ci
test_db	utf8	utf8_general_ci
ch03	utf8	utf8_general_ci

图 3-25　查看数据库字符集和排序

MySQL 按照如下规则确定数据库的字符集和排序：

（1）创建时，同时指定字符集和排序，使用指定的字符集和排序。

（2）只指定字符集，不指定排序，使用字符集对应的默认排序。

（3）只指定排序，使用排序对应的字符集。

（4）字符集与排序都不指定，选择服务器的字符集和排序。

4. 表字符集和排序

每张表都有字符集和排序。CREATE TABLE 和 ALTER TABLE 语句由可选的语句指定表的字符集和排序。

```
CREATE TABLE tbl_name (column_list)
[[DEFAULT] CHARACTER SET charset_name]
[COLLATE collation_name]]
ALTER TABLE tbl_name
[[DEFAULT] CHARACTER SET charset_name]
[COLLATE collation_name]
```

在 MySQL 中，可使用如下语句查看表对应的字符集和排序：

```
SHOW table status [from database_name] like 'table_name';
```

MySQL 按照如下规则确定表的字符集和排序：

（1）如果同时指定字符集和排序，就使用指定的字符集和排序。

（2）如果只指定字符集，不指定排序，就使用字符集对应的默认排序。

（3）如果只指定排序，就使用排序对应的字符集。

（4）如果两者都不指定，就使用数据库的字符集和排序。

5. 列字符集和排序

每个字符列（CHAR、VARCHAR 或 TEXT）都有字符集和排序。CREATE TABLE 和 ALTER TABLE 都由可选的列定义语句设置列的字符集和排序。

```
col_name {CHAR | VARCHAR | TEXT} (col_length)
[CHARACTER SET charset_name]
[COLLATE collation_name]
```

这些语句也可用于 ENUM 和 SET 列。

```
col_name {ENUM | SET} (val_list)
[CHARACTER SET charset_name]
[COLLATE collation_name]
```

在 MySQL 中，可使用如下语句查看表中所有列对应的字符集和排序：

```
show full columns from table_name;
```

MySQL 按照如下规则确定列的字符集和排序：

（1）如果同时指定字符集和排序，就使用指定的字符集和排序。

（2）如果只指定字符集，不指定排序，就使用字符集对应的默认排序。

（3）如果只指定排序，就使用排序对应的字符集。

（4）如果两者都不指定，就使用表的字符集和排序。

【示例 3-8】字符集和排序赋值示例。

创建列时，分别以如下情况创建：同时指定字符集和排序、只指定字符集、均不指定，创建完成后分别查看对应列的字符集和排序，如图 3-26 所示。

```
CREATE TABLE t1
(
c1 CHAR(10) CHARACTER SET latin1 COLLATE latin1_german1_ci,
c2 CHAR(10) CHARACTER SET latin1,
c3 CHAR(10)
) DEFAULT CHARACTER SET latin1 COLLATE latin1_danish_ci;
```

```
mysql> show full columns from t1;
+-------+----------+-----------------+------+
| Field | Type     | Collation       | Null |
+-------+----------+-----------------+------+
| c1    | char(10) | latin1_german1_ci | YES |
| c2    | char(10) | latin1_swedish_ci | YES |
| c3    | char(10) | latin1_danish_ci  | YES |
+-------+----------+-----------------+------+
3 rows in set (0.00 sec)
```

图 3-26　查看列字符集和排序

从图 3-26 中可以看到，确定列字符集和排序时与上述规则一致。

6. 字符串的字符集和排序

每个字符串都有字符集和排序。

通过字符集导入程序和排序语句可以指定字符串的字符集和排序：

```
[_charset_name]'string' [COLLATE collation_name]
```

例如：

```
SELECT 'abc';
SELECT _binary'abc';
SELECT _utf8'abc' COLLATE utf8_danish_ci;
```

以上语法中，_charset_name 表达式称为导入程序。它告诉解析器，接下来的字符串使用该字符集。

MySQL 使用如下规则确定字符串的字符集和排序：

（1）如果同时指定字符集和排序，就使用指定的字符集和排序。

（2）如果只指定字符集，就使用字符集对应的默认排序。

（3）如果只指定排序，就使用系统变量指定的 character_set_connection 字符集，字符集与排序必须相匹配。

（4）如果两者都不指定，就使用 character_set_connection 和 collation_connection 系统变量指定的字符集和排序。

3.3.4　连接字符集和排序规则

"连接"即连接服务器后所做的事情。客户端通过连接向服务器发送语句，服务器通过连接向客户端返回结果集或错误信息。前面的内容中提到，一些系统变量与连接有关。比如，character_set_server 和 collation_server 系统变量的值即为服务器的字符集和排序，character_set_database 和 collation_database 系统变量的值是默认数据库的字符集和排序。

实际上，还有一些系统变量在决定连接的字符集和排序中起着至关重要的作用。MySQL 根据以下规则确定连接的字符集与排序：

89

（1）服务器使用 character_set_client 系统变量的值作为语句的字符集。

（2）服务器将接收到的语句的字符集由 character_set_client 的值转换成 character_set_connection 的值，除了那些使用引导程序的字符串。字符串之间的比较需要用到 collation_connection 变量，除了列值之间的字符串比较，因为列都有自己的排序，并且列排序优先。

（3）character_set_results 系统变量指定了服务器返回结果的字符集，不仅包括列数据还包括列的元数据。

3.3.5　配置应用程序字符集和排序

如果应用不使用默认的字符集和排序，就需要额外配置，有以下几种方式：

（1）指定每个数据库的字符设置。

使用如下语句创建数据库：

```
CREATE DATABASE mydb
CHARACTER SET latin1
COLLATE latin1_swedish_ci;
```

在这个数据库下创建的表将会使用 latin1 和 latin1_swedish_ci 排序。使用这种方式创建的数据库，应用在每次连接时需要使用 SET NAMES 或其他等效的方式设置字符集。

（2）在服务器启动时指定字符设置。

使用 character-set-server 和 collation-server 配置项指定字符集和排序。例如，在配置文件中使用如图 3-27 所示的设置。

```
[mysqld]
character-set-server=latin1
collation-server=latin1_swedish_ci
```

图 3-27　配置文件设置字符集和排序

这些设置适用于服务器、所有程序、所有数据库以及所有表。

在应用连接服务器之后，仍然需要使用 SET NAMES 或等效的方式设置字符集。

（3）使用源码构建 MySQL，可在配置期间指定字符设置。

使用源码构建 MySQL 时，可在 cmake 选项中使用 DEFAULT_CHARSET 和 DEFAULT_COLLATION：

```
cmake . -DDEFAULT_CHARSET=latin1 \
-DDEFAULT_COLLATION=latin1_swedish_ci
```

这样设置后，服务器使用 latin1 和 latin1_swedish_ci 作为默认的字符集和排序。使用这种方式设置字符集，连接时不需要再进行其他设置。

如果不同的应用需要不同的字符设置，可根据具体需求选择设置方式。如果每个应用的字符集都不相同，那么为每个数据库单独指定字符集更灵活。如果大多数应用使用的是相同的字符集，在服务器启动或配置时设置更方便。

3.3.6　错误消息字符集

MySQL 服务器使用 UTF-8 构造错误消息，然后以 character_set_results 系统变量指定的字符集返回给客户端。客户端可以设置 character_set_results 来决定使用哪个字符集接收错误消息。

服务器通过如下内容构造错误消息：

（1）消息模板使用 UTF-8。

（2）模板中的参数被具体错误情况中的值替代。

（3）为了向客户端返回消息，服务器将消息从 UTF-8 转化为 character_set_results 系统变量设置的值。如果该值为空或为 utf8，就不会转化。

3.3.7　列字符集转换

如果要将字符串列转化成特定的字符集，需使用 ALTER TABLE 语句。为了成功转换，必须满足下列条件之一：

（1）如果列使用二进制数据类型，即 BINARY、VARBINARY 和 BLOB 类型，所有包含的值必须使用统一的字符集编码。若使用多种编码存储信息，则不能正常转换。

（2）如果列使用非二进制类型，即 CHAR、VARCHAR 和 TEXT 类型，可以直接转换为列的字符集编码。如果转换成别的字符集，需要首先把列转为二进制类型，然后转为目标字符集。

3.3.8　排序问题

1. 在 SQL 语句中使用 COLLATE

使用 COLLATE 子句可以覆盖默认的排序。下面的语句展示了部分使用场景。

```
#用于 ORDER BY 语句
SELECT k FROM t1 ORDER BY k COLLATE latin1_german2_ci;
#用于 AS 语句
SELECT k COLLATE latin1_german2_ci AS k1 FROM t1 ORDER BY k1;
#用于 GROUP BY 语句
SELECT k FROM t1 GROUP BY k COLLATE latin1_german2_ci;
#用于聚合函数
SELECT MAX(k COLLATE latin1_german2_ci) FROM t1;
#用于 DISTINCT 语句
SELECT DISTINCT k COLLATE latin1_german2_ci FROM t1;
#用于 WHERE 语句
```

```
SELECT * FROM t1
WHERE _latin1 'Müller' COLLATE latin1_german2_ci = k;
#用于 HAVING 语句
SELECT k FROM t1 GROUP BY k
HAVING k = _latin1 'Müller' COLLATE latin1_german2_ci;
```

2. COLLATE 子句优先级别

COLLATE 子句拥有高优先级，比"||"要高。

3. 字符集和排序兼容性

一个字符集拥有一个或多个排序，但一个排序只对应一个字符集。

4. 表达式的排序可压缩性

对于大多数语句，MySQL 能够确定排序，但多操作数或多参数级联操作中可能存在歧义。为了解决这些问题，MySQL 规定了表达式可压缩性的值，如下所示：

（1）明确的 COLLATE 子句可压缩性为 0。

（2）在级联操作中，使用不同排序的两个字符串可压缩性为 1。

（3）列或已存储的程序参数或本地变量可压缩性为 2。

（4）系统常量可压缩性为 3。

（5）文字可压缩性为 4。

（6）数字或临时的值可压缩性为 5。

（7）NULL 或为 NULL 的表达式可压缩性为 6。

MySQL 根据如下规则运用可压缩性的值，解决歧义问题：

（1）使用可压缩性值最小的排序。

（2）如果两边可压缩性相同，且都是 Unicode 或都不是 Unicode，就报错；如果一方是 Unicode，就使用 Unicode 一方的排序，并自动转换非 Unicode 一方。

（3）如果多操作数的操作中混合了_bin 排序和 _ci 或 _cs 排序，就使用_bin 排序。

5. 二进制排序与后缀为_bin 的排序对比

二进制字符串拥有的字符集和排序叫 binary。非二进制字符串拥有除二进制之外的其他字符集和排序，其中有后缀为_bin 的二进制排序。二进制排序 binary 与后缀为_bin 的排序有如下不同。

（1）对比和分类的单元

二进制字符串是字节序列，非二进制字符串是字符序列。非二进制字符串的排序定义了字符值，_bin 后缀的排序基于此数值。

（2）字符集转换

非二进制字符串在很多情况下会被自动转化成另一个字符集，尽管它的排序是以 _bin 后缀结尾的排序；而对于二进制字符串列，则不会转换。

（3）大小写字母转换

非二进制字符集的排序提供了字符的字母大小写信息，所以非二进制字符串可以转换字母的大小写状态，即使使用的是忽略大小写的_bin 排序。

二进制字符串中没有字母大小写的概念。如果要转换，就必须先转换成非二进制字符串。

（4）比较中的空格处理

大多数 MySQL 排序都有 pad 属性 PAD SPACE，而基于 UCA9.0.0 及以上版本的 Unicode排序拥有的 pad 属性为 NO PAD，pad 属性决定了该排序如何处理尾部空格。

在非二进制字符串中，NO PAD 排序对待尾部空格如同正常字符串，而在 PAD SPACE排序中，尾部空格无意义。

在二进制字符串中，所有的字符都有意义，包括尾部空格。

（5）插入和检索的尾部空格处理

CHAR(N)列存储非二进制字符串。插入时，比 N 长度短的字符会被空格填充。检索时，尾部空格被移除。

BINARY(N)列存储二进制字符串。插入时，长度小于 N 的值使用 0x00 字节填充。检索时，不移除该字节，返回的长度始终是声明的长度 N。

3.3.9　Unicode 支持

Unicode 标准包括基础语言平台（Basic Multilingual Plane，BMP）的字符和平台之外的辅助字符。

BMP 字符有如下特点：

（1）代码点值在 0~65535 之间。
（2）可使用可变长度的编码，8 位、16 位或 24 位。
（3）可使用固定 16 位长度的编码。
（4）对大多数语言已足够。

辅助字符在 BMP 之外，有如下特点：

（1）代码点值在 U+10000 和 U+10FFFF 之间。
（2）Unicode 支持辅助字符，但字符集的范围在 BMP 之外，因此比 BMP 占用更多的空间。

UTF-8 是一种演变的 Unicode，使用可变长度的字节序列编码，拥有如下特点：

（1）基础拉丁字母、数字和标点符号使用一个字节。
（2）大多数欧洲和中东的脚本字母适合两个字节的序列。
（3）韩语、汉语和日语使用 3 个字节或 4 个字节序列。

MySQL 支持以下 Unicode 字符集:

（1）utf8mb4：每个字符使用 1~4 字节的 UTF-8 编码。

（2）utf8mb3：每个字符使用 1~3 字节的 UTF-8 编码。

（3）utf8：utf8mb3 的别名。

（4）ucs2：每个字符使用 2 字节的 UCS-2 编码。

（5）utf16：每个字节使用 2 或 4 字节的 UTF-16 编码，支持辅助字符扩展。

（6）utf16le：UTF-16LE 编码，类似 utf16，但是使用小字节序。

（7）utf32：每个字符使用 4 字节的 UTF-32 编码。

MySQL 所支持的 Unicode 字符集的一般特性如表 3-9 所示。

表 3-9　Unicode 字符集的一般特性

字符集	支持的字符	每个字符需要的存储空间
utf8mb3、utf8	只支持 BMP	1~3 字节
ucs2	只支持 BMP	2 字节
utf8mb4	支持 BMP 和辅助字符	1~4 字节
utf16	支持 BMP 和辅助字符	2 或 4 字节
utf16le	支持 BMP 和辅助字符	2 或 4 字节
utf32	支持 BMP 和辅助字符	4 字节

3.3.10　支持的字符集和排序规则

1. Unicode 字符集

3.3.9 小节中已列出了 MySQL 支持的 Unicode 字符集，大多数 Unicode 字符集拥有一个通用排序、一个二进制排序和其他几个含有语言标识的排序。通用排序通常以"_general"指定，二进制排序通常以"_bin"指定，其他排序通常以语言指定。例如，对于 utf8 字符集，utf8_general_ci 为通用排序，utf8_bin 为二进制排序，utf8_danish_ci 是其中一个以语言标识指定的排序。常见的 Unicode 排序语言标识如表 3-10 所示。

表 3-10　Unicode 排序语言标识

语言	语言标识	语言	语言标识
中文	chinese	波斯语	persian
古典拉丁语	la 或 roman	波兰语	pl 或 polish
克罗地亚语	hr 或 croatian	罗马尼亚语	ro 或 romanian
捷克语	cs 或 czech	俄语	ru
丹麦语	da 或 danish	僧伽罗语	sinhala

语言	语言标识	语言	语言标识
世界语	eo 或 esperanto	斯洛伐克语	sk 或 slovak
爱沙尼亚语	et 或 estonian	斯罗维尼亚语	sl 或 slovenian
德语（电话簿排序）	de_pb 或 german2	现代西班牙语	es 或 spanish
匈牙利语	hu 或 hungarian	传统西班牙语	es_trad 或 spanish2
冰岛语	is 或 icelandic	瑞典语	sv 或 swedish
日语	japanese	土耳其语	tr 或 turkish
拉脱维亚语	lv 或 latvian	越南语	vi 或 vietnamese
立陶宛语	lt 或 lithuanian		

2. 亚洲地区字符集

MySQL 支持的亚洲语言有中文、日语、韩语和泰语，这些语言相对较复杂。

（1）cp932 字符集

cp932 字符集支持扩展字符，对日语的支持更友好。

（2）gb18030 字符集

在 MySQL 中，gb18030 与中国国标 GB18030 信息技术编码相对应，是中国的官方字符集。

MySQL 支持很多其他地区的字符集，限于篇幅，这里不再进行描述，读者可参考官方文档进行深入研究。

3.3.11　设置错误消息语言

默认情况下，mysqld 产生的错误消息为英文，但可以转化成其他语言。服务器根据以下规则确定错误消息的语言。

（1）根据两个系统变量 lc_messages_dir 和 lc_messages（lc_messages 规定要转化的语言）。假设使用如下命令启动服务：

```
mysqld --lc_messages_dir=/usr/share/mysql --lc_messages=fr_FR
```

这种情况下，mysqld 将 fr_FR 映射成法语，在/usr/share/mysql/french 目录下寻找错误日志。

（2）如果在刚才构造的目录中找不到消息文件，服务器就会忽略 lc_messages 的值，只使用 lc_messages_dir 的值查找。

（3）如果服务器找不到配置的消息文件，就会向错误日志中以默认的英文写入消息。

lc_messages_dir 系统变量只能在服务启动时被初始化，在运行时只读。lc_messages 在服务启动时被初始化，运行期间也可以被更改。所以，通过设置会话变量 lc_messages 的值，客户端可修改错误消息的语言。例如，服务器以 fr_FR 作为错误消息语言，客户端可执行如下命令更改语言：

```
SET lc_messages = 'en_US';
```

3.3.12　添加字符集

字符集可根据复杂程度分为两种：简单字符集和复杂字符集。如果字符集不需要特殊字符，排序程序也不需要多字节支持，可视为简单字符集；如果字符集需要以上其中任何一个功能，就视为复杂字符集。

添加新字符集必须有 MySQL 源分布，然后根据以下步骤添加新的字符集。在以下描述中，MYSET 代表想要添加的字符集名称。

第一步，添加<charset>元素到 sql/share/charsets/Index.xml 文件中，可使用已有的文件内容作为参考。latin1 字符集的<charset>元素列表如下所示：

```
<charset name="latin1">
<family>Western</family>
<description>cp1252 West European</description>
...
<collation name="latin1_swedish_ci" id="8" order="Finnish, Swedish">
<flag>primary</flag>
<flag>compiled</flag>
</collation>
<collation name="latin1_danish_ci" id="15" order="Danish"/>
...
<collation name="latin1_bin" id="47" order="Binary">
<flag>binary</flag>
<flag>compiled</flag>
</collation>
...
</charset>
```

<charset>元素必须列出字符集所有的排序，至少包含一个二进制排序和一个默认排序。默认排序通常以 general_ci 结尾。

必须给每一个排序分配唯一的 id 编号。1024 到 2047 是为用户自定义保留的 id 编号。查询目前已用的最大 id，使用如下语句：

```
SELECT MAX(ID) FROM INFORMATION_SCHEMA.COLLATIONS;
```

第二步，取决于要添加的字符集是简单的还是复杂的。简单字符集只需要一个配置文件，而复杂字符集需要定义排序函数或多字节函数的 C 源码文件。

（1）对简单字符集来说，在 sql/share/charsets 目录下创建配置文件 MYSET.xml，描述字符集的属性，文件格式可参考 latin1.xml。该文件的语法非常简单：

①注释和普通的 XML 注释相同。

②<map> 数组元素的内容以任意数量的空格隔开。

③map>数组元素内的每个单词都是十六进制的数字。

④<ctype>元素的<map>数组元素有 257 个字。其他的<map>数组元素有 256 个字。

⑤对 Index.xml 中<charset>元素列出的每个排序，MYSET.xml 必须包含<collation>元素定义字符排序。

（2）对于复杂的字符集，创建描述字符集属性的 C 源文件，并定义必要的操作程序：

①在字符串目录下创建 ctype-MYSET.c 文件。文件中的数组命名必须类似 ctype_MYSET、to_lower_MYSET 等。

②对于 Index.xml 中<charset>元素中的每个<collation> 元素，ctype-MYSET.c 文件必须提供排序的实现。

第三步，修改配置信息。

（1）编辑 mysys/charset-def.c，为新字符集注册排序。

将以下内容加入声明部分：

```
#ifdef HAVE_CHARSET_MYSET
extern CHARSET_INFO my_charset_MYSET_general_ci;
extern CHARSET_INFO my_charset_MYSET_bin;
#endif
Add these lines to the "registration" section:
#ifdef HAVE_CHARSET_MYSET
add_compiled_collation(&my_charset_MYSET_general_ci);
add_compiled_collation(&my_charset_MYSET_bin);
#endif
```

（2）如果字符集使用 ctype-MYSET.c，修改 strings/CMakeLists.txt，把 ctype-MYSET.c 加到 STRINGS_SOURCES 变量的定义中。

（3）修改 cmake/character_sets.cmake，按照字母顺序排列，分别将 MYSET 加入 CHARSETS_AVAILABLE 和 CHARSETS_COMPLEX 的值中。

第四步，配置完成后，重新编译，然后测试。

3.3.13　将排序规则添加到字符集

排序是一系列的规则，定义了如何比较和分类字符串。排序根据权重分类字符。字符集中的每个字符对应一个权重。拥有相同权重的字符相等，权重不同的字符根据相关权重比较。

WEIGHT_STRING()函数可以用来查看字符的权重，该函数返回的是二进制权重，可使用 HEX(WEIGHT_STRING(str))函数以打印的形式显示结果，如图 3-28 所示。

```
mysql> SELECT HEX(WEIGHT_STRING('AaBb' COLLATE gbk_chinese_ci));
+---------------------------------------------------+
| HEX(WEIGHT_STRING('AaBb' COLLATE gbk_chinese_ci)) |
+---------------------------------------------------+
| 41414242                                          |
+---------------------------------------------------+
1 row in set (0.00 sec)

mysql> SELECT HEX(WEIGHT_STRING(BINARY 'AaBb'));
+----------------------------------+
| HEX(WEIGHT_STRING(BINARY 'AaBb')) |
+----------------------------------+
| 41614262                         |
+----------------------------------+
1 row in set (0.01 sec)
```

图 3-28　查看权重

图 3-28 显示出在非二进制不区分大小的字符串中字母的权重不区分大小写，但在二进制字符中区分。

添加排序的步骤如下：

（1）选择一个排序 id。

（2）添加配置信息，包括命名排序以及描述字符排序规则。

（3）重启服务器。

（4）验证排序已添加。

这里添加的排序只是不需要重新编译的排序，需要编译的添加步骤请参考 3.3.12 小节。

 如果修改现有排序，就可能会影响使用该排序的索引，所以要重建相关索引。

3.3.14　字符集配置

启动服务器时，可使用--character-set-server 和--collation-server 选项修改默认的字符集和排序。

对于客户端，可强制其使用明确的字符集，配置如下所示：

```
[client]
default-character-set=charset_name
```

如果系统变量 character_set_system 和 character_set_server 或 character_set_client 变量不同，并且进行了手动加入字符操作，客户端会报错，可以在启动客户端时使用 default-character-set=system_character_set 配置以解决该问题。

3.3.15　MySQL 服务器区域设置支持

系统变量 lc_time_names 指定的区域决定了相关的显示语言。

lc_time_names 变量影响 DATE_FORMAT()、DAYNAME()和 MONTHNAME()函数的输出，不会影响 STR_TO_DATE()或 GET_FORMAT()函数。

区域名称以及包含的语言和区域标识由 IANA（互联网号码分配当局）提供。系统区域设置默认为'en_US'，但可在服务器启动时修改。如果拥有系统变量管理员或超级管理员的权限也可以通过设置 GLOBAL 的值进行修改。任何客户端都可查验 lc_time_names 的值，也可以通过设置会话值改变自身连接的区域。

3.4　创建表

本节将详细介绍如何创建表。所谓创建表，就是在数据库中建立新表，这是建立数据库最重要的一步，是进行其他操作的基础。

3.4.1　创建表的语法形式

在 MySQL 数据库管理系统中，创建表通过 SQL 语句 CREATE TABLE 来实现，其语法形式如下。

```
CREATE TABLE tablename(
    属性名 数据类型 [完整性约束条件],
    属性名 数据类型 [完整性约束条件],
    ……
    属性名 数据类型 [完整性约束条件]);
```

上述语句中的 tablename 参数表示所要创建的表的名字，表的具体内容定义在括号之中，各列之间用逗号分隔。其中，"属性名"参数表示表字段的名称；"数据类型"参数指定字段的数据类型，具体可参照 3.2 节中关于数据类型的内容讲解；"完整性约束条件"参数指定字段的某些特殊约束条件，接下来的章节会详细讲解。

表名不能为 SQL 语言的关键字，如 create（CREATE）、update（UPDATE）、delete（DELETE）等都不能作为表名。一个表中可以有一个或多个属性。定义时，字母大小写均可，属性之间用逗号隔开，最后一个属性后面不需要加逗号。

【示例 3-9】在数据库中创建名为 t_class 的表。具体步骤如下：

（1）对数据库进行操作前，首先必须要选择数据库，后续的例子讲解中会省略该语句，读者实际操作时要注意加上该步骤。具体 SQL 语句如下：

```
USE school;
```

（2）创建表 t_class 的具体 SQL 语句如下，执行结果如图 3-29 所示。

```
CREATE TABLE t_class(
    classno INT,
    cname VARCHAR(20),
    loc VARCHAR(40),
```

```
    stucount INT);
```

（3）如果再次执行步骤 2 中的 SQL 语句，就会提示"Table 't_class' already exists"错误，如图 3-30 所示。

```
mysql> USE school;
Database changed
mysql> CREATE TABLE t_class<
    ->          classno INT,
    ->          cname VARCHAR(20),
    ->          loc VARCHAR(40),
    ->          stucount INT);
Query OK, 0 rows affected (0.09 sec)
```

图 3-29　创建表 t_class

```
mysql> CREATE TABLE t_class(
    -> classno INT,
    -> cname VARCHAR(20),
    -> loc VARCHAR(40),
    -> stucount INT);
ERROR 1050 (42S01): Table 't_class' already exists
```

图 3-30　提示表已经存在

通过上述步骤，可以在数据库 school 中成功创建表 t_class，该表包含 4 个字段，其中 classno 字段是整型、cname 字段是字符串型、loc 是字符串型、stucount 字段是整型。

3.4.2　创建带 JSON 类型的表

【示例 3-10】在数据库中创建带有 JSON 类型的表 t_json。

创建表的 SQL 语句如下，执行结果如图 3-31 所示。

```
CREATE TABLE t_json (
    id INT NOT NULL AUTO_INCREMENT,
    json_col JSON,
    PRIMARY KEY(id) );
```

```
mysql> CREATE TABLE t_json (
    -> id INT NOT NULL AUTO_INCREMENT,
    -> json_col JSON,
    -> PRIMARY KEY(id) );
Query OK, 0 rows affected (0.12 sec)
```

图 3-31　创建带 JSON 类型的表

3.5　查看表结构

查看表结构是指查看数据库中已存在的表的定义。查看表结构的语句包括 DESCRIBE 语句和 SHOW CREATE TABLE 语句，通过这两个语句，可以查看表的字段名、字段的数据类型和完整性约束条件等。本节将会详细介绍查看表结构的方法。

3.5.1　DESCRIBE 语句查看表定义

在 MySQL 中，DESCRIBE 语句可以查看表的基本定义，其中包括字段名、字段数据类型、是否为主键 548C 默认值等。DESCRIBE 语句的语法形式如下：

```
DESCRIBE tablename;
```

在上述语句中，tablename 参数表示所要查看表对象定义信息的名字。

【示例 3-11】执行 SQL 语句 DESCRIBE，查看数据库 school 中创建名为 t_class 表时的定义信息。具体步骤如下：

（1）使用 DESCRIBE 语句查看 t_class 表，见图 3-32。具体 SQL 语句如下：

```
DESCRIBE t_class;
```

```
mysql> DESCRIBE t_class;
+----------+-------------+------+-----+---------+-------+
| Field    | Type        | Null | Key | Default | Extra |
+----------+-------------+------+-----+---------+-------+
| classno  | int(11)     | YES  |     | NULL    |       |
| cname    | varchar(20) | YES  |     | NULL    |       |
| loc      | varchar(40) | YES  |     | NULL    |       |
| stucount | int(11)     | YES  |     | NULL    |       |
+----------+-------------+------+-----+---------+-------+
4 rows in set (0.00 sec)
```

图 3-32　DESCRIBE 查看表定义信息

（2）从图 3-32 中看出，通过 DESCRIBE 语句，可以查出表 t_class 包含 classno、cname、loc 和 stucount 字段，同时结果中显示了字段的数据类型（Type）、是否为空（Null）、是否为主外键（Key）、默认值（Default）和额外信息（Extra）。DESCRIBE 可以缩写成 DESC，SQL 语句如下，运行结果如图 3-33 所示。

```
DESC t_class;
```

```
mysql> DESC t_class;
+----------+-------------+------+-----+---------+-------+
| Field    | Type        | Null | Key | Default | Extra |
+----------+-------------+------+-----+---------+-------+
| classno  | int(11)     | YES  |     | NULL    |       |
| cname    | varchar(20) | YES  |     | NULL    |       |
| loc      | varchar(40) | YES  |     | NULL    |       |
| stucount | int(11)     | YES  |     | NULL    |       |
+----------+-------------+------+-----+---------+-------+
4 rows in set (0.00 sec)
```

图 3-33　DESC 查看表定义信息

从图 3-33 可以看出，执行 DESC 语句的结果和执行 DESCRIBE 语句的结果是一致的。

3.5.2　SHOW CREATE TABLE 语句查看表详细定义

创建完表，如果需要查看表结构的详细定义，可以通过执行 SQL 语句 SHOW CREATE TABLE 来实现，其语法形式如下：

```
SHOW CREATE TABLE tablename;
```

在上述语句中，tablename 参数表示所要查看表定义的名字。

【示例 3-12】执行 SQL 语句 SHOW CREATE TABLE，查看数据库 school 中名为 t_class 表的详细信息。操作如下所示：

执行 SQL 语句 SHOW CREATE TABLE，查看表 t_class 定义，具体 SQL 语句如下，执行

效果如图 3-34 所示。

```
SHOW CREATE TABLE t_class \G;
```

```
mysql> SHOW CREATE TABLE t_class \G;
*************************** 1. row ***************************
       Table: t_class
Create Table: CREATE TABLE `t_class` (
 `classno` int(11) DEFAULT NULL,
 `cname` varchar(20) DEFAULT NULL,
 `loc` varchar(40) DEFAULT NULL,
 `stucount` int(11) DEFAULT NULL
) ENGINE=MyISAM DEFAULT CHARSET=utf8
1 row in set (0.01 sec)
```

图 3-34　查看表详细定义

在图 3-34 中，可以使用";""\g"和"\G"符号来结束，为了让结果更加美观、便于用户查看，最好使用"\G"符号来结束。

通过上述步骤，即可查看数据库 school 中表对象 t_class 的详细定义信息。从图 3-34 中可以看到 t_class 表中包含 classno、cname、loc 和 stucount 字段，还可以查出各字段的数据类型、完整性约束条件。另外，可以查出表的存储引擎（ENGINE）为 InnoDB、字符编码（CHARSET）为 utf8，该语句显示的信息比 DESCRIBE 语句显示的信息要全面。

3.6　删除表

删除表是指删除数据库中已存在的表。删除表时会删除表中的所有数据，因此，在删除表时要特别注意。创建表时可能存在外键约束，一些表会成为与之关联的表的父表。要删除这些父表，情况比较复杂。本节将详细讲解删除没有被关联的普通表的方法；删除有关联的表将放在后面的章节，等介绍完外键之后再讲解。

在 MySQL 中，使用 DROP TABLE 语句删除没有被其他关联的普通表。其基本语法如下：

```
DROP TABLE tablename;
```

在上述语句中，tablename 参数表示所要删除表的名字，所要删除的表必须是数据库中已经存在的表。

【示例 3-13】执行 SQL 语句 DROP TABLE，删除数据库 school 中名为 t_class 的表，具体步骤如下：

（1）删除表 t_class，具体 SQL 语句如下，执行结果如图 3-35 所示。

```
DROP TABLE t_class;
```

```
mysql> DROP TABLE t_class;
Query OK, 0 rows affected (0.02 sec)
```

图 3-35　删除表

（2）为了检验数据库 school 中是否还存在表 t_class，执行 SQL 语句 DESCRIBE，具体语句内容如下，执行结果如图 3-36 所示。

```
DESCRIBE t_class;
```

```
mysql> DESCRIBE t_class;
ERROR 1146 (42S02): Table 'school.t_class' doesn't exist
```

图 3-36　查看表

3.7　修改表

修改表是指修改数据库中已存在的表的定义。修改表比重新定义表简单，不需要重新加载数据，也不会影响正在进行的服务。MySQL 中通过 ALTER TABLE 语句来修改表。修改表包括修改表名、修改字段数据类型、修改字段名、增加字段、删除字段等。

3.7.1　修改表名

数据库系统通过表名来区分不同的表，表名可以在同一个数据库中唯一标识一张表。例如，数据库 school 中有 t_class 表，那么 t_class 表就是唯一的，在同一个数据库中不可能存在另一个名为 t_class 的表。在 MySQL 中，修改表名是通过 SQL 语句 ALTER TABLE 实现的，其语法形式如下：

```
ALTER TABLE oldTablename RENAME [TO] newTablename
```

在上述语句中，oldTablename 参数表示所要修改表的名字，newTablename 参数表示修改后的新表名，要操作的表对象必须在数据库中已经存在。

【示例 3-14】执行 SQL 语句 ALTER TABLE，修改数据库 school 中 t_class 表的名称为 tab_class。具体步骤如下：

（1）修改表 t_class 的名字为 tab_class，具体 SQL 语句如下，执行结果如图 3-37 所示。

```
ALTER TABLE t_class RENAME tab_class;
```

（2）为了检验数据在 school 中是否已经修改表 t_class 为 tab_class 表，执行 SQL 语句 DESCRIBE，具体 SQL 语句如下，执行结果如图 3-38 所示。

```
DESCRIBE t_class;
DESCRIBE tab_class;
```

```
mysql> DESCRIBE t_class;
ERROR 1146 (42S02): Table 'school.t_class' doesn't exist
mysql> DESCRIBE tab_class;
+----------+-------------+------+-----+---------+-------+
| Field    | Type        | Null | Key | Default | Extra |
+----------+-------------+------+-----+---------+-------+
| classno  | int(11)     | YES  |     | NULL    |       |
| cname    | varchar(20) | YES  |     | NULL    |       |
| loc      | varchar(40) | YES  |     | NULL    |       |
| stucount | int(11)     | YES  |     | NULL    |       |
+----------+-------------+------+-----+---------+-------+
4 rows in set (0.01 sec)

mysql>
```

```
mysql> USE school;
Database changed
mysql> ALTER TABLE t_class RENAME tab_class;
Query OK, 0 rows affected (0.08 sec)

mysql>
```

图 3-37　选择数据库并修改表的名字　　　　　图 3-38　查看表信息

从图 3-38 中可以看出，表 t_class 已经不存在，表 tab_class 取而代之。

3.7.2　增加字段

在创建表时，表中的字段就已经定义完成。如果要增加新的字段，可以通过 ALTER TABLE 语句进行增加。字段就是表中的列，是由字段名和数据类型进行定义的。

MySQL 数据库管理系统中通过以下 SQL 语句来实现新增字段。

```
ALTER TABLE tablename ADD propName propType;
ALTER TABLE tablename ADD propName propType FIRST;
ALTER TABLE tablename ADD pNameNew propType AFTER pNameOld;
```

- 第一条语句中，tablename 参数表示所要修改表的名字，propName 参数为所要增加字段的名称，propType 为所要增加字段存储数据的数据类型。如果该语句执行成功，字段将会增加到所有字段的最后一个位置。
- 第二条语句中，多了一个关键字 FIRST，表示字段在表中的第一个位置。
- 第三条语句中，pNameNew 参数表示新增的字段名，pNameOld 参数表示已经存在的字段名，多了一个关键字 AFTER，pNameNew 的位置将在 pNameOld 之后。

以下三个示例中添加的字段名相同，为保证顺利学习，实际操作完一个示例后可参考 3.7.3 节先删除该字段，再继续下一示例。

【示例 3-15】执行 SQL 语句 ALTER TABLE，为数据库 school 中 t_class 表增加一个名为 advisor、类型为 VARCHAR 的字段，并且新增字段要加在最后一列。具体步骤如下：

（1）查看已经存在的表 t_class 的定义信息，SQL 语句如下，执行结果如图 3-39 所示。

```
DESCRIBE t_class;
```

（2）执行 SQL 语句 ALTER TABLE，增加一个名为 advisor 的字段，具体 SQL 语句如下，执行结果如图 3-40 所示。

```
ALTER TABLE t_class ADD advisor VARCHAR(20);
```

```
mysql> USE school;
Database changed
mysql> DESCRIBE t_class;
+----------+-------------+------+-----+---------+-------+
| Field    | Type        | Null | Key | Default | Extra |
+----------+-------------+------+-----+---------+-------+
| classno  | int(11)     | YES  |     | NULL    |       |
| cname    | varchar(20) | YES  |     | NULL    |       |
| loc      | varchar(40) | YES  |     | NULL    |       |
| stucount | int(11)     | YES  |     | NULL    |       |
+----------+-------------+------+-----+---------+-------+
4 rows in set (0.00 sec)
```

```
mysql> ALTER TABLE t_class ADD advisor VARCHAR(20);
Query OK, 0 rows affected (0.02 sec)
Records: 0  Duplicates: 0  Warnings: 0
```

图 3-39　选择数据库并查看表定义　　　　　　　图 3-40　添加字段

（3）执行 DESCRIBE 语句检验 t_class 表中是否已经添加 advisor 字段，SQL 语句如下，执行结果如图 3-41 所示。

```
DESCRIBE t_class;
```

```
mysql> DESCRIBE t_class;
+----------+-------------+------+-----+---------+-------+
| Field    | Type        | Null | Key | Default | Extra |
+----------+-------------+------+-----+---------+-------+
| classno  | int(11)     | YES  |     | NULL    |       |
| cname    | varchar(20) | YES  |     | NULL    |       |
| loc      | varchar(40) | YES  |     | NULL    |       |
| stucount | int(11)     | YES  |     | NULL    |       |
| advisor  | varchar(20) | YES  |     | NULL    |       |
+----------+-------------+------+-----+---------+-------+
5 rows in set (0.00 sec)
```

图 3-41　查看表信息

从图 3-41 中可以看出，和图 3-39 相比，表 t_class 最后一个位置多出一个 advisor 字段。

【示例 3-16】执行 SQL 语句 ALTER TABLE，为数据库 school 中 t_class 表的第一个位置增加一个名称为 advisor、类型为 VARCHAR 的字段，所增加的字段在表所有字段的第一个位置。具体步骤如下：

（1）查看已经存在的表 t_class 的定义信息，具体 SQL 语句如下，执行结果如图 3-42 所示。

```
DESCRIBE t_class;
```

```
mysql> DESCRIBE t_class;
+----------+-------------+------+-----+---------+-------+
| Field    | Type        | Null | Key | Default | Extra |
+----------+-------------+------+-----+---------+-------+
| classno  | int(11)     | YES  |     | NULL    |       |
| cname    | varchar(20) | YES  |     | NULL    |       |
| loc      | varchar(40) | YES  |     | NULL    |       |
| stucount | int(11)     | YES  |     | NULL    |       |
+----------+-------------+------+-----+---------+-------+
4 rows in set (0.00 sec)
```

图 3-42　查看表信息

（2）执行 SQL 语句 ALTER TABLE，增加一个名为 advisor 的字段，具体 SQL 语句如下，执行结果如图 3-43 所示。

```
ALTER TABLE t_class ADD advisor VARCHAR(20) FIRST;
```

（3）为了检验数据 school 中表 t_class 中是否添加 advisor 字段，执行 SQL 语句 DESCRIBE，

具体 SQL 语句如下，执行结果如图 3-44 所示。

```
DESCRIBE t_class;
```

```
mysql> ALTER TABLE t_class
    -> ADD advisor VARCHAR(20) FIRST;
Query OK, 0 rows affected (0.05 sec)
Records: 0  Duplicates: 0  Warnings: 0
```

```
mysql> DESCRIBE t_class;
+----------+-------------+------+-----+---------+-------+
| Field    | Type        | Null | Key | Default | Extra |
+----------+-------------+------+-----+---------+-------+
| advisor  | varchar(20) | YES  |     | NULL    |       |
| classno  | int(11)     | YES  |     | NULL    |       |
| cname    | varchar(20) | YES  |     | NULL    |       |
| loc      | varchar(40) | YES  |     | NULL    |       |
| stucount | int(11)     | YES  |     | NULL    |       |
+----------+-------------+------+-----+---------+-------+
5 rows in set (0.00 sec)
```

图 3-43　添加字段　　　　　　　　　　图 3-44　查看表信息

图 3-44 的执行结果显示，和图 3-42 相比，表 t_class 已经增加了一个名为 advisor 的字段，并且该字段还在表的第一个位置，即增加字段成功。

【示例 3-17】执行 SQL 语句 ALTER TABLE，为数据库 school 中 t_class 增加一个名称为 advisor、类型为 VARCHAR 的字段，所增加的字段在 cname 位置之后。具体步骤如下：

（1）查看已经存在的表 t_class 的定义信息，具体 SQL 语句如下，执行结果如图 3-45 所示。

```
DESCRIBE t_class;
```

```
mysql> DESCRIBE t_class;
+----------+-------------+------+-----+---------+-------+
| Field    | Type        | Null | Key | Default | Extra |
+----------+-------------+------+-----+---------+-------+
| classno  | int(11)     | YES  |     | NULL    |       |
| cname    | varchar(20) | YES  |     | NULL    |       |
| loc      | varchar(40) | YES  |     | NULL    |       |
| stucount | int(11)     | YES  |     | NULL    |       |
+----------+-------------+------+-----+---------+-------+
4 rows in set (0.00 sec)
```

图 3-45　查看表信息

（2）为 t_class 表增加一个名为 advisor 的字段，SQL 语句如下，执行结果如图 3-46 所示。

```
ALTER TABLE t_class ADD advisor VARCHAR(20) AFTER cname;
```

（3）检验数据 school 中表 t_class 中是否添加 advisor 字段，具体 SQL 语句如下，执行结果如图 3-47 所示。

```
mysql> ALTER TABLE t_class
    -> ADD advisor VARCHAR(20)
    -> AFTER cname;
Query OK, 0 rows affected (0.04 sec)
Records: 0  Duplicates: 0  Warnings: 0
```

```
mysql> DESCRIBE t_class;
+----------+-------------+------+-----+---------+-------+
| Field    | Type        | Null | Key | Default | Extra |
+----------+-------------+------+-----+---------+-------+
| classno  | int(11)     | YES  |     | NULL    |       |
| cname    | varchar(20) | YES  |     | NULL    |       |
| advisor  | varchar(20) | YES  |     | NULL    |       |
| loc      | varchar(40) | YES  |     | NULL    |       |
| stucount | int(11)     | YES  |     | NULL    |       |
+----------+-------------+------+-----+---------+-------+
5 rows in set (0.00 sec)
```

图 3-46　添加字段　　　　　　　　　　图 3-47　查看表信息

从图 3-47 中可以看出，与图 3-45 相比，表 t_class 中已经新增了一个名为 advisor 的字段，并且该字段的位置在字段 cname 之后。

3.7.3　删除字段

对于表，既可以在修改表时进行字段的增加操作，也可以在修改表时进行字段的删除。所谓删除字段，是指删除已经在表中定义好的某个字段，即在创建好的表格中发现某个字段需要删除。在 MySQL 数据库管理系统中，删除字段通过 SQL 语句 ALTER TABLE 来实现，其语法形式如下：

```
ALTER TABLE tablename DROP propName;
```

上述语句中，tablename 参数表示所要修改表的名字，propName 表示要删除字段的名字。

【示例 3-18】执行 SQL 语句 ALTER TABLE，为数据库 school 中 t_class 表删除名为 cname、类型为 VARCHAR 的字段。具体步骤如下：

（1）查看已经存在的表 t_class 的定义信息，SQL 语句如下，执行结果如图 3-48 所示。

```
DESCRIBE t_class;
```

```
mysql> DESCRIBE t_class;
+----------+-------------+------+-----+---------+-------+
| Field    | Type        | Null | Key | Default | Extra |
+----------+-------------+------+-----+---------+-------+
| classno  | int(11)     | YES  |     | NULL    |       |
| cname    | varchar(20) | YES  |     | NULL    |       |
| loc      | varchar(40) | YES  |     | NULL    |       |
| stucount | int(11)     | YES  |     | NULL    |       |
+----------+-------------+------+-----+---------+-------+
4 rows in set (0.00 sec)
```

图 3-48　查看表信息

（2）删除 t_class 表中名为 cname 的字段，再检验 t_class 表是否已经删除了 cname 字段，具体 SQL 语句如下，执行结果如图 3-49、图 3-50 所示。

```
ALTER TABLE t_class DROP cname;
DESCRIBE t_class;
```

```
mysql> ALTER TABLE t_class
    -> DROP cname;
Query OK, 0 rows affected (0.04 sec)
Records: 0  Duplicates: 0  Warnings: 0
```

图 3-49　删除字段

```
mysql> DESCRIBE t_class;
+----------+-------------+------+-----+---------+-------+
| Field    | Type        | Null | Key | Default | Extra |
+----------+-------------+------+-----+---------+-------+
| classno  | int(11)     | YES  |     | NULL    |       |
| loc      | varchar(40) | YES  |     | NULL    |       |
| stucount | int(11)     | YES  |     | NULL    |       |
+----------+-------------+------+-----+---------+-------+
3 rows in set (0.00 sec)
```

图 3-50　查看表信息

从图 3-50 可以看出，表 t_class 中的 cname 字段已经被删除。

3.7.4　修改字段

根据创建表的语法可以发现，字段是由字段名和数据类型来进行定义的。如果要实现修改字段，除了可以修改字段名外，还可以实现修改字段所能存储的数据类型。由于一个表中拥有许多字段，因此还可以实现修改字段的顺序。

在 MySQL 中，ALTER TABLE 语句可实现修改字段的操作，其基本语法如下：

```
ALTER TABLE tablename MODIFY propName propType;
ALTER TABLE tablename CHANGE pNameOld pNameNew pTypeOld;
ALTER TABLE tablename CHANGE pNameOld pNameNew pTypeNew;
ALTER TABLE tablename MODIFY pName1 propType FIRST|AFTER pName2;
```

- 第一条语句用于修改字段类型。其中，tablename 参数表示所要修改表的名字，propName 参数为所修改字段的名称，propType 为字段 propName 修改后的类型。
- 第二条语句用于修改字段的名称。其中 pNameOld 参数为所修改字段的名称，pNameNew 为修改后的字段名，pTypeOld 为字段 pNameOld 的数据类型。
- 第三条语句用于同时修改字段名称和类型。其中，pTypeNew 为字段 pNameNew 的数据类型。
- 第四条语句用于修改字段的顺序。其中，tablename 参数表示所要修改表的名字，pName1 参数为所要调整顺序的字段名称，FIRST 参数表示将字段调整到表的第一个位置，"AFTER pName2" 参数表示将字段调整到 pName2 字段位置之后。

以下示例重点演示如何同时修改字段类型、名称以及字段顺序，其他语句请读者根据语法自行操作。

【示例 3-19】执行 SQL 语句 ALTER TABLE，在数据库 school 的表 t_class 中将字段 classno 的名称修改成 classid VARCHAR(40)。具体步骤如下：

（1）查看已经存在的表 t_class 的定义信息，具体 SQL 语句如下，执行结果如图 3-51 所示。

```
DESCRIBE t_class;
```

```
mysql> DESCRIBE t_class;
+----------+-------------+------+-----+---------+-------+
| Field    | Type        | Null | Key | Default | Extra |
+----------+-------------+------+-----+---------+-------+
| classno  | int(11)     | YES  |     | NULL    |       |
| cname    | varchar(20) | YES  |     | NULL    |       |
| loc      | varchar(40) | YES  |     | NULL    |       |
| stucount | int(11)     | YES  |     | NULL    |       |
+----------+-------------+------+-----+---------+-------+
4 rows in set (0.00 sec)
```

图 3-51　查看表信息

（2）执行 SQL 语句 ALTER TABLE，修改名为 classno 的字段，具体 SQL 语句如下，执行结果如图 3-52 所示。

```
ALTER TABLE t_class CHANGE classno classid VARCHAR(40);
```

（3）为了检验数据库 school 中的表 t_class 中字段 classno INT 是否已经修改成 classid VARCHAR(40)，执行 SQL 语句 DESCRIBE，具体如下，执行结果如图 3-53 所示。

```
DESCRIBE t_class;
```

```
mysql> ALTER TABLE t_class
    -> CHANGE classno classid VARCHAR(40);
Query OK, 0 rows affected (0.04 sec)
Records: 0  Duplicates: 0  Warnings: 0
```

图 3-52　修改表字段的名称和类型

```
mysql> DESCRIBE t_class;
+---------+-------------+------+-----+---------+-------+
| Field   | Type        | Null | Key | Default | Extra |
+---------+-------------+------+-----+---------+-------+
| classid | varchar(40) | YES  |     | NULL    |       |
| cname   | varchar(20) | YES  |     | NULL    |       |
| loc     | varchar(40) | YES  |     | NULL    |       |
| stucount| int(11)     | YES  |     | NULL    |       |
+---------+-------------+------+-----+---------+-------+
4 rows in set (0.00 sec)
```

图 3-53　查看表信息

从图 3-53 可以看出，和图 3-51 相比，表 t_class 中已经不存在字段 classno INT，该字段已经修改称为 classid VARCHAR(40)，字段的名称和类型被同时修改了。

【示例 3-20】执行 SQL 语句 ALTER TABLE，在数据库 school 的表 t_class 中将字段 classno 调整到字段 cname 之后。具体步骤如下：

（1）查看已经存在的表 t_class 的定义信息，具体 SQL 语句如下，执行结果如图 3-54 所示。

```
DESCRIBE t_class;
```

```
mysql> DESCRIBE t_class;
+---------+-------------+------+-----+---------+-------+
| Field   | Type        | Null | Key | Default | Extra |
+---------+-------------+------+-----+---------+-------+
| classno | int(11)     | YES  |     | NULL    |       |
| cname   | varchar(20) | YES  |     | NULL    |       |
| loc     | varchar(40) | YES  |     | NULL    |       |
| stucount| int(11)     | YES  |     | NULL    |       |
+---------+-------------+------+-----+---------+-------+
4 rows in set (0.00 sec)
```

图 3-54　查看表信息

（2）将 t_class 表的字段 classno 调整到字段 cname 之后，再查看 t_class 表信息，具体 SQL 语句如下，执行结果如图 3-55、图 3-56 所示。

```
ALTER TABLE t_class MODIFY classno INT AFTER cname;
DESCRIBE t_class;
```

```
mysql> ALTER TABLE t_class
    -> MODIFY classno INT AFTER cname;
Query OK, 0 rows affected (0.04 sec)
Records: 0  Duplicates: 0  Warnings: 0
```

图 3-55　修改字段顺序

```
mysql> DESCRIBE t_class;
+---------+-------------+------+-----+---------+-------+
| Field   | Type        | Null | Key | Default | Extra |
+---------+-------------+------+-----+---------+-------+
| cname   | varchar(20) | YES  |     | NULL    |       |
| classno | int(11)     | YES  |     | NULL    |       |
| loc     | varchar(40) | YES  |     | NULL    |       |
| stucount| int(11)     | YES  |     | NULL    |       |
+---------+-------------+------+-----+---------+-------+
4 rows in set (0.00 sec)
```

图 3-56　查看表定义

从图 3-56 中可以看出，表 t_class 中的字段 classno 的位置已经调整到字段 cname 之后。

3.8　操作表的约束

完整性约束条件是对字段进行限制，要求用户对该属性进行的操作符合特定的要求。如果不满足完整性约束条件，数据库系统将不再执行用户的操作。MySQL 中基本的完整性约束条件如表 3-11 所示。

表 3-11　完整性约束条件

约束条件	说明
PRIMARY KEY	标识该属性为该表的主键，可以唯一标识对应的元组
FOREIGN KEY	标识该属性为该表的外键，是与之联系的某表的主键
NOT NULL	标识该属性不能为空
UNIQUE	标识该属性的值是唯一的
AUTO_INCREMENT	标识该属性的值自动增加，这是 MySQL 语句的特色
DEFAULT	为该属性设置默认值

从表 3-11 中可以看出，MySQL 数据库系统不支持 check 约束。根据约束数据列限制，约束可分为单列约束（每个约束只约束一列数据）和多列约束（每个约束可约束多列数据）。

3.8.1　设置表字段的非空约束（NOT NULL，NK）

当数据库表中的某个字段上的内容不希望设置为 NULL 时，可以使用 NK 约束进行设置。NK 约束在创建数据库表时为某些字段上加上"NOT NULL"约束条件，保证所有记录中的该字段都有值。如果在用户插入的记录中该字段为空值，那么数据库管理系统会报错。

设置表中某字段的 NK 约束非常简单，查看帮助文档可以发现，在 MySQL 数据库管理系统中是通过 SQL 语句 NOT NULL 来实现的，其语法形式如下：

```
CREATE TABLE tablename(
    propName propType NOT NULL,
    ……);
```

在上述语句中，tablename 参数表示所要设置非空约束的字段名字，propName 参数为属性名，propType 为属性类型。

【示例 3-21】执行 SQL 语句 NOT NULL，在数据库 school 中创建表 t_class 时设置 classno 为 NK 约束具体步骤如下：

（1）创建 t_class，具体 SQL 语句如下，执行结果如图 3-57 所示。

```
CREATE TABLE `t_class` (
    `classno` INT(11) NOT NULL,
    `cname` VARCHAR(20),
    `loc` VARCHAR(40),
    `stucount` INT(11));
```

（2）为了检验数据库 school 中的 t_class 表中字段 classno 是否被设置为 NK 约束，执行 SQL 语句 DESCRIBE，具体如下，执行结果如图 3-58 所示。

```
DESCRIBE t_class;
```

```
mysql> CREATE TABLE `t_class` (
    ->     `classno` INT(11) NULL,
    ->     `cname` VARCHAR(20),
    ->     `loc` VARCHAR(40),
    ->     `stucount` INT(11)
    -> );
Query OK, 0 rows affected (0.02 sec)
```

图 3-57　创建表格 t_class

```
mysql> DESCRIBE t_class;
+----------+-------------+------+-----+---------+-------+
| Field    | Type        | Null | Key | Default | Extra |
+----------+-------------+------+-----+---------+-------+
| classno  | int(11)     | NO   |     | NULL    |       |
| cname    | varchar(20) | YES  |     | NULL    |       |
| loc      | varchar(40) | YES  |     | NULL    |       |
| stucount | int(11)     | YES  |     | NULL    |       |
+----------+-------------+------+-----+---------+-------+
4 rows in set (0.00 sec)
```

图 3-58　查看表信息

3.8.2　设置表字段的默认值（DEFAULT）

当为数据库表中插入一条新记录时，如果没有为某个字段赋值，数据库系统就会自动为这个字段插入默认值。为了达到这种效果，可通过 SQL 语句关键字 DEFAULT 来设置。

设置数据库表中某字段的默认值非常简单，可以在 MySQL 数据库管理系统中通过 SQL语句 DEFAULT 来实现，其语法形式如下：

```
CREATE TABLE tablename(
        propName propType DEFAULT defaultValue,
    ……
);
```

在上述语句中，tablename 参数表示所要设置默认值的字段名字，propName 参数为属性名，propType 为属性类型，defaultValue 为默认值。

【示例 3-22】执行 SQL 语句 DEFAULT，在数据库 school 中创建表 t_class 时设置 cname字段的默认值为"class_3"。具体操作如下：

创建表 t_class，设置字段 cname 的默认值为"class_3"，再查看 t_class 表的信息，具体SQL 语句如下，执行结果如图 3-59、图 3-60 所示。

```
CREATE TABLE `t_class` (
        `classno` INT(11) NOT NULL,
        `cname` VARCHAR(20) DEFAULT 'class_3',
        `loc` VARCHAR(40),
         `stucount` INT(11));
```

```
mysql> CREATE TABLE `t_class` (
    ->     `classno` INT(11) NOT NULL,
    ->     `cname` VARCHAR(20) DEFAULT 'class_3',
    ->     `loc` VARCHAR(40),
    ->     `stucount` INT(11)
    -> );
Query OK, 0 rows affected (0.04 sec)
```

图 3-59　创建表 t_class

```
mysql> DESCRIBE t_class;
+----------+-------------+------+-----+---------+-------+
| Field    | Type        | Null | Key | Default | Extra |
+----------+-------------+------+-----+---------+-------+
| classno  | int(11)     | NO   |     | NULL    |       |
| cname    | varchar(20) | YES  |     | class_3 |       |
| loc      | varchar(40) | YES  |     | NULL    |       |
| stucount | int(11)     | YES  |     | NULL    |       |
+----------+-------------+------+-----+---------+-------+
4 rows in set (0.00 sec)
```

图 3-60　查看表信息

从图 3-60 可以看出，表 t_class 中字段 cname 已被设置了默认值，如果用户插入的新记录中该字段为空值，那么数据库管理系统会自动插入值"class_3"。

3.8.3 设置表字段唯一约束（UNIQUE，UK）

当数据库表中某个字段上的内容不允许重复时，可以使用 UK 约束进行设置。UK 约束在创建数据库时为某些字段加上"UNIQUE"约束条件，保证所有记录中该字段上的值不重复。如果在用户插入的记录中该字段上的值与其他记录中该字段上的值重复，那么数据库管理系统会报错。

设置表中某字段的 UK 约束非常简单，可以在 MySQL 数据库管理系统中通过 SQL 语句 UNIQUE 来实现，其语法形式如下：

```
CREATE TABLE tablename(
    propName propType UNIQUE,
    ……
    );
```

在上述语句中，tablename 参数表示所要设置默认值的字段对应的表名，propName 参数为属性名，propType 为属性类型，propName 字段要设置唯一约束。

【示例 3-22】执行 SQL 语句 UNIQUE，在数据库 school 中创建表 t_class 时设置 cname 字段为 UK 约束。具体步骤如下：

（1）创建表 t_class，再查看 t_class 表的信息，具体 SQL 语句如下，执行结果如图 3-61、图 3-62 所示。

```
CREATE TABLE `t_class` (
    `classno` INT(11) NOT NULL,
    `cname` VARCHAR(20) UNIQUE,
    `loc` VARCHAR(40),
    `stucount` INT(11));
```

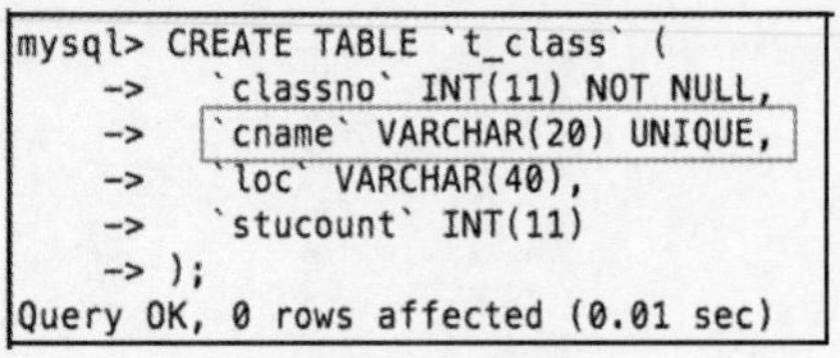

图 3-61 创建表 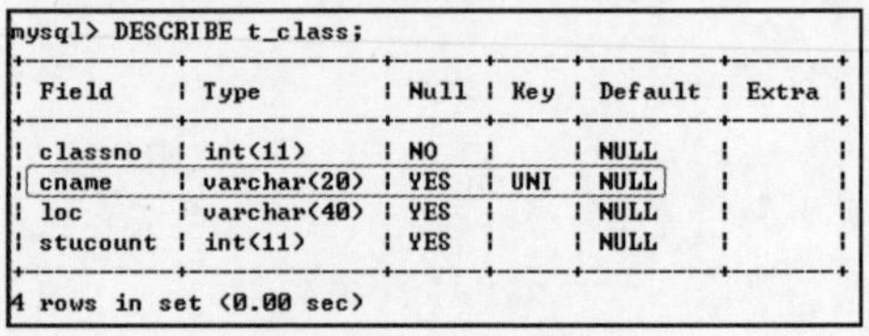　　　　图 3-62 查看表信息

（2）从图 3-62 中可以看出，表 t_class 中字段 cname 已经被设置为 UNIQUE 约束。如果用户插入的记录中该字段有重复值，那么数据库管理系统会报如下错误，如图 3-63 所示。

```
ERROR 1062 (23000): Duplicate entry 'class_3' for key 'cname'
```

（3）如果想给字段 cname 上的 UK 约束设置一个名字，可以执行 SQL 语句 CONSTRAINT。创建表 t_class，具体 SQL 语句执行结果如图 3-64 所示。

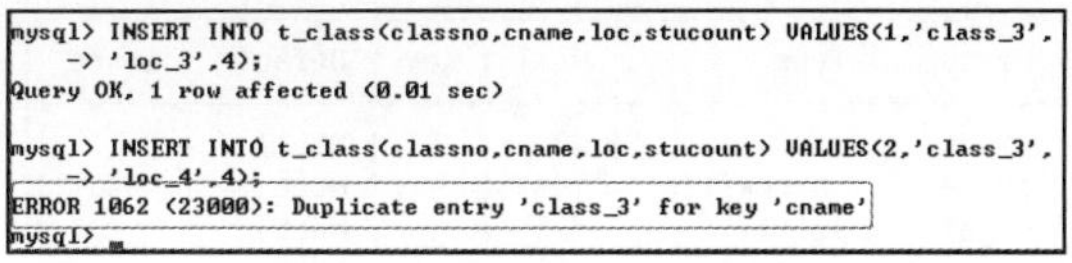

图 3-63 UK 字段插入重复数据出错

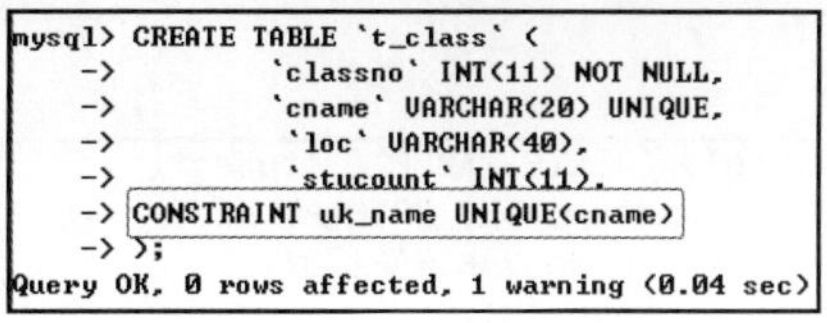

图 3-64 创建表

图 3-64 创建表的效果和图 3-61 创建表的效果是一样。

3.8.4 设置表字段的主键约束（PRIMARY，PK）

主键是表的一个特殊字段，能唯一标识该表中的每条信息。主键和记录的关系，如同身份证和人的关系。主键用来标识每个记录，每个记录的主键值都不同。身份证用来表明人的身份，每个人都具有唯一的身份证号。设置表的主键是指在创建表时设置表的某个字段为该表的主键。

主键的主要目的是帮助数据库管理系统以最快的速度查找到表的某一条信息。主键必须满足的条件就是主键必须是唯一的，表中任意两条记录的主键字段的值不能相同，并且是非空值。主键可以是单一的字段，也可以是多个字段的组合。

1. 单字段主键

单字段主键的语法规则如下：

```
CREATE TABEL tablename(
    propName propType PRIMARY KEY
    ……);
```

其中，propName 参数表示表中字段的名称，propType 参数指定字段的数据类型。

【示例 3-23】执行 SQL 语句 UNIQUE，在数据库 school 中创建表 t_class 时设置 classno 字段为 PK 约束。具体步骤如下：

（1）创建表 t_student，设置 stuno 字段为 PK 约束，再查看 t_student 表信息，SQL 语句如下，执行结果如图 3-65、图 3-66 所示。

```
CREATE TABLE t_student(
    stuno INT PRIMARY KEY,
    sname VARCHAR(20),
    sage INT,
    sgender VARCHAR(4));
DESCRIBE t_student;
```

```
mysql> CREATE TABLE t_student(
    -> stuno INT PRIMARY KEY,
    -> sname VARCHAR(20),
    -> sage INT,
    -> sgender VARCHAR(4));
Query OK, 0 rows affected (0.04 sec)
```

图 3-65　创建设置单一主键的表

```
mysql> DESCRIBE t_student;
+---------+-------------+------+-----+---------+-------+
| Field   | Type        | Null | Key | Default | Extra |
+---------+-------------+------+-----+---------+-------+
| stuno   | int(11)     | NO   | PRI | NULL    |       |
| sname   | varchar(20) | YES  |     | NULL    |       |
| sage    | int(11)     | YES  |     | NULL    |       |
| sgender | varchar(4)  | YES  |     | NULL    |       |
+---------+-------------+------+-----+---------+-------+
4 rows in set (0.00 sec)
```

图 3-66　检验具有单一主键的表

（2）在表 t_student 中插入一组数据，如图 3-67 所示。

```
INSERT INTO t_student VALUES(1,'Justin',20,'m');
```

（3）在表 t_student 中插入一组重复主键的数据，会提示出错，如图 3-68 所示。

```
INSERT INTO t_student values(1,'rebecca',32,'f');
```

```
mysql> INSERT INTO t_student
    -> VALUES(1,'Justin',20,'m');
Query OK, 1 row affected (0.01 sec)
```

图 3-67　在表里插入数据

```
mysql> INSERT INTO t_student values(1,'rebecca',32,'f');
ERROR 1062 (23000): Duplicate entry '1' for key 'PRIMARY'
```

图 3-68　在表里插入重复主键的数据

（4）在表 t_student 中插入一组不同主键的数据，操作成功，如图 3-69 所示。

```
INSERT INTO t_student values(2,'rebecca',32,'f');
```

```
mysql> INSERT INTO t_student values(2,'rebecca',32,'f');
Query OK, 1 row affected (0.00 sec)
```

图 3-69　在表里插入不同主键的数据

（5）如果想给 stuno 字段的 PK 约束设置一个名字，可以执行 SQL 语句 CONSTRAINT。创建表 t_student_pk，如图 3-70 所示；再使用 DESC 语句查看表结构，如图 3-71 所示。

```
CREATE TABLE t_student_pk(
    stuno INT,
    sname VARCHAR(20),
    sage INT(11),
    sgender VARCHAR(4),
    CONSTRAINT pk_stuno PRIMARY KEY(stuno));
DESC t_student_pk;
```

```
mysql> CREATE TABLE t_student_pk(
    -> stuno INT,
    -> sname VARCHAR(20),
    -> sage INT(11),
    -> sgender VARCHAR(4),
    -> CONSTRAINT pk_stuno PRIMARY KEY(stuno));
Query OK, 0 rows affected (0.02 sec)
```

图 3-70　在表里设置约束标识符

```
mysql> DESC t_student_pk;
+---------+-------------+------+-----+---------+-------+
| Field   | Type        | Null | Key | Default | Extra |
+---------+-------------+------+-----+---------+-------+
| stuno   | int(11)     | NO   | PRI | NULL    |       |
| sname   | varchar(20) | YES  |     | NULL    |       |
| sage    | int(11)     | YES  |     | NULL    |       |
| sgender | varchar(4)  | YES  |     | NULL    |       |
+---------+-------------+------+-----+---------+-------+
4 rows in set (0.00 sec)
```

图 3-71　查看表结构

2. 多字段主键

主键是由多个属性组合而成时，在属性定义完之后统一设置主键。语法规则如下：

```
CREATE TABLE tablename(
    propName1 propType1,
    propName2 propType2,
    ......
【CONSTRAINT PK_NAME】PRIMARY KEY(propName1, propName2));
```

【示例 3-24】多字段主键的设置。

（1）创建表 t_student_m_pk，设置 stuno 和 sname 字段为联合主键，再查看 t_student_m_pk 表的信息，具体 SQL 语句如下，执行结果如图 3-72、图 3-73 所示。

```
CREATE TABLE t_student_m_pk(
    stuno INT,
    sname VARCHAR(20),
    sage INT(10),
    sgender VARCHAR(4),
    CONSTRAINT pk_stuno_sname PRIMARY KEY(stuno, sname));
DESC t_student_m_pk;
```

图 3-72　创建设置联合主键的表

图 3-73　查看 t_student_m_pk 信息

（2）从图 3-73 中可以看出，stuno 和 sname 已经被成功设置为联合主键。向 t_student_m_pk 表中插入数据，SQL 语句如下，执行结果如图 3-74 所示。

```
INSERT INTO t_student_m_pk values(1,'rebecca',32,'f');
INSERT INTO t_student_m_pk values(2,'rebecca',12,'f');
INSERT INTO t_student_m_pk values(1,'jack',12,'f');
INSERT INTO t_student_m_pk values(1,'rebecca',12,'f');
```

图 3-74　创建设置联合主键的表

从图 3-74 中可以看到，向 t_student_m_pk 表中插入数据，如果有重复的联合主键，就会插入失败。

3.8.5 设置表字段值自动增加（AUTO_INCREMENT）

AUTO_INCREMENT 是 MySQL 唯一扩展的完整性约束，当向数据库表中插入新记录时，字段上的值会自动生成唯一的 ID。在具体设置 AUTO_INCREMENT 约束时，一个数据库表中只能有一个字段使用该约束，该字段的数据类型必须是整数类型。由于设置 AUTO_INCREMENT 约束后的字段会生成唯一的 ID，因此该字段也经常会同时设置成 PK 主键。

设置表中某字段值的自动增加约束非常简单，查看帮助文档发现，可以在 MySQL 数据库管理系统中通过 SQL 语句 AUTO_INCREMENT 来实现，其语法形式如下：

```
CREATE TABLE tablename(
    propName propType AUTO_INCREMENT,
     ......);
```

在上述语句中，tablename 参数表示所要设置非空约束的字段名字，propName 参数为属性名，propType 为属性类型，propName 字段要设置自动增加约束。默认情况下，字段 propName 的值从 1 开始增加，每增加一条记录，记录中该字段的值就会在前一条记录的基础上加 1。

【示例 3-25】执行 SQL 语句 AUTO_INCREMENT，在数据库 school 中创建表 t_class 时设置字段 classno 为 AUTO_INCREMENT 和 PK 约束。具体操作如下：

创建表 t_class，再查看 t_class 表信息，具体 SQL 语句如下，执行结果如图 3-75、图 3-76 所示。

```
CREATE TABLE t_class(
   classno INT(11) PRIMARY KEY AUTO_INCREMENT,
   cname VARCHAR(20),
   loc VARCHAR(40),
   stucount INT(11));
DESCRIBE t_class;
```

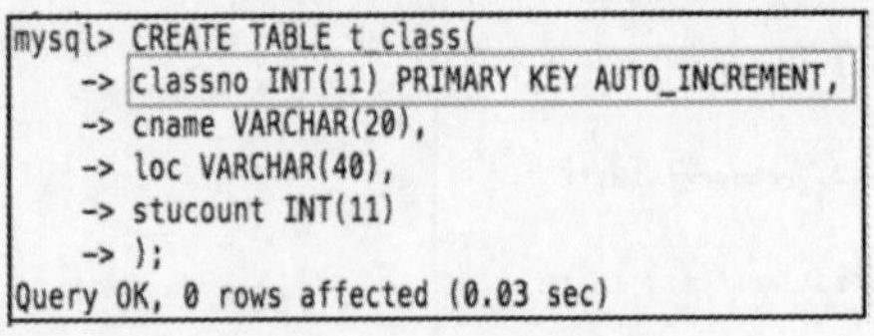

```
mysql> CREATE TABLE t_class(
    -> classno INT(11) PRIMARY KEY AUTO_INCREMENT,
    -> cname VARCHAR(20),
    -> loc VARCHAR(40),
    -> stucount INT(11)
    -> );
Query OK, 0 rows affected (0.03 sec)
```

图 3-75 创建表 t_class

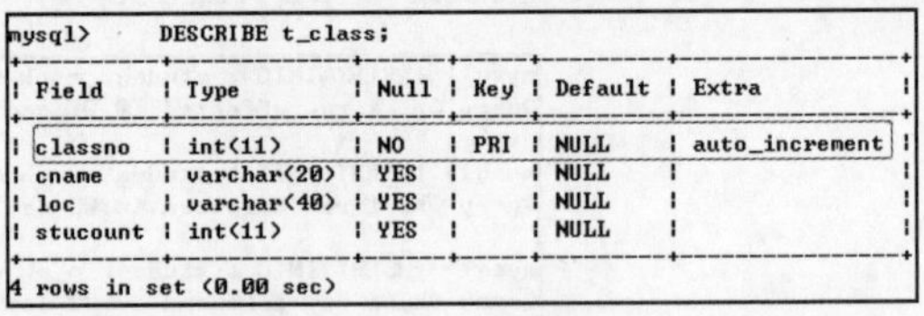

```
mysql>    DESCRIBE t_class;
+----------+-------------+------+-----+---------+----------------+
| Field    | Type        | Null | Key | Default | Extra          |
+----------+-------------+------+-----+---------+----------------+
| classno  | int(11)     | NO   | PRI | NULL    | auto_increment |
| cname    | varchar(20) | YES  |     | NULL    |                |
| loc      | varchar(40) | YES  |     | NULL    |                |
| stucount | int(11)     | YES  |     | NULL    |                |
+----------+-------------+------+-----+---------+----------------+
4 rows in set (0.00 sec)
```

图 3-76 查看表 t_class

从图 3-76 中可以看出，表 t_class 中的字段 classno 已经被设置为 AUTO_INCREMENT 和 PK 约束。

3.8.6 设置表字段的外键约束（FOREIGN KEY，FK）

外键是表的一个特殊字段，外键约束是为了保证多个表（通常为两个表）之间的参照完整性，即构建两个表的字段之间的参照关系。

设置外键约束的两个表之间具有父子关系，即子表中某个字段的取值范围由父表决定。例如，表示一个班级和学生关系，即每个班级有多个学生。首先应该有两个表：班级表和学生表，然后学生表有一个表示班级编号的字段 classno，其依赖于班级表的主键，这样字段 classno 就是学生表的外键，通过该字段班级表和学生表建立了关系。

在具体设置 FK 约束时，设置 FK 约束的字段必须依赖于数据库中已经存在的父表的主键，同时外键可以为空（NULL）。

设置表中某字段的 FK 约束非常简单，可以在 MySQL 数据库管理系统中通过 SQL 语句 FOREIGN KEY 来实现，其语法形式如下：

```
CREATE TABLE tablename_1(
    propName1_1 propType1_1,
    propName1_2 propType1_2,
    ……
    CONSTRAINT FK_prop FOREIGN KEY(propName1_1)
    REFERENCES tablename_2(propName2_1));
```

其中，tablename_1 参数是要设置外键的表名，propName1_1 参数是要设置外键的字段，tablename_2 是父表的名称，propName2_1 是父表中设置主键约束的字段名。

【示例 3-26】执行 SQL 语句 FOREIGN KEY，在数据库 school 中创建班级表（t_class）和学生表（t_student），设置学生表字段 classno 为外键约束，表示一个班级有多个学生的关系。具体步骤如下：

（1）创建和查看表 t_class，具体 SQL 语句如下，执行结果如图 3-77、图 3-78 所示。

```
CREATE TABLE t_class(
    classno INT(11) PRIMARY KEY,
    cname VARCHAR(20),
    loc VARCHAR(40),
    stucount INT(11));
DESCRIBE t_class;
```

图 3-77　创建表 t_class

图 3-78　查看表 t_class

（2）创建和查看表 t_student，具体 SQL 语句如下，执行结果如图 3-79、图 3-80 所示。

```
CREATE TABLE t_student (
    stuno INT PRIMARY KEY,
    sname VARCHAR(20),
```

```
        sage INT,
        sgender VARCHAR(4),
        classno INT,
        CONSTRAINT fk_classno FOREIGN KEY(classno)REFERENCES t_class(classno));
    DESCRIBE t_student;
```

```
mysql>   CREATE TABLE t_student (
   ->            stuno INT PRIMARY KEY,
   ->            sname VARCHAR(20),
   ->            sage INT,
   ->            sgender VARCHAR(4),
   ->            classno INT,
   ->            CONSTRAINT fk_classno FOREIGN KEY(classno)
   -> REFERENCES t_class(classno));
Query OK, 0 rows affected (0.04 sec)
```

图 3-79　创建表 t_student

```
mysql> DESCRIBE t_student;
+---------+-------------+------+-----+---------+-------+
| Field   | Type        | Null | Key | Default | Extra |
+---------+-------------+------+-----+---------+-------+
| stuno   | int(11)     | NO   | PRI | NULL    |       |
| sname   | varchar(20) | YES  |     | NULL    |       |
| sage    | int(11)     | YES  |     | NULL    |       |
| sgender | varchar(4)  | YES  |     | NULL    |       |
| classno | int(11)     | YES  | MUL | NULL    |       |
+---------+-------------+------+-----+---------+-------+
5 rows in set (0.00 sec)
```

图 3-80　查看表 t_students

 提示

在具体设置外键时，子表 t_student 中所设外键字段的数据类型必须与父表 t_class 中所参考的字段的数据类型一致，例如两者都是 INT 类型，否则就会出错。

3）从图 3-80 可以看出，表 t_student 中字段 classno 已经被设置成 FK 约束。如果在用户插入的记录中该字段上没有参考父表 t_class 中字段 classno 的值，那么数据库管理系统会报错误，如图 3-81 所示。

```
mysql> select * from t_class;
+---------+--------+------+----------+
| classno | cname  | loc  | stucount |
+---------+--------+------+----------+
|       1 | class1 | loc1 |       10 |
+---------+--------+------+----------+
1 row in set (0.00 sec)

mysql> insert into t_student(stuno, sname, sage, sgender, classno) values(2,'s2',14,'m',2)
ERROR 1452 (23000): Cannot add or update a child row: a foreign key constraint fails (`school`.`t_stude
nt`, CONSTRAINT `fk_classno` FOREIGN KEY (`classno`) REFERENCES `t_class` (`classno`))
mysql> insert into t_student(stuno, sname, sage, sgender, classno) values(2,'s2',14,'m',1)
Query OK, 1 row affected (0.00 sec)
```

图 3-81　插入数据

从图 3-81 中可以看出，表 t_class 中有一条数据，classno 的值为 1；向表 t_student 中插入一条数据记录，classno 为 2，数据库系统报错；向表 t_student 中插入一条数据记录，classno 为 1，插入数据成功。

第 4 章

◀ 数据操作 ▶

通过前面章节的内容可以发现，数据库是存储数据库对象的仓库，而数据库基本对象"表"则是用来实现存储数据的。在 MySQL 软件中，关于数据的操作（CRUD）包含插入数据记录（CREATE）、查询数据记录（READ）、更新数据记录（UPDATE）和删除数据记录（DELETE）。

在 MySQL 软件中，可以通过 SQL 语句中的 DML 语句来实现数据的操作：通过 INSERT 语句来实现数据插入，通过 UPDATE 语句来实现数据的更新，通过 DELETE 语句实现数据删除。通过本节的学习，可以掌握在 MySQL 软件中关于数据的操作。

本章主要讲解的内容包括以下几个方面：

- 插入数据记录。
- 更新数据记录。
- 删除数据记录。
- JSON 结构的数据记录操作。

为了便于讲解，本章涉及的数据库都已预先设置好，读者可根据第 2 章和第 3 章学习的内容自行创建数据库及表。

4.1 插入数据记录

插入数据记录是常见的数据操作，可以显示向表中增加的新的数据记录。在 MySQL 中可以通过"INSERT INTO"语句来实现插入数据记录，该 SQL 语句可以通过如下 4 种方式使用：插入完整数据记录、插入部分数据记录、插入多条数据记录和插入 JSON 结构的数据记录。

4.1.1 插入完整数据记录

在 MySQL 中插入完整的数据记录可通过 SQL 语句 INSERT 来实现，其语法形式如下：

```
INSERT INTO tablename(field1, field2, field3, …, fieldn)
    VALUES(value1, value2, value3, …, valuen)
```

在上述语句中，参数 tablename 表示所要插入完整记录的表名，参数 fieldn 表示表中的字段名字，参数 valuen 表示所要插入的数值，并且参数 fieldn 与参数 valuen 一一对应。

【示例 4-1】执行 SQL 语句 INSERT INTO，向数据库 school 中的表 t_class 插入一条完整的数据记录，其值分别为 1、“高一(2)班”“西教学楼 3 楼”和“张三”。

插入前确保 classno 列为自增列，请参照 3.8.5 小节设置自增。使用 INSERT INTO 向 t_class 表插入完整的数据记录，再使用 SELECT 语句检验 t_class 表的数据是否插入成功，具体 SQL 语句如下，执行结果如图 4-1、图 4-2 所示。

```
INSERT INTO t_class(classno, cname, loc, advisor)
     VALUES(1, '高一(2)班','西教学楼 3 楼','张三');
SELECT * FROM t_class;
```

```
mysql> INSERT INTO t_class(classno, cname, loc, advisor)
    ->         VALUES(1, '高一(2)班','西教学楼3楼','张三');
Query OK, 1 row affected (0.04 sec)
```

图 4-1　插入数据记录

```
mysql> SELECT * FROM t_class;
+---------+-----------+---------+-------------+----------+
| classno | cname     | advisor | loc         | stucount |
+---------+-----------+---------+-------------+----------+
|       1 | 高一(2)班 | 张三    | 西教学楼3楼 |     NULL |
+---------+-----------+---------+-------------+----------+
1 row in set (0.01 sec)
```

图 4-2　查询表格数据记录

图 4-2 的执行结果显示，表 t_class 的数据记录已经成功插入。

4.1.2　插入部分数据记录

插入数据记录时除了可以插入完整数据记录，还可以插入指定字段的部分数据记录。在 MySQL 中插入部分数据记录通过 SQL 语句“INSERT INTO”来实现，其语法形式如下：

```
INSERT INTO tablename(field1,field2,field3,…, fieldn)
   VALUES(value1,value2,value3,…,valuen)
```

在上述语句中，tablename 参数表示表的名称，fieldn 表示表中部分字段名称，valuen 表示所要插入的部分数值，并且 fieldn 和 valuen 一一对应。

操作前请根据 3.8.2 和 3.8.5 小节将字段 classno 设置为自增列，并将字段 loc 的默认值设置为“东教学楼 2 楼”。

【示例 4-2】向数据库 school 中的班级表 t_class 中插入部分数据记录。具体操作如下：

（1）执行 SQL 语句 INSERT，向 t_class 表插入数据，再使用 SELECT 语句检验 t_class 表的数据是否插入成功，具体 SQL 语句如下，执行结果如图 4-3、图 4-4 所示。

```
INSERT INTO t_class(cname, loc)
  VALUES('高一(8)班','西教学楼 4 楼');
select * from t_class;
```

注意：SQL 关键字在描述时通常采用全大写，但使用时不区分大小写，后期不再说明。

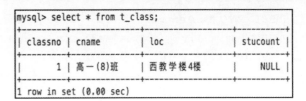

图 4-3　插入数据　　　　　　　　　图 4-4　查询表数据记录

从图 4-4 可以看出，表 t_class 的字段 cname 和字段 loc 的记录插入成功，有"自动增加"约束的字段 classno 也插入了自动生成值。

在具体开发中，除了"自动增加"约束的字段不需要插入数值外，具有"默认值"约束的字段也不需要插入数值。

（2）执行 SQL 语句 INSERT INTO，插入一条部分数据记录，再使用 SELECT 语句检验 t_class 表的数据是否插入成功，SQL 语句如下，执行结果如图 4-5、图 4-6 所示。

```
INSERT INTO t_class(cname)
    VALUES('高二（5）班');
SELECT * from t_class;
```

图 4-5　插入部分数据　　　　　　　　图 4-6　查询插入数据

从图 4-6 中可以看出，表 t_class 中的字段 cname 已经成功插入"高二（5）班"数据记录，字段 classno 的值自动增加，字段 loc 则插入默认值"东教学楼 2 楼"。

4.1.3　插入多条完整数据记录

在具体插入数据记录时，除了可以一次插入一条数据记录外，还可以一次插入多条数据记录。在具体实现一次插入多条数据记录时，同样可以分为一次插入多条完整数据记录和一次插入多条部分数据记录。本小节介绍如何插入多条完整数据记录，语法形式如下：

```
INSERT INTO tablename(field1,field2,field3,…,fieldn)
VALUES(value11,value21,value31,…,valuen1),
      (value12,value22,value32,…,valuen2),
      ……
      (value1m,value2m,value3m,…,valuenm);
```

上述语句中，参数 n 表示有 n 个字段，参数 m 表示有 m 个字段，在具体使用时，只要记录中的数值与字段参数相对应即可，即字段参数 field 的顺序可以和表的字段顺序不一致。

除了上述语法外，还有另外一种语法形式，如下所示。

```
INSERT INTO tablename
VALUES(value11,value21,value31,…,valuen1),
      (value12,value22,value32,…,valuen2),
       ……
      (value1m,value2m,value3m,…,valuenm);
```

上述语句中，虽然没有字段参数 field，但是却可以正确地插入多条完整数据记录，不过每条记录中的数值顺序必须与表中字段的顺序一致。

4.1.4 插入多条部分数据记录

在 MySQL 中插入多条部分记录可通过 SQL 语句 INSERT INTO 来实现，其语法形式如下：

```
INSERT INTO tablename(field1,field2,field3,…,fieldn)
VALUES(value11,value21,value31,…,valuen1),
      (value12,value22,value32,…,valuen2),
       ……
      (value1m,value2m,value3m,…,valuenm)
```

参数 fieldn 表示表中部分字段名称，记录（value11,value21,value31,…,valuen1）表示所要插入第一条记录的部分数值，记录（value1m,value2m,value3m,…,valuenm）表示所要插入第 m 条记录的部分数值，在具体应用时参数 fieldn 与参数 valuen 应一一对应。

多条数据的插入与单条数据记录的插入原理相同，做好数据值与字段的对应即可。

4.1.5 插入 JSON 结构的数据记录

在 MySQL 中插入 JSON 结构的数据记录通过 SQL 语句 INSERT 来实现，其语法形式如下：

```
INSERT INTO tablename(jsonfield)
    VALUES(jsonObjectValue)
```

上述语句中，参数 tablename 表示所要插入的表名，参数 jsonfield 表示表中的 JSON 类型的字段名字，参数 jsonObjectValue 表示所要插入的 JSON 值。

【示例 4-3】执行 SQL 语句 INSERT INTO，向数据库 school 中的 JSON 表 t_json 插入数据记录，其中 JSON 对象的值为"{"name": "Zhangsan", "sex": "男"}"。具体步骤如下：

执行 SQL 语句 INSERT INTO，插入数据记录，再使用 SELECT 语句来查询 t_json 表，具体 SQL 语句如下，执行结果如图 4-7、图 4-8 所示。

```
INSERT INTO t_json(json_col) VALUES ('{"name": "Zhangsan", "sex":
"男"}');
SELECT * from t_json;
```

```
mysql> INSERT INTO t_json(json_col)
    -> VALUES ('{"name": "Zhangsan", "sex": "男"}');
Query OK, 1 row affected (0.09 sec)
```

图 4-7　向数据表插入 JSON 记录

```
mysql> SELECT * from t_json;
+----+--------------------------------------+
| id | json_col                             |
+----+--------------------------------------+
|  1 | {"sex": "男", "name": "Zhangsan"}    |
+----+--------------------------------------+
1 row in set (0.00 sec)
```

图 4-8　查询插入数据

4.2　更新数据记录

更新数据记录是数据操作中常见的操作，可以更新表中已经存在数据记录中的值。在 MySQL 中可以通过 UPDATE 语句来实现更新数据记录，该 SQL 语句可以通过如下几种方式使用：更新特定数据记录、更新所有数据记录、更新 JSON 结构的数据记录。

4.2.1　更新特定数据记录

在 MySQL 中更新特定数据记录可通过 SQL 语句 UPDATE 来实现，其语法形式如下：

```
UPDATE tablename
SET field1=value1,field2=value2,field3=value3
   WHERE CONDITION;
```

在上述语句中，参数 tablename 表示所要更新数据记录的表名，参数 field 表示表中所要更新数值的字段名字，参数 valuen 表示更新后的数值，参数 CONDITION 指定更新满足条件的特定数据记录。

【示例 4-4】执行 SQL 语句 UPDATE，在数据库 school 中的班级表 t_class 中使名称（字段 cname）为"class_1"的地址（字段 loc）由"loc_1"更新成"loc_11"。具体步骤如下：

执行 SQL 语句 UPDATE，更新数据记录，再使用 SELECT 语句查询 t_class 表的数据记录，具体 SQL 语句如下，执行结果如图 4-9、图 4-10 所示。

```
UPDATE t_class SET loc='loc_11' WHERE cname='class_1';
SELECT * FROM t_class;
```

```
mysql> update t_class
    -> set loc='loc_11'
    -> where cname='class_1';
Query OK, 1 row affected (0.01 sec)
Rows matched: 1  Changed: 1  Warnings: 0
```

图 4-9　更新数据记录

```
mysql> select * from t_class;
+---------+---------+--------+----------+
| classno | cname   | loc    | advisor  |
+---------+---------+--------+----------+
|       1 | class_1 | loc_11 | advisor_1|
+---------+---------+--------+----------+
1 row in set (0.00 sec)
```

图 4-10　查询数据记录

图 4-10 所示的执行结果显示，在表 t_class 中，cname 为"class_1"的 loc 已经更新为"loc_11"。

4.2.2 更新所有数据记录

在 MySQL 中更新特定数据记录可通过 SQL 语句 UPDATE 来实现，其语法形式如下：

```
UPDATE tablename
SET field1=value1,field2=value2,field3=value3
    WHERE CONDITION;
```

在上述语句中，参数 tablename 表示所要更新数据记录的表名，参数 field 表示表中所要更新数值的字段名字，参数 valuen 表示更新后的数值，参数 CONDITION 表示满足表 tablename 中的所有数据记录，或不使用关键字 WHERE 语句。

4.2.3 更新 JSON 结构的数据记录

在 MySQL 中可通过 UPDATE 语句和 JSON 函数更新 JSON 数据记录，常用的函数有 JSON_ARRAY_APPEND 、 JSON_ARRAY_INSERT 、 JSON_INSERT 、 JSON_MERGE 、 JSON_MERGE_PATCH、JSON_MERGE_PRESERVE、JSON_REMOVE、JSON_REPLACE、 JSON_SET 等。以 JSON_REPLACE 为例，更新 JSON 数据的语法为：

```
UPDATE tablename
SET colname = JSON_REPLACE(colname,path,val)
WHERE CONDITION;
```

在上述语句中，tablename 为要更新的表名；colname 为 JSON 类型的字段；path 为路径，通常为美元符号加 key 的形式，即"$.key"；val 为要替换的新值；WHERE 为条件语句。

【示例 4-5】执行 SQL 语句 UPDATE，将 t_json 中 id 为 1 对应的记录性别修改为"女"。具体步骤如下：

执行 SQL 语句 SELECT 查询表的数据记录，然后执行 UPDATE 语句将性别修改为女，再使用 SELECT 语句来查询 t_json 表，具体 SQL 语句如下，执行结果如图 4-11、图 4-12 所示。

```
update t_json
set json_col=JSON_REPLACE(json_col,'$.sex','女')
Where id =1;
SELECT * from t_json;
```

图 4-11　向数据表插入 JSON 记录

图 4-12　查询插入数据

4.3 删除数据记录

删除数据记录是数据操作中常见的操作，可以删除表中已经存在的数据记录。在 MySQL 中可以通过 DELETE 语句来删除数据记录，该 SQL 语句可以通过以下几种方式使用：删除特定数据记录、删除所有数据记录。

4.3.1　删除特定数据记录

在 MySQL 中删除特定的数据记录可通过 SQL 语句 DELETE 来实现，其语法形式如下：

```
DELETE FROM tablename
 WHERE CONDITION;
```

在上述语句中，参数 tablename 表示所要删除数据记录的表名，参数 CONDITION 指定删除满足条件的特定数据记录。

【示例 4-6】执行 SQL 语句 DELETE，在数据库 school 的班级表 t_class 中删除字段 cname 中值为“class_3”的数据记录。具体步骤如下：

执行 SQL 语句 DELETE，删除数据记录，再使用 SELECT 语句查询 t_class 表的数据记录，具体 SQL 语句如下，执行结果如图 4-13、图 4-14 所示。

```
DELETE FROM t_class WHERE cname='class_3';
SELECT * FROM t_class;
```

```
mysql> delete from t_class
    -> where cname='class_3';
Query OK, 1 row affected (0.00 sec)
```

图 4-13　删除数据

```
mysql> select * from t_class;
+---------+---------+-------+-----------+
| classno | cname   | loc   | advisor   |
+---------+---------+-------+-----------+
|       1 | class_1 | loc_1 | advisor_1 |
|       2 | class_2 | loc_2 | advisor_2 |
|       4 | class_4 | loc_4 | advisor_4 |
+---------+---------+-------+-----------+
3 rows in set (0.00 sec)
```

图 4-14　查询表

从图 4-20 中可以看出，表 t_class 中字段 cname 值为“class_3”的数据记录已经删除成功。

4.3.2　删除所有数据记录

在 MySQL 中删除所有数据记录，需要通过 SQL 语句 DELETE 来实现，其语法形式如下：

```
DELETE FROM tablename  WHERE CONDITION;
```

在上述语句中，为了删除所有的数据记录，参数 CONDITION 需要满足表 tablename 中所有数据记录，或者无关键字 WHERE 语句。

第 5 章

◀ 数据查询 ▶

查询数据是指从数据库中获取所需要的数据。查询数据是数据库操作中常用且重要的操作。用户可以根据自己对数据的需求，使用不同的查询方式，获得不同的数据。本章主要讲解的内容包括以下几方面：

- 数据查询的基本语法。
- 简单查询。
- 联合查询。

通过本章的学习，读者可以学会如何进行数据查询以及各种应用场景中查询语句的选择和变换，逐步拓展到复杂的应用场景中。

为了便于讲解，本章涉及的数据库数据都已预先设置好，读者可根据第 2 章到第 4 章学习的内容自行插入数据记录，并根据对应知识点变换数据记录值。

5.1　简单查询

在 MySQL 中可以通过 SQL 语句来实现基本数据查询，SQL 语句可以通过如下几种方式使用：查询所有字段数据、查询指定字段数据、避免重复数据查询、实现数学四则运算数据查询、设置显示格式数据查询。

数据库中可能包含无数的表，表中可能包含无数的记录，因此要获得所需的数据并非易事。在 MySQL 中，可以使用 SELECT 语句来查询数据，根据查询条件的不同，数据库系统会找到不同的数据，通过 SELECT 语句可以很方便地获取所需的信息。

在 MySQL 中，SELECT 语句的基本语法形式如下：

```
    SELECT field1 field2 … fieldn
FROM tablename
[WHERE CONDITION1]
[GROUP BY fieldm [HAVING CONDITION2]]
[ORDER BY fieldn [ASC|DESC]]
```

其中，filed1~fieldn 参数表示需要查询的字段名；tablename 参数表示表的名称；CONDITION1 参数表示查询条件；fieldm 参数表示按该字段中的数据进行分组；CONDITION2 参数表示满足该表达式的数据才能输出；fieldn 参数指按该字段中数据进行排序。排序方式由 ASC 和 DESC 两个参数指出；ASC 参数表示按升序的顺序进行排序，是默认参数；DESC 参数表示按降序的顺序进行排序。

5.1.1　查询所有字段数据

查询所有字段是指查询表中所有字段的数据，这种方式可以将表中所有字段的数据都查询出来。MySQL 有两种方式可以查询表中的所有字段。

1. 列出表的所有字段

通过 SQL 语句 SELECT 列出表的所有字段，具体语法形式如下：

```
SELECT field1,field2,…,fieldn FROM tablename;
```

其中，filed1~fieldn 参数表示需要查询的字段名；tablename 参数表示表的名称。

2. "*"符号的使用

查询所有字段数据，除了使用上面的方式外，还可以通过符号 "*" 来实现，具体语法形式如下：

```
SELECT * FROM tablename;
```

其中，符号 "*" 表示所有字段名；tablename 参数表示表的名称。

与上一种方式相比，"*" 符号方式的优势比较明显，即可用该符号代替表中的所有字段，但是这种方式不够灵活，只能按照表中字段的固定顺序显示，不能随便改变字段的顺序。

5.1.2　查询指定字段数据

查询所有字段数据，需要在关键字 SELECT 后指定包含所有字段的列表或者符号 "*"；如果需要查询指定字段数据，只需修改关键字 SELECT 后的字段列表为指定字段即可。

例如，从学生表中查询姓名、性别和年龄字段，SQL 语句如下所示。

```
SELECT name,gender,age FROM t_student;
```

如果关键字 SELECT 后面的字段不包含在所查询的表中，那么 MySQL 会报错。

5.1.3　DISTINCT 查询

当在 MySQL 中执行简单数据查询时，有时会显示出重复数据。为了实现查询不重复数据，MySQL 提供了 DISTINCT 功能，SQL 语法如下：

```
SELECT DISTINCT field1 field2 … fieldn
        FROM t_student;
```

在上述语句中，关键字 DISTINCT 去除重复的数据。下面将通过一个具体的示例来说明如何实现查询不重复数据。

【示例 5-1】执行 SQL 语句 SELECT，在数据库 school 中查询学生表 t_student 中 age 字段的数据。具体步骤如下：

（1）使用如下 SQL 语句在学生表中查询数据，执行结果如图 5-1 所示。

```
SELECT age FROM t_student;
```

（2）为了避免查询到重复的数据，可以执行 SQL 语句关键字 DISTINCT，具体 SQL 语句如下，执行结果如图 5-2 所示。

```
SELECT DISTINCT age FROM t_student;
```

在上述语句中，通过关键字 DISTINCT 修饰关键字 SELECT 后面的字段 age，以避免查询到重复的数据记录。

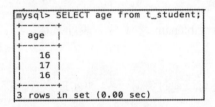
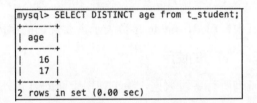

图 5-1　查询学生表数据记录　　　　　图 5-2　查询学生表不重复数据记录

图 5-1 所示的执行结果显示，查询到字段 age 有重复的数据；图 5-2 所示的执行结果显示，与图 5-1 相比，关键字 DISTINCT 去除了重复的数据。

5.1.4　IN 查询

在 MySQL 中提供了关键字 IN，用来实现判断字段的数值是否在指定集合的条件查询，该关键字的具体语句形式如下：

```
SELECT field1,field2,…,fieldn
FROM tablename WHERE filedm IN(value1,value2,value3,…,valuen);
```

在上述语句中，参数 fieldn 表示名称为 tablename 的表中的字段名，参数 valuen 表示集合中的值，通过关键字 IN 来判断字段 fieldm 的值是否在集合（value1,value2,value3,…,valuen）中，如果字段 fieldm 的值在集合中，就满足查询条件，该记录会被查询出来，否则不会被查询出来。

1. 在集合中的数据记录查询

下面通过一个具体的示例来说明如何实现在集合中的数据记录查询。

【示例 5-2】执行 SQL 语句 SELECT，在数据库 school 的学生成绩表 s_score 中查询学生编号为 1001、1004、1009、1010 的学生。

执行 SQL 语句 SELECT，通过关键字 IN 设置集合查询条件，以实现查询学生编号为 1001、

1004、1009 和 1010 的学生数据记录，具体 SQL 如下，执行结果如图 5-3 所示。

```
SELECT name FROM s_score WHERE stuid IN(1001,1004,1009,1010);
```

```
mysql> SELECT name FROM s_score
    -> WHERE stuid IN(1001,1004,1009,1010);
+-----------+
| name      |
+-----------+
| Jack Ma   |
| Jessy Li  |
| Betty Ying |
| Jane Hu   |
+-----------+
4 rows in set (0.00 sec)
```

图 5-3　查询数据表记录

2. 不在集合中的数据记录查询

通过关键字 NOT IN 设置集合查询条件，以实现查询学生编号不为 1001、1004、1009、1010 的学生，具体 SQL 语句如下：

```
SELECT name FROM s_score
WHERE stuid NOT IN(1001,1004,1009,1010);
```

3. 集合查询的注意点

在具体使用关键字 IN 时，查询的集合中如果存在 NULL，则不会影响查询；使用关键字 NOT IN，查询的集合中如果存在 NULL，则不会有任何的查询结果。

【示例 5-3】执行 SQL 语句 SELECT，在数据库 school 的学生成绩表 s_score 中查询学生编号为 1001、1004、1009、1010 的学生。具体操作如下：

（1）执行 SQL 语句 SELECT，通过关键字 IN 设置集合查询条件，以实现查询学生编号为 1001、1004、1009、1010 的学生，集合里包含 NULL，具体 SQL 语句如下，执行结果与图 5-3 一致。

```
SELECT name FROM s_score
WHERE stuid IN(1001,1004,1009,1010,NULL);
```

（2）通过关键字 NOT IN 设置集合查询条件，以实现查询学生编号不为 1001、1004、1009、1010 的学生，关键字 NOT IN 所操作的集合中包含了 NULL 值，具体 SQL 语句如下，执行结果如图 5-4 所示。

```
SELECT name FROM s_score
WHERE stuid NOT IN(1001,1004,1009,1010,NULL);
```

```
mysql> SELECT name FROM s_score WHERE stuid NOT IN(1001,1004,1009,1011,NULL);
Empty set (0.00 sec)
```

图 5-4　查询数据信息

5.1.5 BETWEEN AND 查询

MySQL 提供了关键字 BETWEEN AND，用来实现判断字段的数值是否在指定范围内的条件查询。该关键字的具体语法形式如下：

```
SELECT field1,field2,…,fieldn
FROM tablename WHERE fieldm BETWEEN minvalue AND maxvalue
```

在上述语句中，参数 fieldn 表示名称为 tablename 的表中的字段名，通过关键字 BETWEEN 和 AND 来设置字段 field 的取值范围，如果字段 field 的值在所指定的范围内，那么满足查询条件，该记录会被查询出来，否则不会被查询出来。

BETWEEN minvalue AND maxvalue，表示的是一个范围间的判断过程，只针对数字类型。

1. 符合范围的数据记录查询

通过关键字 BETWEEN 和 AND 设置查询范围，以实现查询语文成绩（字段 Chinese）在 85 和 90 之间的学生，具体 SQL 如下：

```
SELECT name,Chinese
FROM s_score WHERE Chinese BETWEEN 85 AND 90;
```

2. 不符合范围的数据记录查询

通过关键字 NOT 设置非查询范围条件，具体 SQL 语句如下：

```
SELECT name,Chinese
FROM s_score WHERE Chinese NOT BETWEEN 85 AND 90;
```

5.1.6 LIKE 模糊查询

MySQL 提供了关键字 LIKE 来实现模糊查询，具体语法形式如下：

```
SELECT field1,field2,…,fieldn
FROM tablename WHERE fieldm LIKE value;
```

在上述语句中，参数 tablename 表示表名，参数 fieldn 表示表中的字段名字，通过关键字 LIKE 来判断字段 field 的值是否与 value 字符串匹配，如果相匹配，则满足查询条件，该记录就会被查询出来；否则就不会被查询出来。

在 MySQL 中，字符串必须加上单引号（"）和双引号（""）。由于关键字 LIKE 可以实现模糊查询，因此该关键字后面的字符串参数除了可以使用完整的字符串外，还可以包含通配符。LIKE 关键字支持的通配符如表 5-1 所示。

表 5-1 LIKE 关键字支持的通配符

符号	功能描述
_	该通配符值能匹配单个字符
%	该通配符可以匹配任意长度的字符串，既可以是 0 个字符、1 个字符，也可以是很多字符

1. 带有"%"通配符的查询

（1）查询字段 name 中以字母 L 开头的数据记录，具体 SQL 语句如下：

```
SELECT name FROM s_score WHERE name LIKE 'L%';
```

（2）MySQL 不区别大小写，上述 SQL 语句可以修改如下：

```
SELECT name FROM s_score WHERE name LIKE 'j%';
```

（3）如果想查询不是以字母 L 开头的全部学生，可以执行逻辑非运算符（NOT 或！），具体 SQL 语句如下：

```
SELECT name FROM s_score WHERE NOT name LIKE 'j%';
```

2. 带有"_"通配符的查询

（1）查询字段 name 中以第二个字母为 A 的数据记录，具体 SQL 语句如下：

```
SELECT name FROM s_score WHERE name LIKE '_A%';
```

（2）如果想查询第二个字母不是 A 的全部学生，可以执行逻辑非运算符（NOT 或！），具体 SQL 语句如下：

```
SELECT name FROM s_score WHERE NOT name LIKE '_A%';
```

（3）如果想查询第二个字母不是 A 的全部学生，也可以用以下 SQL 语句查询：

```
SELECT name FROM s_score WHERE name NOT LIKE '_A%';
```

3. 使用 LIKE 关键字查询其他类型数据

在 MySQL 中，LIKE 关键字除了可以操作字符串类型的数据外，还可以操作其他任意的数据类型。

（1）执行 SQL 语句 SELECT，查询字段 English 带有数字 9 的全部学生，具体 SQL 语句如下：

```
SELECT name,English FROM s_score WHERE English LIKE '%9%';
```

（2）对于 LIKE 关键字，如果匹配"%%"，就表示查询所有数据记录。

```
SELECT name FROM s_score WHERE name LIKE '%%';
```

5.1.7　对查询结果排序

在 MySQL 中，从表中查询出的数据可能是无序的，或者其排列顺序不是用户所期望的顺序，为了使查询结果的顺序满足用户的要求，可以使用关键字 ORDER BY 对记录进行排序，其语法形式如下：

```
SELECT field1, field2, field3, …, fieldn
FROM tablename ORDER BY fieldm [ASC|DESC]
```

在上述语句中，参数 tablename 表示所要进行排序的表名，参数 fieldn 表示表中的字段名字，参数 fieldm 表示按照该字段进行排序；ASC 表示按升序进行排序；DESC 表示按降序进行排序。默认的情况下按 ASC 进行排序。

（1）执行 SQL 语句 SELECT，查询表 s_score 中所有的数据记录，按照语文成绩（字段 Chinese）升序排序，具体 SQL 语句如下：

```
SELECT stuid,name,Chinese FROM s_score ORDER BY Chinese ASC;
```

（2）执行 SQL 语句 SELECT，查询表 s_score 中所有的数据记录，按照语文成绩（字段 Chinese）降序排序，具体 SQL 语句如下：

```
SELECT stuid,name,Chinese FROM s_score ORDER BY Chinese DESC;
```

如果存在一条记录字段的值为空值（NULL），那么按升序排序时，含空值的记录将最先显示，可以理解为空值是该字段的最小值；按降序排列时，字段为空值的记录将最后显示。

在 MySQL 中，可以指定多个字段进行排序。例如，可以让表 s_score 先按照字段 Chinese 升序排序，再按照字段 English 降序排序，具体 SQL 语句如下：

```
SELECT stuid,name,Chinese,English FROM s_score
     ORDER BY Chinese ASC, English DESC;
```

5.1.8 简单分组查询

MySQL 软件提供了 5 个统计函数来帮助用户统计数据，可以使用户很方便地对记录进行统计数、计算和、计算平均数、计算最大值和最小值，而不需要查询所有数据。

在具体使用统计函数时，都是针对表中所有记录数或指定特定条件（WHERE 子句）的数据记录进行统计计算。在现实应用中，经常会先把所有数据记录进行分组，再对这些分组后的数据记录进行统计计算。

MySQL 通过 SQL 语句 GROUP BY 来实现，分组数据查询语法如下：

```
SELECT function()
FROM tablename WHERE CONDITION GROUP BY field;
```

在上述语句中，参数 field 表示某字段名，通过该字段对名称为 tablename 的表的数据记录进行分组。

在具体进行分组查询时，分组所依据的字段上的值一定要具有重复值，否则分组没有任何意义。

【示例 5-4】使用 SQL 语句 GROUP BY 对所有数据记录按不同字段进行分组。

（1）执行 SQL 语句 GROUP BY，对所有数据记录按学科（字段 subject）进行分组，具体 SQL 语句如下，执行结果如图 5-5 所示。

```
SELECT * FROM s_teacher GROUP BY subject;
```

（2）关于关键字 GROUP BY，如果所针对的字段没有重复值，那么分组没有任何意义。比如按照教师编号 tid 进行分组，具体 SQL 语句如下，执行结果如图 5-6 所示。

```
SELECT * FROM s_teacher GROUP BY tid;
```

```
mysql> select * from s_teacher group by subject;
+------+-------------------+--------+------+--------------------+--------+
| tid  | name              | gender | age  | subject            | salary |
+------+-------------------+--------+------+--------------------+--------+
| 2008 | Robert Baratheon  | Male   |   50 | Chemistry          |   8500 |
| 2004 | LinXiang Zhang    | Male   |   49 | Chinese            |   9000 |
| 2005 | Arya Stark        | Female |   20 | English            |   7000 |
| 2003 | Tyrion Lannister  | Male   |   38 | History            |   9000 |
| 2006 | Brandon Stark     | Male   |   22 | Maths              |   7000 |
| 2002 | Daenerys Targaryen| Female |   22 | Music Education    |   7500 |
| 2001 | Jon Snow          | Male   |   22 | Physical Education |   8000 |
| 2007 | Robb Stark        | Male   |   26 | Physics            |   8000 |
+------+-------------------+--------+------+--------------------+--------+
8 rows in set (0.00 sec)
```

图 5-5　查看表数据

```
mysql> select * from s_teacher group by tid;
+------+--------------------+--------+------+--------------------+--------+
| tid  | name               | gender | age  | subject            | salary |
+------+--------------------+--------+------+--------------------+--------+
| 2001 | Jon Snow           | Male   |   22 | Physical Education |   8000 |
| 2002 | Daenerys Targaryen | Female |   22 | Music Education    |   7500 |
| 2003 | Tyrion Lannister   | Male   |   38 | History            |   9000 |
| 2004 | LinXiang Zhang     | Male   |   49 | Chinese            |   9000 |
| 2005 | Arya Stark         | Female |   20 | English            |   7000 |
| 2006 | Brandon Stark      | Male   |   22 | Maths              |   7000 |
| 2007 | Robb Stark         | Male   |   26 | Physics            |   8000 |
| 2008 | Robert Baratheon   | Male   |   50 | Chemistry          |   8500 |
| 2009 | Sansa Stark        | Male   |   22 | Maths              |   7000 |
| 2010 | Peihua Xu          | Female |   39 | Chinese            |   9000 |
| 2011 | Chenkang Li        | Male   |   36 | Physics            |   8000 |
| 2012 | Rickon Stark       | Male   |   20 | English            |   7000 |
+------+--------------------+--------+------+--------------------+--------+
12 rows in set (0.03 sec)
```

图 5-6　查看表数据

图 5-5 已经根据字段 subject 将表 s_teacher 进行分组，然后显示每组中的一条数据。

图 5-6 显示表 s_teacher 的所有数据记录，由于数据库 school 的表 s_teacher 中字段 tid 的值没有重复值，所以首先将每一条记录分成一组，然后显示每组中的一条记录。该分组查询与没有分组查询的结果是一样的，所以没有任何实际意义。

5.1.9　统计分组查询

在 MySQL 中，只实现简单的分组查询是没有任何实际意义的，因为关键字 GROUP BY 单独使用时，默认查询出每个分组中随机的一条记录，具有很大的不确定性，一般建议将分组关键字与统计函数一起使用。

如果想显示每个分组中的字段，可以通过函数 GROUP_CONCAT()来实现。该函数可以实现显示每个分组中的指定字段，函数的具体语法形式如下：

```
SELECT GROUP_CONCAT(field)
FROM tablename
WHERE CONDITION GROUP BY field;
```

在上述语句中会显示每个数组中的字段值。

【示例 5-5】使用 GROUP_CONCAT()对教师进行统计分组，并显示每组人数。

（1）执行 SQL 语句 GROUP_CONCAT()，显示每个分组，具体 SQL 语句如下：

```
SELECT subject,GROUP_CONCAT(name) name
FROM s_teacher GROUP BY subject;
```

（2）执行统计函数 COUNT()，显示每个分组中教师的个数，具体 SQL 语句如下：

```
SELECT subject,GROUP_CONCAT(name) name, COUNT(name) number
FROM s_teacher GROUP BY subject;
```

5.2 联合查询

5.2.1 内连接查询

在 MySQL 中，可以通过两种语法形式来实现连接查询：一种是在 FROM 子句中利用逗号区分多个表，在 WHERE 子句中通过逻辑表达式来实现匹配条件，从而实现表的连接，这是早期 MySQL 连接的语法形式；另一种是 ANSI 连接语法形式，在 FROM 子句中使用"JOIN...ON"关键字，而连接条件写在关键字 ON 子句中。推荐使用 ANSI 语法形式的连接。

在 MySQL 中内连接数据查询通过"INNER JOIN...ON"语句来实现，语法形式如下所示。

```
SELECT field1,field2,…,fieldn FROM tablename1
INNER JOIN tablename2 [INNER JOIN tablenamen] ON CONDITION
```

其中，参数 fieldn 表示要查询的字段名，来源于所连接的表 tablename1 和 tablename2，关键字 INNER JOIN 表示表进行内连接，参数 CONDITION 表示进行匹配的条件。

当表名特别长时，直接使用表名很不方便，或者在实现自连接操作时，直接使用表名无法区别表。为了解决这一类问题，MySQL 提供了一种机制来为表取别名，具体语法如下：

```
SELECT field1,field2,…,fieldn [AS] otherfieldn
FROM tablename1 [AS] othertablename1,…,
     tablenamen [AS] othertablenamen
```

其中，参数 tablenamen 为表原来的名字，参数 othertablenamen 为新表名，之所以要为表设置新的名字，是为了让 SQL 语句代码更加直观、更加人性化和实现更加复杂的功能。

按照匹配情况，内连接查询可以分为如下三类：

● 自连接
● 等值连接
● 不等连接

1. 自连接

内连接查询中存在一种特殊的等值连接——自连接。所谓自连接，就是指表与其自身进行连接。

【示例 5-6】分别使用 WHERE 和自连接方式查询学生"Alicia Florric"所在班级的其他学生，操作如下。

（1）查询学生"Alicia Florric"所在班级的其他学生，SQL 语句如下：

```
SELECT ts1.stuid,ts1.name,ts1.classno
FROM t_student AS ts1,t_student AS ts2
WHERE ts1.classno=ts2.classno AND ts2.name='Alicia Florric';
```

（2）上述 SQL 语句采用关键字 WHERE 设置匹配条件。我们也可以用 ANSI 连接语法形式，具体 SQL 语句如下：

```
SELECT ts1.stuid,ts1.name,ts1.classno
FROM t_student ts1 INNER JOIN t_student ts2
ON ts1.classno=ts2.classno AND ts2.name='Alicia Florric';
```

> 使用 WHERE 子句定义连接比较简单明了，而 INNER JOIN 语法是 ANSI SQL 的标准规范，使用 INNER JOIN 连接语法能够确保不会忘记连接条件，而且 WHERE 子句在某些时刻会影响查询的性能。

2. 等值连接

内连接查询中的等值连接就是在关键字 ON 后的匹配条件中通过等于关系运算符（=）来实现等值条件。

【示例 5-7】分别使用 WHERE 和等值连接方式查询学生以及班级信息，操作如下：

（1）查询每个学生的编号、姓名、性别、年龄、班级号、班级名称、班级位置和班主任信息，具体 SQL 语句如下：

```
SELECT s.stuid,s.name,s.gender,s.age,s.classno,c.cname,c.loc,c.advisor
FROM t_student s,t_class c WHERE s.classno=c.classno;
```

（2）上述 SQL 语句使用的是关键字"SELECT FROM WHERE"，也可以采用 ANSI 连接语法形式，具体 SQL 语句如下：

```
SELECT s.stuid,s.name,s.gender,s.age,s.classno, c.cname,c.loc,c.advisor
FROM t_student s INNER JOIN t_class c
ON s.classno=c.classno;
```

3. 不等连接

内连接查询中的不等连接就是在关键字 ON 后的匹配条件中通过除了等于关系运算符来实现不等条件外，还可以使用关系运算符，包含">"">=""<""<="和"!="等运算符号。

【示例 5-8】分别使用 WHERE 和不等连接方式查询和学生"Alicia Florric"不在同一班级的其他学生信息，操作如下：

（1）查询和学生"Alicia Florric"不在同一个班级且年龄大于"Alicia Florric"的学生的编号、姓名、性别、年龄、班级号、班级名称、班级位置和班主任信息、成绩总分，具体 SQL 语句如下：

```
SELECT st1.stuid,st1.name,st1.gender,st1.age,st1.classno,
       c.cname,c.loc,c.advisor,
       sc.Chinese+sc.English+sc.Math+sc.Chemistry+sc.Physics total
```

```
    FROM t_student st1,t_student st2,t_class c,s_score sc
    WHERE st1.classno!=st2.classno AND st1.age>st2.age
        AND st1.classno=c.classno AND st1.stuid=sc.stuid
        AND st2.name='Alicia Florric';
```

（2）上述 SQL 语句用的是关键字"SELECT FROM WHERE"，也可以采用 ANSI 连接语法形式，具体 SQL 语句如下：

```
SELECT st1.stuid,st1.name,st1.gender,st1.age,st1.classno,
    c.cname,c.loc,c.advisor,
    sc.Chinese+sc.English+sc.Math+sc.Chemistry+sc.Physics total
FROM t_student st1 INNER JOIN t_student st2
ON st1.classno!=st2.classno and st1.age>st2.age
    and st2.name='Alicia Florric'
INNER JOIN t_class c ON st1.classno=c.classno
INNER JOIN s_score sc ON st1.stuid=sc.stuid;
```

5.2.2 外连接查询

在 MySQL 中，外连接查询会返回所操作表中至少一个表的所有数据记录，通过 SQL 语句"OUTER JOIN...ON"来实现。外连接数据查询语法形式如下：

```
SELECT field1,field2,…,fieldn
FROM tablename1 LEFT|RIGHT|FULL [OUTER] JOIN tablename2
ON CONDITION
```

在上述语句中，参数 fieldn 表示所要查询的字段名字，来源于所连接的表 tablename1 和 tablename2，关键字 OUTER JOIN 表示表进行外连接，参数 CONDITION 表示进行匹配的条件。

按照外连接关键字，外连接查询可以分为以下三类：

- 左外连接
- 右外连接
- 全外连接

1. 左外连接

外连接查询中的左外连接，就是指新关系中执行匹配条件时，以关键字 LEFT JOIN 左边的表为参考表。左连接的结果包括 LEFT OUTER 字句中指定的左表的所有行，而不仅仅是连接列所匹配的行，如果左表的某行在右表中没有匹配行，则在相关联的结果行中，右表的所有选择列表均为空值。

【示例 5-9】分别使用左外连接和自连接方式查询学生信息及班级信息，操作如下：

（1）查询所有学生的学号、姓名、班级编号、班级名、班级地址和班主任信息，具体 SQL 语句如下：

```
SELECT s.name,c.cname,c.loc,c.advisor
FROM t_student s LEFT OUTER JOIN t_class c
```

```
ON s.classno=c.classno;
```

（2）修改上述 SQL 语句为等值连接的内连接，SQL 语句如下：

```
SELECT s.name,c.cname,c.loc,c.advisor
FROM t_student s INNER JOIN t_class c
ON s.classno=c.classno;
```

2. 右外连接

外连接查询中的右外连接在新关系中执行匹配条件时，以关键字 RIGHT JOIN 右边的表为参考表，如果右表的某行在左表中没有匹配行，左表将返回空值。

【示例 5-10】查询所有班级的所有学生信息。具体 SQL 语句如下：

```
SELECT s.stuid,s.name,c.classno,c.cname,c.loc,c.advisor
FROM t_student s RIGHT OUTER JOIN t_class c
ON s.classno=c.classno;
```

3. 全外连接

全外连接实际上是左外连接与右外连接去重后的合集。

5.2.3　合并查询数据记录

在 MySQL 中通过关键字 UNION 来实现并操作，即可以通过其将多个 SELECT 语句的查询结果合并在一起，组成新的关系。在 MySQL 软件中，合并查询数据记录可通过 SQL 语句 UNION 来实现，具体语法形式如下：

```
SELECT field1,field2,…,fieldn
FROM tablename1
UNION | UNION ALL
SELECT field1,field2,…,fieldn
FROM tablename2
UNION | UNION ALL
SELECT field1,field2,…,fieldn
FROM tablename3
……
```

上述语句中存在多个查询数据记录语句，每个查询数据记录语句之间使用关键字 UNION 或 UNION ALL 进行连接。

1. 带有关键字 UNION 的并操作

关键字 UNION 会把查询结果集直接合并在一起。使用 UNION 合并查询数据记录的 SQL 语句示例如下：

```
SELECT * FROM t_developer UNION SELECT * FROM t_tester;
```

2. 带有关键字 UNION ALL 的并操作

关键字 UNION ALL 会把查询结果集直接合并在一起，SQL 语句示例如下：

```
SELECT * FROM t_developer UNION ALL SELECT * FROM t_tester;
```

5.2.4 子查询

所谓子查询，是指在一个查询中嵌套了其他的若干查询，即在一个 SELECT 查询语句的 WHERE 或 FROM 子句中包含另一个 SELECT 查询语句。在查询语句中，外层 SELECT 查询语句称为主查询，WHERE 子句中的 SELECT 查询语句被称为子查询，也被称为嵌套查询。

通过子查询可以实现多表查询，该查询语句中可能包含 IN、ANY、ALL 和 EXISTS 等关键字，除此之外还可能包含比较运算符。理论上，子查询可以出现在查询语句的任意位置，但是在实际开发中子查询经常出现在 WHERE 和 FROM 子句中。

1. 带比较运算符的子查询

子查询可以使用比较运算符。这些比较运算符包括=、!=、>、>=、<、<=和<>等。其中，<>与!=是等价的。比较运算符在子查询中使用得非常广泛，如查询分数、年龄、价格和收入等。

【示例 5-11】查询薪资水平为高级的所有员工的编号、姓名、性别、年龄和工资。SQL 语句如下：

```
SELECT * FROM t_employee
WHERE salary>=(SELECT salary FROM t_slevel WHERE level=3)
AND salary<(SELECT salary FROM t_slevel WHERE level=4);
```

该语句在子查询中使用了=、>=和<三种运算符。

2. 带关键字 IN 的子查询

一个查询语句的条件可能落在另一个 SELECT 语句的查询结果中，这时可以使用 IN 关键字，SQL 示例如下：

```
SELECT * FROM t_employee
  WHERE deptno IN (SELECT deptno FROM t_dept);
```

NOT IN 的用法与 IN 相同。

3. 带关键字 EXISTS 的子查询

关键字 EXISTS 表示存在，后面的参数是一个任意的子查询，系统对子查询进行运算以判断它是否返回行；如果至少返回一行，那么 EXISTS 的结果为 true，此时外层语句将进行查询；如果子查询没有返回任何行，那么 EXISTS 返回的结果是 false，此时外层语句将不进行查询。

【示例 5-12】查询数据库 company 的表 t_dept 中是否存在 deptno 为 4 的部门，如果存在，再查询表 t_employee 的记录。SQL 示例语句如下：

```
SELECT * FROM t_employee
WHERE EXISTS (SELECT deptname FROM t_dept WHERE deptno=4);
```

4. 带关键字 ANY 的子查询

关键字 ANY 表示满足其中任一条件。使用关键 ANY 时，只要满足内层查询语句返回的结果中的任何一个就可以通过该条件来执行外层查询语句。例如，需要查询哪些学生可以获取奖学金，那么首先要有一张奖学金表，从表中查询出各种奖学金要求的最低分，只要一个同学的乘积大于等于不同奖学金最低分的任何一个，这个同学就可以获得奖学金。关键字 ANY 通常和比较运算符一起使用。例如，">ANY"表示大于任何一个值，"=ANY"表示等于任何一个值。

【示例 5-13】查询数据库 school 的表 t_student 中哪些学生可以获得奖学金。学生的成绩达到其中任何一项奖学金规定的分数即可，SQL 语句示例如下：

```
SELECT st.stuid,st.name,
    sc.Chinese+sc.English+sc.Math+sc.Chemistry+sc.Physics total
FROM t_student st, s_score sc WHERE st.stuid=sc.stuid
AND st.stuid in (SELECT stuid FROM s_score
WHERE Chinese+English+Math+Chemistry+Physics>=ANY
    (SELECT score FROM t_scholarship));
```

5. 带关键字 ALL 的子查询

关键字 ALL 表示满足所有条件。使用关键字 ALL 时，只有满足内层查询语句返回的所有结果才可以执行外层查询语句。例如，需要查询哪些同学能够获得一等奖学金，首先要从奖学金表中查询出各种奖学金要求的最低分。因为一等奖学金要求的分数最高，只有当成绩高于所有奖学金最低分时，这个同学才可能获得一等奖学金。关键字 ALL 也经常与比较运算符一起使用。例如，">ALL"表示大于所有值，"<ALL"表示小于所有值。

【示例 5-14】查询数据库 school 的表 t_student 中哪些学生可以获得一等奖学金，即学生的总成绩要达到一等奖学金规定的分数，而一等奖学金是最高奖学金。SQL 语句示例如下：

```
SELECT st.stuid,st.name,
sc.Chinese+sc.English+sc.Math+sc.Chemistry+sc.Physics total
FROM t_student st, s_score sc
WHERE st.stuid=sc.stuid
AND st.stuid in
    (SELECT stuid FROM s_score
     WHERE Chinese+English+Math+Chemistry+Physics>=ALL
    (SELECT score FROM t_scholarship));
```

关键字 ANY 和关键字 ALL 的使用方式是一样的，但是这两者有很大的区别。使用关键字 ANY 时，只要满足内层查询语句返回的结果中的任何一个就可以通过该条件来执行外层查询语句；关键字 ALL 则刚好相反，只有满足内层查询语句的所有结果，才可以执行外层查询语句。

第 6 章

◀ 索 引 ▶

索引是一种特殊的数据库结构，可以用来快速查询数据库表中的特定记录，是提高数据库性能的重要方式。MySQL 中，所有的数据类型都可以被索引，这些索引包括普通索引、唯一性索引、全文索引、单列索引、多列索引和空间索引等。本章主要讲解的内容包括以下几个方面：

- 索引的含义和特点
- 索引的分类
- 如何设计索引
- 如何创建索引
- 如何删除索引
- MySQL 8 中索引新特性

通过本章的学习，读者可以了解索引的含义、作用、不同类别，还可以了解用不同的方法创建索引，以及删除索引的方法。

6.1　什么是索引

索引由数据库表中的一列或多列组合而成，其作用是提高对表中数据的查询速度。本节将讲解索引的含义、作用、分类和设计索引的原则。

6.1.1　索引的含义和特点

索引是创建在表上的，是对数据库表中一列或多列的值进行排序的一种结构，所以可以提高查询的速度。本小节将详细讲解索引的含义、作用和优缺点。

通过索引，查询数据时可以不必读完记录的所有信息，而只是查询索引列，否则数据库系统将读取每条记录的所有信息进行匹配。例如，索引相当于新华字典的音序表，如果要查"过"字，如果不适用音序，就需要从字典的第一页开始翻几百页；如果提取拼音出来，构成音序表，就只需要从 10 多页的音序表中直接查找，这样就可以大大节省时间。因此，使用索引可以在很大程度上提高数据库的查询速度，有效地提高了数据库系统的性能。

不同存储引擎定义了每个表的最大索引数和最大索引长度。所有存储引擎对每个表至少支持 16 个索引，总索引长度至少为 256 字节，有些存储引擎支持更多的索引数和更大的索引长度。索引有两种存储类型，包括 B 型数（BTREE）索引和哈希（HASH）索引。InnoDB 和 MyISAM 存储引擎支持 BTREE 索引，MEMORY 存储引擎支持 HASH 索引和 BTREE 索引，默认为前者。

索引有其明显的优势，也有其不可避免的缺点。

（1）索引的优点是可以提高检索数据的速度，这是创建索引的主要原因；对于有依赖关系的子表和父表联合查询时，可以提高查询速度；使用分组和排序子句进行数据查询时，同样可以显著节省查询中分组和排序的时间。

（2）索引的缺点是创建和维护索引需要耗费时间，耗费时间的数量随着数据量的增加而增加；索引需要占用物理空间，每一个索引要占一定的物理空间；增加、删除和修改数据时，要动态地维护索引，造成数据的维护速度降低了。

因此，选择使用索引时，需要综合考虑索引的优点和缺点。

> 索引可以提高查询的速度，但是会影响插入记录的速度，因为向有索引的表中插入记录时，数据库系统会按照索引进行排序，这样就降低了插入记录的速度，插入大量记录时的速度影响更加明显。这种情况下，最好的办法是先删除表中的索引，然后插入数据，插入完成后再创建索引。

6.1.2　索引的分类

MySQL 的索引包括普通索引、唯一性索引、全文索引、单列索引、多列索引和空间索引等。本小节将详细讲解这几种索引的含义和特点。

1．普通索引

在创建普通索引时，不附加任何限制条件。这类索引可以创建在任何数据类型中，其值是否唯一和非空，要由字段本身的完整性约束条件决定。建立索引以后，可以通过索引进行查询。例如，在表 t_student 的字段 stuid 上建立一个普通索引，查询记录时就可以根据该索引进行查询。

2．唯一性索引

使用 UNIQUE 参数可以设置索引为唯一性索引，在创建唯一性索引时，限制该索引的值必须是唯一的。例如，在表 t_student 的字段 name 中创建唯一性索引，那么字段 name 的值就必须是唯一的。通过唯一性索引，可以更快速地确定某条记录。主键就是一种特殊唯一性索引。

3．全文索引

使用参数 FULLTEXT 可以设置索引为全文索引。全文索引只能创建在 CHAR、VARCHAR

或 TEXT 类型的字段上，查询数据量较大的字符串类型的字段时，使用全文索引可以提高查询速度。例如，表 t_student 的字段 information 是 TEXT 类型，该字段包含了很多文字信息。在字段 information 上建立全文索引后，可以提高查询字段 information 的速度。MySQL 数据库从 3.23.23 版开始支持全文索引，但只有 MyISAM 存储引擎支持全文检索。在默认情况下，全文索引的搜索执行方式不区别大小写；但索引的列使用二进制排序后，可以执行区分大小写的全文索引。

4. 单列索引

在表中的单个字段上创建索引。单列索引只根据该字段进行索引。单列索引可以是普通索引，也可以是唯一性索引，还可以是全文索引。只要保证该索引只对应一个字段即可。

5. 多列索引

多列索引时在表的多个字段上创建一个索引。该索引指向创建时对应的多个字段，可以通过这几个字段进行查询，但是只有查询条件中使用了这些字段中的第一个字段时才会被使用。例如，在表中的字段 id、name 和 gender 上建立一个多列索引 name，只有在查询条件中使用了字段 id 时该索引才会被使用。

6. 空间索引

使用参数 SPATIAL 可以设置索引为空间索引。空间索引只能建立在空间数据类型上，这样可以提高系统获取空间数据的效率。MySQL 中的空间数据类型包括 GEOMETRY 和 POINT、LINESTRING 和 POLYGON 等。目前只有 MyISAM 存储引擎支持空间检索，而且索引的字段不能为空值。对于初学者来说，这类索引很少会用到。

6.1.3 索引的设计原则

为了使索引的使用效率更高，在创建索引时，必须考虑在哪些字段上创建索引和创建什么类型的索引。本小节将向读者介绍一些索引的设计原则。

1. 选择唯一性索引

唯一性索引的值是唯一的，可以更快速地通过该索引来确定某条记录。例如，学生表中学号是具有唯一性的字段，为该字段建立唯一性索引可以很快确定某个学生的信息，如果使用姓名的话，可能存在同名现象，从而降低查询速度。

2. 为经常需要排序、分组和联合操作的字段建立索引

经常需要使用 ORDER BY、GROUP BY、DISTINCT 和 UNINON 等操作的字段，排序操作会浪费很多时间，如果为其建立索引，可以有效地避免排序操作。

3. 为经常作为查询条件的字段建立索引

如果某个字段经常用来做查询条件，那么该字段的查询速度会影响整个表的查询速度，为这样的字段建立索引可以提高整个表的查询速度。

4. 限制索引的数目

索引的数目不是越多越好。每个索引都需要占用磁盘空间，索引越多，需要的磁盘空间就越大，修改表时，对索引的重构和更新很麻烦。

5. 尽量使用数据量少的索引

如果索引的值很长，那么查询的速度会受到影响。例如，对一个 CHAR(100)类型的字段进行全文检索需要的时间肯定要比对 CHAR(10)类型的字段需要的时间多。

6. 尽量使用前缀来索引

如果索引的值很长，最好使用值的前缀来索引。例如，TEXT 和 BLOG 类型的字段，进行全文检索会很浪费时间，如果只检索字段前面的若干字符，这样可以提高检索速度。

7. 删除不再使用或者很少使用的索引

表中的数据被大量更新，或者数据的使用方式被改变后，原有的一些索引可能不再需要。数据库管理员应当定期找出这些索引，将它们删除，从而减少索引对更新操作的影响。

> 选择索引的最终目的是为了使查询的速度变快，上面给出的原则是最基本的准则，但不能拘泥于上面的准则，读者要在以后的学习和工作中进行不断的实践，根据应用的实际情况进行分析和判断，选择最合适的索引方式。

6.2　创建和查看索引

创建索引是指在某个表的一列或多列上建立一个索引，以便提高对表的访问速度。创建索引有 3 种方式，分别是创建表的时候创建索引、在已经存在的表上创建索引和使用 ALTER TABLE 语句来创建索引。本节将详细讲解这 3 种创建索引的方法。

6.2.1　普通索引

所谓普通索引，就是在创建索引时，不附加任何限制条件（唯一、非空等限制）。该类型的索引可以创建在任何数据类型的字段上。

创建一个普通索引时，不需要加任何 UNIQUE、FULLTEXT 或者 SPATIAL 参数。MySQL 所支持的存储引擎对每个表至少支持 16 个索引，总索引长度至少为 256 字节。

> 在创建索引时，可以指定索引的长度，这是因为不同存储引擎定义了表的最大索引数和最大索引长度。

1. 创建表时直接创建

创建表时可以直接创建索引，这种方式最简单、方便。MySQL 创建普通索引通过 SQL 语句 INDEX 来实现，其基本形式如下：

```
CREATE TABLE tablename(
propname1 type1[CONSTRAINT1],
propname2 type2[CONSTRAINT2],
......
propnamen typen
[UNIQUE|FULLTEXT|SPATIAL] INDEX|KEY
[indexname](propname1 [(length)] [ASC|DESC]));
```

其中，参数 UNIQUE 是可选参数，表示索引为唯一性索引；参数 FULLTEXT 是可选参数，表示索引是全文索引；参数 SPATIAL 也是可选参数，表示索引为空间索引；参数 INDEX 和 KEY 是用来指定字段为索引的，两者选择其中之一就可以了，作用是一样的；参数 indexname 是索引名字；参数 propnamen 是索引对应的字段的名称，该字段必须为前面定义好的字段；参数 length 是可选参数，其指索引的长度，必须是字符串类型才可以使用；参数 ASC 和 DESC 都是可选参数，ASC 表示升序排列，DESC 表示降序排列。

【示例 6-1】在数据库 school 中，创建班级表 t_class 时在字段 classno 上创建索引。

（1）创建班级表 t_class 时指定索引，具体 SQL 语句如下，执行结果如图 6-1 所示。

```
CREATE TABLE t_class(
classno INT(4),
cname VARCHAR(20),
loc VARCHAR(40),
INDEX index_classno(classno));
```

（2）为了检验班级表 t_class 中索引是否创建成功，执行 SQL 语句 SHOW CREATE TABLE，具体 SQL 语句如下，执行结果如图 6-2 所示。

```
SHOW CREATE TABLE t_class \G;
```

```
mysql> create table t_class(
    -> classno int(4),
    -> cname varchar(20),
    -> loc varchar(40),
    -> index index_classno(classno)
    -> );
Query OK, 0 rows affected (0.02 sec)
```

图 6-1　创建班级表

```
mysql> show create table t_class \G
*************************** 1. row ***************************
       Table: t_class
Create Table: CREATE TABLE `t_class` (
  `classno` int(4) DEFAULT NULL,
  `cname` varchar(20) DEFAULT NULL,
  `loc` varchar(40) DEFAULT NULL,
  KEY `index_classno` (`classno`)
) ENGINE=InnoDB DEFAULT CHARSET=utf8
1 row in set (0.00 sec)

mysql>
```

图 6-2　查看班级表信息

（3）为了检验班级表 t_class 中的索引是否被使用，执行 SQL 语句 EXPLAIN，具体 SQL

语句如下，执行结果如图 6-3 所示。

```
EXPLAIN SELECT * FROM t_class WHERE classno=1\G;
```

```
mysql> explain select * from t_class where classno=1\G;
*************************** 1. row ***************************
           id: 1
  select_type: SIMPLE
        table: t_class
   partitions: NULL
         type: ref
possible_keys: index_classno
          key: index_classno
      key_len: 5
          ref: const
         rows: 1
     filtered: 100.00
        Extra: NULL
1 row in set, 1 warning (0.01 sec)
```

图 6-3　查看索引是否启用

图 6-2 的执行结果显示，已经在班级表 t_class 中创建了一个名为 index_classno 的索引，其所关联的字段为 classno。图 6-3 的执行结果显示，由于字段 possible_keys 和 key 处的值都为所创建的索引名 index_classno，说明该索引已经存在，而且已经开始启用。

2. 在已经存在的表上创建

可以在已存在的表上通过 CREATE 语句创建索引，语法形式如下：

```
CREATE [UNIQUE|FULLTEXT|SPATIAL] INDEX indexname
ON tablename (propname [(length)] [ASC|DESC]);
```

其中，参数 UNIQUE 是可选参数，表示索引为唯一性索引；参数 FULLTEXT 是可选参数，表示索引为全文索引；参数 SPATIAL 也是可选参数，表示索引为空间索引；参数 INDEX 是用来指定字段为索引的；参数 indexname 是新创建的索引的名字；参数 tablename 是指需要创建索引的表的名称，该表必须是已经存在的，如果不存在，需要先创建；参数 propname 指定索引对应的字段的名称，该字段必须为前面定义好的字段；参数 length 是可选参数，表示索引的长度，必须是字符串类型才可以使用；参数 ASC 和 DESC 都是可选参数，ASC 表示升序排列，DESC 表示降序排列。

在上述例子中，如果表 t_class 已存在，可通过如下语句创建索引：

```
CREATE INDEX index_classno ON t_class(classno);
```

3. 通过 ALTER TABLE 语句创建

可以通过 SQL 语句 ALTER 来创建索引，其语法形式如下：

```
ALTER TABLE tablename
     ADD INDEX|KEY indexname (propname [(length)] [ASC|DESC]);
```

在上述语句中，参数 tablename 是需要创建索引的表；关键字 IDNEX 或 KEY 用来指定创建普通索引；参数 indexname 用来指定所创建的索引名；参数 propname 用来指定索引所关联的字段的名称；参数 length 用来指定索引的长度；参数 ASC 用来指定升序排序；参数 DESC

用来指定降序排序。

在上述例子中，如果表 t_class 已存在，可以通过如下语句创建索引：

```
ALTER TABLE t_class ADD INDEX index_classno(classno);
```

6.2.2 唯一索引

所谓唯一索引，就是在创建索引时，限制索引的值必须是唯一的。通过该类型的索引可以更快速地查询某条记录。在 MySQL 中，根据创建索引方式，可以分为自动索引和手动索引两种：

- 自动索引，是指在数据库表里设置完整性约束，该表会被系统自动创建索引。
- 手动索引，是指手动在表上创建索引。当设置表中的某个字段设置主键或唯一完整性约束时，系统就会自动创建关联该字段的唯一索引。

1. 创建表时直接创建

在 MySQL 中创建唯一索引通过 SQL 语句 UNIQUE INDEX 来实现，其语法形式如下：

```
CREATE TABLE tablename(
propname1 type1[CONSTRAINT1],
 propname2 type2[CONSTRAINT2],
 ……
 propnamen typen
UNIQUE INDEX|KEY [indexname](propname1 [(length)] [ASC|DESC]));
```

在上述语句中，比普通索引多了一个 SQL 关键字 UNIQUE，其中 UNIQUE INDEX 或 UNIQUE KEY 表示创建唯一索引。

【示例 6-2】创建表时创建唯一索引。

（1）将示例 6-1 中的创建普通索引改为创建唯一索引，其 SQL 语句如下，执行结果如图 6-4 所示。

```
CREATE TABLE t_class(
classno INT(4),
  cname VARCHAR(20),
  loc VARCHAR(40),
  UNIQUE INDEX index_classno(classno));
```

```
mysql> create table t_class(
    -> classno int(4),
    -> cname varchar(20),
    -> loc varchar(40),
    -> unique index index_classno(classno)
    -> );
Query OK, 0 rows affected (0.02 sec)
```

图 6-4 创建表 t_class

（2）为了检验数据库表 t_class 中的索引是否创建成功，执行 SQL 语句 SHOW CREATE TABLE，具体 SQL 语句如下，执行结果如图 6-5 所示。

```
SHOW CREATE TABLE t_class \G;
```

```
mysql> show create table t_class \G
*************************** 1. row ***************************
        Table: t_class
Create Table: CREATE TABLE `t_class` (
  `classno` int(4) DEFAULT NULL,
  `cname` varchar(20) DEFAULT NULL,
  `loc` varchar(40) DEFAULT NULL,
  UNIQUE KEY `index_classno` (`classno`)
) ENGINE=InnoDB DEFAULT CHARSET=utf8
1 row in set (0.00 sec)
```

图 6-5　查看表 t_class 信息

2. 在已经存在的表上创建

在 MySQL 中创建唯一索引除了通过 SQL 语句 UNIQUE INDEX 来实现外，还可以通过 SQL 语句 CREATE UNIQUE INDEX 来实现，其语法形式如下：

```
CREATE UNIQUE INDEX indexname
 ON tablename(propname1 [(length)] [ASC|DESC])
```

在上述语句中，关键字 CREATE UNIQUE INDEX 用来创建唯一索引，参数 indexname 是索引名，参数 tablename 是表名。

在示例 6-2 中，如果表已存在，可通过 CREATE 语句直接创建索引：

```
CREATE UNIQUE INDEX index_classno ON t_class(classno);
```

3. 通过 ALTER TABLE 语句创建

在 MySQL 中创建唯一索引除了通过 SQL 语句 ALTER 来实现，其语法形式如下：

```
ALTER TABLE tablename
     ADD UNIQUE INDEX|KEY indexname(propname [(length)] [ASC|DESC])
```

在上述语句中，关键字 UNIQUE KEY 或 KEY 用来指定创建唯一索引，参数 indexname 用来指定所创建的索引名；参数 tablename 是表名；参数 propname 用来指定索引所关联的字段的名称；参数 length 用来指定索引的长度；参数 ASC 用来指定升序排序；参数 DESC 用来指定降序排序。

在示例 6-2 中，如果表已存在，也可以通过 ALTER 语句创建索引：

```
ALTER TABLE t_class ADD UNIQUE INDEX index_classno(classno);
```

6.2.3　全文索引

全文索引主要关联在数据类型为 CHAR、VARCHAR 和 TEXT 的字段上，以便能够更加快速地查询数据量较大的字符串类型的字段。

MySQL 从 3.23.23 版本开始支持全文索引，只能在存储引擎为 MyISAM 的数据表上创建全文索引。在默认情况下，全文索引的搜索执行方式为不区分大小写，如果全文索引所关联的字段为二进制数据类型，就以区分大小写的搜索方式执行。

1. 创建表时直接创建

在 MySQL 中创建全文索引通过 SQL 语句 FULLTEXT INDEX 实现，其语法形式如下：

```
CREATE TABLE tablename(
propname1 type1[CONSTRAINT1],
propname2 type2[CONSTRAINT2],
……
propnamen typen
FULLTEXT INDEX|KEY [indexname](propname1 [(length)] [ASC|DESC]) );
```

在上述语句中比创建普通索引多一个 SQL 关键字 FULLTEXT，其中 FULLTEXT INDEX 或 FULLTEXT KEY 表示创建全文索引。

【示例 6-3】执行 SQL 语句 FULLTEXT INDEX，在数据库 school 的班级表 t_class 的字段 loc 上创建全文索引。

（1）执行 SQL 语句 UNIQUE INDEX，在创建班级表 t_class 时，在字段 classno 上创建唯一索引，具体 SQL 语句如下，执行结果如图 6-6 所示。

```
CREATE TABLE t_class(
    classno INT(4),
    cname VARCHAR(20),
loc VARCHAR(40),
FULLINDEX INDEX index_loc(loc));
```

```
mysql> create table t_class(
    -> classno int(4),
    -> cname varchar(20),
    -> loc varchar(40),
    -> fulltext index index_loc(loc)
    -> );
Query OK, 0 rows affected (0.03 sec)
```

图 6-6　创建表 t_class

（2）为了检验班级表 t_class 中全文索引是否创建成功，执行 SQL 语句 SHOW CREATE TABLE，具体 SQL 语句如下，执行结果如图 6-7 所示。

```
SHOW CREATE TABLE t_class \G;
```

（3）为了检验班级表 t_class 中索引是否被使用，执行 SQL 语句 EXPLAIN，具体 SQL 语句如下，执行结果如图 6-8 所示。

```
EXPLAIN SELECT * FROM t_class WHERE cname='beijign' \G;
```

```
mysql> show create table t_class \G
*************************** 1. row ***************************
       Table: t_class
Create Table: CREATE TABLE `t_class` (
  `classno` int(4) DEFAULT NULL,
  `cname` varchar(20) DEFAULT NULL,
  `loc` varchar(40) DEFAULT NULL,
  FULLTEXT KEY `index_loc` (`loc`)
) ENGINE=InnoDB DEFAULT CHARSET=utf8
1 row in set (0.00 sec)
```

```
mysql> explain select * from t_class where loc='beijing' \G
*************************** 1. row ***************************
           id: 1
  select_type: SIMPLE
        table: t_class
   partitions: NULL
         type: ALL
possible_keys: index_loc
          key: NULL
      key_len: NULL
          ref: NULL
         rows: 1
     filtered: 100.00
        Extra: Using where
1 row in set, 1 warning (0.01 sec)
```

图 6-7　查看表信息　　　　　图 6-8　查看索引是否被启用

2. 在已经存在的表上创建

在 MySQL 中创建全文索引除了通过 SQL 语句 FULLTEXT INDEX 来实现外，还可以通过 SQL 语句 CREATE FULLTEXT INDEX 来实现，其语法形式如下：

```
CREATE FULLTEXT INDEX indexname
ON tablename(propname1 [(length)] [ASC|DESC])
```

在上述语句中，关键字 CREATE FULLTEXT INDEX 表示用来创建全文索引。

如果示例 6-3 中的表已存在，可通过如下语句创建全文索引：

```
CREATE FULLTEXT INDEX ON t_class(loc);
```

3. 通过 ALTER TABLE 语句创建

除了上述两种方式来创建全文索引外，在 MySQL 中创建全文索引还可以通过 SQL 语句 ALTER 来实现，其语法形式如下：

```
ALTER TABLE tablename
ADD FULLTEXT INDEX|KEY indexname(propname [(length)] [ASC|DESC])
```

在上述语句中，关键字 FULLTEXT INDEX 或 KEY 用来指定创建全文索引；参数 indexname 表示索引名；参数 propname 指定索引所关联的字段的名称；参数 length 用来指定索引的长度；参数 ASC 用来指定升序排序；参数 DESC 用来指定降序排序。

在示例 6-3 中，如果表已存在，可通过如下语句创建全文索引：

```
ALTER TABLE t_class ADD FULLTEXT INDEX index_loc(loc);
```

6.2.4　多列索引

所谓多列索引，是指在创建索引时所关联的字段不是一个字段，而是多个字段，虽然可以通过所关联的字段进行查询，但是只有查询条件中使用了所关联字段中的第一个字段，多列索引才会被使用。

1. 创建表时直接创建

在 MySQL 中创建多列索引通过 SQL 语句 INDEX 来实现，其语法形式如下：

```
CREATE TABLE tablename(
propname1 type1[CONSTRAINT1],
propname2 type2[CONSTRAINT2],
……
propnamen typen
INDEX|KEY [indexname](propname1 [(length)] [ASC|DESC]
                    ……
                    propnamen [(length)] [ASC|DESC]));
```

在上述语句中，关联的字段至少大于一个字段。

【示例 6-4】执行 SQL 语句 INDEX，在数据库 school 中，在表 t_class 的 cname 和 loc 字段创建多列索引，具体步骤如下：

（1）执行 SQL 语句 INDEX，在创建班级表 t_class 时，在字段 cname 和字段 loc 上创建多列索引，具体 SQL 语句如下，执行结果如图 6-9 所示。

```
CREATE TABLE t_class(
classno INT(4),
cname VARCHAR(20),
loc VARCHAR(40),
KEY index_cname_loc(cname,loc));
```

图 6-9　创建表 t_class

（2）为了检验班级表 t_class 中多列索引是否创建成功，执行 SQL 语句 SHOW CREATE TABLE，具体 SQL 语句如下，执行结果如图 6-10 所示。

```
SHOW CREATE TABLE t_class \G
```

（3）为了检验班级表 t_class 中的索引是否被使用，执行 SQL 语句 EXPLAIN，具体 SQL 语句如下，执行结果如图 6-11 所示。

```
EXPLAIN SELECT * FROM t_class WHERE cname='beijing' \G
```

图 6-10　查看班级表信息

图 6-11　创建索引是否被启用

图 6-11 的执行结果显示，字段 possible_keys 和 key 处的值都为所创建的索引名 index_cname_loc，说明该索引已经存在，而且已经开始启用。

2. 在已经存在的表上创建

在 MySQL 中创建多列索引，除了可以在创建表时实现外，还可以为已经存在的表设置多列索引，其语法形式如下：

```
CREATE FULLTEXT INDEX indexname
ON tablename(propname1 [(length)] [ASC|DESC],
             ……
                propnamen [(length)] [ASC|DESC]);
```

在上述语句中比创建普通索引多关联了几个字段。

在示例 6-4 中，如果表已存在，可通过如下语句创建多列索引：

```
CREATE INDEX index_cname_loc ON t_class(cname,loc);
```

3. 通过 ALTER TABLE 语句创建

在 MySQL 中创建多列索引，除了可以在创建表时实现外，还可以为已经存在的表设置多列索引，其语法形式如下：

```
ALTER TABLE tablename
ADD INDEX|KEY indexname (propname1 [(length)] [ASC|DESC],
                         ……
                            propnamen [(length)] [ASC|DESC]);
```

在上述语句中比创建普通索引多关联了几个字段。

在示例 6-4 中，如果表已存在，可通过如下语句创建多列索引：

```
ALTER TABLE t_class ADD INDEX index_cname_loc(cname,loc);
```

6.3 MySQL 8 中索引新特性

MySQL 8 开始支持隐藏索引和降序索引。隐藏索引提供了更人性化的数据库操作，降序索引则提高了数据库的性能。

6.3.1　隐藏索引

隐藏索引，顾名思义，不可见索引，不会被优化器使用。默认情况下索引是可见的。隐藏索引可以用来测试索引的性能。验证索引的必要性时不需要删除索引，可以先将索引隐藏，如果优化器性能无影响就可以真正地删除索引。

1. 创建表时直接创建

在 MySQL 中创建隐藏索引通过 SQL 语句 INVISIBLE 来实现，其语法形式如下：

```
CREATE TABLE tablename(
```

```
propname1 type1[CONSTRAINT1],
propname2 type2[CONSTRAINT2],
……
propnamen typen,
INDEX [indexname](propname1 [(length)]) INVISIBLE
);
```

上述语句比普通索引多了一个关键字 INVISIBLE，用来标记索引为不可见索引。

【示例 6-5】在数据库 school 中，在表 t_class 的 cname 字段创建隐藏索引，具体步骤如下：

（1）在创建班级表 t_class 时，在字段 cname 上创建隐藏索引，具体 SQL 语句如下，执行结果如图 6-12 所示。

```
CREATE TABLE t_class(
classno INT(4),
cname VARCHAR(20),
loc VARCHAR(40),
INDEX index_cname(cname) INVISIBLE);
```

（2）为了检验班级表 t_class 中多列索引是否创建成功，执行 SQL 语句 SHOW CREATE TABLE，具体 SQL 语句如下，执行结果如图 6-13 所示。

```
SHOW CREATE TABLE t_class \G
```

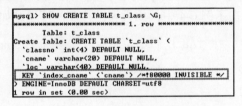

图 6-12　创建表 t_class　　　　　　　　图 6-13　查看班级表信息

2. 在已经存在的表上创建

在 MySQL 创建隐藏索引，除了可以在创建表时实现外，还可以为已经存在的表设置隐藏索引，其语法形式如下：

```
CREATE INDEX indexname
ON tablename(propname[(length)]) INVISIBLE;
```

在示例 6-5 中，如果表已存在，可通过如下语句创建多列索引：

```
CREATE INDEX index_cname ON t_class(cname) INVISIBLE;
```

3. 通过 ALTER TABLE 语句创建

在 MySQL 创建隐藏索引，除了可以在创建表时实现外，还可以为已经存在的表设置隐藏索引，其语法形式如下：

```
ALTER TABLE tablename
ADD INDEX indexname (propname [(length)]) INVISIBLE;
```

在示例 6-5 中，如果表已存在，可通过如下语句创建多列索引：

```
ALTER TABLE t_class ADD INDEX index_cname(cname) INVISIBLE;
```

4. 切换索引可见状态

已存在的索引可通过如下语句切换可见状态：

```
ALTER TABLE tablename ALTER INDEX  index_name INVISIBLE;
ALTER TABLE tablename ALTER INDEX  index_name VISIBLE;
```

6.3.2　降序索引

降序索引以降序存储键值。虽然在语法上，从 MySQL 4 起就支持 DESC，但实际上该 DESC 定义是被忽略的，MySQL 在此之前创建的仍然是升序索引，使用时进行反向扫描，这大大降低了数据库的效率。在某些场景下，降序索引意义重大。例如，如果一个查询，需要对多个列进行排序，且顺序要求不一致，那么使用降序索引将会避免数据库使用额外的文件排序操作，从而提高性能。

在 MySQL 中创建降序索引的 SQL 语句与创建多列索引的语法相同。

【示例 6-6】在 t_class 表中创建降序索引，实现 classno 升序排列，cname 降序排列。

（1）创建降序索引的 SQL 语句如下所示，执行结果如图 6-14 所示。

```
CREATE TABLE t_class(
    classno INT(4),
    cname VARCHAR(20),
    loc VARCHAR(40),
    INDEX index_classno_cname_desc(classno ASC,cname DESC));
```

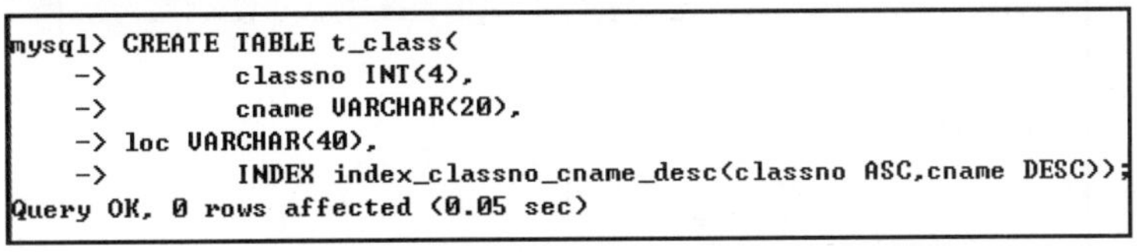

```
mysql> CREATE TABLE t_class(
    ->         classno INT(4),
    ->         cname VARCHAR(20),
    -> loc VARCHAR(40),
    ->         INDEX index_classno_cname_desc(classno ASC,cname DESC));
Query OK, 0 rows affected (0.05 sec)
```

图 6-14　创建表 t_class

（2）使用如下语句检查 SELECT 语句发现没有使用 filesort 文件排序，而是使用预先创建的索引，如图 6-15 所示。

```
mysql> explain select classno,cname from t_class order by classno,cname desc;
+----+-------------+---------+------------+-------+---------------+------------+
| id | select_type | table   | partitions | type  | possible_keys | key        |
|            | key_len | ref  | rows | filtered | Extra      |
+----+-------------+---------+------------+-------+---------------+------------+
|  1 | SIMPLE      | t_class | NULL       | index | NULL          | index_cla  |
ssno_cname_desc | 68      | NULL |    1 |   100.00 | Using index |
+----+-------------+---------+------------+-------+---------------+------------+
1 row in set, 1 warning (0.00 sec)
```

图 6-15　查看查询语句

6.4　删除索引

所谓删除索引，就是删除表中已经创建的索引。之所以要删除索引，是因为这些索引会降低表的更新速度，影响数据库的性能。

在 MySQL 中删除索引通过 SQL 语句 DROP INDEX 来实现，其语法形式如下：

```
DROP INDEX indexname ON tablename;
```

在上述语句中，参数 indexname 表示所要删除的索引名字，tablename 表示所要删除索引的表对象。

【示例 6-7】执行 SQL 语句 DROP INDEX，在数据库 school 中删除表对象 t_class 中的索引对象 index_cname_loc，具体步骤如下：

（1）检验 t_class 表中索引是否被使用，具体 SQL 语句如下，执行结果如图 6-16 所示。

```
EXPLAIN SELECT * FROM t_class WHERE cname='class_1' \G
```

```
mysql> explain select * from t_class where cname='class_1' \G
*************************** 1. row ***************************
           id: 1
  select_type: SIMPLE
        table: t_class
   partitions: NULL
         type: ref
possible_keys: index_cname_loc
          key: index_cname_loc
      key_len: 63
          ref: const
         rows: 1
     filtered: 100.00
        Extra: NULL
1 row in set, 1 warning (0.00 sec)
```

图 6-16　查看表

（2）执行 SQL 语句 DROP INDEX，删除索引对象 index_cname_loc，再查看创建表信息，具体 SQL 语句如下，执行结果如图 6-17、图 6-18 所示。

```
DROP INDEX index_cname_loc ON t_class;
SHOW CREATE TABLE t_class \G
```

```
mysql> show create table t_class \G
*************************** 1. row ***************************
       Table: t_class
Create Table: CREATE TABLE `t_class` (
  `classno` int(4) DEFAULT NULL,
  `cname` varchar(20) DEFAULT NULL,
  `loc` varchar(40) DEFAULT NULL
) ENGINE=InnoDB DEFAULT CHARSET=utf8
1 row in set (0.00 sec)
```

```
mysql> drop index index_cname_loc
    -> on t_class;
Query OK, 0 rows affected (0.03 sec)
Records: 0  Duplicates: 0  Warnings: 0
```

图 6-17　选择数据库　　　　　　　　　　　图 6-18　查看表信息

图 6-18 所示的执行结果显示，表 t_class 已经不存在索引对象 index_cname_loc。

第 7 章

◀ 视 图 ▶

视图是从一个或多个表中导出来的表，是一种虚拟存在的表。视图就像一个窗口，通过这个窗口可以看到系统专门提供的数据，这样用户可以不看整个数据库表中的数据，而只关心对自己有用的数据。视图可以使用户的操作更方便，而且可以保障数据库系统的安全性。本章主要讲解的内容包括：

● 视图的相关概念

● 视图的基本操作：创建、查看、更新和删除

为了便于讲解，本章用到的数据库以及数据记录已预先设置好，读者可根据前面几章学习的内容创建数据库、数据表以及插入对应的数据记录。

7.1 什么时候使用视图

通过前面章节的知识可以发现，数据库中关于数据的查询有时非常复杂，例如表连接、子查询等，这种查询会让程序员感到非常痛苦，因为它的逻辑太复杂、编写语句比较多，当这种查询需要重复使用时，很难每次都编写正确，从而降低了数据库的实用性。

在具体操作表之前，有时候要求只能操作部分字段，而不是全部字段。例如，在学校里，学生的智商测试结果一般都是保密的，如果因为一时疏忽向查询中多写了关于"智商"的字段，则会让学生的智商显示给所有能够查看该查询结果的人，这时就需要限制使用者操作的字段。

为了提高复杂的 SQL 语句的复用性和表的操作的安全性，MySQL 数据库管理系统提供了视图特性。所谓视图，本质上是一种虚拟表，其内容与真实的表相似，包含一系列带有名称的列和行数据。但是，视图并不在数据库中以存储数据值的形式存在，行和列数据来自定义视图的查询所引用的基本表，并且在具体引用视图时动态生成。

视图使程序员只关心感兴趣的某些特定数据和他们所负责的特定任务。这样程序员只能看到视图中所定义的数据，而不是视图所引用表中的数据，从而提高数据库中数据的安全性。

视图的特点如下：

● 视图的列可以来自不同的表，是表的抽象和逻辑意义上建立的新关系。

- 视图是由基本表（实表）产生的表（虚表）。
- 视图的建立和删除不影响基本表。
- 对视图内容的更新（添加、删除和修改）直接影响基本表。
- 当视图来自多个基本表时，不允许添加和删除数据。

　MySQL 数据库管理系统从 5.0.1 版本开始提供视图新特性。

7.2　创建视图

视图的操作包括创建视图、查看视图、删除视图和修改视图。本节将详细介绍如何创建视图。在创建视图时，首先要确保拥有 CREATE VIEW 的权限，并且同时确保对创建视图所引用的表也具有相应的权限。

7.2.1　创建视图的语法形式

虽然视图可以被看成是一种虚拟表，但是其物理上是不存在的，即 MySQL 并没有专门的位置为视图存储数据。根据视图的概念可以发现其数据来源于查询语句，因此创建视图的语法为：

```
CREATE[OR REPLACE][ALGORITHM=[UNDEFINED|MERGE|TEMPLATE]]
VIEW viewname[columnlist]
AS SELECT statement
[WITH[CASCADED|LOCAL]CHECK OPTION]
```

其中，CREATE 表示创建新的视图；REPLACE 表示替换已经创建的视图；ALGORITHM 表示视图选择的算法；viewname 为视图的名称；columnlist 为属性列；SELECT statement 表示 SELECT 语句；参数 WITH[CASCADED|LOCAL]CHECK OPTION 表示视图在更新时保证在视图的权限范围之内。

ALGORITHM 的取值有 3 个，分别是 UNDEFINED、MERGE、TEMPLATE。其中，UNDEFINED 表示 MySQL 将自动选择算法；MERGE 表示将使用的视图语句与视图定义合并起来，使得视图定义的某一部分取代语句对应的部分；TEMPLATE 表示将视图的结果存入临时表，然后用临时表来执行语句。

CASCADED 与 LOCAL 为可选参数：CASCADED 为默认值，表示更新视图时要满足所有相关视图和表的条件；LOCAL 表示更新视图时满足该视图本身定义的条件即可。

该语句要求具有针对视图的 CREATE VIEW 权限，以及针对由 SELECT 语句选择的每一列上的某些权限。对于在 SELECT 语句中其他地方使用的列，必须具有 SELECT 权限，如果还有 OR REPLACE 子句，就必须在视图上具有 DROP 权限。

视图属于数据库。在默认情况下，将在当前数据库创建新视图。要想在给定数据库中明确创建视图，创建时应将名称指定为 dbname.viewname。

 使用 CREATE VIEW 语句创建视图时，最好加上 WITH CHECK OPTION 参数，而且最好加上 CASCADED 参数。这样，从视图上派生出来新视图后，更新视图需要考虑其父视图的约束条件。这种方式比较严格，可以保证数据的安全性。

创建视图时，需要有 CREATE VIEW 的权限，同时应该具有查询设计的列的 SELECT 权限。在 MySQL 数据库下面的表 user 中保存这些权限信息，可以使用 SELECT 语句查询。SELECT 语句查询的方式如下：

```
SELECT Select_priv,Create_view_priv
FROM mysql.user
WHERE user='root';
```

其中，Select_Priv 属性表示用户是否具有 SELECT 权限（Y 表示拥有 SELECT 权限，N 表示没有）；Create_view_priv 属性表示用户是否具有 CREATE VIEW 权限；mysql.user 表示 MySQL 数据库下面的表 user；参数 root 就是登录的用户名。

该语句的执行结果如图 7-1 所示。

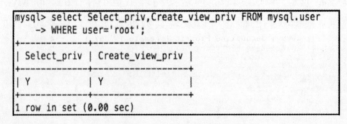

图 7-1　显示用户权限

图 7-1 所示的执行结果显示，属性 Select_Priv 和属性 Create_view_priv 的值都为 Y。这表示其具有 SELECT 权限和 CREATE VIEW 权限。

7.2.2　在单表上创建视图

MySQL 可以在单个表上创建视图。

【示例 7-1】在数据库 company 中，由员工表 t_employee 创建出隐藏工资字段 salary 的视图 view_selectemployee。具体步骤如下：

（1）创建 view_selectemployee 视图，具体创建语句如下，执行结果如图 7-2 所示。

```
CREATE VIEW view_selectemployee AS
SELECT id,name,gender,age,deptno FROM t_employee;
```

（2）查看视图的结构，具体 SQL 语句如下，执行结果如图 7-3 所示。

```
DESCRIBE view_selectemployee;
```

```
mysql> create view view_selectemployee
    -> as select id,name,gender,age,deptno
    -> from t_employee;
Query OK, 0 rows affected (0.01 sec)
```

图 7-2　创建视图

```
mysql> describe view_selectemployee;
+--------+-------------+------+-----+---------+-------+
| Field  | Type        | Null | Key | Default | Extra |
+--------+-------------+------+-----+---------+-------+
| id     | int(4)      | YES  |     | NULL    |       |
| name   | varchar(20) | YES  |     | NULL    |       |
| gender | varchar(6)  | YES  |     | NULL    |       |
| age    | int(4)      | YES  |     | NULL    |       |
| deptno | int(4)      | YES  |     | NULL    |       |
+--------+-------------+------+-----+---------+-------+
5 rows in set (0.00 sec)
```

图 7-3　查看视图

图 7-3 所示的执行结果显示，视图 view_selectemployee 的属性分别为 id、name、gender、age 和 deptno。使用视图时，用户接触不到实际操作的表和字段，这样可以保证数据库的安全。

（3）查询视图，具体 SQL 语句如下，执行结果如图 7-4 所示。

```
SELECT * FROM view_selectemployee;
```

```
mysql> select * from view_selectemployee;
+------+-------------------+--------+-----+--------+
| id   | name              | gender | age | deptno |
+------+-------------------+--------+-----+--------+
| 1001 | Alicia Florric    | Female |  33 |      1 |
| 1002 | Kalinda Sharma    | Female |  31 |      1 |
| 1003 | Cary Agos         | Male   |  27 |      1 |
| 1004 | Eli Gold          | Male   |  44 |      2 |
| 1005 | Peter Florric     | Male   |  34 |      2 |
| 1006 | Diane Lockhart    | Female |  43 |      3 |
| 1007 | Maia Rindell      | Female |  43 |      3 |
| 1008 | Will Gardner      | Male   |  36 |      3 |
| 1009 | Jacquiline Florric| Female |  57 |      4 |
| 1010 | Zach Florric      | Female |  17 |      5 |
| 1011 | Grace Florric     | Female |  14 |      5 |
+------+-------------------+--------+-----+--------+
11 rows in set (0.00 sec)
```

图 7-4　查询视图

图 7-4 所示的执行结果显示，由表 t_employee 创建的视图 view_selectemployee 的数据记录和表 t_employee 中相应的记录是一致的，只不过没有显示工资字段 salary 的数据。

7.2.3　在多表上创建视图

在 MySQL 中，也可以在两个或两个以上的表上创建视图，也是使用 CREATE VIEW 语句实现的。

【示例 7-2】在数据库 company 中，由部门表 t_dept 和员工表 t_employee 创建一个名为 view_dept_employee 的视图，具体步骤如下：

（1）创建 view_dept_employee 视图，具体 SQL 语句如下，执行结果如图 7-5 所示。

```
CREATE ALGORITHM=MERGE VIEW
view_dept_employee(name,dept,gender,age,loc)
AS SELECT name,t_dept.deptname,gender,age,t_dept.location
FROM t_employee, t_dept WHERE t_employee.deptno=t_dept.deptno
WITH LOCAL CHECK OPTION;
```

```
mysql> create algorithm=merge view
    -> view_dept_employee(name,dept,gender,age,loc)
    -> as select
    -> name,t_dept.deptname,gender,age,t_dept.location
    -> from t_employee, t_dept
    -> where t_employee.deptno=t_dept.deptno
    -> with local check option;
Query OK, 0 rows affected (0.01 sec)
```

图 7-5　创建视图

（2）查看视图的结构，具体 SQL 语句如下，执行结果如图 7-6 所示。

```
DESCRIBE view_dept_employee;
```

（3）查询视图，具体查询语句如下，执行结果如图 7-7 所示。

```
SELECT * FROM view_dept_employee;
```

```
mysql> describe view_dept_employee;
+--------+-------------+------+-----+---------+-------+
| Field  | Type        | Null | Key | Default | Extra |
+--------+-------------+------+-----+---------+-------+
| name   | varchar(20) | YES  |     | NULL    |       |
| dept   | varchar(20) | YES  |     | NULL    |       |
| gender | varchar(6)  | YES  |     | NULL    |       |
| age    | int(4)      | YES  |     | NULL    |       |
| loc    | varchar(20) | YES  |     | NULL    |       |
+--------+-------------+------+-----+---------+-------+
5 rows in set (0.00 sec)
```

图 7-6　查看视图结构

```
mysql> select * from view_dept_employee;
+------------------+--------------------+--------+-----+---------+
| name             | dept               | gender | age | loc     |
+------------------+--------------------+--------+-----+---------+
| Alicia Florric   | develop department | Female | 33  | west_3  |
| Kalinda Sharma   | develop department | Female | 31  | west_3  |
| Cary Agos        | develop department | Male   | 27  | west_3  |
| Eli Gold         | test department    | Male   | 44  | east_4  |
| Peter Florric    | test department    | Male   | 34  | east_4  |
| Diane Lockhart   | operate department | Female | 43  | south_4 |
| Maia Rindell     | operate department | Female | 43  | south_4 |
| Will Gardner     | operate department | Male   | 36  | south_4 |
| Jacquiline Florric | maintain department | Female | 57 | north_5 |
+------------------+--------------------+--------+-----+---------+
9 rows in set (0.01 sec)
```

图 7-7　查询视图

图 7-6 所示的执行结果显示，视图 view_dept_employee 的属性分别为 name、dept、gender、age 和 loc。视图指定的属性列表对应两个不同的表的属性列。视图的属性名与属性列表中的属性名相同。该示例中的 SELECT 语句查询出了表 t_dept 的字段 deptname 和字段 location，还有表 t_employee 的字段 name、gender、age 和 location。而且，视图 view_dept_employee 的 ALGORITHM 值指定为 MERGE，还增加了 WITH LOCAL CHECK OPTION 约束。本示例说明，视图可以将多个表上的操作简洁地表示出来。

图 7-7 所示的执行结果显示，由表 t_dept 和表 t_employee 创建的视图 view_dept_employee 的数据和表 t_dept 和表 t_employee 中相应的记录是一致的，不过是有选择地显示字段。

7.3　查看视图

创建完视图后，经常需要查看视图信息。在 MySQL 中，有许多可以实现查看视图的语句，如 DESCRIBE、SHOW TABLES、SHOW TABLE STATUS、SHOW CREATE VIEW 和查询数据库 information_schema 下的表 views 等。如果要使用这些语句，首先要确保拥有 SHOW VIEW 的权限。本节将详细讲解查看视图的方法。

7.3.1 使用 DESCRIBE | DESC 语句查看视图基本信息

在 3.5.1 小节中已经详细讲解过使用 DESCRIBE 语句来查看表的基本定义。因为视图也是一张表，只是这张表比较特殊，是一张虚拟的表，所以同样可以使用 DESCRIBE 语句来查看视图的基本定义。DESCRIBE 语句查看视图的语法如下：

```
DESCRIBE | DESC viewname;
```

在上述语句中，参数 viewname 表示所要查看设计信息的视图名称。

该语句在 7.2 节中已使用多次，其中 DESCRIBE 可替换为 DESC，执行效果相同，读者可翻阅对应部分进行学习，在此不再赘述。

7.3.2 使用 SHOW TABLES 语句查看视图基本信息

从 MySQL 5.1 版本开始，执行 SHOW TABLES 语句时不仅会显示表的名字，同时也会显示视图的名字。

下面演示通过 SHOW TABLES 语句查看数据库 company 中的视图和表的功能，具体 SQL 语句如下，执行结果如图 7-8 所示。

```
SHOW TABLES;
```

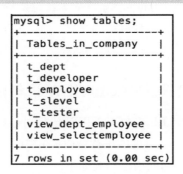

图 7-8　显示视图和表

图 7-8 所示的执行结果显示，数据库 company 中的视图和表都被查询出来了。

7.3.3 在 views 表中查看视图详细信息

在 MySQL 中，所有视图的定义都存在数据库 information_schema 中的表 views 中。查询表 views，可以查看到数据库中所有视图的详细信息，查询的语句如下：

```
SELECT * FROM information_schema.views
WHERE table_name= 'viewname' \G
```

【示例 7-3】利用 SHOW CREATE VIEW 语句查看 view_selectemployee 视图的定义信息。

查询表 views 中的数据信息，具体 SQL 语句如下，执行结果如图 7-9 所示。

```
SELECT * FROM views WHERE table_name= 'view_selectemployee' \G
```

```
mysql> SELECT * FROM VIEWS
    -> WHERE TABLE_NAME = 'view_selectemployee' \G
*************************** 1. row ***************************
       TABLE_CATALOG: def
        TABLE_SCHEMA: company
          TABLE_NAME: view_selectemployee
     VIEW_DEFINITION: select `company`.`t_employee`.`id` AS `id
`,`company`.`t_employee`.`name` AS `name`,`company`.`t_employee
`.`gender` AS `gender`,`company`.`t_employee`.`age` AS `age`,`c
ompany`.`t_employee`.`deptno` AS `deptno` from `company`.`t_emp
loyee`
        CHECK_OPTION: NONE
        IS_UPDATABLE: YES
             DEFINER: root@localhost
       SECURITY_TYPE: DEFINER
CHARACTER_SET_CLIENT: utf8
COLLATION_CONNECTION: utf8_general_ci
1 row in set (0.00 sec)
```

图 7-9　查看视图定义信息

图 7-9 的执行结果显示了视图 view_selectemployee 在表 views 中的信息。

7.4　修改视图

修改视图是指修改数据库中存在的视图，当基本表的某些字段发生变化的时候，可以通过修改视图来保持与基本表的一致性。MySQL 中通过 CREATE OR REPLACE VIEW 语句和 ALTER 语句来修改视图。

7.4.1　使用 CREATE OR REPLACE VIEW 语句修改视图

在 MySQL 中，CREATE OR REPLACE VIEW 语句可以用来修改视图。该语句的使用非常灵活。在视图已经存在的情况下，对视图进行修改；在视图不存在的情况下，可以创建视图。CREATE OR REPLACE VIEW 语句的语法形式如下：

```
CREATE[OR REPLACE][ALGORITHM={UNDEFINED|MERGE|TEMPLATE}]
VIEW viewname[(columnlist)]
AS SELECT_STATEMENT
[WITH[CASCADED|LOCAL]CHECK OPTION]
```

可以看到，修改视图的语句和创建视图的语句是完全一样的。当视图已经存在时，修改语句对视图进行修改；当视图不存在时，创建视图。下面通过一个示例来说明。

【示例 7-4】对于示例 7-1 中创建的视图 view_selectemployee，使用一段时间后需要将表示编号的字段 id 加进去。步骤如下：

（1）为了实现新需求功能，可以修改视图 view_selectemployee，具体 SQL 语句如下，执行结果如图 7-10 所示。

```
CREATE OR REPLACE VIEW view_selectemployee
AS SELECT id,name,gender,age,deptno
```

```
FROM t_employee;
```

```
mysql> create or replace view view_selectemployee
    -> as
    -> select id,name,gender,age,deptno
    -> from t_employee;
Query OK, 0 rows affected (0.01 sec)
```

图 7-10　修改视图

（2）查询视图 view_selectemployee，具体 SQL 语句如下，执行结果如图 7-11 所示。

```
SELECT * FROM view_selectemployee;
```

```
mysql> select * from view_selectemployee;
+------+-------------------+--------+------+--------+
| id   | name              | gender | age  | deptno |
+------+-------------------+--------+------+--------+
| 1001 | Alicia Florric    | Female |   33 |      1 |
| 1002 | Kalinda Sharma    | Female |   31 |      1 |
| 1003 | Cary Agos         | Male   |   27 |      1 |
| 1004 | Eli Gold          | Male   |   44 |      2 |
| 1005 | Peter Florric     | Male   |   34 |      2 |
| 1006 | Diane Lockhart    | Female |   43 |      3 |
| 1007 | Maia Rindell      | Female |   43 |      3 |
| 1008 | Will Gardner      | Male   |   36 |      3 |
| 1009 | Jacquiline Florric| Female |   57 |      4 |
| 1010 | Zach Florric      | Female |   17 |      5 |
| 1011 | Grace Florric     | Female |   14 |      5 |
+------+-------------------+--------+------+--------+
11 rows in set (0.00 sec)
```

图 7-11　查询视图

通过图 7-10 和图 7-11 的执行结果可以发现，SQL 语句 CREATE OR REPLACE VIEW 完全可以实现修改视图功能。

7.4.2　使用 ALTER 语句修改视图

在 MySQL 中，ALTER 语句不仅可以修改表的定义、创建索引，还可以用来修改视图。ALTER 语句修改视图的语法格式如下：

```
ALTER[ALGORITHM={UNDEFINED|MERGE|TEMPLATE}]
VIEW viewname[(columnlist)]
AS SELECT_STATEMENT
[WITH[CASCADED|LOCAL]CHECK OPTION]
```

这个语法中的所有关键字和参数都和创建视图是一样的，不再赘述。

【示例 7-5】利用 ALTER VIEW 语句实现修改视图 view_selectemployee 的功能，将 7-1 示例中的 id 隐藏。具体步骤如下：

（1）执行 SQL 语句 ALTER VIEW，实现修改视图 view_selectemployee，具体 SQL 语句如下，执行结果如图 7-12 所示。

```
ALTER VIEW view_selectemployee
AS SELECT name,gender,age,deptno FROM t_employee;
```

163

```
mysql> alter view view_selectemployee
    -> as select name,gender,age,deptno
    -> from t_employee;
Query OK, 0 rows affected (0.02 sec)
```

图 7-12　修改视图

（2）使用 SELECT 语句查看视图 view_selectemployee，前边的已列出查询语句，而且此步骤非常简单常用，可不再列出 SQL 语句，直接重复图 7-11 对应的 SQL 即可。

7.5　更新视图

更新视图是指通过视图来插入（INSERT）、更新（UPDATE）和删除（DELETE）表中的数据。因为视图是一个虚拟表，其中没有数据，通过视图更新时都是转换到基本表更新。更新视图时，只能更新权限范围内的数据，超出范围就不能更新了。本节将重点讲解更新视图的方法和更新视图的限制。

7.5.1　使用 SQL 语句更新视图

【示例 7-6】对视图 view_selectdept（表 t_dept 的视图）进行更新。具体步骤如下：

（1）向视图 view_selectdept 中更新一条记录，新记录的 name 为 hr_department、product 的值为 hr_system、loc 的值为 east_10，具体 SQL 语句如下，执行结果如图 7-13 所示。

```
UPDATE view_selectdept
  SET name='hr_department', product='hr_system',loc='east_10';
```

```
mysql> update view_selectdept
    -> set name='hr_department',product='hr_system',loc='east_10';
Query OK, 1 row affected (0.01 sec)
Rows matched: 1  Changed: 1  Warnings: 0
```

图 7-13　更新视图记录

（2）查看视图 view_selectdept 的记录，具体 SQL 语句如下，执行结果如图 7-14 所示。

```
SELECT * FROM view_selectdept;
```

（3）查看部门表 t_dept 的记录，具体 SQL 语句如下，执行结果如图 7-15 所示。

```
SELECT * FROM t_dept;
```

```
mysql> select * from view_selectdept;
+----------------+-----------+---------+
| name           | product   | loc     |
+----------------+-----------+---------+
| hr_department  | hr_system | east_10 |
+----------------+-----------+---------+
1 row in set (0.00 sec)
```

图 7-14　查看视图记录

```
mysql> select * from t_dept;
+--------+----------------------+-----------+----------+
| deptno | deptname             | product   | location |
+--------+----------------------+-----------+----------+
|      1 | hr_department        | hr_system | east_10  |
|      2 | test department      | sky_start | east_4   |
|      3 | operate department   | cloud_4   | south_4  |
|      4 | maintain department  | fly_4     | north_5  |
+--------+----------------------+-----------+----------+
4 rows in set (0.00 sec)
```

图 7-15　查看部门表记录

图 7-14 的执行结果显示，视图 view_selectdept 中的数据记录已更新；图 7-15 的执行结果显示，表 t_dept 中的数据记录也已经更新。虽然 UPDATE 语句更新的是视图 view_selectdept，但实际上更新的是表 t_dept，上面的 UPDATE 语句可以等价为：

```
UPDATE t_dept SET deptname='hr_department', product='hr_system',location=
'east_10' WHERE deptno=1;
```

7.5.2　更新基本表后视图自动更新

【示例 7-7】在表 t_dept 中插入数据，view_selectdept 是表 t_dept 的视图，查询视图中的数据是否会随着表中的数据更新。具体步骤如下：

（1）使用 SELECT 语句查看视图 view_selectdept 的记录，具体 SQL 语句如下，执行结果如图 7-16 所示。

```
SELECT * FROM view_selectdept;
```

（2）在部门表 t_dept 中插入一条数据，具体 SQL 语句如下，执行结果如图 7-17 所示。

```
INSERT INTO t_dept
VALUES(5,'hr department','hr_sys','middle_2');
```

```
mysql> select * from view_selectdept;
+----------------------+------------+---------+
| name                 | product    | loc     |
+----------------------+------------+---------+
| develop_department   | pivot_gaea | west_3  |
| test department      | sky_start  | east_4  |
| operate department   | cloud_4    | south_4 |
| maintain department  | fly_4      | north_5 |
+----------------------+------------+---------+
4 rows in set (0.00 sec)
```

图 7-16　查看视图定义信息

```
mysql> insert into t_dept
    -> values(5,'hr department','hr_sys','middle_2');
Query OK, 1 row affected (0.00 sec)
```

图 7-17　插入数据记录

（3）查询部门表 t_dept，具体 SQL 语句如下，执行结果如图 7-18 所示。

```
SELECT * FROM t_dept;
```

（4）再次查询视图 view_selectdept，执行结果如图 7-19 所示。

```
mysql> select * from t_dept;
+--------+----------------------+------------+-----------+
| deptno | deptname             | product    | location  |
+--------+----------------------+------------+-----------+
|      1 | develop_department   | pivot_gaea | west_3    |
|      2 | test department      | sky_start  | east_4    |
|      3 | operate department   | cloud_4    | south_4   |
|      4 | maintain department  | fly_4      | north_5   |
|      5 | hr department        | hr_sys     | middle_2  |
+--------+----------------------+------------+-----------+
5 rows in set (0.00 sec)
```

图 7-18　查看部门表数据记录

```
mysql> select * from view_selectdept;
+----------------------+------------+-----------+
| name                 | product    | loc       |
+----------------------+------------+-----------+
| develop_department   | pivot_gaea | west_3    |
| test department      | sky_start  | east_4    |
| operate department   | cloud_4    | south_4   |
| maintain department  | fly_4      | north_5   |
| hr department        | hr_sys     | middle_2  |
+----------------------+------------+-----------+
5 rows in set (0.00 sec)
```

图 7-19　查看视图数据记录

图 7-18 的执行结果显示，部门表 t_dept 中已经插入新的数据记录；图 7-19 的执行结果显示，视图 view_selectdept 中也已经有了新的数据记录，随着部门表 t_dept 同步更新。

7.5.3　删除视图中的数据

【示例 7-8】view_selectdept 是表 t_dept 的视图，在视图 view_selectdept 中删除数据记录。具体步骤如下：

（1）查询 view_selectdept 视图，执行结果如图 7-20 所示。

（2）使用 DELETE 语句删除 view_selectdept 视图中的记录，具体 SQL 语句如下，执行结果如图 7-21 所示。

```
DELETE FROM view_selectdept
     WHERE name='hr department';
```

```
mysql> select * from view_selectdept;
+----------------------+------------+-----------+
| name                 | product    | loc       |
+----------------------+------------+-----------+
| develop_department   | pivot_gaea | west_3    |
| test department      | sky_start  | east_4    |
| operate department   | cloud_4    | south_4   |
| maintain department  | fly_4      | north_5   |
| hr department        | hr_sys     | middle_2  |
+----------------------+------------+-----------+
5 rows in set (0.00 sec)
```

图 7-20　查看视图数据

```
mysql> DELETE FROM view_selectdept
    -> WHERE name='hr department';
Query OK, 0 rows affected (0.01 sec)
```

图 7-21　从视图删除数据

（3）再次查询 view_selectdept 视图，执行结果如图 7-22 所示。

（4）查询 t_dept 表，执行结果如图 7-23 所示。

```
mysql> select * from view_selectdept;
+----------------------+------------+-----------+
| name                 | product    | loc       |
+----------------------+------------+-----------+
| develop_department   | pivot_gaea | west_3    |
| test department      | sky_start  | east_4    |
| operate department   | cloud_4    | south_4   |
| maintain department  | fly_4      | north_5   |
+----------------------+------------+-----------+
4 rows in set (0.00 sec)
```

图 7-22　查看视图数据

```
mysql> select * from t_dept;
+--------+----------------------+------------+-----------+
| deptno | deptname             | product    | location  |
+--------+----------------------+------------+-----------+
|      1 | develop_department   | pivot_gaea | west_3    |
|      2 | test department      | sky_start  | east_4    |
|      3 | operate department   | cloud_4    | south_4   |
|      4 | maintain department  | fly_4      | north_5   |
+--------+----------------------+------------+-----------+
4 rows in set (0.00 sec)
```

图 7-23　查询部门表数据

图 7-22 的执行结果显示，视图 view_selectdept 中的数据记录已经被删除；图 7-23 的执行结果显示，部门表 t_dept 中的数据记录也已经被删除，说明可以通过视图删除其所依赖的基本

表中的数据。

7.5.4　不能更新的视图

由上述几个示例可以看出，对视图的更新最后都是实现在基本表上的，更新视图实际上更新的是基本表上的记录。但是，并不是所有的视图都可以更新的。以下这几种情况是不能更新视图的。

（1）视图中包含 SUM()、COUNT()、MAX()和 MIN()等函数。

【示例 7-9】根据部门表 t_dept 创建包含 COUNT()函数的视图，具体 SQL 语句如下，执行结果如图 7-24 所示。

```
CREATE VIEW view_1(name,product,loc,total)
AS SELECT deptname,product,location,count(deptname)
FROM t_dept;
```

查询视图 view_1 的数据记录，执行结果如图 7-25 所示。

```
SELECT * FROM view_1;
```

```
mysql> CREATE VIEW view_1(name,product,loc,total)
    -> AS SELECT deptname,product,
    -> location,count(deptname) FROM t_dept;
Query OK, 0 rows affected (0.01 sec)
```

图 7-24　创建视图

```
mysql> select * from view_1;
+-------------------+------------+--------+-------+
| name              | product    | loc    | total |
+-------------------+------------+--------+-------+
| develop_department | pivot_gaea | west_3 |     4 |
+-------------------+------------+--------+-------+
1 row in set (0.00 sec)
```

图 7-25　查询视图

（2）视图中包含 UNION、UNION ALL、DISTINCT、GROUP BY 和 HAVING 等关键字。

【示例 7-10】根据部门表 t_dept 创建包含关键字 GROUP BY 的视图，具体 SQL 语句如下，执行结果如图 7-26 所示。

```
CREATE VIEW view_2(name,product,loc)
AS SELECT deptname,product,location
FROM t_dept GROUP BY deptno;
```

查询视图 view_2 的数据记录，执行结果如图 7-27 所示。

```
SELECT * FROM view_2;
```

```
mysql> CREATE VIEW view_2(name,product,loc)
    -> AS SELECT deptname,product,location
    -> FROM t_dept GROUP BY deptno;
Query OK, 0 rows affected (0.02 sec)
```

图 7-26　创建视图

```
mysql> select * from view_2;
+--------------------+------------+---------+
| name               | product    | loc     |
+--------------------+------------+---------+
| develop_department | pivot_gaea | west_3  |
| test department    | sky_start  | east_4  |
| operate department | cloud_4    | south_4 |
| maintain department | fly_4     | north_5 |
+--------------------+------------+---------+
4 rows in set (0.01 sec)
```

图 7-27　查询视图

（3）常量视图。

【示例 7-11】创建带有常量的视图，具体 SQL 语句如下，执行结果如图 7-28 所示。

```
CREATE VIEW view_3 AS SELECT 'Rebecca' AS name;
```

查询视图 view_3 的数据记录，执行结果如图 7-29 所示。

```
SELECT * FROM view_3;
```

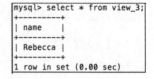

图 7-28　创建视图　　　　　　　　　图 7-29　查询视图

（4）包含子查询的视图。

【示例 7-12】创建包含子查询的视图，具体 SQL 语句如下，执行结果如图 7-30 所示。

```
CREATE VIEW view_4(name)
AS SELECT (SELECT deptname FROM t_dept WHERE deptno=1);
```

查询视图 view_4 的数据记录，执行结果如图 7-31 所示。

```
SELECT * FROM view_4;
```

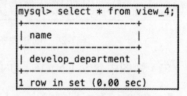

图 7-30　创建视图　　　　　　　　　图 7-31　查询视图

（5）由不可更新的视图导出的视图。

【示例 7-13】创建由不可更新的视图导出的视图，具体 SQL 语句如下，执行结果如图 7-32 所示。

```
CREATE VIEW view_5 AS SELECT * FROM view_4;
```

查询视图 view_5 的数据记录，具体 SQL 语句如下，执行结果如图 7-33 所示。

```
SELECT * FROM view_5;
```

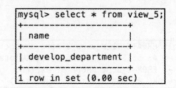

图 7-32　创建视图　　　　　　　　　图 7-33　查询视图

因为视图 view_4 是不可更新的视图，所以视图 view_5 也是不可更新的。

（6）创建视图时，ALGORITHM 为 TEMPTABLE 类型。

【示例 7-14】创建 ALGORITHM 为 TEMPLATE 的视图，具体 SQL 语句如下，执行结果如图 7-34 所示。

```
CREATE ALGORITHM=TEMPLATE VIEW view_6
AS SELECT * FROM t_dept;
```

查询视图 view_6 的数据记录，具体 SQL 语句如下，执行结果如图 7-35 所示。

```
SELECT * FROM view_6;
```

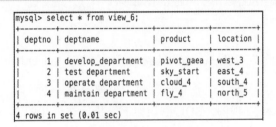

图 7-34　创建视图　　　　　　　图 7-35　查询视图

（7）视图对应的表存在没有默认值的列，而且该列没有包含在视图里。例如，学生表中包含的字段 gender 没有默认值，但是视图中不包括该字段，那么这个视图是不能更新的。因为在更新视图时，没有默认值的记录既没有值插入也没有 NULL 值插入，数据库系统是不会允许这种情况出现的，其会阻止这个视图更新。

（8）WITH[CASCADED|LOCAL]CHECK OPTION 也将决定视图能否更新。参数 LOCAL 表示更新视图时要满足该视图本身定义的条件即可；参数 CASCADED 表示更新视图时要满足所有相关视图的表的条件，没有指明时，默认为 CASCADED。

> 视图中虽然可以更新数据，但是有很多限制。一般情况下，最好将视图作为查询数据的虚拟表，而不要通过视图来更新数据，因为使用视图更新数据时，如果没有全面考虑在视图中更新数据的限制，可能会造成数据更新失败。

7.6　删除视图

删除视图是指删除数据库中已存在的视图。删除视图时，只能删除视图的定义，不会删除数据。

在 MySQL 中，可使用 DROP VIEW 语句来删除视图，但是用户必须拥有 DROP 权限。删除视图的语法如下：

```
DROP VIEW viewname [,viewname]
```

在上述语句中，参数 viewname 表示所要删除视图的名称。

【示例 7-15】删除视图对象 view_selectdept。具体步骤如下：

（1）删除 view_selectdept 视图，具体 SQL 语句如下，执行结果如图 7-36 所示。

```
DROP VIEW view_selectdept;
```

（2）查看 view_selectdept 视图，具体 SQL 语句内容如下，执行结果如图 7-37 所示。

```
mysql> drop view view_selectdept;
Query OK, 0 rows affected (0.01 sec)
```

图 7-36　删除数据库

```
mysql> select * from view_selectdept;
ERROR 1146 (42S02): Table 'company.view_selectdept' doesn't exist
mysql>
```

图 7-37　查看视图数据记录

图 7-37 的执行结果显示，视图 view_selectdept 已经不存在，删除视图成功。

（3）除了一次可以删除一个视图外，还可以一次删除多个视图。例如，同时删除 view_1 和 view_2 视图，SQL 语句如下，执行结果如图 7-38 到图 7-41 所示。

```
SELECT * FROM view_1;
SELECT * FROM view_2;
DROP VIEW view_1,view_2;
```

```
mysql> select * from view_1;
+--------------------+-----------+-------+-------+
| name               | product   | loc   | total |
+--------------------+-----------+-------+-------+
| develop_department | pivot_gaea | west_3 |     4 |
+--------------------+-----------+-------+-------+
1 row in set (0.00 sec)
```

图 7-38　查看视图 view_1 的数据

```
mysql> select * from view_2;
+--------------------+-----------+--------+
| name               | product   | loc    |
+--------------------+-----------+--------+
| develop_department | pivot_gaea | west_3 |
| test department    | sky_start | east_4  |
| operate department | cloud_4   | south_4 |
| maintain department| fly_4     | north_5 |
+--------------------+-----------+--------+
4 rows in set (0.00 sec)
```

图 7-39　查看视图 view_2 的数据

```
mysql> drop view view_1,view_2;
Query OK, 0 rows affected (0.00 sec)
```

图 7-40　删除两个视图

```
mysql> select * from view_1;
ERROR 1146 (42S02): Table 'company.view_1' doesn't exist
mysql> select * from view_2;
ERROR 1146 (42S02): Table 'company.view_2' doesn't exist
```

图 7-41　查看两个视图数据

第 8 章

◄ 存储过程和函数 ►

存储过程和函数是在数据库中定义的一些 SQL 语句的集合，然后直接调用这些存储过程和函数来执行已经定义好的 SQL 语句。存储过程和函数可以避免开发人员重复编写相同的 SQL 语句。而且，存储过程和函数是在 MySQL 服务器中存储和执行的，可以减少客户器端和服务端的数据传输。本章将讲解的内容包括：

- 创建存储过程
- 创建存储函数
- 变量的使用
- 定义条件和处理程序
- 光标的使用
- 流程控制的使用
- 调用存储过程和函数
- 查看存储过程和函数
- 修改存储过程和函数
- 删除存储过程和函数

通过本章的学习，读者可以了解存储过程和函数的定义、作用，还可以了解创建、使用、查看、修改及删除存储过程及函数的方法。存储过程和函数是 MySQL 数据库中比较难的知识点，但其作用非常大，希望读者可以认真学习。

为了便于讲解，本章用到的数据库以及数据记录已预先设置好，读者可根据前面几章学习的内容创建数据库、数据表以及插入对应的数据记录。

8.1 创建存储过程和函数

创建存储过程和函数是指将经常使用的一组 SQL 语句组合在一起，并将这些 SQL 语句当作一个整体存储在 MySQL 服务器中。存储程序可以分为存储过程和函数。在 MySQL 中创建存储过程和函数使用的语句分别是 CREATE PROCEDURE 和 CREATE FUNCTION。使用

CALL 语句来调用存储过程，只能用输出变量返回值。函数可以从语句外调用（通过引用函数名），也能返回标量值。存储过程也可以调用其他存储过程。

8.1.1 创建存储过程

在 MySQL 中创建存储过程通过 SQL 语句 CREATE PROCEDURE 来实现，其语法形式如下：

```
CREATE PROCEDURE procedure_name([proc_param[,…]])
    [characteristic…] routine_body
```

在上述语句中，参数 procedure_name 表示所要创建的存储过程名字，参数 proc_param 表示存储过程的参数，参数 characteristic 表示存储过程的特性，参数 routine_body 表示存储过程的 SQL 语句代码，可以用 BEGIN…END 来标志 SQL 语句的开始和结束。

 在具体创建存储过程时，存储过程名不能与已经存在的存储过程名重名，除了上述要求外，推荐存储过程名命名（标识符）为 procedure_xxx 或者 proc_xxx。

proc_param 中每个参数的语法形式如下：

```
[IN|OUT|INOUT] param_name type
```

在上述语句中，每个参数由三部分组成，分别为输入/输出类型、参数名和参数类型。其中，输入/输出类型有三种类型，分别为 IN（表示输入类型）、OUT（表示输出类型）、INOUT（表示输入/输出类型）。param_name 表示参数名；type 表示参数类型，可以是 MySQL 软件所支持的任意一个数据类型。

参数 charateristic 指定存储过程的特性，有以下取值：

- LANGUAGE SQL：说明 routine_body 部分是由 SQL 语句组成的，当前系统支持的语言为 SQL，SQL 是 LANGUAGE 特性的唯一值。

- [NOT]DETERMINISTIC：指明存储过程执行的结果是否正确。DETERMINISTIC 表示结果是确定的。每次执行存储过程时，相同的输入会得到相同的输出。NOT DETERMINISTIC 表示结果是不确定的，相同的输入可能得到不同的输出。如果没有指定任意一个值，默认为 NOT DETERMINISTIC。

- {CONTAINS SQL | NOSQL | READS SQL DATA | MODIFIES SQL DATA}：指明子程序使用 SQL 语句的限制。CONTAINS SQL 表明子程序包含 SQL 语句，但是不包含读写数据的语句；NO SQL 表明子程序不包含 SQL 语句；READS SQL DATA 说明子程序包含读数据的语句；MODIFIES SQL DATA 表明子程序包含写数据的语句。默认情况下，系统会指定为 CONTAINS SQL。

- SQL SECURITY{DEFINER | INVOKER}：指明谁有权限来执行。DEFINER 表示只有定义者才能执行。INVOKER 表示拥有权限的调用者可以执行。默认情况下，系统指

定为 DEFINER。

● COMMENT 'string'：注释信息，可以用来描述存储过程或函数。

> 创建存储过程时，系统默认值指定 CONTAINS SQL，表示存储过程中使用了 SQL 语句。但是，如果存储过程中没有使用 SQL 语句，最好设置为 NO SQL，而且存储过程中最好在 COMMENT 部分对存储过程进行简单的注释，以便以后在阅读存储过程的代码时更加方便。

下面通过具体的示例来讲述如何应用存储过程和函数。

【示例 8-1】执行 SQL 语句 CREATE PROCEDURE，在数据库 company 中创建查询员工表 t_employee 中所有员工的薪水的存储过程。具体步骤如下：

执行 SQL 语句 CREATE PROCEDURE，创建名为 proc_employee 的存储过程，具体 SQL 语句如下，执行结果如图 8-1 所示。

```
DELIMITER $$
CREATE PROCEDURE proc_employee()
COMMENT'查询员工薪水'
BEGIN
  SELECT salary
  FROM t_employee;
END;
$$
DELIMITER ;
```

在上述代码中，创建了一个名为 proc_employee 的存储过程，主要用来实现通过 SELECT 语句从表 t_employee 中查询字段 salary 的值，实现查询员工薪水功能。

```
mysql> DELIMITER $$
mysql> CREATE PROCEDURE proc_employee()
    -> COMMENT'查询员工薪水'
    -> BEGIN
    -> SELECT salary
    -> FROM t_employee;
    -> END;
    -> $$
Query OK, 0 rows affected (0.00 sec)

mysql> DELIMITER ;
```

图 8-1　创建存储过程

代码执行完毕后，没有报出任何出错信息就表示存储函数已经创建成功。以后就可以调用这个存储过程，数据库中会执行存储过程中的 SQL 语句。

> MySQL 中默认的语句结束符为分号（;）。存储过程中的 SQL 语句需要分号来结束，为了避免冲突，先用"DELIMITER$$"将 MySQL 的结束符设置为$$，再用"DELIMITER;"来将结束符恢复成分号。

8.1.2　创建存储函数

MySQL 中创建函数通过 SQL 语句 CREATE FUNCTION 来实现，其语法形式如下：

```
CREATE FUNCTION fun_name([func_param[,…]])
[characteristic…] routine_body
```

在上述语句中，参数 func_name 表示所要创建的函数名字；参数 func_param 表示函数的参数，参数 characteristic 表示函数的特性，该参数的取值与存储过程中的取值相同。参数 routine_body 表示函数的 SQL 语句代码，可以用 BEGIN…END 来表示 SQL 语句的开始和结束。

 在具体创建函数时，函数名不能与已经存在的函数名重名。除了上述要求外，推荐函数名命名（标识符）为 func_xxx 或者 function_xxx。

func_param 中每个参数的语法形式如下：

```
param_name type
```

在上述语句中，每个参数由两部分组成，分别为参数名和参数类型。param_name 表示参数名；type 表示参数类型，可以是 MySQL 软件所支持的任意一个数据类型。

【示例 8-2】执行 SQL 语句 CREATE FUNCTION，在数据库 company 中创建查询员工表 t_employee 中某个员工薪水的函数。

执行 SQL 语句 CREATE FUNCTION，创建名为 func_employee 的函数，具体 SQL 语句如下，执行结果如图 8-2 所示。

```
DELIMITER $$
   CREATE FUNCTION func_employee(id INT(4))
     RETURNS INT(6)
   COMMENT'查询某个员工的薪水'
   BEGIN
     RETURN (SELECT salary
       FROM t_employee
       WHERE t_employee.id=id);
   END;
   $$
   DELIMITER ;
```

在上述代码中，创建了一个名为 func_employee 的函数，该函数拥有一个类型为 INT(4)、名为 id 的参数，返回值为 INT(6)类型。SELECT 语句从表 t_employee 中查询字段 id 值等于所传入参数 id 值的记录，同时并将该条记录的字段 salary 的值返回。

```
mysql> DELIMITER $$
mysql> CREATE FUNCTION func_employee(id INT(4))
    -> RETURNS INT(6)
    -> COMMENT'查询某个员工的薪水'
    -> BEGIN
    -> RETURN (SELECT salary
    -> FROM t_employee
    -> WHERE t_employee.id=id);
    -> END;
    -> $$
Query OK, 0 rows affected (0.00 sec)

mysql> DELIMITER ;
```

图 8-2 创建函数

图 8-2 的执行结果没有显示任何错误，表示该函数对象 func_employee 已经创建成功，在具体创建函数时，与创建存储过程一样，也需要通过命令"DELIMITER $$"将 SQL 语句的结束符由";"符号修改成"$$"，最后通过命令"DELIMITER;"将结束符号修改成 SQL 语句中默认的结束符号。

8.1.3 变量的使用

在存储过程和函数中，可以定义和使用变量。用户可以使用关键字 DECLARE 来定义变量，然后为变量赋值。这些变量的作用范围是在 BEGIN…END 程序段中。本小节将讲解如何定义变量和为变量赋值。

1. 定义变量

在 MySQL 中，可以使用 DECLARE 关键字来定义变量。定义变量的基本语法如下：

```
DECLARE var_name[,…] type [DEFAULT value]
```

其中，关键字 DECLARE 是用来声明变量的；参数 var_name 是变量的名称，可以同时定义多个变量；参数 type 用来指定变量的类型；DEFAULT value 子句将变量默认值设置为 value，没有使用 DEFAULT 子句时，默认值为 NULL。

【示例 8-3】定义变量 test_sql，数据类型为 INT 型，默认值为 10，代码如下：

```
DECLARE test_sql INT DEFAULT 10;
```

2. 为变量赋值

在 MySQL 中可以使用关键字 SET 来为变量赋值，SET 语句的基本语法如下：

```
SET var_name=expr[,var_name=expr]…
```

其中，关键字 SET 用来为变量赋值；参数 var_name 是变量的名称；参数 expr 是赋值表达式。一个 SET 语句可以同时为多个变量赋值，各个变量的赋值语句之间用逗号隔开。

【示例 8-4】将变量 test_sql 赋值为 30，代码如下：

```
SET test_sql = 30;
```

在 MySQL 中，还可以使用 SELECT…INTO 语句为变量赋值。其基本语法如下：

```
SELECT col_name[,…] INTO var_name[,…]
FROM table_name WHERE condition
```

其中，参数 col_name 表示查询的字段名称；参数 var_name 是变量的名称；参数 table_name 指表的名称；参数 condition 指查询条件。

【示例 8-5】从表 employee 中查询 id 为 3 的记录，将该记录的 id 值赋给变量 test_sql，代码如下：

```
SELECT id INTO test_sql
FROM t_employee WEHRE id=3;
```

8.1.4 定义条件和处理程序

定义条件和处理程序是事先定义程序执行过程中可能遇到的问题，并且可以在处理程序中定义解决这些问题的办法。这种方式可以提前预测可能出现的问题，并提出解决办法。这样可以增强程序处理问题的能力，避免程序异常停止。在 MySQL 中，都是通过关键字 DECLARE 来定义条件和处理程序的。本小节将详细讲解如何定义条件和处理程序。

1. 定义条件

在 MySQL 中，可以使用 DECLARE 关键字来定义条件，其基本语法如下：

```
DECLARE condition_name CONDITION FOR condition_value
condition_value:
SQLSTATE[VALUE] sqlstate_value|mysql_error_code
```

其中，参数 condition_name 表示条件的名称；参数 condition_value 表示条件的类型；参数 sqlstate_value 和参数 mysql_error_code 都可以表示 MySQL 的错误。

【示例 8-6】定义"ERROR 1146(42S02)"错误，名称为 can_not_find，可以用两种不同的方法来定义，代码如下：

```
//方法一：使用 sqlstate_value
DECLARE can_not_find CONDITION FOR SQLSTATE '42S02';
//方法二：使用 mysql_error_code
DECLARE can_not_find CONDITION FOR 1146;
```

2. 定义处理程序

在 MySQL 中，可以使用 DECLARE 关键字来定义处理程序，其基本语法如下：

```
DECLARE handler_type HANDLER FOR condition_value[,…] proc_statement
handler_type:
CONTINUE|EXIT|UNDO
condition_value:
```

```
SQLSTATE[VALUE]sqlstate_value|condition_name|SQLWARNING
|NOT FOUND|SQLEXCEPTION|mysql_error_code
```

其中，参数 handler_type 指明错误的处理方式，该参数有 3 个取值。这 3 个取值分别是 CONTINUE、EXIT 和 UNDO。CONTINUE 表示遇到错误不进行处理，继续向下执行；EXIT 表示遇到错误后马上退出；UNDO 表示遇到错误后撤回之前的操作，MySQL 中暂时还不支持这种处理方式。condition_value 表示错误类型，可以有以下取值：

- SQLSTATE[VALUE]sqlstate_value 包含 5 个字符的字符串错误值。
- continue_name 表示 DECLARE CONDITION 定义的错误条件名称。
- SQLWARNING 匹配所有以 01 开头的 SQLSTATE 错误代码。
- NOT FOUND 匹配所有以 02 开头的 SQLSTATE 错误代码。
- SQLEXCEPTION 匹配所有没有被 SQLWARNING 或 NOT FOUND 捕获的 SQLSTATE 错误代码。
- mysql_error_code 匹配数值类型错误代码。

参数 proc_statement 为程序语句段，表示在遇到定义的错误时需要执行的存储过程或函数。

> 通常情况下，执行过程中遇到错误应该立刻停止执行下面的语句，并且撤回前面的操作。但是，MySQL 中现在还不能支持 UNDO 操作。因此，遇到错误时最好执行 EXIT 操作。如果事先能够预测错误类型，并且进行相应的处理，那么可以执行 CONTINUE 操作。

【示例 8-7】下面是定义处理程序的几种方式，代码如下：

```
//方法一：捕获 sqlstate_value
DECLARE CONTINUE HANDLER FOR SQLSTATE '42S02'
SET @info='NOT FOUND';
//方法二：使用 mysql_error_code
DECLARE CONTINUE HANDLER FOR 1146 SET @info= 'NOT FOUND';
//方法三：先定义条件，然后调用
DECLARE not_found CONDITION FOR 1146;
DECLARE CONTINUE HANDLER FOR not_found SET @info= 'NOT FOUND';
//方法四：使用 SQLWARNING
DECLARE EXIT HANDLER FOR SQLWARNING SET @info= 'ERROR';
//方法五：使用 NOT FOUND
DECLARE EXIT HANDLER FOR NOT FOUND SET @info= 'NOT FOUND';
//方法六：使用 SQLEXCEPTION
DECLARE EXIT HANDLER FOR SQLEXCEPTION SET @info= 'ERROR';
```

上述代码是 6 种定义处理程序的方法。第一种方法是捕获 sqlstate_value 的值。如果遇到 sqlstate_value 值为 42S02，就执行 CONTINUE 操作，并且输出"NOT FOUND"信息。第二种方法是捕获 mysql_error_code 值。如果遇到 mysql_error_code 值为 1146，就执行 continue 操作，并且输出"NOT FOUND"信息。第三种方法是先定义条件，然后调用条件。这里先定义

not_found 条件，遇到 1146 错误就执行 CONTINUE 操作。第四种方法是使用 SQLWARNING。SQLWARNING 捕获所有以 01 开头的 sqlstate_value 值，然后执行 EXIT 操作，并且输出 "ERROR" 信息。第五种方法是使用 NOT FOUND。NOT FOUND 捕获所有以 02 开头的 sqlstate_value 值，然后执行 EXIT 操作，并且输出 "NOT FOUND" 信息。第六种方法是使用 SQLEXCEPTION，SQLEXCEPTION 捕获所有没有被 SQLWARNING 或 NOT FOUND 捕获的 sqlstate_value 值，然后执行 EXIT 操作，并且输出 "ERROR" 信息。

8.1.5 光标的使用

查询语句可能查询出多条记录，在存储过程和函数中使用光标来逐条读取查询结果集中的记录。有些书上将光标称为游标。光标的使用包括声明光标、打开光标、使用光标和关闭光标。光标必须声明在处理程序之前，并且声明在变量和条件之后。

1. 声明光标

在 MySQL 中，可以使用 DECLARE 关键字来声明光标，其基本语法如下：

```
DECLARE cursor_name CURSOR
FOR select_statement;
```

其中，参数 cursor_name 表示光标的名称；参数 select_statement 表示 SELECT 语句的内容。

【示例 8-8】下面声明一个名为 cur_employee 的光标，代码如下：

```
DECLARE cur_employee CURSOR
  FOR SELECT name,age FROM t_employee;
```

在上面的示例中，光标的名称为 cur_employee；SELECT 语句部分是从表 t_employee 中查询出字段 name 和 age 的值。

2. 打开光标

在 MySQL 中，使用关键字 OPEN 来打开光标，其基本语法如下：

```
OPEN cursor_name;
```

其中，参数 cursor_name 表示光标的名称。

【示例 8-9】下面打开一个名为 cur_employee 的光标，代码如下：

```
OPEN cur_employee;
```

3. 使用光标

在 MySQL 中，使用关键字 FETCH 来使用光标，其基本语法如下：

```
FETCH cursor_name
  INTO var_name[,var_name…];
```

其中，参数 cursor_name 表示光标的名称；参数 var_name 表示将光标中的 SELECT 语句查询出来的信息存入该参数中。var_name 必须在声明光标之前就定义好。

【示例 8-10】下面打开一个名为 cur_employee 的光标，将查询出来的数据存入 emp_name 和 emp_age 这两个变量中，代码如下：

```
FETCH cur_employee INTO emp_name,emp_age;
```

在上面的示例中，将光标 cur_employee 中 SELECT 语句查询出来的信息存入 emp_name 和 emp_age 中。emp_name 和 emp_age 必须在前面已经定义。

4. 关闭光标

在 MySQL 中，使用关键字 CLOSE 来关闭光标，其基本语法如下：

```
CLOSE cursor_name;
```

其中，参数 cursor_name 表示光标的名称。

【示例 8-11】下面关闭一个名为 cur_employee 的光标，代码如下：

```
CLOSE cur_employee;
```

在上面的示例中，关闭了这个名称为 cur_employee 的光标。关闭了之后就不能使用 FETCH 来使用光标了。

> 如果存储过程或函数中执行了 SELECT 语句，并且 SELECT 语句会查询出多条记录，这种情况最好使用光标来逐条读取记录，光标必须在处理程序之前且在变量和条件之后声明，而且光标使用完毕后一定要关闭。

8.1.6 流程控制的使用

在存储过程和函数中，可以使用流程控制来控制语句的执行。在 MySQL 中，可以使用 IF 语句、CASE 语句、LOOP 语句、LEAVE 语句、ITERATE 语句、REPEAT 语句和 WHILE 语句来进行流程控制。本小节将详细讲解这些流程控制语句。

1. IF 语句

IF 语句用来进行条件判断。根据条件执行不同的语句。其语法的基本形式如下：

```
IF search_condition THEN statement_list
    [ELSEIF search_condition THEN statement_list]…
    [ELSE statement_list]
END IF
```

参数 search_condition 表示条件判断语句；参数 statement_list 表示不同条件的执行语句。

【示例 8-12】下面是一个 IF 语句的示例，代码如下：

```
IF age>20 THEN SET @count1=@count1+1;
```

```
    ELSEIF age=20 THEN @count2=@count2+1;
    ELSE @count3=@count3+1;
END IF;
```

该示例根据 age 与 20 的大小关系来执行不同的 SET 语句。如果 age 值大于 20，将 count1 的值加 1；如果 age 值等于 20，就将 count2 的值加 1；其他情况将 count3 的值加 1。IF 语句都需要使用 END IF 来结束。

2. CASE 语句

CASE 语句可实现比 IF 语句更复杂的条件判断，其语法的基本形式如下：

```
CASE case_value
    WHEN when_value THEN statement_list
    [WHEN when_value THEN statement_list]…
    [ELSE statement_list]
END CASE
```

其中，参数 case_value 表示条件判断的变量；参数 when_value 表示变量的取值；参数 statement_list 表示不同 when_value 值的执行语句。

CASE 语句还有另一种形式，该形式的语法如下：

```
CASE case_value
    WHEN search_condition THEN statement_list
    [WHEN search_condition THEN statement_list]…
    [ELSE statement_list]
END CASE
```

参数 search_condition 表示条件判断语句；参数 statement_list 表示不同条件的执行语句。

【示例 8-13】下面是一个 CASE 语句的示例。代码如下：

```
CASE age
    WHEN 20 THEN SET @count1=@count1+1;
    ELSE SET @count2=@count2+1;
END CASE;
```

当 age 值为 20 时，count1 值加 1；否则，count2 值加 1。CASE 语句使用 END CASE 结束。

3. LOOP 语句

LOOP 语句可以使某些特定的语句重复执行，实现一个简单的循环。LOOP 语句本身没有停止循环，只有遇到 LEAVE 语句等才能停止循环。LOOP 语句的语句形式如下：

```
[begin_label:]LOOP
     statement_list
END LOOP [end_label]
```

其中，参数 begin_label 和参数 end_label 分别表示循环开始和结束的标志，这两个标志必须相同，而且都可以省略；参数 statement_list 表示需要循环执行的语句。

【示例 8-14】下面是一个 LOOP 语句的示例，代码如下：

```
add_num:LOOP
    SET @count=@count+1;
END LOOP add_num;
```

该示例循环执行 count 加 1 的操作。因为没有跳出循环的语句，这个循环成了一个死循环。LOOP 循环都以 END LOOP 结束。

4. LEAVE 语句

LEAVE 语句主要用于跳出循环控制，其语法形式如下：

```
LEAVE label
```

其中，参数 label 表示循环的标志。

【示例 8-15】下面是一个 LEAVE 语句的示例。代码如下：

```
add_num:LOOP
    SET @count=@count+1;
    IF @count=100 THEN
        LEAVE add_num;
END LOOP add_num;
```

该示例循环执行 count 值加 1 的操作。当 count 的值等于 100 时，LEAVE 语句跳出循环。

5. ITERATE 语句

ITERATE 语句也是用来跳出循环的语句，但是 ITERATE 语句是跳出本次循环，然后直接进入下一次循环，ITERATE 语句的语法形式如下：

```
ITERATE label
```

其中，参数 label 表示循环的标志。

【示例 8-16】下面是一个 ITERATE 语句的示例。代码如下：

```
add_num:LOOP
    SET @count=@count+1;
    IF @count=100 THEN
        LEAVE add_num;
    ELSE IF MOD（@count,3）=0 THEN
        ITERATE add_num;
    SELECT * FROM employee;
END LOOP add_num;
```

该示例循环执行 count 加 1 的操作，count 的值为 100 时结束循环。如果 count 的值能够整除 3，就跳出本次循环，不再执行下面的 SELECT 语句。

 LEAVE 语句和 ITERATE 语句都用来跳出循环语句，但是两者的功能是不一样的。LEAVE
语句是跳出整个循环，然后执行循环后面的程序。ITERATE 语句是跳出本次循环，然后
进入下一次循环。使用这两个语句时一定要区分清楚。

6. REPEAT 语句

REPEAT 语句是有条件控制的循环语句。当满足特定条件时，就会跳出循环语句。REPEAT
语句的基本语法形式如下：

```
[begin_label:]REPEAT
    statement_list
    UNTIL search_condition
END REPEAT [end_label]
```

其中，参数 statement_list 表示循环的执行语句；参数 search_condition 表示结束循环的条
件，满足该条件时循环结束。

【示例 8-17】下面是一个 REPEAT 语句的示例。代码如下：

```
REPEAT
    SET @count=@count+1;
    UNTIL @count=100
END REPEAT;
```

该示例循环执行 count 加 1 的操作，count 值为 100 时结束循环。REPEAT 循环都用 END
REPEAT 结束。

7. WHILE 语句

WHILE 语句也是有条件控制的循环语句，但 WHILE 语句和 REPEAT 语句是不一样的。
WHILE 语句是当满足条件时执行循环内的语句。WHILE 语句的基本语法形式如下：

```
[begin_label:]WHILE search_condition DO
    statement_list
END WHILE [end_label]
```

其中，参数 statement_condition 表示循环执行的条件，满足该条件时循环执行；参数
statement_list 表示循环的执行语句。

【示例 8-18】下面是一个 WHILE 语句的示例。代码如下：

```
WHILE @count<100 DO
    SET @count=@count+1;
END WHILE;
```

该示例循环执行 count 加 1 的操作，count 值小于 100 时执行循环，如果 count 值等于 100 了，就跳出循环。WHILE 循环需要使用 END WHILE 来结束。

8.2 调用存储过程和函数

存储过程和存储函数都是存储在服务器端的 SQL 语句的集合。要使用这些已经定义好的存储过程和存储函数就必须要通过调用的方式来实现。存储过程是通过 CALL 语句来调用的。而存储函数的使用方法与 MySQL 内部函数的使用方法是一样的。执行存储过程和存储函数需要拥有 EXECUTE 权限。EXECUTE 权限的信息存储在 information_schema 数据库下面的 USER_PRIVILEGES 表中。本节将详细讲解如何调用存储过程和存储函数。

8.2.1 调用存储过程

在 MySQL 中，使用 CALL 语句来调用存储过程。调用存储过程后，数据库系统将执行存储过程中的语句。然后，将结果返回给输出值。CALL 语句的基本语句形式如下：

```
CALL proc_name([parameter[,…]]);
```

其中，proc_name 是存储过程的名称；parameter 是指存储过程的参数。

【示例 8-19】下面定义一个存储过程，然后调用这个存储过程，代码如下，执行结果如图 8-3、图 8-4 所示。

```
DELIMITER $$
   CREATE PROCEDURE proc_employee_sp(IN empid INT, OUT sal INT)
   COMMENT'查询某个员工薪水'
   BEGIN
   SELECT salary
      FROM t_employee
      WHERE id=empid;
END;
$$
DELIMITER ;
CALL proc_employee_sp(1001,@n);
```

```
mysql> DELIMITER $$
mysql> CREATE PROCEDURE proc_employee_sp(IN empid INT, OUT sal INT)
    -> COMMENT'查询某个员工薪水'
    -> BEGIN
    -> SELECT salary
    -> FROM t_employee
    -> WHERE id=empid;
    -> END;
    -> $$
Query OK, 0 rows affected (0.00 sec)

mysql> DELIMITER ;
```

图 8-3　创建存储过程

```
mysql> CALL proc_employee_sp(1001,@n);
+--------+
| salary |
+--------+
|  10000 |
+--------+
1 row in set (0.00 sec)

Query OK, 0 rows affected (0.00 sec)
```

图 8-4　调用存储过程

由上面的代码可以看出，使用 CALL 语句来调用存储过程；使用 SELECT 语句来查询存储过程的输出值。

8.2.2 调用存储函数

在 MySQL 中，存储函数的使用方法与 MySQL 内部函数的使用方法是一样的。换言之，用户自己定义的存储函数与 MySQL 内部函数是一个性质的。区别在于，存储函数是用户自己定义的，而内部函数是 MySQL 的开发者定义的。

【示例 8-20】下面定义一个存储函数，然后调用这个存储函数，代码如下，执行结果如图 8-5、图 8-6 所示。

```
DELIMITER $$
    CREATE FUNCTION func_employee_sp(id INT)
        RETURNS INT
    BEGIN
        RETURN (SELECT salary
            FROM t_employee
        WHERE t_employee.id=id);
    END;
    $$
DELIMITER ;
SELECT func_employee(1002);
```

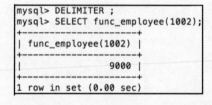

图 8-5　创建函数　　　　　　　　　　　图 8-6　调用函数

上述存储函数的作用是根据输入的 id 值到表 employee 中查询记录，然后将该记录的字段 salary 值返回。

8.3 查看存储过程和函数

存储过程和函数创建以后，用户可以通过 SHOW STATUS 语句来查看存储过程和函数的状态，也可以通过 SHOW CREATE 语句来查看存储过程和函数的定义。用户也可以通过查询 information_schema 数据库下的 Routines 表来查看存储过程和函数的信息。本节将详细讲解查看存储过程和函数的状态与定义的方法。

8.3.1　使用 SHOW STATUS 语句查看存储过程和函数的状态

在 MySQL 中，可以通过 SHOW STATUS 语句查看存储过程和函数的状态。其基本语法形式如下：

```
SHOW {PROCEDURE|FUNCTION}STATUS{LIKE 'pattern'}
```

其中，参数 PROCEDURE 表示查询存储过程；参数 FUNCTION 表示查询存储函数；参数 LIKE 'pattern'用来匹配存储过程或函数的名称。

【示例 8-21】下面查询名为 proc_employee_sp 的存储过程的状态，代码如下，执行结果如图 8-7 所示。

```
SHOW PROCEDURE STATUS LIKE 'proc_employee_sp' \G
```

图 8-7　查询存储过程

图 8-7 的执行结果显示了存储过程的创建时间、修改时间和字符集等信息。

【示例 8-22】下面查询名为 func_employee_sp 的函数的状态，代码如下，执行结果如图 8-8 所示。

```
SHOW FUNCTION STATUS LIKE 'func_employee_sp' \G
```

图 8-8　查询函数

图 8-8 的执行结果显示了函数的创建时间、修改时间和字符集等信息。

8.3.2 使用 SHOW CREATE 语句查看存储过程和函数的定义

在 MySQL 中，可以通过 SHOW CREATE 语句查看存储过程和函数的状态，语法形式如下：

```
SHOW CREATE {PROCEDURE|FUNCTION}proc_name
```

其中，参数 PROCEDURE 表示查询存储过程；参数 FUNCTION 表示查询存储函数；参数 proc_name 表示存储过程或函数的名称。

【示例 8-23】查询名为 proc_employee_sp 的存储过程的状态，代码如下，执行结果如图 8-9 所示。

```
SHOW CREATE PROCEDURE proc_employee_sp \G
```

```
mysql> SHOW CREATE PROCEDURE proc_employee_sp \G
*************************** 1. row ***************************
           Procedure: proc_employee_sp
            sql_mode: STRICT_TRANS_TABLES,NO_ENGINE_SUBSTITUTION
    Create Procedure: CREATE DEFINER=`root`@`localhost` PROCEDURE `proc_employee_sp`(IN empid INT, OUT sal INT)
    COMMENT '查询某个员工薪水'
BEGIN
  SELECT salary
    FROM t_employee
      WHERE id=empid;
END
character_set_client: utf8
collation_connection: utf8_general_ci
  Database Collation: utf8_general_ci
1 row in set (0.00 sec)
```

图 8-9 查看存储过程

查询结果显示了存储过程的定义、字符集等信息。

【示例 8-24】查询名为 func_employee_sp 的函数的状态，代码如下，执行结果如图 8-10 所示。

```
SHOW CREATE FUNCTION func_employee_sp \G
```

```
mysql> SHOW CREATE FUNCTION func_employee_sp \G
*************************** 1. row ***************************
            Function: func_employee_sp
            sql_mode: STRICT_TRANS_TABLES,NO_ENGINE_SUBSTITUTION
     Create Function: CREATE DEFINER=`root`@`localhost` FUNCTION `func_employee_sp`(id INT) RETURNS int(11)
BEGIN
   RETURN (SELECT salary
     FROM t_employee
  WHERE t_employee.id=id);
END
character_set_client: utf8
collation_connection: utf8_general_ci
  Database Collation: utf8_general_ci
1 row in set (0.00 sec)
```

图 8-10 查看函数

查询结果显示了函数的定义、字符集等信息。

SHOW STATUS 语句只能查看存储过程或函数是操作哪一个数据库、存储过程或函数的名称、类型、谁定义的、创建和修改时间、字符编码等信息，但是这个语句不能查询存储过程或函数的具体定义。如果需要查看详细定义，需要使用 SHOW CREATE 语句。

8.3.3　从 information_schema.Routine 表中查看存储过程和函数的信息

存储过程和函数的信息存储在 information_schema 数据库下的 Routines 表中。可以通过查询该表的记录来查询存储过程和函数的信息。其基本语法形式如下：

```
SELECT * FROM information_schema.Routines
    WHERE ROUTINE_NAME='proc_name';
```

其中，字段 ROUTINE_NAME 中存储的是存储过程和函数的名称；参数 proc_name 表示存储过程或函数的名称。

【示例 8-25】下面从 Routines 表中查询名为 proc_employee 的存储过程信息，具体 SQL 代码如下，执行结果如图 8-11 所示。

```
SELECT * FROM information_schema.Routines
    WHERE ROUTINE_NAME='proc_employee' \G;
```

```
mysql> SELECT * FROM information_schema.Routines
    ->         WHERE ROUTINE_NAME='proc_employee' \G;
*************************** 1. row ***************************
           SPECIFIC_NAME: proc_employee
         ROUTINE_CATALOG: def
          ROUTINE_SCHEMA: school
            ROUTINE_NAME: proc_employee
            ROUTINE_TYPE: PROCEDURE
               DATA_TYPE:
CHARACTER_MAXIMUM_LENGTH: NULL
  CHARACTER_OCTET_LENGTH: NULL
       NUMERIC_PRECISION: NULL
           NUMERIC_SCALE: NULL
      DATETIME_PRECISION: NULL
      CHARACTER_SET_NAME: NULL
          COLLATION_NAME: NULL
          DTD_IDENTIFIER: NULL
            ROUTINE_BODY: SQL
      ROUTINE_DEFINITION: BEGIN
    SELECT salary
    FROM t_employee;
END
           EXTERNAL_NAME: NULL
       EXTERNAL_LANGUAGE: SQL
         PARAMETER_STYLE: SQL
        IS_DETERMINISTIC: NO
         SQL_DATA_ACCESS: CONTAINS SQL
                SQL_PATH: NULL
           SECURITY_TYPE: DEFINER
                 CREATED: 2018-10-09 09:26:59
            LAST_ALTERED: 2018-10-09 09:26:59
                SQL_MODE: STRICT_TRANS_TABLES,NO_ENGINE_SUBSTITUTION
         ROUTINE_COMMENT: 查询员工薪水
                 DEFINER: root@localhost
    CHARACTER_SET_CLIENT: gbk
    COLLATION_CONNECTION: gbk_chinese_ci
      DATABASE_COLLATION: utf8_general_ci
1 row in set (0.01 sec)
```

图 8-11　查看存储过程

查询结果显示 proc_employee 的详细信息。

【示例 8-26】下面从 Routines 表中查询名为 func_employee 的函数信息，具体 SQL 代码如下，执行结果如图 8-12 所示。

```
SELECT * FROM information_schema.Routines
   WHERE ROUTINE_NAME='func_employee' \G;
```

```
mysql> SELECT * FROM information_schema.Routines
    ->         WHERE ROUTINE_NAME='func_employee' \G;
*************************** 1. row ***************************
          SPECIFIC_NAME: func_employee
         ROUTINE_CATALOG: def
          ROUTINE_SCHEMA: school
            ROUTINE_NAME: func_employee
            ROUTINE_TYPE: FUNCTION
               DATA_TYPE: int
CHARACTER_MAXIMUM_LENGTH: NULL
  CHARACTER_OCTET_LENGTH: NULL
       NUMERIC_PRECISION: 10
           NUMERIC_SCALE: 0
      DATETIME_PRECISION: NULL
      CHARACTER_SET_NAME: NULL
          COLLATION_NAME: NULL
          DTD_IDENTIFIER: int(6)
            ROUTINE_BODY: SQL
      ROUTINE_DEFINITION: BEGIN
      RETURN (SELECT salary
        FROM t_employee
        WHERE t_employee.id=id);
    END
           EXTERNAL_NAME: NULL
       EXTERNAL_LANGUAGE: SQL
         PARAMETER_STYLE: SQL
        IS_DETERMINISTIC: NO
         SQL_DATA_ACCESS: CONTAINS SQL
                SQL_PATH: NULL
           SECURITY_TYPE: DEFINER
                 CREATED: 2018-10-09 09:30:12
            LAST_ALTERED: 2018-10-09 09:30:12
                SQL_MODE: STRICT_TRANS_TABLES,NO_ENGINE_SUBSTITUTION
         ROUTINE_COMMENT: 查询某个员工的薪水
                 DEFINER: root@localhost
    CHARACTER_SET_CLIENT: gbk
    COLLATION_CONNECTION: gbk_chinese_ci
      DATABASE_COLLATION: utf8_general_ci
1 row in set (0.00 sec)
```

图 8-12　查看存储函数

查询结果显示 func_employee 的详细信息。

在 information_schema 数据库下的表 Routine 中，存储着所有存储过程和函数的定义。使用 SELECT 语句查询 Routine 表中的存储过程和函数的定义时，一定要使用字段 ROUTINE_NAME 指定存储过程或函数的名称，否则将查询出所有的存储过程或函数的定义。

8.4 修改存储过程和函数

修改存储过程和函数是指修改已经定义好的存储过程和函数。在 MySQL 中，通过 ALTER PROCEDURE 语句来修改存储过程。通过 ALTER FUNCTION 语句来修改存储函数。本节将详细讲解修改存储过程和函数的方法。

在 MySQL 中，修改存储过程和函数的语句的语法形式如下：

```
ALTER {PROCEDURE|FUNCTION} proc_name[characteristic…];
Characteristic:
    {CONTAINS SQL|NO SQL|READS SQL DATA|MODIFIES SQL DATA}
|SQL SECURITY{DEFINER|INVOKER}
|COMMENT 'string'
```

其中，参数 proc_name 表示存储过程或函数的名称；参数 characteristic 指定存储函数的特性。CONTAINS SQL 表示子程序包含 SQL 语句，但不包含读或写数据的语句；NO SQL 表示子程序中不包含 SQL 语句；READS SQL DATA 表示子程序中包含读数据的语句；MODIFIES SQL DATA 表示子程序中包含写数据的语句。SQL SECURITY{DEFINER|INVOKER}指明谁有权限来执行。DEFINER 表示只有定义者自己才能够执行；INVOKER 表示调用者可以执行。COMMENT 'string'是注释信息。

> 修改存储过程使用 ALTER PROCEDURE 语句，修改存储函数使用 ALTER FUNCTION 语句，但是这两个语句的结构是一样的，语句中的所有参数都是一样的。而且，它们与创建存储过程或函数的语句中的参数也是基本一样的。

【示例 8-27】下面修改存储过程 proc_employee 的定义，将读写权限改为 MODIFIES SQL DATA，并指明调用者可以执行，具体步骤如下：

（1）修改存储过程 proc_employee 的定义，将读写权限改为 MODIFIES SQL DATA，并指明调用者可以执行，具体 SQL 语句如下，执行结果如图 8-13 所示。

```
ALTER PROCEDURE proc_employee
    MODIFIES SQL DATA SQL SECURITY INVOKER;
```

图 8-13 执行结果显示修改存储过程成功。

（2）查看修改存储过程是否成功，具体 SQL 语句如下，执行结果如图 8-14 所示。

```
SELECT specific_name,sql_data_access,security_type
    FROM information_schema.Routines
   WHERE routine_name='proc_employee';
```

```
mysql> select specific_name,sql_data_access,security_type
    -> from information_schema.Routines
    -> where routine_name='proc_employee';
+---------------+-----------------+---------------+
| specific_name | sql_data_access | security_type |
+---------------+-----------------+---------------+
| proc_employee | MODIFIES SQL DATA | INVOKER     |
+---------------+-----------------+---------------+
1 row in set (0.00 sec)
```

```
mysql> alter procedure proc_employee
    -> modifies sql data
    -> sql security invoker;
Query OK, 0 rows affected (0.00 sec)
```

图 8-13　修改存储过程　　　　　　图 8-14　查看修改存储过程结果

图 8-14 的执行结果显示，访问数据的权限（SQL_DATA_ACCESS）已经变成 MODIFIES SQL DATA，安全类型（SECURITY_TYPE）已经变成 INVOKER。

【示例 8-28】下面修改存储函数 func_employee 的定义，将读写权限改为 READS SQL DATA，并加上注释信息'finder name'，代码如下，执行结果如图 8-15 所示。

```
ALTER FUNCTION func_employee READS SQL DATA COMMENT 'finder name';
```

查看修改存储过程是否成功，具体 SQL 语句如下，执行结果如图 8-16 所示。

```
SELECT specific_name,sql_data_access,routine_comment
    FROM information_schema.routines
        WHERE routine_name='func_employee';
```

```
mysql> select specific_name,sql_data_access,routine_comment
    -> from information_schema.routines
    -> where routine_name='func_employee';
+---------------+-----------------+-----------------+
| specific_name | sql_data_access | routine_comment |
+---------------+-----------------+-----------------+
| func_employee | READS SQL DATA  | finder name     |
+---------------+-----------------+-----------------+
1 row in set (0.00 sec)
```

```
mysql> alter function func_employee
    -> reads sql data
    -> comment 'finder name';
Query OK, 0 rows affected (0.00 sec)
```

图 8-15　修改函数　　　　　　图 8-16　查看修改函数结果

图 8-15 的执行结果显示修改函数成功。图 8-16 的执行结果显示，访问数据的权限（SQL_DATA_ACCESS）已经变成 READS SQL DATA，函数注释（ROUTINE_COMMENT）已经变成了"finder name"。

8.5　删除存储过程和函数

存储过程和函数的操作包括创建存储过程和函数、查看存储过程和函数、更新存储过程和函数，以及删除存储过程和函数。本节将详细介绍如何删除存储过程和函数。在 MySQL 软件中，可以通过两种方式来删除存储过程和函数，分别为通过 DROP TRIGGER 语句和通过工具来实现删除存储过程和函数。

存储过程和函数的操作包括创建存储过程和函数、查看存储过程和函数、更新存储过程和函数，以及删除存储过程和函数。本节将详细介绍如何删除存储过程和函数。

1. 删除存储过程

在 MySQL 中删除存储过程通过 SQL 语句 DROP 完成：

```
DROP PROCEDURE proc_name;
```

在上述语句中，关键字 DROP PROCEDURE 用来表示实现删除存储过程，参数 proc_name 表示所要删除的存储过程名称。

【示例 8-29】执行 SQL 语句 DROP PROCEDURE，删除存储过程对象 proc_employee，具体步骤如下：

（1）使用 DROP PROCEDURE 语句删除存储过程对象 proc_employee，具体语句如下，执行结果如图 8-17 所示。

```
DROP PROCEDURE proc_employee;
```

```
mysql> drop procedure proc_employee;
Query OK, 0 rows affected (0.01 sec)
```

图 8-17　删除存储过程

（2）通过系统表 routines 查询是否还存在存储对象 proc_employee，具体 SQL 语句如下，执行结果如图 8-18 所示。

```
SELECT * FROM INFORMATION_SCHEMA.ROUTINES
    WHERE SPECIFIC_NAME='proc_employee' \G
```

```
mysql> SELECT * FROM INFORMATION_SCHEMA.ROUTINES WHERE SPECIFIC_NAME='proc_employee' \G
Empty set (0.01 sec)
```

图 8-18　查询存储过程对象 proc_employee

图 8-18 的执行结果显示，数据管理系统中已经不存在存储过程对象 proc_employee。

2. 删除函数

在 MySQL 中，删除函数通过 SQL 语句 DROP FUNCTION 来实现，其语法形式如下：

```
DROP FUNCTION func_name;
```

关键字 DROP FUNCTION 用来实现删除函数，参数 func_name 表示要删除的函数名。

【示例 8-30】执行 SQL 语句 DROP FUNCTION，删除存储过程对象 func_employee，具体步骤如下：

（1）使用 DROP FUNCTION 语句删除存储过程对象 proc_employee，具体 SQL 语句如下，执行结果如图 8-19 所示。

```
DROP FUNCTION func_employee;
```

```
mysql> drop function func_employee;
Query OK, 0 rows affected (0.00 sec)
```

图 8-19　删除存储函数

（2）通过系统表 routines 查询是否还存在存储对象 proc_employee，具体 SQL 语句如下，执行结果如图 8-20 所示。

```
SELECT * FROM INFORMATION_SCHEMA.ROUTINES
    WHERE SPECIFIC_NAME='func_employee' \G
```

```
mysql> SELECT * FROM INFORMATION_SCHEMA.ROUTINES WHERE SPECIFIC_NAME='func_employee' \G
Empty set (0.01 sec)
```

图 8-20　查询函数 func_employee

图 8-20 的执行结果显示，数据管理系统中已经不存在函数对象 func_employee。

第 9 章

◀ 触发器 ▶

触发器（TRIGGER）是由时间来触发某个操作。这些时间包括 INSERT 语句、UPDATE 语句和 DELETE 语句。当数据库系统执行这些事件时，就会激活触发器执行相应的操作。MySQL 从 5.0.2 版本开始支持触发器。本章主要讲解的内容包括：

- 触发器的含义和作用
- 如何创建触发器
- 如何查看触发器
- 如何删除触发器

通过本章的学习，读者可以了解触发器的含义、作用；还可以了解创建触发器、查看触发器和删除触发器的方法。同时，读者可以了解各种事件的触发器的执行情况。

9.1　什么时候使用触发器

触发器（TRIGGER）是 MySQL 的数据库对象之一，该对象与编程语言中的函数非常类似，都需要声明、执行等。但是触发器的执行不是由程序调用，也不是由手工启动，而是由事件来触发、激活，从而实现执行。那么为什么要使用数据对象触发器呢？在具体开发项目时，经常会遇到如下实例：

- 新员工入职，添加一条该员工相关的记录，员工的总数就必须同时改变。
- 学生毕业后，学校删除该学生的记录，同时也希望能删除该同学借书的记录。

上述实例虽然所需实现的业务逻辑不同，但是共同之处在于都在表发生更改时自动做一些处理操作。例如，第二个实例，可以创建一个触发器对象，每次删除一个学生记录时，就要把图书馆借书记录的表中和该同学相关的记录删除掉。MySQL 软件在触发如下语句时就会自动执行所设置的操作：

- DELETE 语句
- INSERT 语句
- UPDATE 语句

其他 SQL 语句则不会激发触发器。在具体应用中，之所以会经常使用触发器数据库对象，是由于该对象能够加强数据库表中数据的完整性约束和业务规则等。

9.2 创建触发器

触发器（trigger）是一个特殊的存储过程，不同的是，执行存储过程要使用 CALL 语句来调用，而触发器的执行不需要使用 CALL 语句来调用，也不是手工启动，只要一个预定义的时间发生就会被 MySQL 自动调用。

触发器的操作包括创建触发器、查看触发器及删除触发器。本节将详细介绍如何创建触发器。按照激活触发器时所执行的语句数目，可以将触发器分为"一个执行语句的触发器"和"多个执行语句的触发器"。

9.2.1 创建有一条执行语句的触发器

在 MySQL 中创建触发器通过 SQL 语句 CREATE TRIGGER 来实现，其语法形式如下：

```
CREATE trigger trigger_name BEFORE|AFTER trigger_EVENT
  ON TABLE_NAME FOR EACH ROW trigger_STMT
```

在上述语句中，参数 trigger_name 表示要创建的触发器名；参数 BEFORE 和 AFTER 指定了触发器执行的时间，前者在触发器事件之前执行触发器语句，后者在触发器事件之后执行触发器语句；参数 trigger_EVENT 表示触发事件，即触发器执行条件，包含 DELETE、INSERT 和 UPDATE 语句；参数 TABLE_NAME 表示触发事件的操作表名；参数 FOR EACH ROW 表示任何一条记录上的操作满足触发事件都会触发该触发器；参数 trigger_STMT 表示激活触发器后被执行的语句。

下面将通过一个具体示例来说明如何创建触发器。

【示例 9-1】执行 SQL 语句 CREATE TRIGGER，在数据库 company 中存在两个表对象：部门表 t_dept 和日志表 t_logger，创建触发器实现向部门表中插入记录时，就会在插入之前向日志表中插入当前时间，具体步骤如下：

（1）创建触发器 tri_loggertime，具体 SQL 语句如下，执行结果如图 9-1 所示。

```
CREATE TRIGGER tri_loggertime
  BEFORE INSERT ON t_dept FOR EACH ROW
    INSERT INTO t_logger VALUES(NULL, 't_dept', now());
```

（2）向部门表 t_dept 中插入数据，具体 SQL 语句如下，执行结果如图 9-2 所示。

```
INSERT INTO t_dept VALUES(1,"HR","pivot_gaea","west_3");
```

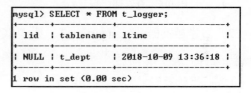

```
mysql> create trigger tri_loggertime
    -> before insert
    -> on t_dept for each row
    -> insert into t_logger values(NULL, 't_dept', now());
Query OK, 0 rows affected (0.03 sec)
```

```
mysql> insert into t_dept
    -> values(1,'HR','pivot_gaea','west_3');
Query OK, 1 row affected (0.01 sec)
```

图 9-1　创建触发器　　　　　　　　　图 9-2　在部门表插入数据

（3）使用 SELECT 语句检验数据是否插入成功，触发器是否触发成功，具体 SQL 语句如下，执行结果如图 9-3、图 9-4 所示。

```
SELECT * FROM t_dept;
SELECT * FROM t_logger;
```

```
mysql> select * from t_dept;
+--------+----------+-----------+----------+
| deptno | deptname | product   | location |
+--------+----------+-----------+----------+
|      1 | HR       | pivot_gaea| west_3   |
+--------+----------+-----------+----------+
1 row in set (0.00 sec)
```

```
mysql> SELECT * FROM t_logger;
+------+-----------+---------------------+
| lid  | tablename | ltime               |
+------+-----------+---------------------+
| NULL | t_dept    | 2018-10-09 13:36:18 |
+------+-----------+---------------------+
1 row in set (0.00 sec)
```

图 9-3　查询部门表　　　　　　　　　图 9-4　查询日志表

图 9-3 的执行结果显示，部门表中的数据已经插入成功；图 9-4 的执行结果显示，日志表中已经有数据插入，说明触发器 tri_loggertime 已经被成功触发。

9.2.2　创建包含多条执行语句的触发器

在 MySQL 中，通过 SQL 语句 CREATE TRIGGER 来创建触发器，其语法形式如下：

```
CREATE TRIGGER trigger_name
    BEFORE|AFTER trigger_EVENT
        ON TABLE_NAME FOR EACH ROW
            BEGIN
            Trigger_STMT
            END
```

在上述语句中，比"只有一条执行语句的触发器"语法多出来两个关键字 BEGIN 和 END，在这两个关键字之间是所要执行的多个执行语句的内容，执行语句之间用分号隔开。

在 MySQL 中，一般情况下用";"符号作为语句的结束符号，可是在创建触发器时，需要用到";"符号作为执行语句的结束符号。为了解决该问题，可以使用关键字 DELIMITER 语句。例如，"DELIMITER$$"可以将结束符号设置成"$$"。

下面将通过一个具体的示例来说明如何创建包含多条执行语句的触发器。

【示例 9-2】执行 SQL 语句 CREATE TRIGGER，在数据库 company 中存在两个表对象：部门表 t_dept 和日志表 t_logger，创建触发器实现向部门表中插入记录时，就会在插入之后向日志表中插入当前时间，具体步骤如下：

（1）执行 SQL 语句 DESC 查看，查看数据库 company 中部门表 t_dept 和日志表 t_logger 的信息，具体 SQL 语句如下，执行结果如图 9-5、图 9-6 所示。

```
DESC t_dept;
DESC t_logger;
```

```
mysql> desc t_dept;
+----------+-------------+------+-----+---------+-------+
| Field    | Type        | Null | Key | Default | Extra |
+----------+-------------+------+-----+---------+-------+
| deptno   | int(4)      | YES  |     | NULL    |       |
| deptname | varchar(20) | YES  |     | NULL    |       |
| product  | varchar(20) | YES  |     | NULL    |       |
| location | varchar(20) | YES  |     | NULL    |       |
+----------+-------------+------+-----+---------+-------+
4 rows in set (0.00 sec)
```

```
mysql> desc t_logger;
+-----------+-------------+------+-----+---------+-------+
| Field     | Type        | Null | Key | Default | Extra |
+-----------+-------------+------+-----+---------+-------+
| lid       | int(11)     | YES  |     | NULL    |       |
| tablename | varchar(20) | YES  |     | NULL    |       |
| ltime     | datetime    | YES  |     | NULL    |       |
+-----------+-------------+------+-----+---------+-------+
3 rows in set (0.00 sec)
```

图 9-5　查看部门表　　　　　　　　　　图 9-6　查看日志表

（2）创建触发器 tri_loggertime2，具体 SQL 语句如下，执行结果如图 9-7 所示。

```
DELIMITER $$
CREATE TRIGGER tri_loggertime2
  AFTER INSERT
      ON t_dept FOR EACH ROW
        BEGIN
          INSERT INTO t_logger VALUES(NULL,'t_dept',now());
          INSERT INTO t_logger VALUES(NULL,'t_dept',now());
        END;
        $$
DELIMITER ;
```

在上述语句中，首先通过"DELIMITER $$"语句设置结束符号为"$$"，然后在关键字 BEGIN 和 END 之间编写执行语句列表，最后通过"DELIMITER ;"语句将结束符号还原成默认结束符号";"。

```
mysql> DELIMITER $$
mysql> create trigger tri_loggertime2
    -> after insert
    -> on t_dept for each row
    -> begin
    -> insert into t_logger values(NULL,'t_dept',now());
    -> insert into t_logger values(NULL,'t_dept',now());
    -> end;
    -> $$
Query OK, 0 rows affected (0.04 sec)
```

图 9-7　创建触发器 tri_loggertime2

（3）为了校验数据库 company 中触发器 tri_loggertime2 的功能，向表 t_dept 中插入一条记录，然后查看表 t_logger 中是否执行插入当前时间操作，具体 SQL 语句如下，执行结果如图 9-8、图 9-9 所示。

```
INSERT INTO t_dept VALUES(2,'test deptment','sky','east_4');
SELECT * FROM t_logger;
```

```
mysql> insert into t_dept
    -> values(2,'test deptment','sky','east_4');
Query OK, 1 row affected (0.00 sec)
```

图 9-8　在部门表中插入数据

```
mysql> SELECT * FROM t_logger;
+------+-----------+---------------------+
| lid  | tablename | ltime               |
+------+-----------+---------------------+
| NULL | t_dept    | 2018-10-09 13:52:40 |
| NULL | t_dept    | 2018-10-09 13:52:40 |
| NULL | t_dept    | 2018-10-09 13:52:40 |
+------+-----------+---------------------+
3 rows in set (0.00 sec)
```

图 9-9　查询日志表

上述两张图的执行结果显示，在向表 t_dept 插入记录之后，会向表 tri_loggertime 插入两条记录，从而可以发现 tri_loggertime2 触发器创建成功。

9.3　查看触发器

触发器的操作包括创建触发器、查看触发器以及删除触发器。本节将详细介绍如何查看触发器。在 MySQL 软件中可以通过两种方式来查看触发器，分别为通过 SHOW TRIGGER 语句和通过查看系统表 triggers 实现。

9.3.1　通过 SHOW TRIGGERS 语句查看触发器

在 MySQL 软件中，不能创建具有相同名字的触发器。另外，对于具有相同触发程序动作时间和事件的给定表，不能有两个触发器。因此，对于有经验的用户，在创建触发器之前，需要查看 MySQL 中是否已经存在该标识符的触发器和触发器的相关事件。

那么如何查看 MySQL 软件中已经存在的触发器呢？在 MySQL 软件中查看已经存在的触发器，通过 SQL 语句 SHOW TRIGGERS 来实现，其语法形式如下，执行上面的 SQL 语句，执行结果如图 9-10 所示。

```
SHOW TRIGGERS \G
```

通过图 9-10 的执行结果可以发现，执行完"SHOW TRIGGERS"语句后会显示一个列表，在该列表中会显示出所有触发器的信息。其中，参数 Trigger 表示触发器的名称；参数 Event 表示触发器的激发时间；参数 Table 表示触发器对象触发事件所操作的表；参数 Statement 表示触发器激活时所执行的语句；参数 Timing 表示触发器所执行的时间。

```
mysql> SHOW TRIGGERS \G
*************************** 1. row ***************************
            Trigger: loggertime
              Event: INSERT
              Table: t_dept
          Statement: INSERT INTO t_logger VALUES(NULL, 't_dept', now())
             Timing: BEFORE
            Created: 2018-10-09 13:35:32.19
           sql_mode: STRICT_TRANS_TABLES,NO_ENGINE_SUBSTITUTION
            Definer: root@localhost
character_set_client: gbk
collation_connection: gbk_chinese_ci
  Database Collation: utf8_general_ci
*************************** 2. row ***************************
            Trigger: tri_loggertime2
              Event: INSERT
              Table: t_dept
          Statement: BEGIN
            INSERT INTO t_logger VALUES(NULL,'t_dept',now());
            INSERT INTO t_logger VALUES(NULL,'t_dept',now());
          END
             Timing: AFTER
            Created: 2018-10-09 13:52:19.71
           sql_mode: STRICT_TRANS_TABLES,NO_ENGINE_SUBSTITUTION
            Definer: root@localhost
character_set_client: gbk
collation_connection: gbk_chinese_ci
  Database Collation: utf8_general_ci
2 rows in set (0.01 sec)
```

图 9-10　显示触发器

9.3.2　通过查看系统表 triggers 实现查看触发器

在 MySQL 中，在系统数据库 information_schema 中存在一个存储所有触发器信息的系统表 triggers，因此查询该表格的记录也可以实现查看触发器功能。系统表 triggers 的表结构如图 9-11 所示。

```
mysql> desc triggers;
+----------------------------+----------------+------+-----+---------+-------+
| Field                      | Type           | Null | Key | Default | Extra |
+----------------------------+----------------+------+-----+---------+-------+
| TRIGGER_CATALOG            | varchar(512)   | NO   |     |         |       |
| TRIGGER_SCHEMA             | varchar(64)    | NO   |     |         |       |
| TRIGGER_NAME               | varchar(64)    | NO   |     |         |       |
| EVENT_MANIPULATION         | varchar(6)     | NO   |     |         |       |
| EVENT_OBJECT_CATALOG       | varchar(512)   | NO   |     |         |       |
| EVENT_OBJECT_SCHEMA        | varchar(64)    | NO   |     |         |       |
| EVENT_OBJECT_TABLE         | varchar(64)    | NO   |     |         |       |
| ACTION_ORDER               | bigint(4)      | NO   |     | 0       |       |
| ACTION_CONDITION           | longtext       | YES  |     | NULL    |       |
| ACTION_STATEMENT           | longtext       | NO   |     | NULL    |       |
| ACTION_ORIENTATION         | varchar(9)     | NO   |     |         |       |
| ACTION_TIMING              | varchar(6)     | NO   |     |         |       |
| ACTION_REFERENCE_OLD_TABLE | varchar(64)    | YES  |     | NULL    |       |
| ACTION_REFERENCE_NEW_TABLE | varchar(64)    | YES  |     | NULL    |       |
| ACTION_REFERENCE_OLD_ROW   | varchar(3)     | NO   |     |         |       |
| ACTION_REFERENCE_NEW_ROW   | varchar(3)     | NO   |     |         |       |
| CREATED                    | datetime(2)    | YES  |     | NULL    |       |
| SQL_MODE                   | varchar(8192)  | NO   |     |         |       |
| DEFINER                    | varchar(93)    | NO   |     |         |       |
| CHARACTER_SET_CLIENT       | varchar(32)    | NO   |     |         |       |
| COLLATION_CONNECTION       | varchar(32)    | NO   |     |         |       |
| DATABASE_COLLATION         | varchar(32)    | NO   |     |         |       |
+----------------------------+----------------+------+-----+---------+-------+
22 rows in set (0.00 sec)
```

图 9-11　系统表 triggers 结构

通过系统表 triggers 的结构可以发现该表提供触发器的所有详细信息。

【示例 9-3】查询数据库 company 中的触发器对象，具体步骤如下：

（1）选择数据库 information_schema，具体 SQL 语句如下，执行结果如图 9-12 所示。

```
USE information_schema;
```

（2）查看系统表 triggers 的所有记录，具体 SQL 语句如下，执行结果如图 9-13 所示。

```
SELECT * FROM TRIGGERS\G
```

```
mysql> use information_schema;
Database changed
```

图 9-12　选择数据库

```
mysql> SELECT * FROM TRIGGERS\G
*************************** 1. row ***************************
           TRIGGER_CATALOG: def
            TRIGGER_SCHEMA: sys
              TRIGGER_NAME: sys_config_insert_set_user
        EVENT_MANIPULATION: INSERT
      EVENT_OBJECT_CATALOG: def
       EVENT_OBJECT_SCHEMA: sys
        EVENT_OBJECT_TABLE: sys_config
              ACTION_ORDER: 1
          ACTION_CONDITION: NULL
          ACTION_STATEMENT: BEGIN IF @sys.ignore_sys_config_
triggers != true AND NEW.set_by IS NULL THEN SET NEW.set_by
= USER(); END IF; END
        ACTION_ORIENTATION: ROW
             ACTION_TIMING: BEFORE
ACTION_REFERENCE_OLD_TABLE: NULL
ACTION_REFERENCE_NEW_TABLE: NULL
  ACTION_REFERENCE_OLD_ROW: OLD
  ACTION_REFERENCE_NEW_ROW: NEW
                   CREATED: 2018-08-30 14:42:50.77
                  SQL_MODE: ONLY_FULL_GROUP_BY,STRICT_TRANS_
TABLES,NO_ZERO_IN_DATE,NO_ZERO_DATE,ERROR_FOR_DIVISION_BY_ZE
RO,NO_ENGINE_SUBSTITUTION
                   DEFINER: mysql.sys@localhost
      CHARACTER_SET_CLIENT: utf8mb4
      COLLATION_CONNECTION: utf8mb4_0900_ai_ci
        DATABASE_COLLATION: utf8mb4_0900_ai_ci
```

图 9-13　从系统表中查询触发器

（3）图 9-13 的执行结果会显示系统中所有触发器对象的详细信息，除了显示所有触发器对象外，还可以查询指定触发器的详细信息，SQL 语句如下，执行结果如图 9-14 所示。

```
SELECT * FROM TRIGGERS WHERE TRIGGER_NAME='tri_loggertime2'\G
```

```
mysql> SELECT * FROM TRIGGERS WHERE TRIGGER_NAME='tri_loggertime2'\G
*************************** 1. row ***************************
           TRIGGER_CATALOG: def
            TRIGGER_SCHEMA: school
              TRIGGER_NAME: tri_loggertime2
        EVENT_MANIPULATION: INSERT
      EVENT_OBJECT_CATALOG: def
       EVENT_OBJECT_SCHEMA: school
        EVENT_OBJECT_TABLE: t_dept
              ACTION_ORDER: 1
          ACTION_CONDITION: NULL
          ACTION_STATEMENT: BEGIN
            INSERT INTO t_logger VALUES(NULL,'t_dept',now());
            INSERT INTO t_logger VALUES(NULL,'t_dept',now());
          END
        ACTION_ORIENTATION: ROW
             ACTION_TIMING: AFTER
ACTION_REFERENCE_OLD_TABLE: NULL
ACTION_REFERENCE_NEW_TABLE: NULL
  ACTION_REFERENCE_OLD_ROW: OLD
  ACTION_REFERENCE_NEW_ROW: NEW
                   CREATED: 2018-10-09 13:52:19.71
                  SQL_MODE: STRICT_TRANS_TABLES,NO_ENGINE_SUBSTITUTION
                   DEFINER: root@localhost
      CHARACTER_SET_CLIENT: gbk
      COLLATION_CONNECTION: gbk_chinese_ci
        DATABASE_COLLATION: utf8_general_ci
1 row in set (0.00 sec)
```

图 9-14　从系统表中查询触发器 tri_loggertime2 的信息

图 9-14 的执行结果显示了所指定的触发器对象 tri_loggertime2 的详细信息，与前面的方式相比，使用起来更加方便和灵活。不推荐使用“SHOW TRIGGERS”语句和“SELECT * FROM triggers \G”语句来查询触发器，因为随着时间的推移，数据库对象触发器肯定会增多，如果查询所有触发器的详细信息就将显示许多信息，不便于找到所需的触发器的信息。

9.4 删除触发器

触发器的操作包括创建触发器、查看触发器以及删除触发器。本节将详细介绍如何删除触发器。在 MySQL 软件中，可以通过两种方式来删除触发器，分别为通过 DROP TRIGGER 语句和通过工具实现删除触发器。

在 MySQL 中，删除触发器可以通过 SQL 语句 DROP TRIGGER 来实现，其语法形式如下：

```
DROP TRIGGER trigger_name;
```

在上述语句中，参数 trigger_name 表示所要删除的触发器名称。

【示例 9-4】执行 SQL 语句 DROP TRIGGER 删除触发器，在 company 数据库中删除触发器对象 tri_loggertime，具体步骤如下：

（1）查询数据库中的所有触发器，执行 SQL 语句 SHOW TRIGGERS，具体 SQL 语句如下，执行结果如图 9-15 所示。

```
SHOW TRIGGERS \G
```

图 9-15 查看所有触发器

（2）删除名为 tri_loggertime2 的触发器对象，SQL 语句如下，执行结果如图 9-16 所示。

```
DROP TRIGGER tri_loggertime2;
```

（3）执行 SQL 语句 SHOW TRIGGERS，具体 SQL 语句如下，执行结果如图 9-17 所示。

```
SHOW TRIGGERS \G
```

```
mysql> drop trigger tri_loggertime2;
Query OK, 0 rows affected (0.00 sec)
```

```
mysql> show triggers \G
Empty set (0.00 sec)
```

图 9-16 删除触发器   图 9-17 查看所有触发器

图 9-17 的执行结果显示，没有任何触发器对象，表示删除触发器 tri_loggertime2 成功。

第 10 章

◀ 事务和锁 ▶

当多个用户访问同一份数据时，一个用户在更改数据的过程中可能有其他用户同时发起更改请求，为保证数据的更新从一个一致性状态变更为另一个一致性状态，这时有必要引入事务的概念。MySQL 提供了多种存储引擎支持事务，支持事务的存储引擎有 InnoDB 和 BD 。InnoDB 存储引擎事务主要通过 UNDO 日志和 REDO 日志实现，MyISAM 和 MEMORY 存储引擎则不支持事务。

本章首先介绍事务控制语句，然后介绍事务的隔离级别，以及由于实现隔离级别而采取的锁机制。

通过本节的学习，可以掌握 MySQL 中事务的实现机制与实际应用，内容包含：

- 事务概述
- 事务控制语句
- 事务隔离级别
- InnoDB 锁机制

10.1 事务概述

当多个用户访问同一份数据时，一个用户在更改数据的过程中可能有其他用户同时发起更改请求，为保证数据库记录的更新从一个一致性状态变更为另外一个一致性状态，使用事务处理是非常必要的，事务具有以下 4 个特性。

（1）原子性（Atomicity）：事务中所有的操作视为一个原子单元，即对事务所进行的数据修改等操作只能是完全提交或者完全回滚。

（2）一致性（Consistency）：事务在完成时，必须使所有的数据从一种一致性状态变更为另外一种一致性状态，所有的变更都必须应用于事务的修改，以确保数据的完整性。

（3）隔离性（Isolation）：一个事务中的操作语句所做的修改必须与其他事务所做的修改相隔离。在进行事务查看数据时数据所处的状态，要么是被另一并发事务修改之前的状态，要么是被另一并发事务修改之后的状态，即当前事务不会查询由另一个并发事务正在修改的数据。这种特性通过锁机制实现。

（4）持久性（Durability）：事务完成之后，所做的修改对数据的影响是永久的，即使系统重启或者出现系统故障，数据仍可恢复。

MySQL 中提供了多种事务型存储引擎，如 InnoDB 和 BDB 等，而 MyISAM 不支持事务，InnoDB 支持 ACID 事务、行级锁和高并发。为支持事务，InnoDB 存储引擎引入了与事务处理相关的 REDO 日志和 UNDO 日志，同时事务依赖于 MySQL 提供的锁机制，锁机制将在下一节进行介绍。

1. REDO 日志

事务执行时需要将执行的事务日志写入日志文件里，对应的文件为 REDO 日志。当每条 SQL 进行数据更新操作时，首先将 REDO 日志写进日志缓冲区。当客户端执行 COMMIT 命令提交时，日志缓冲区的内容将被刷新到磁盘，日志缓冲区的刷新方式或者时间间隔可以通过参数 innodb_flush_log_at_trx_commit 控制。

REDO 日志对应磁盘上的 ib_logifleN 文件，该文件默认为 5MB，建议设置为 512MB，以便容纳较大的事务。在 MySQL 崩溃恢复时会重新执行 REDO 日志中的记录。REDO 日志如图 10-1 和图 10-2 所示，其中的 ib_logfile0 和 ib_logfile1 即为 REDO 日志。

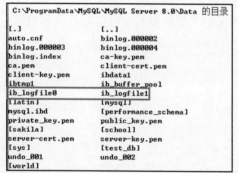

图 10-1　终端显示 REDO 日志　　　　图 10-2　资源管理器中显示 REDO 日志

2. UNDO 日志

与 REDO 日志相反，UNDO 日志主要用于事务异常时的数据回滚，具体内容就是复制事务前的数据库内容到 UNDO 缓冲区，然后在合适的时间将内容刷新到磁盘。

与 REDO 日志不同的是，磁盘上不存在单独的 UNDO 日志文件，所有的 UNDO 日志均存放在表空间对应的.ibd 数据文件中，即使 MySQL 服务启动了独立表空间，依然如此。UNDO 日志又被称为回滚段。

10.2 MySQL 事务控制语句

在 MySQL 中，可以使用 BEGIN 开始事务，使用 COMMIT 结束事务，中间可以使用 ROLLBACK 回滚事务。MySQL 通过 SET AUTOCOMMIT、START TRANSACTION、COMMIT 和 ROLLBACK 等语句支持本地事务。语法如下：

```
START TRANSACTION | BEGIN [WORK]
COMMIT [WORK] [AND [NO] CHAIN] [[NO] RELEASE]
ROLLBACK [WORK] [AND [no] CHAIN] [[NO] RELEASE]
SET AUTOCOMMIT = {0 | 1}
```

在默认设置下，MySQL 中的事务是默认提交的。如需对某些语句进行事务控制，可使用 START TRANSACTION 或者 BEGIN 开始一个事务，这样事务结束之后可以自动回到自动提交的方式。

【示例 10-1】更新表中的一条记录，为保证数据从一个一致性状态更新到另外一个一致性状态，因此采用事务完成更新过程，若更新失败或者有其他原因则可使用回滚。此示例执行时对应的 MySQL 默认隔离级别为 REPEATABLE-READ（隔离级别的内容将在下一节介绍）。执行过程如下：

（1）查看 MySQL 隔离级别，具体 SQL 语句如下，执行结果如图 10-3 所示。

```
SHOW VARIABLES LIKE 'tx_isolation';
```

（2）创建数据库 test，并选择该数据库，具体 SQL 语句如下，执行结果如图 10-4 所示。

```
CREATE DATABASE test;
USE test;
```

```
mysql> show variables like 'tx_isolation';
+---------------+-----------------+
| Variable_name | Value           |
+---------------+-----------------+
| tx_isolation  | REPEATABLE-READ |
+---------------+-----------------+
1 row in set (0.01 sec)
```

图 10-3　查看隔离级别

```
mysql> create database test;
Query OK, 1 row affected (0.00 sec)

mysql> use test;
Database changed
mysql>
```

图 10-4　创建并选择数据库

（3）创建表 test_1，具体 SQL 语句如下，执行结果如图 10-5 所示。

```
CREATE TABLE test_1(
      id INT,
   username VARCHAR(20)
)ENGINE=InnoDB;
```

（4）在表 test_1 中插入数据，具体 SQL 语句如下，执行结果如图 10-6 所示。

```
INSERT INTO test_1
VALUES(1,'Rebecca'),
      (2,'Jack'),
      (3,'Emily'),
      (4,'Water');
```

```
mysql> CREATE TABLE test_1(
    -> id INT,
    -> username VARCHAR(20)
    -> )ENGINE=InnoDB;
Query OK, 0 rows affected (0.02 sec)
```

图 10-5　创建表 test_1

```
mysql> INSERT INTO test_1
    -> VALUES(1,'Rebecca'),
    -> (2,'Jack'),
    -> (3,'Emily'),
    -> (4,'Water');
Query OK, 4 rows affected (0.02 sec)
Records: 4  Duplicates: 0  Warnings: 0
```

图 10-6　向表 test_1 中插入数据

（5）使用 SELECT 语句查询表 test_1，具体 SQL 语句如下，执行结果如图 10-7 所示。

```
SELECT * FROM test_1;
```

（6）开启一个事务，更新表 test_1 的记录，再提交事务，最后查询表记录是否已经更改，具体 SQL 语句如下，执行结果如图 10-8 所示。

```
BEGIN;
UPDATE test_1 SET username='Selina' WHERE id=1;
COMMIT;
SELECT * FROM test_1;
```

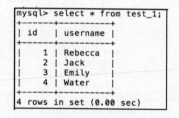

图 10-7　查询表 test_1

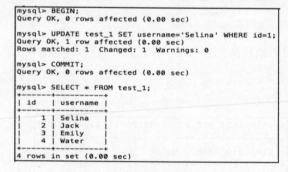

图 10-8　更新记录后提交事务再查询

（7）开启一个事务，更新表 test_1 的记录，再回滚事务，最后查询表记录是否已经更改，具体 SQL 语句如下，执行结果如图 10-9、图 10-10 所示。

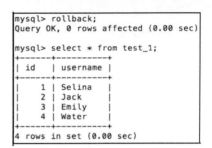

```
mysql> begin;
Query OK, 0 rows affected (0.00 sec)

mysql> UPDATE test_1 SET username='LiMing' WHERE id=1;
Query OK, 1 row affected (0.00 sec)
Rows matched: 1  Changed: 1  Warnings: 0

mysql> select * from test_1;
+------+----------+
| id   | username |
+------+----------+
|    1 | LiMing   |
|    2 | Jack     |
|    3 | Emily    |
|    4 | Water    |
+------+----------+
4 rows in set (0.00 sec)
```

图 10-9   更新记录

```
mysql> rollback;
Query OK, 0 rows affected (0.00 sec)

mysql> select * from test_1;
+------+----------+
| id   | username |
+------+----------+
|    1 | Selina   |
|    2 | Jack     |
|    3 | Emily    |
|    4 | Water    |
+------+----------+
4 rows in set (0.00 sec)
```

图 10-10   回滚事务再查询

图 10-9、图 10-10 的执行结果显示,事务回滚后,数据记录就会回滚,恢复成原来的记录。

10.3   MySQL 事务隔离级别

SQL 标准定义了 4 种隔离级别,指定了事务中哪些数据改变其他事务可见、哪些数据改变其他事务不可见。低级别的隔离级别可以支持更高的并发处理,同时占用的系统资源更少。

InnoDB 系统级事务隔离级别可以使用以下语句设置。

```
#未提交读
SET GLOBAL TRANSACTION ISOLATION LEVEL READ UNCOMMITTED;
#提交读
SET GLOBAL TRANSACTION ISOLATION LEVEL READ COMMITTED;
#可重复读
SET GLOBAL TRANSACTION ISOLATION LEVEL REPEATABLE READ;
#可串行化
SET GLOBAL TRANSACTION ISOLATION LEVEL SERIALIZABLE;
```

查看系统级事务隔离级别可以使用以下语句:

```
SELECT @@global.tx_isolation;
```

InnoDB 会话级事务隔离级别可以使用以下语句设置:

```
#未提交读
SET SESSION TRANSACTION ISOLATION LEVEL READ UNCOMMITTED;
#提交读
SET SESSION TRANSACTION ISOLATION LEVEL READ COMMITTED;
#可重复读
SET SESSION TRANSACTION ISOLATION LEVEL REPEATABLE READ;
#可串行化
SET SESSION TRANSACTION ISOLATION LEVEL SERIALIZABLE;
```

查看会话级事务隔离级别可以使用以下语句:

```
SELECT @@tx_isolation;
```

10.3.1　READ-UNCOMMITED（读取未提交内容）

在该隔离级别，所有事务都可以看到其他未提交事务的执行结果。因为其性能也不比其他级别高很多，所以隔离级别在实际应用中一般很少使用，读取未提交的数据被称为脏读（Dirty Read）。脏读问题演示如图 10-11、图 10-12 所示。

图 10-11　脏读过程（1）

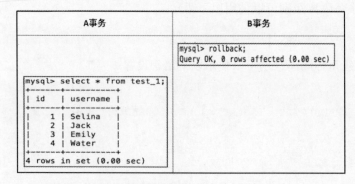

图 10-12　脏读过程（2）

MySQL 的隔离级别为 READ-UNCOMMITTED，首先开启 A 和 B 两个事务，在 B 事务更新但未提交之前，A 事务读取到了更新后的数据，但由于 B 事务回滚，A 事务出现了脏读的现象。

10.3.2　READ-COMMITED（读取提交内容）

这是大多数系统默认的隔离级别，但并不是 MySQL 默认的隔离级别，其满足了隔离的简单定义：一个事务从开始到提交前所做的任何改变都是不可兼得的，事务只能看见已经提交事务所做的改变。这种隔离级别也支持所谓的不可重复读（Nonrepeatable Read），因为同一事务的其他示例在该示例处理期间可能会有新的数据提交导致数据改变，所以同一查询可能返回不同结果，此级别导致的不可重复读问题如图 10-13 所示。

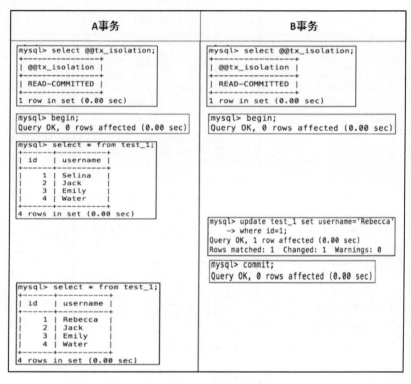

图 10-13　不可重复读过程

MySQL 的隔离级别为 READ-COMMITTED，首先开启 A 和 B 两个事务，在 B 事务更新并提交后，A 事务读取到了更新后的数据，此时处于同一 A 事务中的查询出现了不同的查询结果，即不可重复读现象。

10.3.3　REPEATABLE-READ（可重读）

这是 MySQL 默认的事务隔离级别，能确保同一事务的多个实例在并发读取数据时会看到同样的数据行，理论上会导致另一个问题：幻读（Phontom Read）。例如，第一个事务对一个表中的数据做了修改，这种修改涉及表中的全部数据行，同时第二个事务也修改这个表中的数据，这次修改是向表中插入一行新数据；此时就会发生操作第一个事务的用户发现表中还有没有修改的数据行。InnoDB 和 Falcon 存储引擎通过多版本并发控制（Multi_Version_Concurrency Control，MVCC）机制解决了该问题。

InnoDB 存储引擎 MVCC 机制：InnoDB 通过为每个数据行增加两个隐含值的方式来实现，这两个隐含值记录了行的创建时间、过期时间以及每一行存储时间发生时的系统版本号，每个查询根据事务的版本号来查询结果。

REPEATABLE-READ 级别操作演示如图 10-14、图 10-15 所示。

图 10-14　REPEATABLE-READ 级别操作演示

这里 A 事务读不到插入的新记录，这就是在"REPEATABLE-READ"级别下可以避免"不可重复读"的现象，如果是在"READ-COMMITTED"级别下就可以读到这条记录。

接下来再继续操作，如图 10-15 所示。

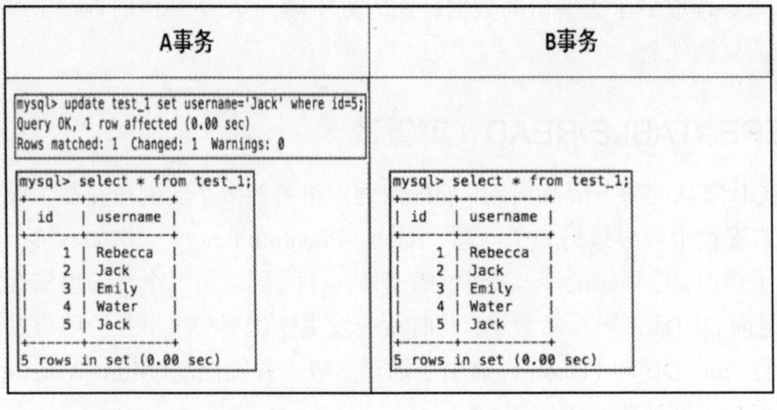

图 10-15　REPEATABLE-READ 级别操作演示幻读

从图 10-15 的执行结果可以看到 A 事务中也能查询到字段 id 为 5 的记录，这就是幻读。

10.3.4 SERIALIZABLE（可串行化）

这是最高的隔离级别，通过强制事务排序，使之不可能相互冲突，从而解决幻读问题。简而言之，就是在每个读的数据行上加上共享锁实现。在这个级别可能会导致大量的超时现象和锁竞争，一般不推荐使用。具体过程参见图 10-16。

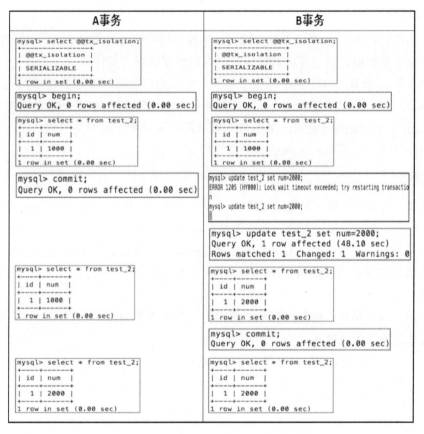

图 10-16 SERIALIZABLE 级别操作演示

图 10-16 的执行结果显示，在 SERIALIZABLE 级别下，事务 A 和事务 B 操作互不干扰。

10.4 InnoDB 锁机制

为了解决数据库并发控制问题，如在同一时刻客户端对于同一表做更新或者查询操作，为保证数据的一致性，需要对并发操作进行控制，因此产生了锁。同时为实现 MySQL 的各个隔离级别，锁机制为其提供了保证。

10.4.1　锁的类型

锁的类型主要有以下几种。

1. 共享锁

共享锁的代号是 S，是 Share 的缩写，共享锁的粒度是行或者元组（多个行）。一个事务获取了共享锁之后，可以对锁定范围内的数据执行读操作。

2. 排他锁

排他锁的代码是 X，是 eXclusive 的缩写，排他锁的粒度与共享锁相同，也是行或者元组。一个事务获取了排他锁之后，可以对锁定范围内的数据执行写操作。

有两个事务 A 和 B，如果事务 A 获取了一个元组的共享锁，事务 B 还可以立即获取这个元组的共享锁，但不能立即获取这个元组的排他锁，必须等到事务 A 释放共享锁之后；如果事务 A 获取了一个元组的排他锁，事务 B 不能立即获取这个元组的共享锁，也不能立即获取这个元组的排他锁，必须等到 A 释放排他锁之后。

3. 意向锁

意向锁是一种表锁，锁定的粒度是整张表，分为意向共享锁（IS）和意向排他锁（IX）两类。意向共享锁表示一个事务有意对数据上共享锁或者排他锁。"有意"表示事务想执行操作但还没有真正执行。锁和锁之间的关系，要么是相容的，要么是互斥的。

锁 a 和锁 b 相容是指：操作同样一组数据时，如果事务 t1 获取了锁 a，另一个事务 t2 还可以获取锁 b。

锁 a 和锁 b 互斥是指：操作同样一组数据时，如果事务 t1 获取了锁 a，另一个事务 t2 在 t1 释放锁 a 之前无法获取锁 b。

其中共享锁、排他锁、意向共享锁、意向排他锁相互之间的兼容/互斥关系如表 10-1 所示，Y 表示相同，N 表示互斥。

表 10-1　MySQL 锁兼容情况说明

参　数	X	S	IX	IS
X	N	N	N	N
S	N	Y	N	Y
IX	N	N	Y	Y
IS	N	Y	Y	Y

为了尽可能提高数据库的并发量，每次锁定的数据范围越小越好。越大的锁，耗费的系统资源越多，系统性能越差。为在高并发响应和系统性能两方面进行平衡，这样就产生了"锁粒度（Lock granulariy）"的概念。

10.4.2　锁粒度

锁的粒度主要分为表锁和行锁。

表锁管理锁的开销最小，同时允许的并发量也是最小的锁机制。MyISAM 存储引擎使用该锁机制。当要写入数据时，整个表记录被锁，此时其他读/写动作一律等待。同时一些特定的动作，如 ALTER TABLE 执行时使用的也是表锁。

行锁可以支持最大的并发。InnoDB 存储引擎使用该锁机制。如果要支持并发读/写，建议采用 InnoDB 存储引擎，因为采用行级锁可以获得更多的更新性能。

以下是 MySQL 中一些语句执行时锁的情况：

```
SELECT … LOCK IN SHARE MODE
```

此操作会加上一个共享锁。若会话事务中查找的数据已经被其他会话事务加上排他锁，则共享锁会等待其结束再加，若等待时间过长就会显示事务需要的锁等待超时。

```
SELECT … FOR UPDATE
```

此操作会加上一个共享锁。若会话事务中查找的数据已经被其他会话事务加上排他锁，则共享锁会等待其结束再加，若等待时间过长就会显示事务需要的锁等待超时。

```
INSERT、UPDATE、DELETE
```

会话事务会对 DML 语句操作的数据加上一个排他锁，其他会话的事务都会等待其释放排他锁。

会话事务中的共享锁、更新锁以及排他锁需要加到一个区间值域时，InnoDB 引擎自动再加上一个间隙锁或称为范围锁，将不存在的数据也锁住，防止出现幻写。以上语句描述的情况与 MySQL 设置的事务隔离级别有较大关系。

当开启一个事务时，InnDB 存储引擎会在更新的记录上加行级锁，此时其他事务不可以更新被锁定的记录。InnoDB 引擎下事务 REPEATABLE-READ 级别的操作演示如图 10-17、图 10-18 所示。

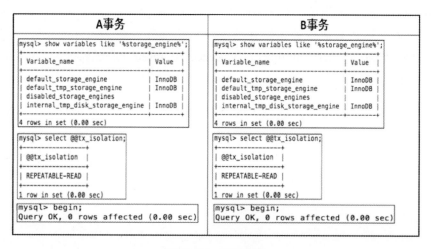

图 10-17　开启事务

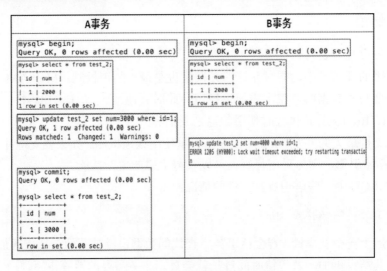

图 10-18　InnoDB 下行级锁演示操作

图 10-17、图 10-18 的执行结果显示，当有不同事务同时更新一条记录时，一个事务需要等待另外一个事务把锁释放。用以下 SQL 语句查看 MySQL 中 InnoDB 存储引擎的状态，执行结果如图 10-19、图 10-20 所示。

```
SHOW ENGINE INNODB STATUS \G
```

```
mysql> show engine innodb status \G
*************************** 1. row ***
  Type: InnoDB
  Name:
Status:
===========================================
```

```
TRANSACTIONS
Trx id counter 18977
Purge done for trx's n:o < 18974 undo n:o < 0 state: running but idle
History list length 10
LIST OF TRANSACTIONS FOR EACH SESSION:
---TRANSACTION 18976, ACTIVE 18 sec starting index read
mysql tables in use 1, locked 1
LOCK WAIT 2 lock struct(s), heap size 1136, 1 row lock(s)
MySQL thread id 46, OS thread handle 123145487355904, query id 82 localhost root updating
update test_2 set num=4000 where id=1
```

图 10-19　查看引擎状态　　　　　　　图 10-20　MySQL 中 InnoDB 存储引擎状态

在图 10-20 中，"MySQL thread id 46, OS thread handle 123145487355904, query id 82 localhost root updating"表示第二个事务的连接 ID 为 46，当前状态为正在更新，同时当前正在更新的记录需要等待其他事务将锁释放。当超过事务等待锁允许的最大时间时会提示"ERROR 1205 (HY000): Lock wait timeout exceeded; try restarting transaction"，当前事务执行失败，自动执行回滚操作。

第 11 章

◀ 安全管理 ▶

MySQL 是一个多用户数据库，具有功能强大的访问控制系统，可以为不同用户指定允许的权限。MySQL 用户可以分为普通用户和 root 用户。root 用户是超级管理员，拥有所有权限，包括创建用户、删除用户和修改用户的密码等管理权限；普通用户只拥有被授予的各种权限。用户管理包括管理用户账户、权限等。本章将向读者介绍 MySQL 用户管理中的相关知识点，包括权限表、账户管理、权限管理和 MySQL 8 相关新特性。

本章中将讲解的内容包括：

- 权限表介绍
- 用户登录和退出 MySQL 服务器
- 创建和删除普通用户
- 普通用户和 root 用户的密码管理
- 权限管理
- 访问控制
- MySQL 8 新特性：角色
- MySQL 8 新特性：安全组件和插件
- MySQL 8 新特性：FIPS

11.1　权限表

MySQL 服务器通过权限表来控制用户对数据库的访问，权限表存放在 MySQL 数据库中，由 mysql_install_db 脚本初始化，MySQL 数据库系统会根据这些权限表的内容为每个用户赋予相应的权限。这些权限表中最重要的是 user 表、db 表。除此之外，还有 table_priv 表、column_priv 表和 proc_priv 表等。本节将为读者介绍这些表的内容。

11.1.1　user 表

user 表是 MySQL 中最重要的一个权限表，有 49 个字段，这些字段可以分成 4 类，分别是范围列、权限列、安全列和资源控制列。

1. 范围列

user 表的范围列包括 Host、User，分别表示主机名、用户名。其中，User 和 Host 为 User 表的联合主键。Host 指明允许访问的 IP 或主机范围，User 指明允许访问的用户名。

2. 权限列

权限列的字段决定了用户的权限，描述了在全局范围内允许对数据和数据库进行的操作，包括查询权限、修改权限等普通权限，还包括关闭服务器、超级权限和加载用户等高级权限。普通权限用于操作数据库；高级权限用于数据库管理。

user 表中对应的权限是针对所有用户数据库的。这些字段值的类型为 ENUM，可以取的值只能为 Y 和 N，Y 表示该用户有对应的权限；N 表示用户没有对应的权限。从 user 表的结构可以看到，这些字段的值默认都是 N。如果要修改权限，就可以使用 GRANT 语句或 UPDATE 语句更改 user 表的这些字段来修改用户对应的权限。

3. 安全列

安全列有 12 个字段，其中两个是 ssl 相关的、两个是 x509 相关的、其他八个是授权插件和密码相关的。ssl 用于加密；X509 标准可用于标识用户；Plugin 字段标识可以用于验证用户身份的插件，该字段不能为空。如果该字段为空，那么服务器将会向错误日志写入信息并且禁止该用户访问。读者可以通过 SHOW VARIABLES LIKE 'have_openssl'语句来查询服务器是否支持 ssl 功能。

4. 资源控制列

资源控制列的字段用来限制用户使用的资源，包含 4 个字段，分别为：①max_questions，用户每小时允许执行的查询操作次数；②max_updates，用户每小时允许执行的更新操作次数；③max_connections，用户每小时允许执行的连接操作次数；④max_user_connections，用户允许同时建立的连接次数。一个小时内用户查询或者连接数量超过资源控制限制,用户将被锁定,直到下一个小时才可以再次执行对应的操作。可以使用 GRANT 语句更新这些字段的值。

读者可以使用 DESC 语句查看 user 表的基本结构，如图 11-1 所示。

```
mysql> describe mysql.user;
+--------------------------+-----------------------------------+------+-----+-----------------------+-------+
| Field                    | Type                              | Null | Key | Default               | Extra |
+--------------------------+-----------------------------------+------+-----+-----------------------+-------+
| Host                     | char(60)                          | NO   | PRI |                       |       |
| User                     | char(32)                          | NO   | PRI |                       |       |
| Select_priv              | enum('N','Y')                     | NO   |     | N                     |       |
| Insert_priv              | enum('N','Y')                     | NO   |     | N                     |       |
| Update_priv              | enum('N','Y')                     | NO   |     | N                     |       |
| Delete_priv              | enum('N','Y')                     | NO   |     | N                     |       |
| Create_priv              | enum('N','Y')                     | NO   |     | N                     |       |
| Drop_priv                | enum('N','Y')                     | NO   |     | N                     |       |
| Reload_priv              | enum('N','Y')                     | NO   |     | N                     |       |
| Shutdown_priv            | enum('N','Y')                     | NO   |     | N                     |       |
| Process_priv             | enum('N','Y')                     | NO   |     | N                     |       |
| File_priv                | enum('N','Y')                     | NO   |     | N                     |       |
| Grant_priv               | enum('N','Y')                     | NO   |     | N                     |       |
| References_priv          | enum('N','Y')                     | NO   |     | N                     |       |
| Index_priv               | enum('N','Y')                     | NO   |     | N                     |       |
| Alter_priv               | enum('N','Y')                     | NO   |     | N                     |       |
| Show_db_priv             | enum('N','Y')                     | NO   |     | N                     |       |
| Super_priv               | enum('N','Y')                     | NO   |     | N                     |       |
| Create_tmp_table_priv    | enum('N','Y')                     | NO   |     | N                     |       |
| Lock_tables_priv         | enum('N','Y')                     | NO   |     | N                     |       |
| Execute_priv             | enum('N','Y')                     | NO   |     | N                     |       |
| Repl_slave_priv          | enum('N','Y')                     | NO   |     | N                     |       |
| Repl_client_priv         | enum('N','Y')                     | NO   |     | N                     |       |
| Create_view_priv         | enum('N','Y')                     | NO   |     | N                     |       |
| Show_view_priv           | enum('N','Y')                     | NO   |     | N                     |       |
| Create_routine_priv      | enum('N','Y')                     | NO   |     | N                     |       |
| Alter_routine_priv       | enum('N','Y')                     | NO   |     | N                     |       |
| Create_user_priv         | enum('N','Y')                     | NO   |     | N                     |       |
| Event_priv               | enum('N','Y')                     | NO   |     | N                     |       |
| Trigger_priv             | enum('N','Y')                     | NO   |     | N                     |       |
| Create_tablespace_priv   | enum('N','Y')                     | NO   |     | N                     |       |
| ssl_type                 | enum('','ANY','X509','SPECIFIED') | NO   |     |                       |       |
| ssl_cipher               | blob                              | NO   |     | NULL                  |       |
| x509_issuer              | blob                              | NO   |     | NULL                  |       |
| x509_subject             | blob                              | NO   |     | NULL                  |       |
| max_questions            | int(11) unsigned                  | NO   |     | 0                     |       |
| max_updates              | int(11) unsigned                  | NO   |     | 0                     |       |
| max_connections          | int(11) unsigned                  | NO   |     | 0                     |       |
| max_user_connections     | int(11) unsigned                  | NO   |     | 0                     |       |
| plugin                   | char(64)                          | NO   |     | caching_sha2_password |       |
| authentication_string    | text                              | YES  |     | NULL                  |       |
| password_expired         | enum('N','Y')                     | NO   |     | N                     |       |
| password_last_changed    | timestamp                         | YES  |     | NULL                  |       |
| password_lifetime        | smallint(5) unsigned              | YES  |     | NULL                  |       |
| account_locked           | enum('N','Y')                     | NO   |     | N                     |       |
| Create_role_priv         | enum('N','Y')                     | NO   |     | N                     |       |
| Drop_role_priv           | enum('N','Y')                     | NO   |     | N                     |       |
| Password_reuse_history   | smallint(5) unsigned              | YES  |     | NULL                  |       |
| Password_reuse_time      | smallint(5) unsigned              | YES  |     | NULL                  |       |
+--------------------------+-----------------------------------+------+-----+-----------------------+-------+
49 rows in set (0.00 sec)
```

图 11-1　查看 user 表信息

权限列中有很多权限字段需要特别注意：Grant_priv 字段表示是否拥有 GRANT 权限；Shutdown_priv 字段表示是否拥有停止 MySQL 服务的权限；Super_priv 字段表示是否拥有超级权限；Execute_priv 字段表示是否拥有 EXECUTE 权限。拥有 EXECUTE 权限，可以执行存储过程和函数。

11.1.2　db 表

db 表是 MySQL 数据中非常重要的权限表。db 表中存储了用户对某个数据库的操作权限，决定用户能从哪个主机存取哪个数据库。读者可以用 DESCRIBE 查看 db 表的基本结构，具体 SQL 语句如下，执行结果如图 11-2 所示。

```
DESCRIBE mysql.db;
```

```
mysql> desc mysql.db;
+-----------------------+---------------+------+-----+---------+-------+
| Field                 | Type          | Null | Key | Default | Extra |
+-----------------------+---------------+------+-----+---------+-------+
| Host                  | char(60)      | NO   | PRI |         |       |
| Db                    | char(64)      | NO   | PRI |         |       |
| User                  | char(32)      | NO   | PRI |         |       |
| Select_priv           | enum('N','Y') | NO   |     | N       |       |
| Insert_priv           | enum('N','Y') | NO   |     | N       |       |
| Update_priv           | enum('N','Y') | NO   |     | N       |       |
| Delete_priv           | enum('N','Y') | NO   |     | N       |       |
| Create_priv           | enum('N','Y') | NO   |     | N       |       |
| Drop_priv             | enum('N','Y') | NO   |     | N       |       |
| Grant_priv            | enum('N','Y') | NO   |     | N       |       |
| References_priv       | enum('N','Y') | NO   |     | N       |       |
| Index_priv            | enum('N','Y') | NO   |     | N       |       |
| Alter_priv            | enum('N','Y') | NO   |     | N       |       |
| Create_tmp_table_priv | enum('N','Y') | NO   |     | N       |       |
| Lock_tables_priv      | enum('N','Y') | NO   |     | N       |       |
| Create_view_priv      | enum('N','Y') | NO   |     | N       |       |
| Show_view_priv        | enum('N','Y') | NO   |     | N       |       |
| Create_routine_priv   | enum('N','Y') | NO   |     | N       |       |
| Alter_routine_priv    | enum('N','Y') | NO   |     | N       |       |
| Execute_priv          | enum('N','Y') | NO   |     | N       |       |
| Event_priv            | enum('N','Y') | NO   |     | N       |       |
| Trigger_priv          | enum('N','Y') | NO   |     | N       |       |
+-----------------------+---------------+------+-----+---------+-------+
22 rows in set (0.00 sec)
```

图 11-2　查看 db 表信息

图 11-2 的执行结果显示，db 表的字段大致可以分为两类，分别为用户列和权限列。

1. 用户列

db 表的用户列有 3 个字段，分别是 Host、Db 和 User。这 3 个字段分别表示主机名、数据库名和用户名。host 表的用户列有两个字段，分别是 Host 和 Db，这两个字段分别表示主机名和数据库名。

2. 权限列

Create_routine_priv 和 Alter_routine_priv 这两个字段决定用户是否具有创建和修改存储过程的权限。

user 表中的权限是针对所有数据库。如果 user 表中的 Select_priv 字段取值为 Y，那么该用户可以查询所有数据库中的表；如果为某个用户只设置了查询 test 表的权限，那么 user 表的 Select_priv 字段取值为 N。由此可知，用户先根据 user 表的内容获取权限，然后根据 db 表的内容获取权限。再举一个例子，有一个名称为 Rebecca 的用户分别从名称为 far.hz.com 和 near.hz.com 的两个主机连接到数据库，并需要操作 books 数据库，这时可以将用户名称 Rebecca 添加到 db 表中，将两个主机地址添加到 db 表的 host 字段，将数据库名 books 添加到 db 表的 Db 字段。当有用户连接到 MySQL 服务器时，MySQL 会从 db 表中查找相匹配的值，并根据查询的结果决定用户的操作是否被允许。

11.1.3　tables_priv 表和 columns_priv 表

tables_priv 表用来对表设置操作权限，columns_priv 表用来对表的某一列设置权限。tables_priv 表和 columns_priv 表的结构分别如图 11-3 和图 11-4 所示。

```
mysql> desc mysql.tables_priv;

| Field       | Type                                                                                                                                      | Null | Key | Default           | Extra                         |

| Host        | char(60)                                                                                                                                   | NO   | PRI |                   |                               |
| Db          | char(64)                                                                                                                                   | NO   | PRI |                   |                               |
| User        | char(32)                                                                                                                                   | NO   | PRI |                   |                               |
| Table_name  | char(64)                                                                                                                                   | NO   | PRI |                   |                               |
| Grantor     | char(93)                                                                                                                                   | NO   | MUL |                   |                               |
| Timestamp   | timestamp                                                                                                                                  | NO   |     | CURRENT_TIMESTAMP | on update CURRENT_TIMESTAMP   |
| Table_priv  | set('Select','Insert','Update','Delete','Create','Drop','Grant','References','Index','Alter','Create View','Show view','Trigger')          | NO   |     |                   |                               |
| Column_priv | set('Select','Insert','Update','References')                                                                                               | NO   |     |                   |                               |

8 rows in set (0.00 sec)
```

图 11-3　查看 tables_priv 表信息

```
mysql> desc mysql.columns_priv;

| Field       | Type                                         | Null | Key | Default           | Extra                       |

| Host        | char(60)                                     | NO   | PRI |                   |                             |
| Db          | char(64)                                     | NO   | PRI |                   |                             |
| User        | char(32)                                     | NO   | PRI |                   |                             |
| Table_name  | char(64)                                     | NO   | PRI |                   |                             |
| Column_name | char(64)                                     | NO   | PRI |                   |                             |
| Timestamp   | timestamp                                    | NO   |     | CURRENT_TIMESTAMP | on update CURRENT_TIMESTAMP |
| Column_priv | set('Select','Insert','Update','References') | NO   |     |                   |                             |

7 rows in set (0.00 sec)
```

图 11-4　查看 columns_priv 表信息

tables_priv 表有 8 个字段，分别是 Host、Db、User、Table_name、Grantor、Timestamp、Table_priv 和 Column_priv，各个字段说明如下：

（1）Host、Db、User 和 Table_name 四个字段分别表示主机名、数据库名、用户名和表名。

（2）Grantor 表示修改该记录的用户。

（3）Timestamp 字段表示修改该记录的时间。

（4）Table_priv 表示对象的操作权限包括 Select、Insert、Update、Delete、Create、Drop、Grant、References、Index 和 Alter。

（5）Column_priv 字段表示对表中的列的操作权限，包括 Select、Insert、Update 和 References。

columns_priv 表只有 7 个字段，分别是 Host、Db、User、Table_name、Column_name、Timestamp、Column_priv。其中，Column_name 用来指定对哪些数据列具有操作权限。

11.1.4　procs_priv 表

procs_priv 表可以对存储过程和存储函数设置操作权限，表结构如图 11-5 所示。

```
mysql> desc mysql.procs_priv;
+--------------+---------------------------------------+------+-----+-------------------+-----------------------------+
| Field        | Type                                  | Null | Key | Default           | Extra                       |
+--------------+---------------------------------------+------+-----+-------------------+-----------------------------+
| Host         | char(60)                              | NO   | PRI |                   |                             |
| Db           | char(64)                              | NO   | PRI |                   |                             |
| User         | char(32)                              | NO   | PRI |                   |                             |
| Routine_name | char(64)                              | NO   | PRI |                   |                             |
| Routine_type | enum('FUNCTION','PROCEDURE')          | NO   | PRI | NULL              |                             |
| Grantor      | char(93)                              | NO   | MUL |                   |                             |
| Proc_priv    | set('Execute','Alter Routine','Grant')| NO   |     |                   |                             |
| Timestamp    | timestamp                             | NO   |     | CURRENT_TIMESTAMP | on update CURRENT_TIMESTAMP |
+--------------+---------------------------------------+------+-----+-------------------+-----------------------------+
8 rows in set (0.00 sec)
```

图 11-5　查看 proc_priv 表信息

procs_priv 表包含 8 个字段，分别是 Host、Db、User、Routine_name、Routine_type、Grantor、Proc_priv 和 Timestamp，各个字段的说明如下：

（1）Host、Db 和 User 字段分别表示主机名、数据库名和用户名。

（2）Routine_name 表示存储过程或函数的过程。

（3）Routine_type 表示存储过程或函数的类型。Routine_type 字段有两个值，分别是 FUNTION 和 PROCEDURE：FUNCTION 表示这是一个函数，PROCEDURE 表示这是一个存储过程。

（4）Grantor 是插入或修改该记录的用户。

（5）Proc_pric 表示拥有的权限，包括 Execute、Alter Routine、Grant 三种。

（6）Timestamp 表示记录更新时间。

11.2　账户管理

账户管理是 MySQL 用户管理最基本的内容。MySQL 提供了许多语句用来管理用户账号，这些语句可以用来管理包括登录和退出 MySQL 服务器、创建用户、删除用户、密码管理和权限管理等内容。MySQL 数据库的安全性需要通过账户管理来保证。本节将介绍在 MySQL 中如何对账户进行管理。

11.2.1　登录和退出 MySQL 服务器

登录 MySQL 时，可以使用 mysql 命令指定登录主机以及用户名和密码。本小节将详细介绍 mysql 命令的常用参数以及登录、退出 MySQL 服务器的方法。

启动 MySQL 服务后，可以通过 mysql 命令来登录 MySQL 服务器，命令如下：

```
mysql -h hostname|hostIP -P port -u username -p DatabaseName -e "SQL 语句"
```

下面详细介绍命令中的参数：

- -h 参数后面接主机名或者主机 IP，hostname 为主机，hostIP 为主机 IP。
- -P 参数后面接 MySQL 服务的端口，通过该参数连接到指定的端口。MySQL 服务的默认端口是 3306，不使用该参数时自动连接到 3306 端口，port 为连接的端口号。
- -u 参数后面接用户名，username 为用户名。
- -p 参数会提示输入密码。
- DatabaseName 参数指明登录到哪一个数据库中。如果没有该参数，就会直接登录到 MySQL 数据库中，然后可以使用 USE 命令来选择数据库。
- -e 参数后面可以直接加 SQL 语句。登录 MySQL 服务器以后即可执行这个 SQL 语句，然后退出 MySQL 服务器。

【示例 11-1】使用 root 用户登录到本机的数据库，命令如下，执行结果如图 11-6、图 11-7 所示。

```
mysql -h localhost -uroot -proot;
mysql -h 127.0.0.1 -uroot -proot;
```

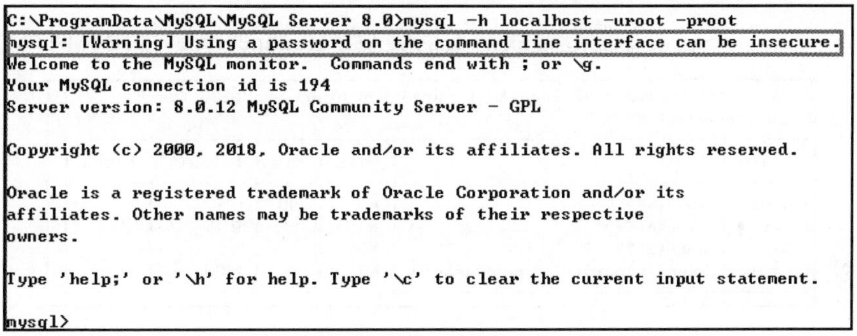

图 11-6　root 账号登录

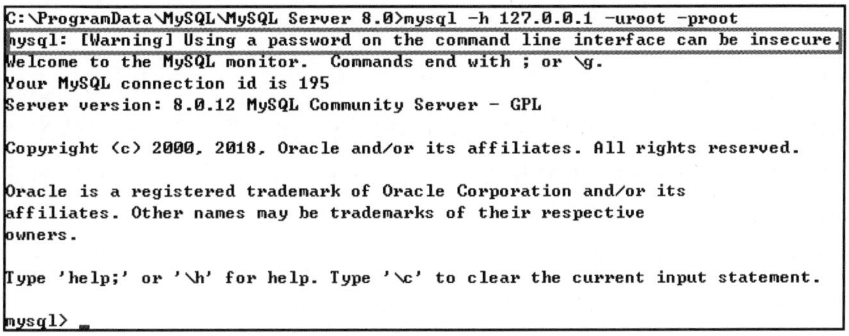

图 11-7　root 账号登录

图 11-6 和图 11-7 都是用 root 账号登录，只不过图 11-6 中使用主机名登录，而图 11-7 中使用主机 IP 登录。以上两张图中都提示了密码不安全的警告，MySQL 8 版本之后，不推荐在命令中显式地直接输入密码，应当先使用-p 命令，再根据提示输入密码，如图 11-8 所示。

```
C:\Users\eleph>mysql -h localhost -uroot -p
Enter password: ****
Welcome to the MySQL monitor.  Commands end with ; or \g.
Your MySQL connection id is 229
Server version: 8.0.12 MySQL Community Server - GPL

Copyright (c) 2000, 2018, Oracle and/or its affiliates. All rights reserved.

Oracle is a registered trademark of Oracle Corporation and/or its
affiliates. Other names may be trademarks of their respective
owners.

Type 'help;' or '\h' for help. Type '\c' to clear the current input statement.
```

图 11-8　root 账号登录

 这个命令在 Windows 操作系统的 DOS 窗口下执行，也可以在 Linux 操作系统的 shell 窗口执行，还可以在 OSX 系统的 terminal 窗口中执行。命令的执行方式和执行结果都是一样的。本章的命令都是在 Windows 系统的 DOS 窗口下执行的。

【示例 11-2】下面使用 root 用户登录到自己计算机的 mysql 数据库中，同时查询 func 表的表结构，命令如下，执行结果如图 11-9 所示。

```
mysql -h localhost -uroot -p mysql -e "DESC func";
```

```
C:\Users\eleph>mysql -h localhost -uroot -p mysql -e "DESC func";
Enter password: ****
+-------+-----------------------------+------+-----+---------+-------+
| Field | Type                        | Null | Key | Default | Extra |
+-------+-----------------------------+------+-----+---------+-------+
| name  | char(64)                    | NO   | PRI |         |       |
| ret   | tinyint(1)                  | NO   |     | 0       |       |
| dl    | char(128)                   | NO   |     |         |       |
| type  | enum('function','aggregate')| NO   |     | NULL    |       |
+-------+-----------------------------+------+-----+---------+-------+
```

图 11-9　root 账号登录查询 mysql 数据库的 func 表结构

图 11-9 的执行结果显示，执行命令之后，窗口会显示 func 表的基本结构。

11.2.2　新建普通用户

在 MySQL 数据库中，可以使用 CREATE USER 语句创建新用户，这也是 MySQL 官方推荐的方式。MySQL 8 版本移除了 PASSWORD 加密方法，因此不再推荐使用 INSERT 语句直接操作 MySQL 中的 user 表来增加用户。

在 MySQL 8 版本之前可以使用 GRANT 语句新建用户，在 MySQL 8 版本之后对 GRANT 语句限制更严格，需要先创建用户才能执行 GRANT 语句。

使用 CREATE USER 语句来创建新用户时，必须拥有 CREATE USER 权限。CREATE USER 语句的基本语法形式如下：

```
CREATE USER user[IDENTIFIED BY 'password']
          [,user[IDENTIFIED BY 'password']]…
```

其中，user 参数表示新建用户的账户，由用户（User）和主机名（Host）构成；INDENTIFIED BY 关键字用来设置用户的密码；password 参数表示用户的密码。CREATE USER 语句可以同时创建多个用户，新用户可以没有初始密码。

【示例 11-3】下面使用 CREATE USER 语句来创建名为 test1 的用户，密码也是 test1，其主机名为 localhost，命令如下，执行结果如图 11-10 所示。

```
CREATE USER 'Justin'@'localhost' IDENTIFIED BY '123456';
```

```
mysql> CREATE USER 'Justin'@'localhost' IDENTIFIED BY '123456';
Query OK, 0 rows affected (0.09 sec)
```

图 11-10　新建普通用户

图 11-10 的执行结果显示，新建普通用户操作成功。

11.2.3　删除普通用户

在 MySQL 数据库中，可以使用 DROP USER 语句来删除普通用户，也可以直接在 mysql.user 表中删除用户。

1. 用 DROP 语句来删除普通用户

使用 DROP USER 语句来删除用户时，必须用于 DROP USER 权限。DROP USER 语句的基本语法形式如下：

```
DROP USER user[,user]…;
```

其中，user 参数是需要删除的用户，由用户的用户名（User）和主机名（Host）组成。DROP USER 语句可以同时删除多个用户，各用户之间用逗号隔开。

【示例 11-4】下面使用 DROP USER 语句来删除用户 Justin，其 Host 值为 localhost。DROP USER 语句如下，执行结果如图 11-11 所示。

```
DROP USER 'Justin'@'localhost';
```

```
mysql> drop user 'Justin'@'localhost';
Query OK, 0 rows affected (0.01 sec)

mysql>
```

图 11-11　删除普通用户

执行结果显示，删除普通用户成功。

2. 用 DELETE 语句来删除普通用户

可以使用 DELETE 语句直接将用户的信息从 mysql.user 表中删除，但必须拥有对 mysql.user 表的 DELETE 权限，DELETE 语句的基本语法形式如下：

```
DELETE FROM mysql.user WHERE Host='hostname' AND User='username';
```

Host 字段和 User 字段都是 use 表的主键，因此两个字段的值才能唯一确定一条记录。

【示例 11-5】下面使用 DELETE 语句删除名为 Emily 的用户，该用户的主机名是 localhost。DELETE 语句如下，执行结果如图 11-12 所示。

```
DELETE FROM mysql.user WHERE Host='localhost' AND User='Emily';
```

图 11-12 的执行结果显示操作成功。可以使用 SELECT 语句查询 mysql.user 表，以确定该用户是否已经成功删除。执行完 DELETE 命令后要使用 FLUSH 命令来使用户生效，命令如下，执行结果如图 11-13 所示。

```
FLUSH PRIVILEGES;
```

```
mysql> DELETE FROM mysql.user
    -> WHERE HOST='localhost'
    -> AND User='Emily';
Query OK, 1 row affected (0.01 sec)
```

图 11-12　删除普通用户

```
mysql> FLUSH PRIVILEGES;
Query OK, 0 rows affected (0.00 sec)

mysql>
```

图 11-13　FLUSH 使得操作生效

执行结果成功，MySQL 数据库系统可以从 mysql 数据库中的 user 表中重新装载权限。

11.2.4　root 用户修改自己的密码

root 用户拥有很高的权限，因此必须保证 root 用户的密码安全。root 用户可以通过多种方式来修改密码，使用 ALTER USER 命令修改用户密码是 MySQL 官方推荐的方式。此外，也可以通过 SET 语句修改密码。由于 MySQL 8 中已移除了 PASSWORD()函数，因此不再使用 UPDATE 语句直接操作用户表修改密码。

1. 使用 ALTER USER 命令来修改 root 用户的密码

root 用户可以使用 ALTER 命令来修改密码。命令的基本语法如下：

```
ALTER USER USER() IDENTIFIED BY 'new_password';
```

该语句代表修改当前登录用户的密码。

【示例 11-6】下面使用 ALTER 命令来修改 root 用户的密码，将密码改为"hello1234"。命令如下，执行结果如图 11-14 所示。

```
ALTER USER USER() IDENTIFIED BY 'hello1234';
```

```
mysql> ALTER USER USER() IDENTIFIED BY "hello1234";
Query OK, 0 rows affected (0.03 sec)
```

图 11-14　修改 root 密码

执行成功后，退出 mysql，再使用新密码登录，执行结果如图 11-15 所示。

```
mysql> exit
Bye

C:\Users\eleph>mysql -uroot -p
Enter password: **********
Welcome to the MySQL monitor.  Commands end with ; or \g.
Your MySQL connection id is 233
Server version: 8.0.12 MySQL Community Server - GPL

Copyright (c) 2000, 2018, Oracle and/or its affiliates. All rights reserved.

Oracle is a registered trademark of Oracle Corporation and/or its
affiliates. Other names may be trademarks of their respective
owners.

Type 'help;' or '\h' for help. Type '\c' to clear the current input statement.
```

图 11-15　使用新密码登录

2. 使用 SET 语句来修改 root 用户的密码

使用 root 用户登录 MySQL 后，可以使用 SET 语句来修改密码，具体 SQL 语句如下：

```
SET PASSWORD='new_password';
```

该语句会自动将密码加密后再赋给当前用户。虽然这种方法能实现密码修改，但是 MySQL 官方推荐使用 ALTER USER 命令。

【示例 11-7】下面使用 SET 语句来修改 root 用户的密码，将密码改为"hello1234"。SET 语句具体如下，执行结果如图 11-16 所示。

```
SET PASSWORD='hello1234';
```

```
mysql> SET PASSWORD = 'hello1234';
Query OK, 0 rows affected (0.12 sec)
```

图 11-16　修改 root 密码

退出后使用新密码来登录，结果显示使用新密码登录成功。

11.2.5　root 用户修改普通用户的密码

root 用户不仅可以修改自己的密码，还可以修改普通用户的密码。root 用户登录 MySQL 服务器后，可以通过 SET 语句和 ALTER 语句来修改普通用户的密码。由于 PASSWORD()函数已移除，因此使用 UPDATE 直接操作用户表的方式已不再使用。

1. 使用 SET 命令来修改普通用户的密码

使用 root 用户登录到 MySQL 服务器后，可以使用 SET 语句来修改普通用户的密码。SET 语句的代码如下：

```
SET PASSWORD FOR 'username'@'hostname'='new_password';
```

其中，username 参数是普通用户的用户名；hostname 参数是普通用户的主机名；new_password 是新密码。

【示例 11-8】下面使用 SET 语句来修改 Justin 用户的密码，将密码改成"hello1234"。具体步骤如下：

（1）使用 SET 语句来修改普通用户的密码，SQL 语句如下，执行结果如图 11-17 所示。

```
SET PASSWORD for 'Justin'@'localhost'='hello1234';
```

```
mysql> SET PASSWORD for 'Justin'@'localhost'='hello1234';
Query OK, 0 rows affected (0.03 sec)
```

图 11-17　修改 Justin 用户密码

（2）让 Justin 用户使用新密码登录，命令如下，确认后输入新密码，执行结果如图 11-18 所示。

```
mysql -u Justin -p;
```

```
C:\Users\eleph>mysql -uJustin -p
Enter password: *********
Welcome to the MySQL monitor.  Commands end with ; or \g.
Your MySQL connection id is 241
Server version: 8.0.12 MySQL Community Server - GPL

Copyright (c) 2000, 2018, Oracle and/or its affiliates. All rights reserved.

Oracle is a registered trademark of Oracle Corporation and/or its
affiliates. Other names may be trademarks of their respective
owners.

Type 'help;' or '\h' for help. Type '\c' to clear the current input statement.
```

图 11-18　Justin 用户用新密码登录

图 11-18 的执行结果显示 Justin 用户使用新密码登录成功。

2. 用 ALTER 语句来修改普通用户的密码

可以使用 ALTER USER 语句来修改普通用户的密码。基本语法形式如下：

```
ALTER USER user [IDENTIFIED BY 'password']
[,user[IDENTIFIED BY 'password']]…;
```

其中，user 参数表示新用户的账户，由用户名和主机名构成；"IDENTIFIED BY"关键字用来设置密码；password 参数表示新用户的密码。

【示例 11-9】下面使用 ALTER 语句来修改 Justin 用户的密码，将密码改为"hello1234"。执行结果如图 11-19 所示。

```
ALTER USER 'Justin'@'localhost'
    IDENTIFIED BY 'hello1234';
```

```
mysql> ALTER USER 'Justin'@'localhost'
    ->             IDENTIFIED BY 'hello1234';
Query OK, 0 rows affected (0.02 sec)
```

图 11-19　修改 Justin 用户的密码

图 11-19 的执行结果显示，修改 Justin 用户的密码成功。Justin 用户使用新密码登录，执行结果登录成功。

11.2.6　普通用户修改密码

普通用户可对自己的密码进行管理，方法与 root 用户修改自己的密码相同，可参考 11.2.4 节进行学习。

11.2.7　root 用户密码丢失的解决办法

对于 root 用户密码丢失这种特殊的情况，MySQL 提供了对应的解决处理机制。可以通过特殊的方法登录到 MySQL 服务器，然后在 root 用户下重新设置密码。MySQL 8 版本的 ROOT 密码找回方法与之前版本有所不同，下面分别介绍 Window 系统、Linux 系统、Mac OSX 系统解决 root 用户密码丢失的方法。

1. Windows 系统下丢失 MySQL root 登录密码的解决方法

（1）以管理员身份打开 DOS 命令窗口，用以下命令关闭 MySQL 服务，进入 MySQL 的 bin 目录，执行结果如图 11-20 所示。

```
net stop mysql57
cd C:\Program Files\MySQL\MySQL Server 8.0\bin
```

图 11-20　在 DOS 窗口关闭 MySQL 服务

（2）开启安全模式下的 MySQL 服务，命令如下，执行结果如图 11-21 所示。

```
mysqld --datadir="C:\ProgramData\MySQL\MySQL Server 8.0\Data" --shared-memory
--skip-grant-tables
```

（3）图 11-21 中的光标闪烁，此时重新打开一个 DOS 窗口，用以下命令登录 MySQL，执行结果如图 11-22 所示。

```
mysql -u root
```

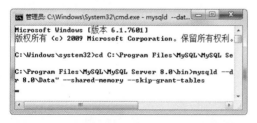 

图 11-21　开启安全模式下的 MySQL 服务　　　图 11-22　安全模式下登录 MySQL

（4）使用 UPDATE 语句将 root 的密码置空。在 MySQL 8 版本的安全模式下，如果 ROOT

用户的密码不为空，就无法直接修改。SQL 语句如下，执行结果如图 11-23 所示。

```
UPDATE mysql.user SET authentication_string='' WHERE User='root';
```

（5）执行完之后需要刷新一下，具体 SQL 语句如下，执行结果如图 11-24 所示；如果不刷新将会报错，如图 11-25 所示。

```
FLUSH PRIVILEGES;
```

```
mysql> use mysql;
Database changed
mysql> update user set authentication_string='' where user='root';
Query OK, 1 row affected (0.05 sec)
Rows matched: 1  Changed: 1  Warnings: 0
```

```
mysql> flush privileges;
Query OK, 0 rows affected (0.03 sec)
```

图 11-23　修改 root 用户密码为空　　　　　　　　　　　　　图 11-24　刷新

（6）刷新之后使用 ALTER USER 语句修改用户的密码，SQL 语句如下，执行结果如图 11-26 所示。

```
ALTER USER 'root'@'localhost' IDENTIFIED BY '123456';
```

```
mysql> alter user 'root'@'localhost' identified by '123456';
ERROR 1290 (HY000): The MySQL server is running with the --skip-grant-tables option
ot execute this statement
```

```
mysql> alter user 'root'@'localhost' identified by '123456';
Query OK, 0 rows affected (0.07 sec)
```

图 11-25　修改 root 用户密码报错　　　　　　　　　图 11-26　修改用户 root 密码成功

（7）退出 MySQL，关闭当前所有 DOS 窗口或用 Windows 系统的 tskill 命令关闭 mysqld 进程。打开一个新 DOS 窗口，用以下命令重启 MySQL 服务，执行结果如图 11-27 所示。

```
net start MySQL 80
```

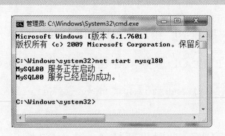

图 11-27　重新开启 MySQL 服务

（8）MySQL 服务启动成功之后，root 用户用新密码登录 MySQL，具体命令如下，执行结果如图 11-28 所示。

```
mysql -u root -p
```

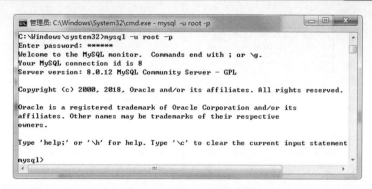

图 11-28　root 用户登录 MySQL

图 11-28 的执行结果显示，在 Windows 下重新设置 root 用户密码成功。

2. Linux 系统下丢失 MySQL root 登录密码的解决方法

（1）关闭 MySQL 服务，具体命令如下，执行结果如图 11-29 所示。

```
sudo /etc/init.d/mysql stop
```

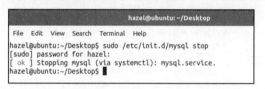

图 11-29　关闭 MySQL 服务

（2）启动 MySQL 安全模式下服务，具体命令如下，执行结果如图 11-30 所示。

```
sudo mkdir -p /var/run/mysqld
sudo chown mysql:mysql /var/run/mysqld
sudo /usr/bin/mysqld_safe --skip-grant-tables
 --skip-networking &
```

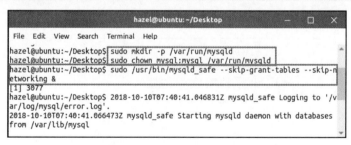

图 11-30　启动安全模式下 MySQL 服务

（3）安全模式下连接 MySQL 服务，执行结果如图 11-31 所示。

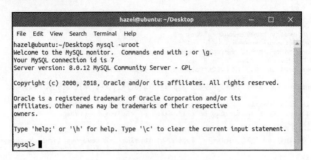

图 11-31　安全模式下连接 MySQL 服务

后续操作与 Windows 下丢失 ROOT 密码的操作基本相同，请读者参考前文内容。由于篇幅问题，在此不再详述。

3. Mac OSX 系统下丢失 MySQL root 登录密码的解决方法

（1）在"系统偏好设置"中打开 MySQL 服务，如图 11-32 所示，此时 MySQL 的运行状态是"running"。

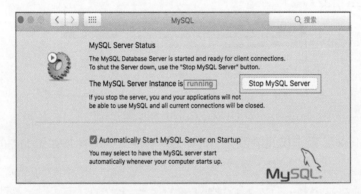

图 11-32　MySQL 服务状态

（2）在图 11-32 中单击"Stop MySQL Server"按钮，关闭 MySQL 服务，如图 11-33 所示。

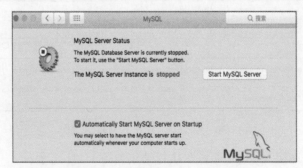

图 11-33　MySQL 服务状态已关闭

（3）进入 MySQL 的 bin 目录，执行命令如下，执行结果如图 11-34 所示。

```
cd /usr/local/mysql/bin;
```

```
rebeccadeMacBook-Pro:~ root# cd /usr/local/mysql/bin
rebeccadeMacBook-Pro:bin root#
```

图 11-34　进入 MySQL 的 bin 目录

（4）输入以下命令以安全模式运行 MySQL，执行结果如图 11-35 所示。

```
sudo ./mysqld_safe --skip-grant-tables
```

```
rebeccadeMacBook-Pro:~ root# cd /usr/local/mysql/bin
rebeccadeMacBook-Pro:bin root# sudo ./mysqld_safe    --skip-grant-tables
```

图 11-35　安全模式开启 MySQL 服务

（5）服务开启之后，去"系统偏好设置"中打开 MySQL 服务页面，可以看到服务已经启动，如图 11-36 所示。

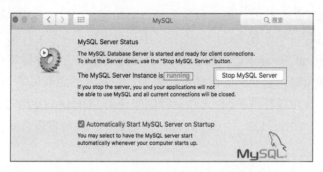

图 11-36　安全模式下 MySQL 服务已启动

然后重新打开一个命令窗口，不用密码以安全模式登录 MySQL，成功登录后的操作与 Windows 系统操作基本一致，请参考前文，在此不再详述。

11.2.8　MySQL 8 密码管理

MySQL 中记录使用过的历史密码，目前包含如下密码管理功能：

（1）密码过期：要求定期修改密码。
（2）密码重用限制：不允许使用旧密码。
（3）密码强度评估：要求使用高强度的密码。

> MySQL 密码管理功能只针对使用基于 MySQL 授权插件的账号，这些插件有 mysql_native_password、sha256_password 和 caching_sha2_password。

1. 密码过期策略

在 MySQL 中，数据库管理员可以手动设置账号密码过期，也可以建立一个自动密码过期策略。过期策略可以是全局的，也可以为每个账号设置单独的过期策略。

手动设置账号密码过期，可使用如下语句：

```
ALTER USER user PASSWORD EXPIRE;
```

【示例 11-10】将用户 Justin 账号的密码设置为过期，SQL 语句如下，执行结果如图 11-37 所示。

```
ALTER USER 'Justin'@'localhost' PASSWORD EXPIRE;
```

该语句将用户 Justin 的密码设置为过期，Justin 用户仍然可以登录进入数据库，但无法进行查询，如图 11-38 所示。

密码过期后，只有重新设置了新密码，才能正常使用。

```
mysql> ALTER USER 'Justin'@'localhost' PASSWORD EX
PIRE;
Query OK, 0 rows affected (0.01 sec)
```

图 11-37　设置 Justin 用户密码过期

```
mysql> show databases;
ERROR 1820 (HY000): You must reset your password u
sing ALTER USER statement before executing this st
atement.
```

图 11-38　密码过期登录后执行 SQL 错误

密码过期策略基于最后修改密码的时间自动将密码设置为过期。如果密码使用的时间大于允许的时间，服务器会自动设置为过期，不需要手动设置。

MySQL 使用 default_password_lifetime 系统变量建立全局密码过期策略。它的默认值是 0，表示不使用自动过期策略。它允许的值是正整数 N，表示密码必须每隔 N 天进行修改。该值可在服务器的配置文件中进行维护，也可在运行期间使用 SQL 语句更改该变量的值并持久化。例如，设置密码每隔 180 天过期，用到的 SQL 语句如下，两种实现方式分别如图 11-39、图 11-40 所示。

```
SET PERSIST default_password_lifetime = 180;
```

```
[mysqld]
default_password_lifetime=180
```

图 11-39　配置密码过期时间

```
mysql> SET PERSIST default_password_lifetime = 180
;
Query OK, 0 rows affected (0.01 sec)
```

图 11-40　SQL 语句设置密码过期时间

每个账号既可延用全局密码过期策略，也可单独设置策略。在 CREATE USER 和 ALTER USER 语句上加入 PASSWORD EXPIRE 选项可实现单独设置策略。下面是一些语句示例。

```
#设置 Justin 账号密码每 90 天过期：
CREATE USER 'Justin'@'localhost' PASSWORD EXPIRE INTERVAL 90 DAY;
ALTER USER 'Justin'@'localhost' PASSWORD EXPIRE INTERVAL 90 DAY;
#设置密码永不过期：
CREATE USER 'Justin'@'localhost' PASSWORD EXPIRE NEVER;
ALTER USER 'Justin'@'localhost' PASSWORD EXPIRE NEVER;
#延用全局密码过期策略：
CREATE USER 'Justin'@'localhost' PASSWORD EXPIRE DEFAULT;
```

2. 密码重用策略

MySQL 限制使用已用过的密码。重用限制策略基于密码更改的数量和使用的时间。重用策略可以是全局的，也可以为每个账号设置单独的策略。

账号的历史密码包含过去该账号所使用的密码。MySQL 基于以下规则来限制密码重用。

（1）如果账号的密码限制基于密码更改的数量，那么新密码不能从最近限制的密码数量中选择。例如，如果密码更改的最小值为 3，那么新密码不能与最近 3 个密码中任何一个相同。

（2）如果账号密码限制基于时间，那么新密码不能从规定时间内选择。例如，如果密码重用周期为 60 天，那么新密码不能从最近 60 天内使用的密码中选择。

 空字符串的密码不在限制规则之内。

MySQL 使用 password_history 和 password_reuse_interval 系统变量设置密码重用策略。password_history 规定密码重用的数量，password_reuse_interval 规定密码重用的周期。这两个值可在服务器的配置文件中进行维护，也可在运行期间使用 SQL 语句更改该变量的值并持久化。例如，设置不能选择最近使用过的 6 个密码以及最近一年内的密码，用到的 SQL 语句如下，两种方式实现分别如图 11-41、图 11-42 所示。

```
SET PERSIST password_history = 6;
SET PERSIST password_reuse_interval = 365;
```

```
[mysqld]
password_history=6
password_reuse_interval=365
```

```
mysql> SET PERSIST password_history = 6;
Query OK, 0 rows affected (0.00 sec)

mysql> SET PERSIST password_reuse_interval = 365;
Query OK, 0 rows affected (0.00 sec)
```

图 11-41 配置密码重用策略　　　图 11-42 SQL 语句设置密码重用策略

每个账号可以延用全局密码重用策略，也可单独设置策略。在 CREATE USER 和 ALTER USER 语句中使用 PASSWORD HISTORY 和 PASSWORD REUSE INTERVAL 选项可实现单独设置策略。这两个选项可以单独使用，也可以结合在一起使用。下面是一些语句示例。

```
#不能使用最近 5 个密码：
CREATE USER 'Justin'@'localhost' PASSWORD HISTORY 5;
ALTER USER 'Justin'@'localhost' PASSWORD HISTORY 5;
#不能使用最近 365 天内的密码：
CREATE USER 'Justin'@'localhost' PASSWORD REUSE INTERVAL 365 DAY;
ALTER USER 'Justin'@'localhost' PASSWORD REUSE INTERVAL 365 DAY;
#既不能使用最近 5 个密码，也不能使用 365 天内的密码
CREATE USER 'Justin'@'localhost'
PASSWORD HISTORY 5
PASSWORD REUSE INTERVAL 365 DAY;
ALTER USER 'Justin'@'localhost'
PASSWORD HISTORY 5
PASSWORD REUSE INTERVAL 365 DAY;
#延用全局策略
CREATE USER 'Justin'@'localhost'
PASSWORD HISTORY DEFAULT
```

```
PASSWORD REUSE INTERVAL DEFAULT;
ALTER USER 'Justin'@'localhost'
PASSWORD HISTORY DEFAULT
PASSWORD REUSE INTERVAL DEFAULT;
```

11.3 MySQL 8 新特性：角色

在 MySQL 中，角色是权限的集合，可以为角色添加或移除权限。用户可以被赋予角色，同时也被授予角色包含的权限。对角色进行操作需要较高的权限，如果没有特殊说明，以下内容都是以 ROOT 用户账号进行讲解的。

11.3.1 创建角色并给角色授权

在实际应用中，为了安全性，需要给用户授予权限。当用户数量较多时，为了避免单独给每一个用户授予多个权限，可以先将权限集合放入角色中，再赋予用户相应的角色。创建角色使用 CREATE ROLE 语句，语法如下：

```
CREATE ROLE 'role_name'[@'host_name']
 [,'role_name'[@'host_name']]...
```

角色名称的命名规则和用户名类似。如果 host_name 省略，默认为%，role_name 不可省略，不可为空。

创建完成后需要使用 GRANT 语句给角色授予权限，语法如下：

```
GRANT privileges ON table_name TO 'role_name'[@'host_name'];
```

上述语句中 privileges 代表权限的名称，多个权限以逗号隔开。可使用 SHOW 语句查询权限名称，图 11-43 列出了部分权限列表。

```
SHOW PRIVILEGES\G;
```

```
mysql> SHOW PRIVILEGES\G;
*************************** 1. row ***************************
***********
Privilege: Alter
  Context: Tables
  Comment: To alter the table
*************************** 2. row ***************************
***********
Privilege: Alter routine
  Context: Functions,Procedures
  Comment: To alter or drop stored functions/proced
ures
*************************** 3. row ***************************
***********
Privilege: Create
  Context: Databases,Tables,Indexes
  Comment: To create new databases and tables
*************************** 4. row ***************************
```

图 11-43　查看权限

下面看一个创建角色并授权的示例。

【示例 11-11】创建三个角色，分别拥有全部权限、查询权限和读写权限，步骤如下所示。

（1）使用如下 SQL 语句创建三个角色，角色名为 school_admin、school_read、school_write，如图 11-44 所示。

```
CREATE ROLE 'school_admin', 'school_read', 'school_write';
```

（2）给每个角色授予对应的权限，school_admin 可以对数据库中的所有表进行任何操作，school_read 只能对数据库中的表进行查询，school_write 可以对数据库中的表进行读写操作，SQL 语句如下，执行结果如图 11-45 所示。

```
GRANT ALL ON school.* TO 'school_admin';
GRANT SELECT ON school.* TO 'school_read';
GRANT INSERT, UPDATE, DELETE ON school.* TO 'school_write';
```

```
mysql> use school;
Database changed
mysql> CREATE ROLE 'school_admin', 'school_read',
'school_write';
Query OK, 0 rows affected (0.04 sec)
```

图 11-44　创建角色

```
mysql> GRANT ALL ON school.* TO 'school_admin';
Query OK, 0 rows affected (0.08 sec)

mysql> GRANT SELECT ON school.* TO 'school_read';
Query OK, 0 rows affected (0.00 sec)

mysql> GRANT INSERT, UPDATE, DELETE ON school.* TO
'school_write';
Query OK, 0 rows affected (0.02 sec)
```

图 11-45　给角色授权

（3）授权完成后使用 SHOW 语句查看角色的权限，SQL 语句如下，执行结果如图 11-46 所示。

```
SHOW GRANTS FOR 'school_write';
```

```
mysql> SHOW GRANTS FOR 'school_write';
+----------------------------------------------------------------+
| Grants for school_write@%                                      |
+----------------------------------------------------------------+
| GRANT USAGE ON *.* TO `school_write`@`%`                       |
| GRANT INSERT, UPDATE, DELETE ON `school`.* TO `school_write`@`%` |
+----------------------------------------------------------------+
2 rows in set (0.00 sec)
```

图 11-46　查看角色权限

图 11-46 显示已为角色授予对应的权限，读者可自行查询其他两个角色的权限。

11.3.2　给用户添加角色

角色创建并授权后，要赋给用户并处于激活状态才能发挥作用。给用户添加角色可使用 GRANT 语句，语法形式如下：

```
GRANT role [,role2,...] TO user [,user2,...];
```

在上述语句中，role 代表角色，user 代表用户。可将多个角色同时赋予多个用户，用逗号隔开即可。

添加之后如果角色处于未激活状态，需要先将用户对应的角色激活，才能拥有对应的权限。激活角色使用 SET 语句，语法形式如下。

```
SET ROLE DEFAULT;
```

【示例 11-12】给 Justin 用户添加 school_read 权限。

（1）使用 GRANT 语句给 Justin 添加 school_read 权限，SQL 语句如下，执行结果如图 11-47 所示。

```
GRANT 'school_read' TO 'Justin'@'localhost';
```

（2）添加完成后使用 SHOW 语句查看是否添加成功，SQL 语句如下，执行结果如图 11-48 所示。

```
SHOW GRANTS FOR 'Justin'@'localhost';
```

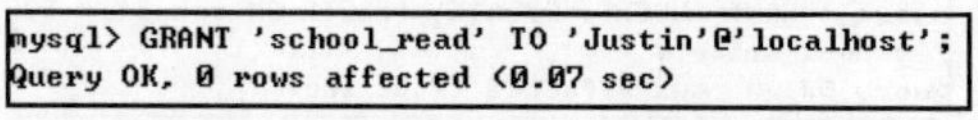

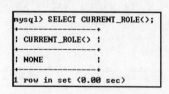

图 11-47　给用户添加角色

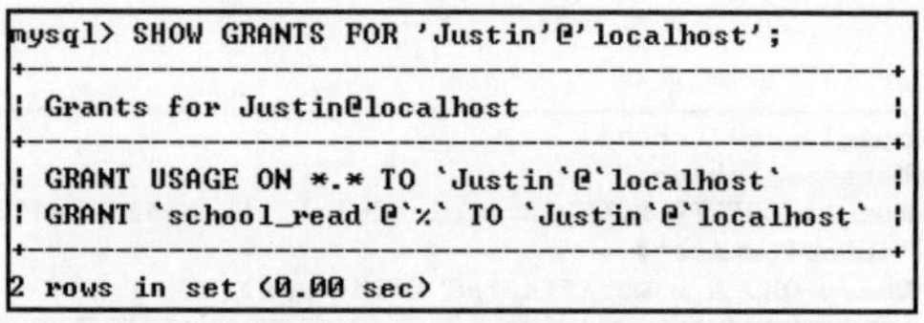

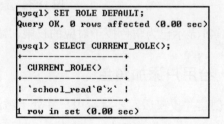

图 11-48　查看用户角色

图 11-48 显示用户 Justin 已被添加了 school_read 角色。

（3）使用 Justin 用户登录，然后查询当前角色，如果角色未激活，结果将显示 NONE。SQL 语句如下，执行结果如图 11-49 所示。

```
SELECT CURRENT_ROLE();
```

（4）图 11-49 中显示 Justin 的角色未激活，执行如下 SET 语句，然后查询当前角色，执行结果如图 11-50 所示。

```
SET ROLE DEFAULT;
SELECT CURRENT_ROLE();
```

图 11-49　查询当前角色

图 11-50　激活角色

（5）管理员给用户添加角色后也可直接运行如下语句激活角色，与第四步中用户登录后执行的 SET 语句效果相同。

```
SET DEFAULT ROLE ALL TO 'Justin'@'localhost';
```

11.3.3 编辑角色或权限

角色授权后，可以对角色的权限进行维护，对权限进行添加或撤销。给用户添加角色后，也可以对用户的角色进行撤销操作。添加权限使用 GRANT 语句，与角色授权相同，读者可参考 11.3.1 小节。撤销角色或角色权限使用 REVOKE 语句。

REVOKE 语句既可以实现撤销角色的权限，也可以撤销用户对应的角色。

撤销用户角色的 SQL 语法如下：

```
REVOKE role FROM user;
```

【示例 11-13】撤销 Justin 用户的 school_read 角色。

（1）撤销的 SQL 语句如下，执行结果如图 11-51 所示。

```
REVOKE 'school_read' FROM 'Justin'@'localhost';
```

（2）撤销后，执行如下查询语句，查看 Justin 用户的角色信息，如图 11-52 所示。

```
SHOW GRANTS FOR 'Justin'@'localhost';
```

```
mysql> REVOKE 'school_read' FROM 'Justin'@'localhost';
Query OK, 0 rows affected (0.10 sec)
```

图 11-51　撤销用户角色

```
mysql> SHOW GRANTS FOR 'Justin'@'localhost';
+------------------------------------------------+
| Grants for Justin@localhost                    |
+------------------------------------------------+
| GRANT USAGE ON *.* TO `Justin`@`localhost`     |
+------------------------------------------------+
1 row in set (0.00 sec)
```

图 11-52　查看用户角色

将图 11-52 与图 11-48 对比可发现，用户 Justin 的 school_read 角色已被撤销。

撤销角色权限的 SQL 语法如下：

```
REVOKE privileges ON tablename FROM 'rolename';
```

【示例 11-14】撤销 school_write 角色的权限。

（1）使用如下语句撤销 school_write 角色的权限，结果如图 11-53 所示。

```
REVOKE INSERT, UPDATE, DELETE ON school.* FROM 'school_write';
```

（2）撤销后使用 SHOW 语句查看 school_write 对应的权限，语句如下，执行结果如图 11-54 所示。

```
SHOW GRANTS FOR 'school_write';
```

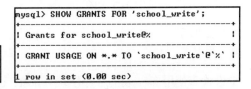

```
mysql> REVOKE INSERT, UPDATE, DELETE ON school.* FR
OM 'school_write';
Query OK, 0 rows affected (0.09 sec)
```

图 11-53　撤销角色权限

```
mysql> SHOW GRANTS FOR 'school_write';
+--------------------------------------------------+
| Grants for school_write@%                        |
+--------------------------------------------------+
| GRANT USAGE ON *.* TO `school_write`@`%`         |
+--------------------------------------------------+
1 row in set (0.00 sec)
```

图 11-54　查看撤销后的角色权限

将图 11-54 与图 11-46 对比可发现，school_write 的权限已被撤销。

11.3.4　删除角色

角色可以被删除。删除角色使用 DROP ROLE 语句，语法形式如下：

```
DROP ROLE role [,role2]...
```

【示例 11-15】删除角色 school_read。

执行如下 SQL 删除角色 school_read，执行结果如图 11-55 所示。

```
DROP ROLE 'school_read';
```

```
mysql> REVOKE INSERT, UPDATE, DELETE ON school.* FR
OM 'school_write';
Query OK, 0 rows affected (0.09 sec)
```

图 11-55　删除角色

> 不管是撤销用户的角色，还是删除角色，在 mandatory_roles 系统变量中声明的角色不可被撤销或删除。

11.4　访问控制

正常情况下，并不希望每个用户都可以执行所有的数据库操作。当 MySQL 允许一个用户执行各种操作时，它将首先核实该用户向 MySQL 服务器发送的连接请求，然后确认用户的操作请求是否被允许。本节将向读者介绍 MySQL 中的访问控制过程。MySQL 的访问控制分为两个阶段：连接核实阶段和请求核实阶段。

11.4.1　连接核实阶段

当用户试图连接 MySQL 服务器时，服务器基于用户的身份以及用户是否能提供正确的密码验证身份来确定接受或者拒绝连接。具体一点展开，即客户端用户会在连接请求中提供用户名、主机地址、用户密码，MySQL 服务器接收到用户请求后，会使用 user 表中的 host、user和 authentication_string 这 3 个字段匹配客户端提供信息。

客户端用户的身份基于两个信息：

- 主机名
- 用户名

身份检查使用 user 表的 3 个字段（host、user 和 authenticaion_string），MySQL 服务器只有在 user 表记录的 host 和 user 列匹配客户端主机名和用户并且提供了正确的密码时才接受连接。

11.4.2 请求核实阶段

一旦建立了连接，服务器就进入了访问控制的阶段 2，也就是请求核实阶段。对此连接上进来的每个请求，服务器检查该请求要执行什么操作、是否有足够的权限来执行它，这正是需要授权表中的权限列发挥作用的地方。这些权限可以来自 user、db、table_priv 和 column_priv 表。

确认权限时，MySQL 首先检查 user 表，如果指定的权限没有在 user 表中被授予，那么 MySQL 就会继续检查 db 表，db 表是下一安全层级，其中的权限限定于数据库层级，在该层级的 SELECT 权限允许用户查看指定数据库的所有表中的数据；如果在该层级没有找到限定的权限，则 MySQL 继续检查 tables_priv 表以及 columns_priv 表，如果所有权限表都检查完毕，但还是没有找到允许的权限操作，MySQL 将返回错误信息，用户请求的操作不能执行，操作失败。请求核实的过程如图 11-56 所示。

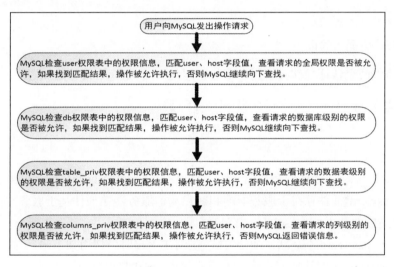

图 11-56 MySQL 请求核实过程

MySQL 通过向下层级的顺序（从 user 表到 columns_priv 表）检查权限表，但并不是所有的权限都要执行该过程。例如，一个用户登录到 MySQL 服务器之后只执行对 MySQL 的管理操作，此时只涉及管理权限，因此 MySQL 只检查 user 表。另外，如果请求的权限操作不被允许，MySQL 也不会继续检查下一层级的表。

11.5 MySQL 8 新特性：安全组件和插件

MySQL 包含一些组件和插件，用来实现安全性，主要包括客户端连接服务器的验证插件和密码验证组件。 客户端与服务器连接插件支持多个授权协议，密码验证组件能够评估密码强度。

11.5.1 身份验证插件

默认的验证插件使用 default_authentication_plugin 系统变量指明。在 MySQL 8 中，默认的插件为 caching_sha2_password。下面讲解一些重要的验证插件。

1. 本地可插入验证

mysql_native_password 插件用来实现本地授权验证。服务器端和客户端都存在该插件，服务器端插件基于 MySQL 服务，不需要单独安装，而客户端插件基于 libmysqlclient 客户端库。使用时可在命令后加入--default-auth 选项来指定该插件为默认插件，如下所示。

```
shell> mysql --default-auth=mysql_native_password
```

2. SHA-256 可插入验证

MySQL 提供两个认证插件实现用户账号密码的 SHA-256 哈希算法加密：

（1）sha256_password: 实现基本的 SHA-256 验证。

（2）caching_sha2_password: 实现 SHA-256 验证，并使用服务器端缓存来获取更好的性能。

caching_sha2_password 插件在后面介绍，这里着重讲一下 sha256_password 插件。

sha256_password 插件存在于服务器端和客户端，服务器端插件基于服务器，不需要单独加载，而客户端插件基于 libmysqlclient 客户端库。

如果 sha256_password 不是默认加密方式,在创建用户时可使用如下语句对密码进行加密。如果 sha256_password 是默认加密方式，不需要使用额外的 WITH 语句。

```
CREATE USER 'Emma'@'localhost'
IDENTIFIED WITH sha256_password BY '123456';
```

可更改配置文件，将默认插件设置为 sha256_password，SQL 语句如下：

```
[mysqld]
default_authentication_plugin=sha256_password
```

3. 缓存 SHA-2 可插入验证

在 MySQL 8 中，caching_sha2_password 是默认的加密插件。

caching_sha2_password 插件存在于服务器端和客户端，服务器端插件基于服务器，不需要单独加载，而客户端插件基于 libmysqlclient 客户端库。

4. 客户端明文可插入验证

这是一个客户端插件，用来向服务器发送密码，发送时不使用哈希算法或加密算法。这个插件基于 MySQL 客户端库。

5. PAM 可插入验证

这个插件是扩展插件，包含在 MySQL 企业版本中。PAM（Pluggable Authentication Modules，可插入验证模块）插件可以使 MySQL 服务器使用 PAM 验证用户。

6. Windows 可插入验证

这个插件是扩展插件，包含在 MySQL 企业版本中。这个插件实现在 Windows 上的外部验证，使得 MySQL 服务使用本地的 Windows 服务验证客户端连接。

7. LDAP 可插入验证

这个插件是扩展插件，包含在 MySQL 企业版本中。LDAP（Lightweight Directory Access Protocol，轻量级目录访问协议）插件使得 MySQL 服务通过 LADP 协议验证用户。

8. 无登录可插入验证

mysql_no_login 插件是服务器端的插件，用来阻止客户端连接，只有使用代理账号或拥有较高权限的账号才能接入。

9. Socket 对等证书可插入验证

auth_socket 插件是服务器端插件，通过 UNIX Socket 文件验证来自本地主机的客户端连接。

10. 测试可插入验证

MySQL 使用测试插件验证账号有效性，并将结果写入服务器错误日志。这是一个可加载的插件，使用前需要安装。

这个插件用于测试和开发目的，不可用于生产环境或暴露在公网的服务器上。

11.5.2　连接控制插件

连接控制插件库使得管理员能够在特定次数的失败连接之后设置服务器响应延迟。这个功能能够减慢恶意暴力侵入。这个插件库包含两个插件：

（1）CONNECTION_CONTROL 插件：检查接入连接，必要时增加相应延迟。

（2）CONNECTION_CONTROL_FAILED_LOGIN_ATTEMPTS：实现对失败连接提供更多的监控信息。

1. 连接控制插件的安装

插件库文件必须放置在 MySQL 插件库中，即 plugin_dir 系统变量指明的目录。必要的话，在服务器启动时设置变量的值。插件库文件名为 connection_control，后缀根据不同的操作系统而不同，例如 UNIX 系统的后缀为.so、Windows 系统的后缀为.dll。

可在配置文件中加入 plugin-load-add 选项配置该类插件。

```
[mysqld]
```

```
plugin-load-add=connection_control.so
```

也可以在运行期间使用如下语句注册该类插件。

```
INSTALL PLUGIN CONNECTION_CONTROL SONAME
 'connection_control.so';
INSTALL PLUGIN CONNECTION_CONTROL_FAILED_LOGIN_ATTEMPTS
SONAME 'connection_control.so';
```

为了验证插件安装，可在 INFORMATION_SCHEMA 库中的 PLUGINS 表中直接查看或使用如下 SHOW PLUGINS 语句查看。

```
SELECT PLUGIN_NAME, PLUGIN_STATUS
FROM INFORMATION_SCHEMA.PLUGINS
WHERE PLUGIN_NAME LIKE 'connection%';
```

2. 连接控制系统和状态变量

连接控制插件安装后将会出现 3 个系统变量和一个状态变量。

三个系统变量分别为：

- connection_control_failed_connections_threshold：规定服务器为后来的请求增加延迟前所允许的客户端连续连接失败的次数。
- connection_control_max_connection_delay：当规定的失败次数大于零时，该变量设置最大延迟的毫秒数。
- connection_control_min_connection_delay：当规定的失败次数大于零时，该变量设置最小延迟的毫秒数。

状态变量为 connection_control_delay_generated，设置服务器增加延迟的次数。

11.5.3 密码验证组件

validate_password 组件用来测试密码，提高安全性。该组件可提供用于定义密码策略的系统变量，还能提供监控组件的状态变量。

1. 安装和卸载密码验证组件

组件库文件必须放置在 MySQL 的插件库中，该目录由 plugin_dir 变量指定。

安装 validate_password 组件，可使用如下语句：

```
INSTALL COMPONENT 'file://component_validate_password';
```

卸载 validate_password 组件，可使用如下语句：

```
UNINSTALL COMPONENT 'file://component_validate_password';
```

2. 密码验证组件变量

密码验证组件安装后，将会出现一些系统变量和状态变量，分别如表 11-1、表 11-2 所示。

表 11-1 密码验证组件系统变量

变量名	描述
validate_password.check_user_name	用户名检测，默认开启
validate_password.dictionary_file	密码条件的字典文件
validate_password.length	密码长度
validate_password.mixed_case_count	密码包含大小写字母的数量
validate_password.number_count	密码中包含的数字数量
validate_password.policy	密码策略
validate_password.special_char_count	密码中包含的特殊字符数量

表 11-2 密码验证组件状态变量

变量名	描述
validate_password.dictionary_file_last_parsed	字典文件最后解析的时间
validate_password.dictionary_file_words_count	字典文件的字数

11.5.4 MySQL Keyring

MySQL 服务提供钥匙圈（Keyring）服务，使得内部的服务器组件和插件能够安全地存储敏感信息。MySQL 钥匙圈的实现基于以下四个插件：

（1）keyring_file：将钥匙圈数据存储在服务器本地的文件中。

（2）keyring_encrypted_file：将钥匙圈数据存储在服务器本地的加密文件中。

（3）keyring_okv：KMIP 1.1 插件，MySQL 企业版支持的插件。

（4）keyring_aws：与亚马逊 Web 秘钥管理服务通信的插件，MySQL 企业版支持的插件。

在这里，我们只讲解 MySQL 社区版支持的两个插件（keyring_file 和 keyring_encrypted_file）。

1. 安装 Keyring 插件

Keyring 插件的安装基本相似。在此，我们以 keyring_file 为例来讲述安装的一般过程。

首先要准备库文件，文件名为 keyring_file，后缀因不同的操作系统而不同，然后将库文件放入 MySQL 插件库中，该插件库目录由系统变量 plugin_dir 指定。

服务器在同一时间只能启用一个 Keyring 插件。MySQL 暂不支持启用多个 Keyring 插件，如果强行启用，结果会发生错乱。

2. 使用 keyring_file 插件

使用前，需要在配置文件中配置该插件：

```
[mysqld]
early-plugin-load=keyring_file.so
keyring_file_data=/usr/local/mysql/mysql-keyring/keyring
```

3. 使用 keyring_encrypted_file 插件

使用前，需要在配置文件中配置该插件：

```
[mysqld]
early-plugin-load=keyring_encrypted_file.so
keyring_encrypted_file_data=/usr/local/mysql/mysql-keyring/key
ring-encrypted
keyring_encrypted_file_password=password
```

11.5.5　MySQL 企业审计

MySQL 企业版本包含企业审计，由一个名称为 audit_log 的服务器插件实现。MySQL 企业审计使用开放的 MySQL 审核 API，实现对连接和查询活动进行标准的、基于策略的监控、日志记录和阻塞。

安装前首先准备库文件，放入 MySQL 插件库目录，然后执行安装，示例如下：

```
INSTALL PLUGIN SERVER_AUDIT SONAME 'server_audit.so';
```

也可以直接使用脚本手动安装，查找 MySQL 的 share 目录，选择合适的脚本执行。Windows 系统需执行 audit_log_filter_win_install.sql，而 Linux 系统需执行 audit_log_filter_linux_install.sql，示例如下：

```
shell> mysql -u root -p < audit_log_filter_linux_install.sql
```

卸载 MySQL 企业审计，可使用如下语句：

```
DROP TABLE IF EXISTS mysql.audit_log_filter;
DROP TABLE IF EXISTS mysql.audit_log_user;
UNINSTALL PLUGIN audit_log;
DROP FUNCTION audit_log_filter_set_filter;
DROP FUNCTION audit_log_filter_remove_filter;
DROP FUNCTION audit_log_filter_set_user;
DROP FUNCTION audit_log_filter_remove_user;
DROP FUNCTION audit_log_filter_flush;
DROP FUNCTION audit_log_encryption_password_get;
DROP FUNCTION audit_log_encryption_password_set;
DROP FUNCTION audit_log_read;
DROP FUNCTION audit_log_read_bookmark;
```

11.5.6　MySQL 企业防火墙

企业防火墙是 MySQL 企业版本中的功能。这是一个应用级别的防火墙，通过白名单匹配，使得数据库管理员能够允许或拒绝 SQL 语句执行。这使得数据库服务器可以避免遭受攻击，例如 SQL 注入等。

每个注册了防火墙的 MySQL 账号都有自己的白名单，这样的防护可以精确到每个账号。对于给定的账号，防火墙可在三个级别进行防护：记录、保护和检测。防火墙流程如图 11-57 所示。

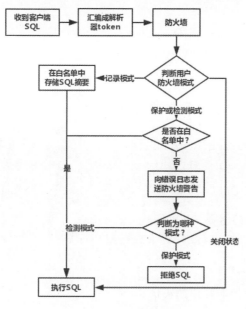

图 11-57　防火墙流程

1. 安装和卸载防火墙

安装防火墙有 3 种方式：

（1）在 Windows 系统中，MySQL 安装引导器中可设置防火墙选项，如图 11-58 所示。

（2）MySQL Workbench 6.3.4 以上的版本可以安装、启用、禁用以及卸载防火墙。

（3）可以使用 share 目录下的脚本手动安装，执行方式参照 11.5.5 小节中企业审计的脚本安装，脚本的名称为 Windows 版本的 win_install_firewall.sql 和 Linux 版本的 linux_install_firewall.sql。

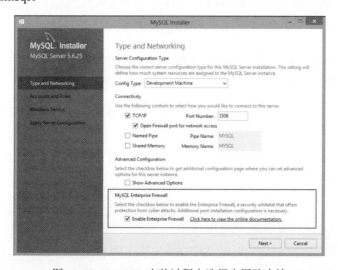

图 11-58　MySQL 安装过程中选择启用防火墙

卸载防火墙可以通过 MySQL Workbench 6.3.4 以上版本或手动进行卸载。手动卸载需执行语句，示例如下：

```
DROP TABLE mysql.firewall_whitelist;
DROP TABLE mysql.firewall_users;
UNINSTALL PLUGIN mysql_firewall;
UNINSTALL PLUGIN mysql_firewall_whitelist;
UNINSTALL PLUGIN mysql_firewall_users;
DROP FUNCTION set_firewall_mode;
DROP FUNCTION normalize_statement;
DROP FUNCTION read_firewall_whitelist;
DROP FUNCTION read_firewall_users;
DROP FUNCTION mysql_firewall_flush_status;
DROP PROCEDURE mysql.sp_set_firewall_mode;
DROP PROCEDURE mysql.sp_reload_firewall_rules;
```

2. 使用防火墙

使用时需要在配置文件中开启防火墙：

```
[mysqld]
mysql_firewall_mode=ON
```

也可以在运行期间启用或停用防火墙，SQL 语句如下：

```
mysql> SET GLOBAL mysql_firewall_mode = OFF;
mysql> SET GLOBAL mysql_firewall_mode = ON;
```

下面通过一个示例演示防火墙使用的步骤。

【示例 11-16】为用户 Justin 设置防火墙。

（1）将 sakila 数据库的权限授予 Justin 用户，SQL 语句如下：

```
GRANT ALL ON sakila.* TO 'Justin'@'localhost';
```

（2）使用 sp_set_firewall_mode() 存储过程为用户设置防火墙，并设置为记录（RECORDING）模式，SQL 语句如下：

```
CALL mysql.sp_set_firewall_mode('Justin@localhost',
 'RECORDING');
```

（3）使用 Justin 用户登录，连接服务器后，执行合法的 SQL 语句，如下所示。

```
SELECT first_name, last_name FROM customer WHERE customer_id = 1;
UPDATE rental SET return_date = NOW() WHERE rental_id = 1;
SELECT get_customer_balance(1, NOW());
```

（4）此时，可从 INFORMATION_SCHEMA 库中的表查询到用户以及白名单信息。SQL 语句如下，执行结果如图 11-59、图 11-60 所示。

```
SELECT MODE FROM INFORMATION_SCHEMA.MYSQL_FIREWALL_USERS
 WHERE USERHOST = 'Justin@localhost';
SELECT RULE FROM INFORMATION_SCHEMA.MYSQL_FIREWALL_WHITELIST
 WHERE USERHOST = 'Justin@localhost';
```

```
mysql> SELECT MODE FROM INFORMATION_SCHEMA.MYSQL_FIREWALL_USERS
WHERE USERHOST = 'Justin@localhost';
+-----------+
| MODE |
+-----------+
| RECORDING |
+-----------+
```

图 11-59　查看模式

```
mysql> SELECT RULE FROM INFORMATION_SCHEMA.MYSQL_FIREWALL_WHITELIST
 WHERE USERHOST = 'Justin@localhost';
+------------------------------------------------------------+
| RULE |
+------------------------------------------------------------+
| SELECT `first_name` , `last_name` FROM `customer` WHERE `customer_id` = ? |
| SELECT `get_customer_balance` ( ? , NOW ( ) ) |
| UPDATE `rental` SET `return_date` = NOW ( ) WHERE `rental_id` = ? |
| SELECT @@`version_comment` LIMIT ? |
+------------------------------------------------------------+
```

图 11-60　查看规则

（5）使用存储过程将模式转换为保护（PROTECTING）模式，SQL 语句如下：

```
CALL mysql.sp_set_firewall_mode('Justin@localhost',
 'PROTECTING');
```

（6）使用 Justin 用户登录，并执行合法的或非法的 SQL 语句，语句如下，执行结果如图 11-61、图 11-62 所示。

```
SELECT first_name, last_name FROM customer
   WHERE customer_id = '48';
SELECT first_name, last_name FROM customer
   WHERE customer_id = 1 OR TRUE;
SHOW TABLES LIKE 'customer%';
```

```
mysql> SELECT first_name, last_name FROM customer
  WHERE customer_id = '48';
+------------+-----------+
| first_name | last_name |
+------------+-----------+
| ANN | EVANS |
+------------+-----------+
```

图 11-61　合法 SQL 执行

```
mysql> SELECT first_name, last_name FROM customer
 WHERE customer_id = 1 OR TRUE;
ERROR 1045 (28000): Statement was blocked by Firewall
mysql> SHOW TABLES LIKE 'customer%';
ERROR 1045 (28000): Statement was blocked by Firewall
```

图 11-62　非法 SQL 执行

（7）将模式修改为检测（DETECTING）模式，之前不匹配的语句将被视为可疑语句，但不会拒绝实行，SQL 语句如下所示。

```
CALL mysql.sp_set_firewall_mode('Justin@localhost',
  'DETECTING');
```

（8）使用 Justin 用户登录，执行（6）中的 SHOW 语句，发现能够执行成功，如图 11-63 所示。

（9）可以通过防火墙的状态变量查看防火墙活动，SQL 语句如下，执行结果如图 11-64 所示。

```
SHOW GLOBAL STATUS LIKE 'Firewall%';
```

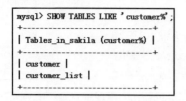

图 11-63　合法 SQL 执行

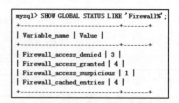

图 11-64　查看防火墙状态变量

11.6　MySQL 8 新特性：FIPS

11.6.1　FIPS 概述

FIPS（Federal Information Processing Standards，联邦信息处理标准）定义了可被联邦机构认可的安全标准，保护敏感的或有价值的信息。联邦认可的标准为 FIPS 140-2。如果一个系统不遵循 FIPS 140-2 标准，联邦机构将不会采购该系统。

MySQL 现在支持 FIPS 模式。该模式在加密算法和秘钥长度上的条件限制更加严格。

11.6.2　MySQL 中 FIPS 模式的系统要求

FIPS 模式对 MySQL 的系统要求如下：

（1）在运行期间，MySQL 必须使用 OpenSSL 编译。其他的 SSL 库无法使用 FIPS 模式。

（2）在运行期间，OpenSSL 库和 OpenSSL FIPS 对象模块必须为可共享的。

在 Linux 系统的 EL7 系统版本中，FIPS 模式可正常使用。对于其他系统，如果提供 OpenSSL FIPS 对象模块，也可以使用，如果没有该模块，就需要建立 OpenSSL 库以及该模块。

11.6.3　在 MySQL 中配置 FIPS 模式

MySQL 支持在服务器端和客户端控制 FIPS 模式。ssl_fips_mode 系统变量控制服务器端的 FIPS 模式，--ssl-fips-mode 选项控制客户端的 FIPS 模式。这两个变量的可选值都有三个，如下所示。

（1）OFF：关闭 FIPS 模式。

（2）ON：开启 FIPS 模式。

（3）STRICT：使用 FIPS 的 STRICT 模式。

ssl_fips_mode 同样也支持数字值 0、1 和 2，分别与 OFF、ON 和 STRICT 相对应。

如果系统不支持 OpenSSL FIPS 对象模块，以上变量的值只能为 OFF。设置其他的值将会报错。

第 12 章

◀ 数据库备份、恢复与复制 ▶

在任何数据库环境中，总会有不确定的意外情况发生，比如例外的停电、计算机系统中的各种软硬件故障、人为破坏、管理员误操作等是不可避免的，这些情况可能会导致数据的丢失、服务器瘫痪等严重的后果。在实际使用过程中，存在多个服务器时，会出现主从服务器之间的数据同步问题。为了有效防止数据丢失，并将损失降到最低，并且保持数据完整性与统一性，用户应定期对 MySQL 数据库服务器做维护。如果数据库中的数据丢失或者出现错误，可以使用备份的数据进行恢复，这样就尽可能地降低了意外原因导致的损失。主从服务器之间的数据同步问题可以通过复制功能实现。本章将讲解的主要内容如下：

- 数据备份
- 数据还原
- 数据库迁移
- 导出和导入文本
- 数据复制
- 组复制

通过本章的学习，读者可以了解备份和还原的方法、MySQL 数据库迁移的方法、导入和导出文本文件的方法以及复制功能。备份和还原数据库可以保证 MySQL 数据库的数据库安全，复制可以保证数据统一性，这是数据库管理员的主要工作。数据库迁移、导入和导出文本文件以及复制数据也是数据库管理员的重要工作。

12.1 数据备份

备份数据是数据库管理中最常用的操作。为了保证数据库中数据的安全，数据库管理员需要定期地进行数据库备份。一旦数据库遭到破坏，就会通过备份的文件来还原数据库。因此，数据备份是很重要的工作。本节将为读者介绍数据备份的方法。

12.1.1　使用 mysqldump 命令备份一个数据库

mysqldump 命令可以将数据库中的数据分成一个文本文件。表的结构和表中的数据将存储在生成的文本文件中。本小节将为读者介绍 mysqldump 命令的工作原理和使用方法。

mysqldump 命令的工作原理很简单。它先查出需要备份的表的结构，再在文本文件中生成一个 CREATE 语句。然后，将表中的所有记录转换成一条 INSERT 语句。这些 CREATE 语句和 INSERT 语句都是还原时使用的。还原数据时就可以使用其中的 CREATE 语句来创建表，使用其中的 INSERT 语句来还原数据。

使用 mysqldump 命令备份一个数据库的基本语法如下：

```
mysqldump -u username -p dbname>BackupName.sql
```

其中，dbname 参数表示数据库的名称；BackupName.sql 参数表示文件的名称，文件名前面可以加上一个绝对路径。通常将数据库备份成一个后缀名为 sql 的文件。

> mysqldump 命令备份的文件并非一定要求后缀名为.sql，备份成其他格式的文件也是可以的，例如后缀名为.txt 的文件。但是，通常情况下是备份成后缀名为.sql 的文件，因为后缀名为.sql 的文件给人的第一感觉就是与数据库有关的文件。

【示例 12-1】下面使用 root 用户备份 test 数据库，具体步骤如下：

（1）选择 school 数据库，执行以下命令，使用 root 用户备份 test 数据库，执行结果如图 12-1 所示。

```
mysqldump -uroot -p school>c:\sqls\school.sql
```

```
C:\Windows\system32>mysqldump -uroot -p school>c:\
sqls\school.sql
Enter password: ******
```

图 12-1　使用 root 用户备份 school 数据库

（2）命令执行完，可以在 c 盘的 sqls 目录下找到 school.sql 文件。school 文件中的部分内容如下所示。

```
-- MySQL dump 10.13  Distrib 8.0.12, for Win64 (x86_64)
--
-- Host: localhost    Database: school
-- ------------------------------------------------------
-- Server version    8.0.12

/*!40101 SET @OLD_CHARACTER_SET_CLIENT=@@CHARACTER_SET_CLIENT */;
/*!40101 SET @OLD_CHARACTER_SET_RESULTS=@@CHARACTER_SET_RESULTS */;
/*!40101 SET @OLD_COLLATION_CONNECTION=@@COLLATION_CONNECTION */;
 SET NAMES utf8mb4 ;
/*!40103 SET @OLD_TIME_ZONE=@@TIME_ZONE */;
```

```
/*!40103 SET TIME_ZONE='+00:00' */;
/*!40014 SET @OLD_UNIQUE_CHECKS=@@UNIQUE_CHECKS, UNIQUE_CHECKS=0 */;
/*!40014 SET @OLD_FOREIGN_KEY_CHECKS=@@FOREIGN_KEY_CHECKS,
FOREIGN_KEY_CHECKS=0 */;
/*!40101 SET @OLD_SQL_MODE=@@SQL_MODE, SQL_MODE='NO_AUTO_VALUE_ON_ZERO' */;
/*!40111 SET @OLD_SQL_NOTES=@@SQL_NOTES, SQL_NOTES=0 */;


--
-- Table structure for table `t_class`
--

DROP TABLE IF EXISTS `t_class`;
/*!40101 SET @saved_cs_client     = @@character_set_client */;
 SET character_set_client = utf8mb4 ;
CREATE TABLE `t_class` (
  `classno` int(4) DEFAULT NULL,
  `cname` varchar(20) DEFAULT NULL,
  `loc` varchar(40) DEFAULT NULL,
  KEY `index_classno_cname_desc` (`classno`,`cname` DESC)
) ENGINE=InnoDB DEFAULT CHARSET=utf8;
/*!40101 SET character_set_client = @saved_cs_client */;


--
-- Dumping data for table `t_class`
--


LOCK TABLES `t_class` WRITE;
/*!40000 ALTER TABLE `t_class` DISABLE KEYS */;
/*!40000 ALTER TABLE `t_class` ENABLE KEYS */;
UNLOCK TABLES;
......
......
/*!40101 SET SQL_MODE=@OLD_SQL_MODE */;
/*!40014 SET FOREIGN_KEY_CHECKS=@OLD_FOREIGN_KEY_CHECKS */;
/*!40014 SET UNIQUE_CHECKS=@OLD_UNIQUE_CHECKS */;
/*!40101 SET CHARACTER_SET_CLIENT=@OLD_CHARACTER_SET_CLIENT */;
/*!40101 SET CHARACTER_SET_RESULTS=@OLD_CHARACTER_SET_RESULTS */;
/*!40101 SET COLLATION_CONNECTION=@OLD_COLLATION_CONNECTION */;
/*!40111 SET SQL_NOTES=@OLD_SQL_NOTES */;
-- Dump completed on 2018-10-17 15:11:34
```

可以看到，文件中以"—"开头的都是 SQL 语句的注释；以"/*!"开头、"*/"结尾的语句为可执行的 MySQL 注释，这些语句可以被 MySQL 执行，但在其他数据库管理系统中被作为注释忽略，这可以提高数据库的可移植性。

文件开头首先表明了备份文件使用的 MySQLdump 工具的版本号；然后是备份账户的名称和主机信息，以及备份的数据库的名称；最后是 MySQL 服务器的版本号，在这里为 8.0.12。

备份文件接下来的部分是一些 SET 语句，这些语句将一些系统变量值赋给用户定义变量，以确保被恢复的数据库的系统变量和原来备份时的变量相同，例如：

```
/*!40101 SET @OLD_CHARACTER_SET_CLIENT=@@CHARACTER_SET_CLIENT */;
```

该 SET 语句将当前系统变量 character_set_client 的值赋给用户定义变量 @old_character_set_client，其他变量与此类似。

备份文件的最后几行 MySQL 使用 SET 语句恢复服务器系统变量原来的值，例如：

```
/*!40101 SET CHARACTER_SET_CLIENT=@OLD_CHARACTER_SET_CLIENT */;
```

该语句将用户定义的变量@old_character_set_client 中保存的值赋给实际的系统变量 character_set_client。

后面的 DROP 语句、CREATE 语句和 INSERT 语句都是还原时使用的。例如，"DROP TABLE IF EXISTS 't_class'"语句用来判断数据库中是否还有名为 t_class 的表，如果存在，就删除这个表；CREATE 语句用来创建 t_class 的表；INSERT 语句用来还原数据。

需要注意的是，备份文件开始的一些语句以数字开头。这些数字代表了 MySQL 版本号，告诉我们这些语句只有在制定的 MySQL 版本或者比该版本高的情况下才能执行。例如，40101 表明这些语句只有在 MySQL 版本号为 4.01.01 或者更高的条件下才可以被执行。文件的最后记录了备份的时间。

> 上面 school.sql 文件中没有创建数据库的语句，因此，school.sql 文件中的所有表和记录必须还原到一个已经存在的数据库中。还原数据时，CREATE TABLE 语句会在数据库中创建表，然后执行 INSERT 语句向表中插入记录。

12.1.2 使用 mysqldump 命令备份一个数据库的某几张表

使用 mysqldump 命令备份一个数据库的某几张表的基本语法如下：

```
mysqldump -u username -p dbname table1 table2…>
   BackupName.sql
```

其中，dbname 参数表示数据库的名称；table1 和 table2 参数表示表的名称，没有该参数时将备份整个数据库；BackupName.sql 参数表示文件的名称，文件名前面可以加上一个绝对路径。通常将数据库备份成一个后缀名为 sql 的文件。

【示例 12-2】下面使用 root 用户备份 school 数据库下的 t_class 表，具体步骤如下：

（1）使用 root 用户备份 school 数据库下的 t_class 表，命令如下，执行结果如图 12-2 所示。

```
mysqldump -uroot -p school t_class>
     C:\sqls\t_class.sql
```

```
C:\Windows\system32>mysqldump -uroot -p school t_c
lass>C:\sqls\t_class.sql
Enter password: ******
```

图 12-2　使用 root 用户备份 school 数据库下的 t_class 表

（2）命令执行完，可以在 c 盘的 sqls 目录下找到 t_class.sql 文件。t_class 文件中的部分内容如下所示。

```
-- MySQL dump 10.13  Distrib 8.0.12, for Win64 (x86_64)
--
-- Host: localhost    Database: school
-- ------------------------------------------------------
-- Server version    8.0.12

/*!40101 SET @OLD_CHARACTER_SET_CLIENT=@@CHARACTER_SET_CLIENT */;
/*!40101 SET @OLD_CHARACTER_SET_RESULTS=@@CHARACTER_SET_RESULTS */;
/*!40101 SET @OLD_COLLATION_CONNECTION=@@COLLATION_CONNECTION */;
 SET NAMES utf8mb4 ;
/*!40103 SET @OLD_TIME_ZONE=@@TIME_ZONE */;
/*!40103 SET TIME_ZONE='+00:00' */;
/*!40014 SET @OLD_UNIQUE_CHECKS=@@UNIQUE_CHECKS, UNIQUE_CHECKS=0 */;
/*!40014 SET @OLD_FOREIGN_KEY_CHECKS=@@FOREIGN_KEY_CHECKS, FOREIGN_KEY_CHECKS
= 0 */;
/*!40101 SET @OLD_SQL_MODE=@@SQL_MODE, SQL_MODE='NO_AUTO_VALUE_ON_ZERO' */;
/*!40111 SET @OLD_SQL_NOTES=@@SQL_NOTES, SQL_NOTES=0 */;


--
-- Table structure for table `t_class`
--

DROP TABLE IF EXISTS `t_class`;
/*!40101 SET @saved_cs_client     = @@character_set_client */;
 SET character_set_client = utf8mb4 ;
CREATE TABLE `t_class` (
  `classno` int(4) DEFAULT NULL,
  `cname` varchar(20) DEFAULT NULL,
  `loc` varchar(40) DEFAULT NULL,
  KEY `index_classno_cname_desc` (`classno`,`cname` DESC)
) ENGINE=InnoDB DEFAULT CHARSET=utf8;
/*!40101 SET character_set_client = @saved_cs_client */;


--
```

```
-- Dumping data for table `t_class`
--

LOCK TABLES `t_class` WRITE;
/*!40000 ALTER TABLE `t_class` DISABLE KEYS */;
/*!40000 ALTER TABLE `t_class` ENABLE KEYS */;
UNLOCK TABLES;
/*!40103 SET TIME_ZONE=@OLD_TIME_ZONE */;

/*!40101 SET SQL_MODE=@OLD_SQL_MODE */;
/*!40014 SET FOREIGN_KEY_CHECKS=@OLD_FOREIGN_KEY_CHECKS */;
/*!40014 SET UNIQUE_CHECKS=@OLD_UNIQUE_CHECKS */;
/*!40101 SET CHARACTER_SET_CLIENT=@OLD_CHARACTER_SET_CLIENT */;
/*!40101 SET CHARACTER_SET_RESULTS=@OLD_CHARACTER_SET_RESULTS */;
/*!40101 SET COLLATION_CONNECTION=@OLD_COLLATION_CONNECTION */;
/*!40111 SET SQL_NOTES=@OLD_SQL_NOTES */;

-- Dump completed on 2018-10-17 15:23:46
```

可以看到，t_class.sql 和 school.sql 文件类似，不同的是，t_class 文件只包含 t_class 表的 DROP、CREATE 和 INSERT 语句。

12.1.3 使用 mysqldump 命令备份多个数据库

使用 mysqldump 命令备份多个数据库的基本语法如下：

```
mysqldump -u username -p -databases [dbname,[dbname…]]>
BackupName.sql
```

其中，dbname 参数表示数据库的名称；table1 和 table2 参数表示表的名称，没有该参数时将备份整个数据库；BackupName.sql 参数表示文件的名称，文件名前面可以加上一个绝对路径。通常将数据库备份成一个后缀名为 sql 的文件。

【示例 12-3】使用 root 用户备份 school、company 数据库。具体步骤如下：

使用 root 用户备份 school、company 数据库，命令如下，执行结果如图 12-3 所示。

```
mysqldump -uroot -p --databases school company >
    C:\sqls\two_database.sql
```

```
C:\Windows\system32>mysqldump -uroot -p --database
s school company >C:\sqls\two_database.sql
Enter password: ******
```

图 12-3　使用 root 用户备份 school、company 数据库

生成名称为 two_database.sql 的备份文件，文件中包含创建两个数据库 school、company 以及其中的表和数据所必需的所有语句。

另外，使用--all-databases 参数可以备份系统中所有的数据库，语句如下：

```
mysqldump -uroot -p --all-databases> Backupname.sql
```

【示例 12-4】使用 root 用户备份所有数据库。具体步骤如下：

使用 root 用户备份所有数据库，命令如下，执行结果如图 12-4 所示。

```
mysqldump -uroot -p --all-databases>
C:\sqls\all.sql
```

```
C:\Windows\system32>mysqldump -uroot -p --all-data
bases>C:\sqls\all.sql
Enter password: ******
```

图 12-4　使用 root 用户备份全部数据库

生成名称为 all.sql 的备份文件，文件中包含了创建所有数据库以及其中的表和数据所必需的所有语句。

mysqldump 还有一些选项可用来指定备份过程。例如，--opt 选项将打开--quick、--add-locks、--extended-insert 等多个选项。使用--opt 选项可以提供最快速的数据库转储。

mysqldump 其他常用选项如下：

- --add-drop-database: 在每个 CREATE DATABASE 语句前添加 DROP DATABASE 语句。
- --add-drop-tables: 在每个 CREATE TABLE 语句前添加 DROP TABLE 语句。
- --add-locking: 用 LOCK TABLES 和 UNLOCK TABLES 语句引用每个表转储。重载转储文件时插入得更快。
- --all-database, -A: 转储所有数据库中的所有表。与使用--database 选项相同，在命令行中命名所有数据库。
- --comment[=0|1]: 如果设置为 0，禁止转储文件中的其他信息，例如程序版本、服务器版本和主机。--skip-comments 与--comments=0 的结果相同。默认值为 1，即包括额外信息。
- --compact: 产生少量输出。该选项禁用注释并启用 --skip-add-drop-tables、--no-set-names、--skip-disable-keys 和--skip-add-locking 选项。
- --compatible=name: 产生与其他数据库系统或旧的 MySQL 服务器更兼容的输出，值可以为 ansi、MySQL323、MySQL40、postgresql、oracle、mssql、db2、maxdb、no_key_options、no_table_options 或者 no_field_options。
- --complete_insert, -c: 使用包括列名的完整的 INSERT 语句。
- --debug[=debug_options], -#[debug_options]: 写调试日志。
- --delete，-D: 导入文本文件前清空表。
- --default-character-set=charset: 使用 charsets 默认字符集。如果没有指定，就使用 utf8。
- --delete--master-logs: 在主复制服务器上，完成转储操作后删除二进制日志。该选项自动启用-master-data。

- --extended-insert，-e：使用包括几个 VALUES 列表的多行 INSERT 语法。这样使得转储文件更小，重载文件时可以加速插入。

- --flush-logs，-F：开始转储前刷新 MySQL 服务器日志文件。该选项要求 RELOAD 权限。

- --force，-f：在表转储过程中，即使出现 SQL 错误也继续。

- --lock-all-tables，-x：对所有数据库中的所有表加锁。在整体转储过程中通过全局锁定来实现。该选项自动关闭--single-transaction 和--lock-tables。

- --lock-tables，-l：开始转储前锁定所有表。用 READ LOCAL 锁定表以允许并行插入 MyISAM 表。对于事务表（例如 InnoDB 和 BDB），--single-transaction 是一个更好的选项，因为它根本不需要锁定表。

- --no-create-db，-n：该选项禁用 CREATE DATABASE /*!32312 IF NOT EXIST*/db_name 语句，如果给出--database 或--all-database 选项，就包含到输出中。

- --no-create-info，-t：只导出数据，而不添加 CREATE TABLE 语句。

- --no-data，-d：不写表的任何行信息，只转储表的结构。

- --opt：该选项是速记，它可以快速进行转储操作并产生一个能很快装入 MySQL 服务器的转储文件。该选项默认开启，但可以用--skip-opt 禁用。

- --password[=password]，-p[password]：当连接服务器时使用的密码。

- -port=port_num，-P port_num：用于连接的 TCP/IP 端口号。

- --protocol={TCP|SOCKET|PIPE|MEMORY}：使用的连接协议。

- --replace，-r –replace 和--ignore：控制替换或复制唯一键值已有记录的输入记录的处理。如果指定--replace，新行替换有相同的唯一键值的已有行；如果指定--ignore，复制已有的唯一键值的输入行被跳过。如果不指定这两个选项，当发现一个复制键值时会出现一个错误，并且忽视文本文件的剩余部分。

- --silent，-s：沉默模式。只有出现错误时才输出。

- --socket=path，-S path：当连接 localhost 时使用的套接字文件（为默认主机）。

- --user=user_name，-u user_name：当连接服务器时 MySQL 使用的用户名。

- --verbose，-v：冗长模式，打印出程序操作的详细信息。

- --xml，-X：产生 XML 输出。

mysqldump 提供许多选项，包括用于调试和压缩的，在这里只是列举了最有用的。运行帮助命令 mysqldump --help，可以获得特定版本的完整选项列表。

> 如果运行 mysqldump 没有--quick 或--opt 选项，mysqldump 在转储结果前将整个结果集装入内存。如果转储大数据库可能会出现问题，该选项默认启用，但可以用--skip-opt 禁用。如果使用最新版本的 mysqldump 程序备份数据，并用于恢复到比较旧版本的 MySQL 服务器中，则不要使用--opt 或-e 选项。

12.1.4 直接复制整个数据库目录

MySQL 有一种简单的备份方法，就是将 MySQL 中的数据库文件直接复制出来。这种方法最简单，速度也最快。使用这种方法时，最好将服务器先停止。这样，可以保证在复制期间数据库的数据不会发生变化。如果在复制数据库的过程中还有数据写入，就会造成数据不一致。

MySQL 的数据库目录位置不一定相同，在 Windows 平台下，MySQL 8.0 存放数据库的目录通常默认为 "C:\ProgramData\MySQL\MySQL Server 8.0\Data" 或者其他用户自定义目录；在 Linux 平台下，数据库目录位置通常为/var/lib/mysql/，不同的 Linux 版本下目录会有所不同；在 MAC OSX 平台下，数据库目录位置通常为 "/usr/local/mysql/data"，读者应在自己使用的平台下查找该目录。

这是一种简单、快速、有效的备份方式，但不是最好的备份方法，因为实际情况可能不允许停止 MySQL 服务器或者锁住表，而且这种方法对 InnoDB 存储引擎的表不适用。对于 MyISAM 存储引擎的表，这样备份和还原很方便，但是还原时最好是相同版本的 MySQL 数据库，否则可能会存在文件类型不同的情况。

要想保持备份的一致性，备份前需要对相关表执行 LOCK TABLES 操作，然后对表执行 FLUSH TABLES，这样当复制数据库目录中的文件时，允许其他客户继续查询表。需要 FLUSH TABLES 语句来确保开始备份前将所有激活的索引页写入硬盘。当然，也可以停止 MySQL 服务再进行备份操作。

在 MySQL 版本号中，第一个数字表示主版本号，主版本号相同的 MySQL 数据库文件格式相同。

12.1.5 备份锁

新型的备份锁允许在线备份期间的 DML，并阻止那些会产生非连续结果的操作。支持新型备份锁的语法有 LOCK INSTANCE FOR BACKUP 和 UNLOCK INSTANCE。使用这些语法，必须拥有 BACKUP_ADMIN 权限。

12.2 数据恢复

数据库管理员的操作失误和计算机的软硬件故障都会破坏数据库文件。当数据库遭到丢失和破坏后，可以通过数据备份文件将数据恢复到备份时的状态。这样可以将损失尽可能地降低到最小。本节将为读者介绍数据恢复的方法。

12.2.1 使用 mysql 命令恢复

管理员通常使用 mysqldump 命令将数据库中的数据备份成一个文本文件。通常这个文件的后缀名是.sql。需要恢复时，可以使用 mysql 命令来恢复备份的数据。本小节将为读者介绍 mysql 命令导入 SQL 文件的方法。

备份文件中通常包含 CREATE 语句和 INSERT 语句。mysql 命令可以执行备份文件中的 CREATE 语句和 INSERT 语句。通过 CREATE 语句来创建数据库和表。通过 INSERT 语句来插入备份的数据。mysql 命令的基本语法如下：

```
mysql -u root -p [dbname] < backup.sql
```

其中，dbname 参数表示数据库名称。该参数是可选参数，可以指定数据库名，也可以不指定。指定数据库名时，表示还原该数据库下的表。不指定数据库名时，表示还原特定的一个数据库。备份文件中有创建数据库的语句。

【示例 12-5】使用 root 用户，用 mysql 命令将示例 12-1 中备份的 school.sql 文件中的备份导入数据库中，命令如下：

```
mysql -u root -p school< c:\sqls\school.sql
```

在此用例中，执行上述命令之前，必须先在 MySQL 服务器中创建 test 数据库，如果数据库不存在恢复过程就会出错。

【示例 12-6】使用 root 用户恢复所有数据库，命令如下：

```
mysql -u root -p < c:\sqls\all.sql
```

执行完后，MySQL 数据库中就已经恢复了 all.sql 文件中的所有数据库。

> 如果使用--all-databases 参数备份了所有的数据库，那么恢复时不需要指定数据库。因为其对应的 sql 文件包含有 CREATE DATABASE 语句，可通过该语句创建数据库。创建数据库后，可以执行 sql 文件中的 USE 语句选择数据库，再创建表并插入记录。

如果已经登录 MySQL 服务器，还可以使用 source 命令导入 SQL 文件，具体 SQL 语法如下：

```
use school;                    //选择要恢复的数据库
source filename;               //使用 source 命令导入备份文件
```

命令执行后，会列出备份文件中每一条语句的执行结果，文件中的数据都会导入到当前的数据库中。

12.2.2 直接复制到数据库目录

之前介绍过一种直接复制数据的备份方法。通过这种方式备份的数据，可以直接复制到 MySQL 的数据库目录下。通过这种方式还原时，必须保证两个 MySQL 数据库的主版本号是相同的。因为只有 MySQL 数据库主版本号相同时，才能保证这两个 MySQL 数据库文件类型是相同的。而且，这种方式对 MyISAM 类型的表比较有效，对于 InnoDB 类型的表则不可用，因为 InnoDB 表的表空间不能直接复制。

在 MySQL 服务器停止运行后，将备份的数据库文件复制到 MySQL 存放数据的位置（12.1.4 节中已经详细介绍过不同系统平台下的存放目录），重新启动 MySQL 服务即可。

若需要恢复的数据库已经存在，则在使用 DROP 语句删除该数据库之后，恢复才能成功。另外，MySQL 不同版本之间必须兼容，恢复之后的数据才可以使用。

在 Linux 操作系统下，复制到数据库目录后，一定要将数据库的用户和组变成 mysql，命令如下：

```
chown -R mysql.mysql dataDir
```

其中，两个 mysql 分别表示组和用户；"-R"参数可以改变文件夹下的所有子文件的用户和组；"dataDir"参数表示数据库目录。

> Linux 操作系统下的权限设置非常严格。通常情况下，MySQL 数据库只有root 用户和mysql 用户组下的 mysql 用户才可以访问，因此将数据库目录复制到指定文件夹后，一定要使用 chown 命令将文件夹的用户组变为 mysql，将用户变为 mysql。

12.3　数据库迁移

数据库迁移就是指将数据库从一个系统移动到另一个系统上。数据库迁移的原因是多样的，可能是计算机系统升级，也有可能是部署新的开发系统、MySQL 数据库升级或者是换成其他类型的数据库。

本节将为读者介绍数据库迁移的方法：

- 相同版本的 MySQL 数据库之间的迁移
- 不同版本的 MySQL 数据库之间的迁移
- MySQL 数据库和不同类型的数据库之间的迁移

12.3.1　相同版本的 MySQL 数据库之间的迁移

相同版本的 MySQL 数据库之间的迁移就是在主版本号相同的 MySQL 数据库之间进行数据库移动。这种迁移的方式最容易实现，迁移的过程其实就是源数据库备份和目标数据库恢复过程的组合。

相同版本的 MySQL 数据库之间进行数据库迁移的原因很多，通常的原因是换了新机器，或者是安装了新的操作系统，或者部署新环境。因为迁移前后 MySQL 数据库的主版本号相同，所以可以通过复制数据库目录来实现数据库迁移，但是这种方法只适用于 MyISAM 引擎的表，对于 InnoDB 表，不能用直接复制文件的方式备份数据库，所以最常见和最安全的方式是使用

mysqldump 命令导出数据，然后在目标数据库服务器中使用 MySQL 命令导入。

【示例 12-7】使用 root 用户，从一个名为 host1 的机器中备份所有数据库，然后将这些数据库迁移到名为 host2 的机器上。

命令如下：

```
mysqldump -h host1 -uroot -p --all-databases|
mysql -h host2 -uroot -p
```

在上述语句中，"|"符号表示管道，其作用是将 mysqldump 备份的文件给 mysql 命令；"--all-databases"表示要迁移所有的数据库。通过这种方式可以直接实现迁移。

12.3.2　不同版本的 MySQL 数据库之间的迁移

因为数据库升级的原因，需要将旧版本的 MySQL 数据库中的数据迁移到较新版本的数据库中。例如，原来很多服务器使用 5.7 版本的 MySQL 数据库，在 8.0 版本推出来以后，改进了 5.7 版本的很多缺陷，因此需要把数据库升级到 8.0 版本。这样就需要在不同版本的 MySQL 数据库之间进行数据迁移。

旧版本与新版本的 MySQL 可能使用不同的默认字符集，例如有的旧版本中使用 latin1 作为默认字符集，而最新版本的 MySQL 默认字符集为 utf8mb4。如果数据库中有中文数据，那么迁移过程中需要对默认字符集进行修改，不然可能无法正常显示数据。

高版本的 MySQL 数据库通常都会兼容低版本，因此可以从低版本的 MySQL 数据库迁移到高版本的 MySQL 数据库。对于 MyISAM 类型的表可以直接复制，但是 InnoDB 类型的表不可以使用这两种方法。最常用的办法是使用 mysqldump 命令来进行备份，然后通过 mysql 命令将备份文件导入到目标 MySQL 数据库中。

12.3.3　不同数据库之间的迁移

不同数据库之间迁移是指从其他类型的数据库迁移到 MySQL 数据库，或者从 MySQL 数据库迁移到其他类型的数据库。例如，某个平台原来使用 MySQL 数据库，后来因为某种特殊性能的要求，希望改用 Oracle 数据库；又或者，某个平台原来使用 Oracle 数据库，想节省成本，希望改用 MySQL 数据库。这样不同的数据库之间的迁移常会发生，但这种迁移没有普适的解决方法。

迁移之前，需要了解不同数据库的架构，比较它们之间的差异。不同数据库中定义相同类型的数据的关键字可能会不同。例如，MySQL 中日期字段分为 DATE 和 TIME 两种，而ORACLE 日期字段只有 DATE；SQL Server 数据库中有 ntext、Image 等数据类型，MySQL 数据库没有这些数据类型；MySQL 支持的 ENUM 和 SET 类型，这些 SQL Server 数据库不支持。另外，数据库厂商并没有完全按照 SQL 标准来设计数据库系统，导致不同的数据库系统的 SQL语句有差别。例如，微软的 SQL Server 软件使用的是 T-SQL 语句，T-SQL 中包含了非标准的SQL 语句，不能和 MySQL 的 SQL 语句兼容。

不同类型数据库之间的差异造成了互相迁移的困难,这些差异其实是商业公司故意造成的技术壁垒。但是不同类型的数据库之间的迁移并不是完全不可能。例如,可以使用 MyODBC 实现 MySQL 和 SQL Server 之间的迁移。MySQL 官方提供的工具 MySQL Migration Toolkit 也可以在不同数据之间进行数据迁移。MySQL 迁移到 Oracle 时,需要使用 mysqldump 命令导出 sql 文件,然后,手动更改 sql 文件中的 CREATE 语句。如果读者想了解更多数据库之间迁移的解决方法,可以访问网址 http://www.ccidnet.com/product/techzt/qianyi/,专门介绍数据库迁移实施方案及具体步骤。

12.4　表的导出和导入

在有些情况下,需要将 MySQL 数据库中的数据导出到外部存储文件中,MySQL 数据库中的数据可以导出生成 sql 文本文件、xml 文件或者 html 文件,同样这些导出文件也可以导入到 MySQL 数据库中。在日常维护中,经常需要进行表的导出和导入操作,本节将介绍数据导出和导入的常用方法。

12.4.1　使用 SELECT…INTO OUTFILE 导出文本文件

在 MySQL 中,可以使用 SELECT…INTO OUTFILE 语句将表的内容导出成一个文本文件,其基本语法形式如下:

```
SELECT columnlist FROM table WHERE condition INTO OUTFILE 'filename' [OPTIONS]
--OPTIONS 选项
FIELDS TERMINATED BY 'value'
FIELDS [OPTIONALLY] ENCLOSED BY 'value'
FILEDS ESCAPED BY 'value'
LINES STARTING BY 'value'
LINES TERMINATED BY 'value'
```

可以看到 SELECT columnlist FROM table WEHRE condition 为一个查询语句,查询结果返回满足指定条件的一条或多条记录;INTO OUTFILE 语句的作用就是把前面 SELECT 语句查询出来的结果导出到名称为“filename”的外部文件中。[OPTIONS]为可选参数选项,OPTIONS 部分的语法包括 FIELDS 和 LINES 子句,其可能的取值有:

- FIELDS TERMINATED BY 'value':设置字段之间的分隔字符,可以为单个或多个字符,默认情况下为制表符'\t'。
- FIELDS [OPTIONALL] ENCLOSED BY 'value':设置字段的包围字符,只能为单个字符,若使用了 OPTIONALLY,则只有 CHAR 和 VARCHAR 等字符数据字段被包括。
- FIELDS ESCAPED BY 'value':设置如何写入或读取特殊字符,只能为单个字符,即设置转移字符,默认值为'\'。

- LINES STARTING BY 'value'：设置每行数据开头的字符，可以为单个或多个字符，
  默认情况下不使用任何字符。
- LINES TERMINATED BY 'value'：设置每行数据结尾的字符，可以为单个或多个字符，
  默认值为'\n'。

FIELDS 和 LINES 两个子句都是自选的，如果两个都被指定了，那么 FIELDS 必须位于
LINES 的前面。

SELECT...INTO OUTFILE 语句可以非常快速地把一个表转储到服务器上。如果想要在服务器主机之外的部分客户主机上创建结果文件，就不能使用 SELECT...INTO OUTFILE。在这种情况下，应该是客户主机上使用 "MySQL –e "SELECT ..."> filename" 这样的命令来生成文件。

SELECT...INTO OUTFILE 是 LOAD DATA INFILE 的补语，用于 OPTIONS 部分的语法，包括部分 FIELDS 和 LINES 子句，这些子句与 LOAD DATA INFILE 语句同时使用。

【示例 12-8】使用 SELECT...INTO OUTFILE 将 school 数据库中 t_class 表中的记录导出到文本文件。步骤如下：

（1）选择数据库 school，并查询 t_class 表，执行结果如图 12-5 所示。

```
use school;
select * from t_class;
```

（2）使用 SELECT...INTO OUTFILE 将 test 数据库中的 t_class 表中的记录导出到文本文件，具体 SQL 语句如下，执行结果如图 12-6 所示。

```
SELECT * FROM t_class INTO OUTFILE "c:\sqls\class.txt";
```

图 12-5　查询 t_class 表　　　　　　　图 12-6　导出记录出错

（3）mysql 默认对导出的目录有权限限制，也就是说使用命令行进行导出的时候，需要指定目录进行操作。查询 secure_file_priv 值，SQL 语句如下，执行结果如图 12-7 所示。

```
SHOW GLOBAL VARIABLES LIKE '%secure%';
```

（4）图 12-7 中显示，secure_file_priv 变量的值为 C:\ProgramData\MySQL\MySQL Server 8.0\Uploads\，将第二步中的导出目录替换为该目录，SQL 语句如下，执行结果如图 12-8 所示。

```
SELECT * FROM t_class INTO OUTFILE "C:/ProgramData/MySQL/MySQL Server
8.0/Uploads/class.txt";
```

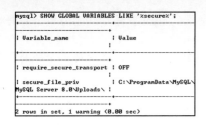

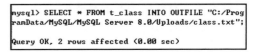

图 12-7　查看 secure_file_priv 变量　　　　图 12-8　导出成功

（5）指定 INTO OUTFILEBB 句，SELECT 将查询出来的 3 个字段的值保存到 C:\ProgramData\MySQL\MySQL Server 8.0\Uploads\class.txt 文件中，打开文件，内容如图 12-9 所示。

图 12-9　导出的数据文件

从图 12-9 可以看到，t_class 表中的数据在 class.txt 文件中按行记录，列和列之间以空格隔开，空值显示为\N，数据内容和图 12-5 是一致的。

12.4.2　使用 mysqldump 命令导出文本文件

除了使用 SELECT…INTO OUTFILE 语句导出文本文件之外，还可以使用 mysqldump 命令。在 12.1.1 小节中介绍了可以 mysqldump 备份数据库，将数据导出为包含 CREATE、INSERT 的 SQL 文件。不仅如此，mysqldump 命令还可以将数据导出为纯文本文件，基本语法形式如下：

```
mysqldump -u root -p password -T path dbname [tables] [OPTIONS]
--OPTIONS 选项
--fields-terminated-by=value
--fileds-enclosed-by=value
--fields-optionally-enclosed-by=value
--fields-escaped-by=value
--lines-terminated-by=value
```

只有指定了-T 参数才可以导出文本文件；path 表示导出数据的目录；tables 为指定要导出的表名称，如果不指定，将导出数据库 dbname 中所有的表；[OPTIONS]为可选参数选项，这些选项需要结合-T 选项使用。使用 OPTIONS 常见的取值有：

- --fields-terminated-by=values：设置字段之间的分隔字符，可以为单个或多个字符，默认情况下为制表符"\t"。
- --fields-enclosed-by=value：设置字段的包围字符。

- --fields-optionally-enclosed-by=value：设置字段的包围字符，只能为单个字符，只能包括 CHAR 和 VARCHAR 等字符数据字段。
- --fileds-escaped-by=value：控制如何写入或读取特殊字符，只能为单个字符，即设置转移字符，默认值为反斜线"\"。
- --line-terminated-by=value：设置每行数据结尾的字符，可以为单个或多个字符，默认值为"\n"。

> 与 SELECT…INTO OUTFILE 语句中的 OPTIONS 各个参数设置不同，这里 OPTIONS 各个选项等号后面的 value 值不要用引号括起来。

【示例 12-9】使用 mysqldump 命令将 school 数据库中的 t_class 表导出到文本文件。步骤如下：

（1）在 Windows 系统中，打开 DOS 窗口，使用 mysqldump 将 school 数据库中的 t_class 表中的记录导出到文本文件，具体 SQL 语句如下，执行结果如图 12-10 所示。

```
mysqldump -uroot -p -T
"C:/ProgramData/MySQL/MySQL Server 8.0/Uploads/" school t_class
```

```
C:\Windows\system32>mysqldump -uroot -p -T "C:/Pro
gramData/MySQL/MySQL Server 8.0/Uploads/" school t
_class
Enter password: ******
```

图 12-10　备份数据表 t_class 的数据到文本文件

mysqldump 命令执行完毕后，在指定的目录 C:/ProgramData/MySQL/MySQL Server 8.0/Uploads/下生成了 t_class.sql 和 t_class.txt 文件。

（2）打开 t_class.sql 文件，其内容包含创建 t_class 表的 CREATE 语句，以及插入数据的语句 INSERT，如下所示：

```
-- MySQL dump 10.13  Distrib 8.0.12, for Win64 (x86_64)
--
-- Host: localhost   Database: school
-- ------------------------------------------------------
-- Server version   8.0.12

/*!40101 SET @OLD_CHARACTER_SET_CLIENT=@@CHARACTER_SET_CLIENT */;
/*!40101 SET @OLD_CHARACTER_SET_RESULTS=@@CHARACTER_SET_RESULTS */;
/*!40101 SET @OLD_COLLATION_CONNECTION=@@COLLATION_CONNECTION */;
 SET NAMES utf8mb4 ;
/*!40103 SET @OLD_TIME_ZONE=@@TIME_ZONE */;
/*!40103 SET TIME_ZONE='+00:00' */;
/*!40101 SET @OLD_SQL_MODE=@@SQL_MODE, SQL_MODE='' */;
/*!40111 SET @OLD_SQL_NOTES=@@SQL_NOTES, SQL_NOTES=0 */;
```

```
--
-- Table structure for table `t_class`
--

DROP TABLE IF EXISTS `t_class`;
/*!40101 SET @saved_cs_client     = @@character_set_client */;
 SET character_set_client = utf8mb4 ;
CREATE TABLE `t_class` (
  `classno` int(4) DEFAULT NULL,
  `cname` varchar(20) DEFAULT NULL,
  `loc` varchar(40) DEFAULT NULL,
  KEY `index_classno_cname_desc` (`classno`,`cname` DESC)
) ENGINE=InnoDB DEFAULT CHARSET=utf8;
/*!40101 SET character_set_client = @saved_cs_client */;


/*!40103 SET TIME_ZONE=@OLD_TIME_ZONE */;


/*!40101 SET SQL_MODE=@OLD_SQL_MODE */;
/*!40101 SET CHARACTER_SET_CLIENT=@OLD_CHARACTER_SET_CLIENT */;
/*!40101 SET CHARACTER_SET_RESULTS=@OLD_CHARACTER_SET_RESULTS */;
/*!40101 SET COLLATION_CONNECTION=@OLD_COLLATION_CONNECTION */;
/*!40111 SET SQL_NOTES=@OLD_SQL_NOTES */;


-- Dump completed on 2018-10-18 14:27:23
```

（3）打开 t_class.txt 文件，其内容只包含 t_class 表中的数据，其内容与图 12-9 相同。

【示例 12-10】使用 mysqldump 将 school 数据库中的 t_class 表导出到文本文件，使用 FIELDS 选项，要求字段之间使用逗号"，"间隔、所有字符类型字段值用双引号括起来。步骤如下：

（1）使用 mysqldump 将 school 数据库中的 t_class 表中的记录导出到文本文件，具体 SQL 语句如下，执行结果如图 12-11 所示。

```
mysqldump -uroot -p -T
"C:/ProgramData/MySQL/MySQL Server 8.0/Uploads/"
 school t_class
--fields-terminated-by=, --fields-optionally-enclosed-by=\"
```

图 12-11　备份数据表 t_class 的数据到文本文件

语句 mysqldump 语句执行成功之后，指定目录下会出现两个文件 t_class.sql 和 t_class.txt。

（2）打开 t_class.sql 文件，其内容包含创建 t_class 表的 CREATE 语句，以及插入数据的语句 INSERT，如下所示：

```
-- MySQL dump 10.13  Distrib 8.0.12, for Win64 (x86_64)
--
-- Host: localhost    Database: school
-- ------------------------------------------------------
-- Server version    8.0.12

/*!40101 SET @OLD_CHARACTER_SET_CLIENT=@@CHARACTER_SET_CLIENT */;
/*!40101 SET @OLD_CHARACTER_SET_RESULTS=@@CHARACTER_SET_RESULTS */;
/*!40101 SET @OLD_COLLATION_CONNECTION=@@COLLATION_CONNECTION */;
 SET NAMES utf8mb4 ;
/*!40103 SET @OLD_TIME_ZONE=@@TIME_ZONE */;
/*!40103 SET TIME_ZONE='+00:00' */;
/*!40101 SET @OLD_SQL_MODE=@@SQL_MODE, SQL_MODE='' */;
/*!40111 SET @OLD_SQL_NOTES=@@SQL_NOTES, SQL_NOTES=0 */;


--
-- Table structure for table `t_class`
--

DROP TABLE IF EXISTS `t_class`;
/*!40101 SET @saved_cs_client     = @@character_set_client */;
 SET character_set_client = utf8mb4 ;
CREATE TABLE `t_class` (
  `classno` int(4) DEFAULT NULL,
  `cname` varchar(20) DEFAULT NULL,
  `loc` varchar(40) DEFAULT NULL,
  KEY `index_classno_cname_desc` (`classno`,`cname` DESC)
) ENGINE=InnoDB DEFAULT CHARSET=utf8;
/*!40101 SET character_set_client = @saved_cs_client */;

/*!40103 SET TIME_ZONE=@OLD_TIME_ZONE */;

/*!40101 SET SQL_MODE=@OLD_SQL_MODE */;
/*!40101 SET CHARACTER_SET_CLIENT=@OLD_CHARACTER_SET_CLIENT */;
/*!40101 SET CHARACTER_SET_RESULTS=@OLD_CHARACTER_SET_RESULTS */;
/*!40101 SET COLLATION_CONNECTION=@OLD_COLLATION_CONNECTION */;
/*!40111 SET SQL_NOTES=@OLD_SQL_NOTES */;


-- Dump completed on 2018-10-18 15:07:30
```

（3）打开 t_class.txt 文件，其内容包含创建 t_class 表的数据，如图 12-12 所示。

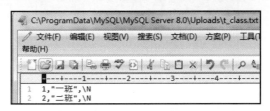

图 12-12　t_class 的数据文件

从图 12-12 可以看出，字段之间用逗号隔开，字符类型的值被双引号括起来。

12.4.3　使用 mysql 命令导出文本文件

mysql 是一个功能丰富的工具命令，使用 mysql 还可以在命令模式下执行 SQL 指令，将查询结果导入到一个文本文件中。相比 mysqldump，mysql 工具导出的结果可读性更强。如果 mysql 服务器是单独的机器，用户是在一个客户端上进行操作，用户要把数据结果导入到客户端机器上，就可以使用 mysql –e 语句。

使用 mysql 导出数据文本文件语句的基本格式如下：

```
mysql -u root -p -execute="SELECT 语句" dbname>filename.txt
```

该命令使用--execute 选项，表示执行该选项后面的语句并退出，后面的语句必须用双引号括起来，dbname 为要导出的数据库名称；导出的文件中不同列之间使用制表符分隔，第一行包含了各个字段的名称。

【示例 12-11】使用 mysql 语句导出 school 数据中 t_developer 表中的记录到文本文件。步骤如下：

（1）使用 mysql 将 school 数据库中的 t_class 表中的记录导出到文本文件，具体 SQL 语句如下，执行结果如图 12-13 所示。

```
mysql -uroot -p --execute="SELECT * FROM t_class;" school>
"C:/ProgramData/MySQL/MySQL Server 8.0/Uploads/t_class.txt"
```

```
C:\Windows\system32>mysql -uroot -p --execute="SELECT * FROM
t_class;" school>"C:/ProgramData/MySQL/MySQL Server 8.0/Upl
oads/t_class.txt"
Enter password: ******
```

图 12-13　导出 t_class 表的数据到文本文件

图 12-13 执行结果成功，在指定目录下生成了 t_class.txt 文本文件。

（2）打开 t_class.txt 文件，其内容包含创建 t_class 表的数据，如图 12-14 所示。

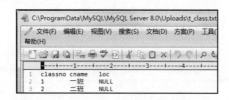

图 12-14 t_class 表的数据文件

从图 12-14 中可以看出，t_developer_1.txt 文件中包含了每个字段的名称和各条记录，该显示格式与 mySQL 命令行下的 SELECT 查询结果显示相同。

使用 mysql 命令还可以指定查询结果的显示格式，如果某行记录字段很多，可能一行不能完全显示，可以使用-vertical 参数将该条件记录分为多行显示。

【示例 12-12】导出 school 数据库 t_class 表中的记录到文本文件。步骤如下：

（1）使用 mysql 命令将 school 数据库 t_class 表中的记录导出到文本文件，使用--veritcal 参数，具体 SQL 语句如下，执行结果如图 12-15 所示。

```
mysql -uroot -p --vertical --execute="SELECT * FROM t_class;" school >
"C:/ProgramData/MySQL/MySQL Server 8.0/Uploads/t_class_1.txt"
```

```
C:\Windows\system32>mysql -uroot -p --vertical --execute="SE
LECT * FROM t_class;" school > "C:/ProgramData/MySQL/MySQL S
erver 8.0/Uploads/t_class_1.txt"
Enter password: ******
```

图 12-15 导出 t_class 表的数据到文本文件

图 12-15 的执行结果成功，在指定目录下生成了 t_class_1.txt 文本文件。

（2）打开 t_class_1_.txt 文件，其内容包含创建 t_class 表的数据，具体如下：

```
*************************** 1. row ***************************
classno: 1
  cname: 一班
    loc: NULL
*************************** 2. row ***************************
classno: 2
  cname: 二班
    loc: NULL
```

可以看到，SELECT 的查询结果导出到文本文件之后显示格式发生了变化，如果 t_class 表中的记录内容很长，这样显示将会更加容易阅读。

【示例 12-13】导出 school 数据 t_class 表中的记录到 html 文件。步骤如下：

（1）使用 mysql 命令将 school 数据库 t_class 表中的记录导出到 html 文件，使用--html 参数，具体语句如下，执行结果如图 12-16 所示。

```
mysql -uroot -p --html --execute="SELECT * FROM t_class;" school >
```

```
"C:/ProgramData/MySQL/MySQL Server 8.0/Uploads/t_class_2.html"
```

（2）在浏览器中打开 t_class_2.html，具体内容如图 12-17 所示。

```
C:\Windows\system32>mysql -uroot -p --html --execute="SELECT
* FROM t_class;" school >"C:/ProgramData/MySQL/MySQL Server
8.0/Uploads/t_class_2.html"
Enter password: ******
```

图 12-16　导出 t_class 表的数据到 html 文件

图 12-17　html 数据文件

图 12-16 显示语句执行成功，在指定目录创建文件 t_class_2.html。如果要将表数据导出到 xml 文件中，可以使用--xml 选项。从图 12-17 中可以看到 t_class 中的数据在 html 文件中显示。

【示例 12-14】导出 school 数据 t_class 表中的记录到 xml 文件。步骤如下：

（1）使用 mysql 命令将 school 数据库 t_class 表中的记录导出到 xml 文件，使用--xml 参数，具体语句如下，执行结果如图 12-18 所示。

```
mysql -uroot -p --xml--execute="SELECT * FROM t_class;" school>
"C:/ProgramData/MySQL/MySQL Server 8.0/Uploads/t_class_3.xml"
```

```
C:\Windows\system32>mysql -uroot -p --xml --execute="SELECT
* FROM t_class;" school>"C:/ProgramData/MySQL/MySQL Server 8
.0/Uploads/t_class_3.xml"
Enter password: ******
```

图 12-18　生成 xml 数据文件

图 12-18 显示语句执行成功，在指定目录创建文件 t_class_3.xml。

（2）打开 t_class_3.xml，具体内容如图 12-19 所示。

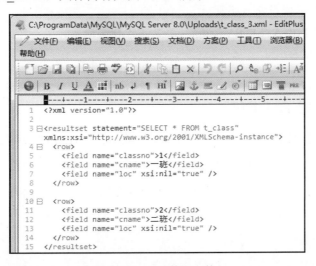

图 12-19　xml 数据文件

12.4.4 使用 LOAD DATA INFILE 方式导入文本文件

在 MySQL 中，既可以将数据导出到外部文件，也可以从外部文件导入数据。MySQL 提供了导入数据的工具，这些工具有 LOAD DATA 语句、source 命令和 mysql 命令。LOAD DATA INFILE 语句用于高速地从一个文本文件中读取行，并装入一个表中，文件名称必须为文字字符串。LOAD DATA INFILE 的基本语法形式如下：

```
LOAD DATA [LOCAL] INFILE filename INTO TABLE tablename [OPTION] [IGNORE number
LINES]
--OPTIONS 选项
FIELDS TERMINATED BY 'value'
FIELDS [OPTIONALLY] ENCLOSED BY 'value'
FIELDS ESCAPED BY 'value'
LINES STARTING BY 'value'
LINES TERMINATED BY 'value'
```

可以看到 LOAD DATA 语句中，关键字 INFILE 后面的 filename 文件为导入数据的来源；tablename 表示待导入的数据表名称；[OPTIONS]为可选参数选项，OPTIONS 部分的语法包括 FIELDS 和 LINES 自己，其可能的取值有：

- FIELDS TERMINATED BY 'value'：设置字段之间的分隔字符，可以为单个或多个字符，默认情况下为制表符"\t"。
- FIELDS [OPTIONALLY] ENCLOSED BY 'value'：设置字段的包围字符，只能为单个字符，只能包括 CHAR 和 VARCHAR 等字符数据字段。
- FIELDS ESCAPED BY 'value'：控制如何写入或读取特殊字符，只能为单个字符，即设置转移字符，默认值为反斜线"\"。
- LINES STARTING BY 'value'：设置每行数据开头的字符，可以为单个或多个字符，默认情况下不使用任何字符。
- LINES TERMINATED BY 'value'：设置每行数据结尾的字符，可以为单个或多个字符，默认值为"\n"。

IGNORE number LINES 选项表示忽略文件开始处的行数，number 表示忽略的行数。执行 LOAD DATA 语句需要 FILE 权限。

【示例 12-15】使用 LOAD DATA 命令将 C:\ProgramData\MySQL\MySQL Server 8.0\Uploads\t_class0.txt 文件中的数据导入到 school 数据库中的 t_class 表。具体步骤如下：

（1）使用 SELECT...INTO OUTFILE 将 school 数据库中 t_class 表的记录导出到文本文件，具体 SQL 语句如下，文本文件 t_class0.txt 的内容如图 12-20 所示。

```
SELECT * FROM school.t_class
   INTO OUTFILE
'C:/ProgramData/MySQL/MySQL Server 8.0/Uploads/t_class0.txt';
```

（2）删除 t_class 表中的数据，SQL 语句如下，执行结果如图 12-21 所示。

```
DELETE FROM school.t_class;
select * from t_class;
```

图 12-20　文本文档数据　　　　　　　图 12-21　查询数据

（3）从文本文件 t_class0.txt 中恢复数据，SQL 语句如下，执行结果如图 12-22 所示。

```
LOAD DATA INFILE
  'C:/ProgramData/MySQL/MySQL Server 8.0/Uploads/t_class0.txt'
  INTO TABLE school.t_class;
```

（4）查询 t_class 表中的数据，具体 SQL 语句如下，执行结果如图 12-23 所示。

```
select * from t_class;
```

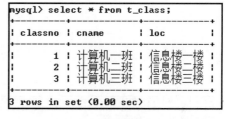

图 12-22　从文本文件导入数据　　　　图 12-23　查询表数据

图 12-22、图 12-23 的执行结果显示，从文本文件 t_class0.txt 导入数据到 t_class 表中成功。

【示例 12-16】使用 LOAD DATA 命令将 C:/ProgramData/MySQL/MySQL Server 8.0/Uploads/t_class1.txt 文件中的数据导入到 school 数据库的 t_class 表中，使用 FIELDS 选项，要求字段之间使用逗号","间隔，所有字段用双引号括起来。具体步骤如下：

（1）选择数据库 school，使用 SELECT…INTO OUTFILE 将 school 数据库 t_class 表中的记录导出到文本文件，使用 FIELDS 选项和 LINES 选项，要求字段之间使用逗号","间隔，所有字段值用双引号括起来，具体 SQL 语句如下，导出的文本文档内容如图 12-24 所示。

```
SELECT * FROM school.t_class
INTO OUTFILE
'C:/ProgramData/MySQL/MySQL Server 8.0/Uploads/t_class1.txt'
FIELDS
TERMINATED BY ','
ENCLOSED BY '\"';
```

（2）删除 t_class 表中的数据，执行完毕后查询表，结果如图 12-25 所示。

图 12-24　文本文件 t_class1.txt 的内容　　　　图 12-25　查询 t_class 表

从图 12-25 中可以看出，目前 t_class 表中没有数据。

（3）从 C:/ProgramData/MySQL/MySQL Server 8.0/Uploads/t_class1.txt 中导入数据到 t_class 表中，具体 SQL 语句如下，执行结果如图 12-26 所示。

```
LOAD DATA INFILE
'C:/ProgramData/MySQL/MySQL Server 8.0/Uploads/t_class1.txt'
    INTO TABLE school.t_class
    FIELDS
 TERMINATED BY ','
 ENCLOSED BY '\"';
```

（4）查询 t_class 表中的数据，具体 SQL 如下，执行结果如图 12-27 所示。

```
select * from t_class;
```

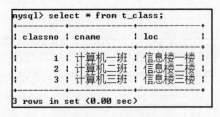

图 12-26　从文本文件导入数据到数据表　　　　图 12-27　查询表数据

从图 12-27 的执行结果可以看到，使用 LOAD DATA INFILE 语句从文本文件导入数据到数据表成功。

12.4.5　使用 mysqlimport 方式导入文本文件

使用 mysqlimport 可以导入文本文件，并且不需要登录 MySQL 客户端。mysqlimport 命令提供许多与 LOAD DATA INFILE 语句相同的功能，大多数选项直接对应 LOAD DATA INFILE 子句。使用 mysqlimport 语句需要指定所需的选项、导入的数据库名称以及导入的数据文件的路径和名称。mysqlimport 命令的基本语句格式如下：

```
mysqlimport -uroot -p dbname filename.txt [OPTIONS]
--OPTIONS 选项
--fields-terminated-by=value
--fields-enclosed-by=value
--fields-optionally-by=value
```

```
--lines-terminated-by=value
--ignore-lines=n
```

dbname 为导入的表所在的数据库名称。注意，mysqlimport 命令不指定导入数据库的表名称，数据表的名称由导入文件名称确定，即文件名作为表名，导入数据之前该表必须存在。
[OPTIONS]为可选参数项，其常见的取值有：

- --fields-terminated-by=values：设置字段之间的分隔字符，可以为单个或多个字符，默认情况下为制表符"\t"。
- --fields-enclosed-by=value：设置字段的包围字符。
- --fields-optionally-enclosed-by=value：设置字段的包围字符，只能为单个字符，只能包括 CHAR 和 VARCHAR 等字符数据字段。
- --line-terminated-by=value：设置每行数据结尾的字符，可以为单个或多个字符，默认值为"\n"。
- --ignore-lines=n：忽视数据文件的前 n 行。

【示例 12-17】使用 mysqlimport 命令将 t_class.txt 文件内容导入到数据库 school 的 t_class 表中，字段之间使用逗号","间隔，字符类型字段值用双引号括起来。具体步骤如下：

（1）文本文件 t_class.txt 的具体内容如图 12-28 所示。

（2）删除 t_developer 表中的数据，SQL 语句如下，执行完毕后，查询结果如图 12-29 所示。

```
DELETE FROM school.t_class;
select * from t_class;
```

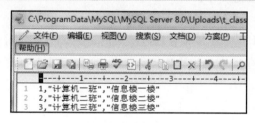

图 12-28 t_class.txt 文本文件内容　　　　图 12-29 查询表数据

（3）使用 mysqlimport 命令将 t_class.txt 文件内容导入到数据库 school 的 t_class 表中，字段之间使用逗号","间隔，字符类型字段值用双引号括起来，具体 SQL 语句如下，执行结果如图 12-30 所示。

```
mysqlimport -uroot -p school
'C:/ProgramData/MySQL/MySQL Server 8.0/Uploads/t_class.txt'
 --fields-terminated-by=, --fields-optionally-enclosed-by=\"
```

（4）查询 t_class 表中的数据，SQL 语句如下，执行结果如图 12-31 所示。

```
select * from t_class;
```

图 12-30　从文本文件导入数据

图 12-31　查询表数据

图 12-31 的执行结果显示，使用 mysqlimport 命令从文本文件导入数据到数据表成功。

除了前面介绍的几个选项之外，mysqlimport 支持需要选项，常见的选项有：

- --columns=column_list,-c column_list: 该选项采用逗号分隔的列名作为其值。列名的顺序只是如何匹配数据文件列和表列。
- --compress, -C: 压缩在客户端和服务器之间发送的所有信息（如果二者均支持压缩）。
- -d, --delete: 导入文本文件前请空表。
- --force, -f: 忽视错误。例如，如果某个文本文件的表不存在，就继续处理其他文件。不使用--force，若表不存在，则 mysqlimport 退出。
- --host=host_name, -h host host_name: 将数据导入给定主机上的 MySQL 服务器，默认主机是 localhost。
- --ignore, -i: 参见--replace 选项的描述。
- --ignore-lines=n: 忽视数据文件的前 n 行。
- --local, -L: 从本地客户端读入输入文件。
- --lock-tables, -l: 处理文本文件前锁定所有表，以便写入。这样可以确保所有表在服务器上保持同步。
- --password[=password], -p[password]: 当连接服务器时使用的密码。如果使用短选项形式（-p），选项和密码之间不能有空格。如果在命令行中--password 或-p 选项后面没有密码值，就提示输入一个密码。
- --port=port_num, -P port_num: 用户连接的 TCP/IP 端口号。
- --protocol={TCP|SOCKET|PIPE|MEMORY}: 使用的连接协议。
- --replace, -r --replace 和--ignore 选项控制复制唯一键值已有记录的输入记录的处理。如果指定--replace，新行替换有相同唯一键值的已有行；如果指定--ignore，复制已有唯一键值的输入行被跳过；如果不指定这两个选项，当发现一个复制键值时会出现一个错误，并且忽视文本文件的剩余部分。
- --silent, -s: 沉默模式。只有出现错误时才输出信息。
- --user=username, -u user_name: 当连接服务器时 MySQL 使用的用户名。
- --verbose, -v: 冗长模式。打印出程序操作的详细信息。
- --version, -V: 显示版本信息并退出。

12.5　数据复制

数据复制使数据从 MySQL 主服务器被复制到一个或多个 MySQL 从服务器上。数据复制默认情况下是异步的，从服务器不需要建立长连接来获取主服务器的更新。通过配置，可以复制所有的数据库和选中的数据库，甚至可以复制数据库中选中的表。

12.5.1　配置复制

1. 基于二进制文件定位的复制

二进制日志中的信息以不同的日志格式存储。从服务器通过配置可以读取主服务器中二进制日志，并且执行日志中的事件。每个从服务器都能收到整个二进制日志的内容。从服务器需要识别日志中哪些语句应该被执行。除非特殊指定，默认情况下主服务器中所有的事件都将被执行。可以通过配置使从服务器执行特定的事件，但无法通过配置指定主服务器执行特定的事件。

（1）配置主服务器复制

为使主服务器使用基于二进制文件定位的复制，必须保证二进制日志已启用，并建立一个独一无二的服务 ID。默认情况下，二进制日志为开启状态。该功能可通过系统变量 log_bin 或 --log-in 选项配置。当 log_bin 的值为 ON 时，表示二进制日志开启。服务 ID 可通过系统变量 server_id 或--server-id 选项设置。该变量的默认值为 1，取值为正整数，最大为 $2^{32}-1$。

（2）配置从服务器复制

每个从服务器都必须拥有一个独一无二的服务 ID。如果从服务器没有服务 ID，或者服务 ID 与主服务器的重复，就关闭从服务器，然后编辑配置文件中的 mysqld 部分，如下所示。

```
[mysqld]
server-id=2
```

保存后重启服务器。

如果设置多个从服务器，那么每个从服务器的服务 ID 都必须与主服务器以及其他从服务器不同。从服务器的二进制日志可以用来备份数据以及恢复数据。开启二进制日志的从服务器可以作为一个复杂复制拓扑结构的一部分，可以同时作为主服务器和从服务器。--log-slave-updates 选项可以使从服务器写入从主服务器收到的更新，并执行从服务器 SQL 线程，写入到自身的二进制日志中。--log-slave-updates 选项默认开启。如果需要禁用从服务器的二进制日志或更新日志，可以指定--skip-log-bin 和--skip-log-slave-updates 选项。

（3）创建复制用户

每个从服务器使用用户名和密码连接主服务器，所以必须创建账户。创建从服务器时，可通过在 CHANGE MASTER TO 命令中添加 MASTER_USER 选项设置用户名。任何被授予

REPLICATION SLAVE 权限的账号都可进行此操作。既可以为每个从服务器创建不同的账号，也可以使用同一个账号。复制所用的账号和密码是以明文形式存储在主服务器中 mysql 数据库中的 slave_master_info 表中。创建新账号可使用 CREATE USER 命令，然后使用 GRANT 语句授予权限。如果账号只是用来进行数据复制，只赋予 REPLICATION SLAVE 权限即可，语句如下所示。

```
CREATE USER 'replication'@'%.example.com' IDENTIFIED BY '123456';
GRANT REPLICATION SLAVE ON *.* TO 'replication'@'%.example.com';
```

（4）获取主服务器二进制日志的坐标

为了使从服务器在正确的位置开始复制过程，必须指定主服务器二进制日志当前的坐标。首先，使用命令行客户端连接主服务器开启会话，执行 FLUSH TABLES WITH READ LOCK 语句刷新所有表和块写入语句。然后，在主服务器端使用 SHOW MASTER STATUS 语句查看当前二进制日志文件名称和位置，如图 12-32 所示。

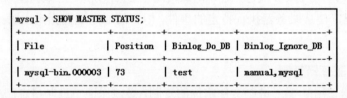

图 12-32　查询表数据

图 12-32 中显示 mysql-bin.000003 文件的位置为 73，设置从服务器时会用到这些值。如果主服务器的二进制日志被禁用，查询到的值将为空，设置从服务器时使用的值为空字符串和 4。如果主服务器存在需要同步到从服务器的数据，使客户端运行以保持锁定，这样才能使数据同步。如果主服务器是新的服务器，不存在数据，可退出客户端释放锁。

（5）选择数据快照方法

如果主服务器包含需要复制到从服务器的数据，有两种方法可以实现转存数据快照。

第一种，使用 mysqldump 创建数据快照。数据快照创建之后，需要在复制进程执行之前将快照由主服务器导入到从服务器。创建快照的 SQL 示例如下。

```
mysqldump --all-databases --master-data > dbdump.db
```

第二种，使用行数据文件创建数据快照。如果表使用 InnoDB 引擎，可以使用 MySQL 企业备份组件中的 mysqlbackup 命令创建连续快照。该方法只支持在企业版中使用。如果表使用 MyISAM 引擎，可以使用标准的复制工具直接复制数据库文件。

基于二进制文件的复制是 MySQL 常用的复制模式，后续内容对于其他模式只做简单介绍，读者可根据官方教程进行深入研究学习。

2. 基于全局事务标识的复制

当使用全局事务时，每个事务都可被识别和追溯，可以选择基于语句或基于行进行复制，推荐使用基于行格式。

如果复制已经在运行，将服务器设置为只读进行数据同步，SQL 语句如下：

```
SET @@global.readonly = ON;
```

然后停止服务器，通过修改配置以 GTIDs 模式重启服务器，配置内容如下：

```
gtid_mode=ON
enforce-gtid-consistency=true
```

配置从服务器使用基于 GTIDs 的自动定位创建新备份，然后启动从服务器并关闭只读模式。如果使用的是非事务型的引擎，或使用不安全、不规范的 SQL 语句，GTIDs 将无法正常使用。

3. MySQL 多源复制

MySQL 多源复制使得从服务器同时从多个源中收到事务。多源复制可用来将多个服务器备份到一个服务器上。这种复制模式不支持冲突检测和解决方案，只能通过应用自身进行处理。从服务器会为每一个主服务器创建一个复制通道。

12.5.2　复制实现

二进制日志作为写入记录，记录了修改数据库结构或数据的所有事件。一般情况下，查询语句不会记录。每个从服务器都需要一份日志备份。根据主服务器的日志记录，从服务器对数据库进行相应的改变。由于每个从服务器都是独立的，因此这些改变也是独立的。

数据复制能够发挥作用，是因为事件在主服务器端被写入二进制日志，然后在从服务器端进行处理。不同的事件以不同的格式记录在二进制日志中。

当使用基于语句的二进制日志时，主服务器将 SQL 语句写入日志。由主服务器向从服务器进行数据复制时，从服务器会执行这些 SQL 语句。这叫作基于语句的复制，与 MySQL 基于语句的二进制日志格式相对应。

当使用基于行的日志时，主服务器将标明表行数据如何改变的事件写入二进制日志。复制时，将这些事件复制到从服务器上。这叫作基于行的复制。

也可以同时使用两种形式的混合日志。当使用混合日志时，基于语句的日志为默认日志。根据具体的语句以及所使用的存储引擎，日志会自动转换成基于行的形式。

MySQL 复制能力通过三个线程实现，一个位于主服务器，两个位于从服务器，分别为二进制日志转储线程、从服务器 I/O 线程和从服务器 SQL 线程。

- 二进制日志转储线程：主服务器创建线程，将二进制日志内容发送到连接的从服务器上。可以通过 SHOW PROCESSLIST 语句查看这个线程。转储时，读取日志时线程会给二进制日志加锁，一旦读取完毕，锁就会被释放。

- 从服务器 I/O 线程：如果从服务器连接了主服务器，并使用了 START SLAVE 语句，就开启了 I/O 线程，会向主服务器请求发送二进制日志记录的更新内容。从服务器 I/O 线程读取更新内容并复制到由中继日志组成的本地文件中。这个线程的状态可通过

SHOW SLAVE STATUS 或 SHOW STATUS 语句查看。

● 从服务器 SQL 线程：从服务器创建 SQL 线程读取中继日志，并执行其中的事件。

复制过程中，主服务器为每个连接的从服务器开启二进制日志转储线程，而每个从服务器开启自身的 I/O 和 SQL 线程。

复制通道代表由主服务器到从服务器的事务活动的路径。为了兼容之前的版本，MySQL 服务器会自动创建一个默认的名称为空的通道。这个通道一直存在，不会被用户创建或删除。如果没有其他通道，复制语句将在默认通道执行。多源复制中，一个从服务器开启多个通道，每个主服务器一个通道，每个通道拥有自身的中继日志和应用线程。复制通道同时也与域名和端口有关。多个通道可共用同一个域名和端口。在 MySQL 8 中，多源复制的从服务器可以设置的最大通道数为 256。

复制期间，从服务器创建几个日志存储二进制日志事件，并记录当前状态和位置信息，常用的日志类型有三种，中继日志、主服务器信息日志和中继信息日志。中继日志由二进制日志事件组成，这些事件读取自主服务器的二进制日志并通过从服务器的 I/O 线程写入。从服务器将中继日志中的事件作为 SQL 线程的一部分执行。主服务器信息日志包含主从服务器之间的连接状态和当前配置信息，这类日志存储主服务器域名信息、登录认证和从服务器的读取进度。这类日志被写入 mysql.slave_master_info 表中。中继信息日志存储从服务器中继日志的执行状态信息。这类日志被写入 mysql.slave_relay_log_info 表。

 如果 MySQL 由不支持从服务器日志表的低版本升级到支持的高版本，并且 mysqld 没有初始化复制日志表，这种情况会产生警告。不要手动更新或插入记录到 slave_master_info 或 slave_relay_log_info 表。

12.5.3 复制解决方案

复制可以被用在多种不同的环境中，实现不同的目标。

1. 用于备份

使用复制作为备份的解决方案，将数据由主服务器复制到从服务器，然后备份从服务器数据。从服务器可以在不影响主服务器的情况下暂停或关闭，这种情况下可以不关闭主服务器生成数据快照。备份方式的选择取决于数据库大小、要备份的内容以及复制从服务器的状态。如果要备份数据，并且数据库不大，可以使用 mysqldump。对于大型数据库来说，可以备份行数据文件，同时还可以备份二进制日志和中继日志，这样在从服务器出现错误时能够进行重建。

2. 处理从服务器的意外停止

为了处理意外停止，在停止前需要恢复从服务器的状态。停止后，一旦重启，I/O 线程必须恢复接收到的事务信息，SQL 线程必须恢复已执行的事务。恢复所需的信息默认存储在 InnoDB 表里。使用支持事务的存储引擎，一旦重启恢复就可以进行。在之前的版本中，这些信息默认存储在文件里。这样会带来不同步的风险。在 MySQL 8 中，将 relay_log_info_repository 和 master_info_repository 的变量值设置为 TABLE 就可以配置将恢复所需要的信息存储在表中，将 I/O 线程需要的信息存储在 mysql.slave_master_info 表中，将 SQL 线程需要的信息存储在 mysql.slave_relay_log_info 表中。上述两个变量中的另一个可取值为 FILE，现在已过时，在以后的版本中将会移除，尽量避免使用。

3. 监控基于行的复制

当使用基于行的复制时，当前复制应用进程会被性能库（Performance Schema）监控，使得操作过程可追踪，并且能够检查已完成的工作数量以及预计的工作数量。三种基于行的操作可被追踪，即写入、更新和删除。首先，可执行如下语句开启三种性能阶段：

```
UPDATE performance_schema.setup_instruments SET ENABLED = 'YES';
WHERE NAME LIKE 'stage/sql/Applying batch of row changes%';
```

等待复制应用线程处理一些事件，然后通过查询 events_stages_current 表查看进程。例如，查看更新操作，SQL 语句如下所示。

```
SELECT WORK_COMPLETED, WORK_ESTIMATED
FROM performance_schema.events_stages_current
WHERE EVENT_NAME LIKE 'stage/sql/Applying batch of row changes (update)'
```

如果 binlog_rows_query_log_events 变量已启动，查询相关的信息会被存储到二进制日志，可通过 processlist_info 字段查看，SQL 语句如下所示。

```
SELECT db, processlist_state, processlist_info
FROM performance_schema.threads
WHERE processlist_state LIKE
'stage/sql/Applying batch of row changes%' AND thread_id = N;
```

4. 主从服务器使用不同的存储引擎

在复制过程中，default_storage_engine 系统变量的值并没有被复制，所以如果主服务器的表和从服务器的表使用不同的存储引擎，没有影响。不同的复制场景可以选择不同的引擎类型。

配置不同的引擎取决于启动的初始复制进程。如果使用 mysqldump 创建主服务器数据库快照，可以编辑转储文件改变所使用的引擎。如果使用行数据文件，无法改变初始化的表格式，但可以在从服务器启动后通过 ALTER TABLE 语句改变表类型。如果复制时主从服务器都是新服务器，没有任何数据，那么尽量避免在创建表时指定引擎类型。

5. 用于扩展

复制可以作为扩展解决方案，特别适用于高读取、低写入与更新的场景，例如网站。大多数网站只需要向访问者展示信息，更新操作仅发生在会话管理期间，或者购买商品、添加评论以及恢复消息时。这种情形下的复制可以将读取分布在从服务器上，同时使得 Web 服务在进行更新操作时与主服务器通信。

6. 复制不同的数据库到不同的从服务器

实际应用中可能会遇到这样的场景，只有一个主服务器，但是想把主服务器中不同的数据库复制到不同的从服务器上，可以在配置完服务器之后通过--replicate-wild-do-table 配置项限制每个从服务器执行的二进制日志语句。如果使用的是基于语句的复制，千万不要使用--replicate-do-db 选项，因为这个选项会根据当前选择的数据库产生不同的影响。混合形式的复制同样也不适用。如果使用的是基于行的复制，就可以使用--replicate-do-db 选项。

7. 提高复制性能

随着从服务器数量的增加，负荷也会增加。同时，由于每个从服务器都要获取主服务器二进制日志的完整备份，网络负荷也会增加，逐渐遇到瓶颈，此时需要采取措施来提高复制过程的性能。一种方式是创建深层次的复制结构，使得主服务器同时只连接一台从服务器，剩余的从服务器连接这个充当主服务器的从服务器。图 12-33 展示了这种结构。

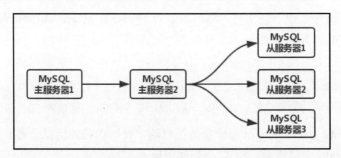

图 12-33　提高复制性能

8. 故障转移期间转换主服务器

如果复制使用 GTIDs 模式，在主服务器和从服务器之间可以使用 mysqlfailover 提供故障转移功能。如果未使用 GTIDs 模式，设置好主从服务器后，需要编写应用或脚本监控主服务器是否正常运行，并在出现故障后指导其他从服务器变换另外的主服务器。从服务器变成主服务器可使用 CHANGE MASTER TO 语句，但从服务器不会检查主服务器的数据库与从服务器是否兼容，只是简单地开始执行读取操作，并执行二进制中的指定事件。

9. 使用加密连接复制

如果使用加密连接传输二进制日志，主从服务器都必须支持加密的网络连接。如果有一方不支持，这种方式就无法实现。设置加密连接进行复制与设置客户端/服务器的加密连接相似，首先要获得在主服务器上适用的安全认证，然后获得在从服务器上适用的相似的安全认证，并获得安全秘钥。

10. 半同步复制

MySQL 8.0 支持半同步复制。MySQL 复制默认是异步的，主服务器向二进制日志写入事件，但不知道从服务器获取并执行的时间。异步复制时，如果主服务器崩溃了，已提交的事务可能还没有传输到任何从服务器上，这样就会造成数据不同步。在这种场景下，半同步复制可作为异步复制的替代方案。从服务器在连接到主服务器后要声明是否支持半同步复制，如果主从服务器都支持半同步复制，MySQL 会开启线程执行事务，并且等待直到至少有一个从服务器反馈已经收到事务的所有事件，或者等待到超时。从服务器将收到的事件写入到中继日志并刷新到磁盘才会反馈已收到事务。如果没有从服务器收到事务就发生了超时，主服务器会转换到异步复制，直到有半同步的从服务器连接上之后，主服务器再切换到半同步复制。

11. 延迟复制

MySQL 支持延迟复制，从服务器可以在指定时间后执行事务。在 MySQL 8 中，实现延迟复制取决于两个时间戳，即 immediate_commit_timestamp 和 original_commit_timestamp。如果所有的服务器运行的 MySQL 版本都是 8.0 及以上版本，就可以使用这两个变量实现延迟复制，如果有任何一个使用的是 8.0 以下的版本，就使用 5.7 版本中的延迟复制实现方式。默认的延迟事件为 0，即不延迟，可使用如下语句设置延迟时间为 10 秒：

```
CHANGE MASTER TO MASTER_DELAY=10
```

这样从主服务器收到的事务将会延迟 10 秒后执行。

12.5.4　复制注释和提示

1. 复制特点和问题

基于语句的复制取决于主从服务器之间 SQL 的兼容性。所使用的 SQL 必须都能被主、从服务器支持。例如，如果主服务器使用当前版本，就无法复制到使用旧版本的从服务器上。如果使用的是基于语句的复制，并且使用的版本包含 8 以及之前的版本，参考不同版本之间的官方手册，仔细查阅复制相关部分。

2. MySQL 版本之间的复制兼容性

MySQL 复制支持向下兼容，即可以从低版本的发行版复制到高版本的发行版。例如，可以从 5.6 版本的主服务器复制到 5.7 版本的从服务器，从 5.7 版本复制到 8.0 版本。但反过来，可能无法实现。例如，在 MySQL 8 中外键名称不能超过 64 个字符。在多源复制中，主服务器不支持多个版本，这个限制不只是限制发行版，也包括与发行版同系列的其他版本。例如，MySQL 8.0.1 和 8.0.2 不能同时作为主服务器的版本。

3. 升级复制设置

升级复制的过程取决于当前的服务版本以及要升级到的版本。如果要将主服务器升级到 MySQL 8，首先要保证所有的从服务器都使用同系列的发行版，如果不是，首先要升级从服务器。升级从服务器需要关闭服务器，然后升级到相应版本再重启服务器，重新启动复制。升级过后，中继日志将会以 8 版本的格式创建，SQL 将启用严格模式。如果使用的是基于语句的日志，从服务器更新后，主服务器可以执行的 SQL 在从服务器上可能会报错，复制就会终止。为了解决这个问题，可以先停止主服务器产生新语句，等从服务器复制完之后再升级从服务器。如果无法停止产生新语句，先暂时改为基于行的日志，然后等从服务器处理完改之前所有的日志再升级。

MySQL 8 默认的字符集为 utf8mb4。如果从 5.7 升级到 8，就先将默认字符集改为 5.7 所使用的字符集，等升级之后再改为 utf8mb4。

从服务器升级后，关闭主服务器，将主服务器升级到相同的发行版，然后重启。如果做了临时性的改变，例如由基于语句改为基于行，升级过后需要改回原来的设置。

目前不建议从 MySQL 8 降级到低版本。降级前首先保证所有 8 版本的二进制日志或中继日志都被成功处理，降级前将日志删除。

12.6　组复制

组既可以在 single-primary 模式下操作，也可以在 multi-primary 模式下操作。这取决于组成员服务，这个服务使得组视图在任何时间点对所有服务器连续可用。服务器可以加入或退出组，视图将会及时更新。

12.6.1　组复制背景

容错系统最常见的手段是冗余组件，这对系统兼容性要求更高。例如，被复制的数据库需要在多个服务器中保持一致，即它们需要维护和管理几个服务器。多个服务器形成了一个"组"的概念相互协同工作，势必会遇到经典的分布式系统问题，例如网络划分或裂脑情景。因此，如果要统一所有服务器中数据库的每一次改变状态，使得它们作为一个单个数据库能够正常运行或者最终聚集到相同状态，整个组下的每个节点都需要作为一个分布式的状态机操作。

MySQL 组复制提供分布式状态机复制，这种复制机制在服务器之间具有强协调能力。当几个数据库服务器属于同一组时，组复制机制可以自动协调它们。组可以在单主模式下操作，这种情况下一个组只有主节点才可以做写操作。对于更高级的用户，组可以以多主模式部署，即多个节点都可以做写操作。这种情况下，应用层会加以额外的限制。

组内有一个内置的组成员服务，用以确保组的视图在任何时间点为可用且一致的。每个节点可以脱离和加入组，同时更新视图。如果组成员意外脱离组，故障检测机制就会自动检测到此情况，并通知组视图进行更改。

在组复制中，事务提交的顺序以全局事务序列为准。组中的大多数成员都同意这个序列。提交或废弃一个已经执行过的事务是由每个成员单独完成的，但所有成员必须做出相同的决定。

所有上述功能都由组通信协议提供支持。它提供了故障检测机制、组成员服务以及安全且完全有序的消息传递。所有这些功能是保证创建的系统在多个节点之间进行复制时保持数据一致性的关键。

1. 复制技术

传统的 MySQL 复制提供了一种简单的主从复制方式。在主从复制中,有一个主服务器节点(master)和一个或多个从服务器节点(slaves)。主节点执行事务,然后将事务异步地发送到从节点,从节点重新执行事务语句或应用基于行改变的结果。这是一个无共享系统,默认情况下所有节点都有一个完整的数据副本。另外,MySQL 还提供了半同步复制,它向异步复制协议添加一个同步步骤,即主节点在提交时等待至少一个从节点确认已经接收到事务。

组复制是一种可用于实现容错系统的技术。复制组是一个服务器组,组内的服务器通过消息传递相互作用。通信层提供了很多保证,例如原子消息和序列的传递。利用这些强大的特性,可以构建更高级的数据库复制解决方案。

MySQL 组复制构建在以上属性和抽象功能之上,并实现多主复制协议的更新。复制组由多个数据库实例组成,每个实例都可以独立地执行事务,但所有读写事务只有在被组批准后才会提交。只读事务可以立即提交,不需要通过组决定。因此,对于任何读写事务,提交操作不能由始发服务器单方面决定。当事务在始发服务器上提交时,始发服务器广播写入值和对应的写入集,然后为该事务建立一个全局总序号。最终,所有服务器以相同的顺序接收同一组事务,以相同的顺序执行更改,因此在组内能够保持一致。

但是,在不同服务器上并发执行的事务之间可能存在冲突。冲突可以通过检查两个不同的并发事务的写集合来检测,这个过程被称为认证。如果在不同的服务器上执行两个并发事务更新同一行,先发起的事务在所有服务器上提交,后发起的事务将在始发服务器上回滚,同时组中的其他服务器删除该事务。这被称为"先提交者赢"规则。

2. 组复制详细介绍

（1）故障检测机制

组复制提供了故障检测机制,能够找到并上报未响应的服务器。故障检测机制提供可能已崩溃的服务器信息的分布式服务,然后通过组决定该服务器是否已失败。服务器无响应时触发怀疑机制,当服务器 A 从服务器 B 接收消息时,在给定的时间内发生超时就会列入怀疑名单。如果服务器与组的其余服务器都已断开连接,该服务器则怀疑所有其他服务器都失败。但是由于无法与组达成协议,因此其怀疑不会被通过。

（2）组成员服务

组成员服务是组复制内置的插件,定义在线的服务并参与在复制组中。在线服务器列表通常被称为视图,组中的每个服务器都具有一致的视图。复制组的成员不仅决定事务是否提交,也决定当前视图。如果服务器同意新的服务器加入组,那么该服务器会被重新配置,然后集成进组,触发视图改变。若服务器自愿地离开组,则该组动态地重新布置其配置,触发视图改变。这需要来自组中大多数成员的统一决定。若组不能够达成一致,则系统不能动态地改变配置。

（3）容错机制

组复制构建在 Paxos 分布式算法上,提供服务器之间的分布式协调。这就需要大多数服务器处于活动状态以达到选举条件，从而做出决定。这对系统可以容忍的故障数量有直接影响。在实践中，为了容忍一个故障，组必须至少有三个服务器。如果一个服务器故障，仍然有两个服务器形成大多数并且允许系统自动地继续运行。如果第二个服务器也出现异常，那么该组阻塞，若要正常运行，则需更多服务器。

12.6.2　监视组复制

如果 MySQL 启用了性能模式，可以使用性能库（performance_schema）中的表监控组复制。

1. replication_group_member_stats 表

复制组中的每个成员都会验证并应用该组提交的事务。关于验证和应用程序的统计信息可以显示应用程序队列如何增长、已发现的冲突、检查的事务、提交的事务等。performance_schema 库中的 replication_group_member_stats 表提供与认证过程相关的组层级信息。有关该表的字段如表 12-1 所示。

表 12-1　replication_group_member_stats 表

字段名	描述
Channel_name	组复制通道名称
View_id	视图 id
Member_id	成员服务的 uuid
Count_Transactions_in_queue	队列中等待冲突检测检查的事务数。一旦开始检查冲突，并且通过检查，它们就排队等待应用
Count_transactions_checked	指示已参与过冲突检查的事务数
Count_conflicts_detected	指示未通过冲突检测检查的事务数
Count_transactions_row_validating	指示冲突检测数据库的当前大小
Transactions_committed_all_members	指示在当前视图的所有成员成功提交的事务，以固定的时间间隔更新
Last_conflict_free_transaction	显示最后一次无冲突的事务标识符
Count_transactions_remote_in_applier_queue	成员从组中收到的待执行的事务数量
Count_transactions_remote_applied	成员从组中收到的已执行的事务数量
Count_transactions_local_proposed	成员协调并发送给组协调的事务数量
Count_transactions_local_rollback	成员协调并回滚的事务数量

2. replication_group_members 表

这个表用来监控当前视图追踪的不同服务实例的状态。这个表信息在所有服务实例之间共享，同时作为复制组的一部分。有关该表的字段信息如表 12-2 所示。

表 12-2　replication_group_members 表

字段名	描述
Channel_name	组复制通道名称
Member_id	成员服务器的 uuid
Member_host	组成员所在的主机
Member_port	组成员的 port
Member_state	组成员状态(包括 ONLINE、RECOVERING、OFFLINE or UNREACHABLE)
Member_role	组成员的角色
Member_version	组成员的 MySQL 版本

3. replication_connection_status 表

这个表中的某些字段显示有关组复制的信息，例如从组中收到的事务及队列排序。有关该表的信息如表 12-3 所示。

表 12-3　replication_connection_status 表

字段名	描述
Channel_name	组复制通道名称
Group_name	组复制名称
Source_UUID	显示组的标识符，类似于组名称，并且用作组复制期间生成的所有事务的 UUID
Service_state	显示成员是否是组的一部分，服务状态的可能值可以是 ON、OFF 和 CONNECTING
Received_transaction_set	已由该组的此成员接收 gtid 集合中的事务

4. replication_applier_status 表

表 replication_applier_status 能够查看组复制相关的通道和线程状态。有关该表的信息如表 12-4 所示。

表 12-4　replication_applier_status 表

字段名	描述
Channel_name	组通道名称
Service_state	显示服务是关闭还是运行
Remaining_delay	显示是否配置了一些应用程序延迟
Count_transactions_retries	应用一个事务时执行的重试次数
Received_transaction_set	已由该组的此成员接收 gtid 集合中的事务

5. 组复制服务状态

当 view 更改时，表 replication_group_members 才会更新。服务器实例可以处于多种状态。若服务器正常通信，则所有服务器都报告相同的状态。但是，如果存在网络分区，或者服务器离开组，就可以根据查询的服务器报告不同的信息。有关该表的信息如表 12-5 所示。

表 12-5　组复制服务状态

状态	描述	是否组内同步
ONLINE	该成员可以作为一个完全功能的组成员，意味着客户端可以连接并开始执行事务	是
RECOVERING	该成员正在成为该组的活跃成员，并且正在经历恢复过程，从同步源接收状态信息	否
OFFLINE	插件已加载，但成员不属于任何组	否
ERROR	本地节点的状态。只要恢复阶段或应用更改时出现错误，服务器就会进入此状态	否
UNREACHABLE	每当本地故障检测器怀疑给定服务器不可达时，可能它已经崩溃或被不经意地断开，显示服务器的状态为"不可达到"	否

12.6.3　组复制操作

1. 在单主模式或多主模式下开发

组复制可在两种模式下操作：单主模式和多主模式，默认的模式为单主模式。MySQL 目前不支持两种方式混合使用。

（1）单主模式

单主模式下，组中只有一个主节点，并被设置为读写模式。其余所有节点都被设置为只读模式。这个主节点用来引导整个组。整个配置由 MySQL 自动完成。在单主模式下，多主模式下部署的某些检查会被禁用。主节点出现故障时，自动主节点选择机制会选择下一个主节点，通过查看视图信息，根据变量 group_replication_member_weight 的值确定新的主节点。如果所有节点的 MySQL 版本相同，该变量值最大的成员将被选作下一个主节点。如果该值相同，则参考按词典顺序排列的 server_uuid，排在最前的作为主节点，一旦节点转换为主节点，自动设置为读写模式。如果节点之间的 MySQL 版本不同，例如有些节点不支持 group_replication_member_weight 变量，这时直接根据 server_uuid 选定下一个主节点。如果节点之间的版本不同但都支持 group_replication_member_weight 变量，可以根据低版本的成员值来确定下一个主节点。

（2）多主模式

在多主模式下，不需要单主模式中的主节点选择机制。所有的节点都是读写模式。确定多主模式下的主节点，可以通过 replication_group_members 表的 MEMBER_ROLE 列进行查看，

SQL 语句如下：

```
SELECT MEMBER_HOST, MEMBER_ROLE
FROM performance_schema.replication_group_members;
```

MEMBER_ROLE 列的值有两个：PRIMARY 和 SECONDARY。其中，PRIMARY 代表主节点。

2. 调节恢复

当新成员加入组时，它会选择合适的复制源成员，并搜索错过的数据。这个关键性的组件在组复制中是可容错且可配置的。

（1）选择复制源

选择的方式为随机，即从群组中的当前在线成员中随机选择一个作为复制源。选择这种方式，当多个成员进入组时，基本上不会选择同一个复制源。如果与所选择的复制源连接失败，则自动尝试连接到新的候选复制源。一旦达到连接重试次数限制,恢复过程将终止并出现错误。

（2）增强的自动转换

完整恢复的另一个重要因素是确保能够应对故障。组复制提供了强大的错误检测机制。在早期版本的组复制中，当到达一个复制源时，恢复过程只能检测认证问题或一些其他问题的连接错误。对此的反应是切换到新的复制源，对不同的成员进行新的连接尝试。

（3）复制源重连

恢复数据传输依赖于二进制日志和 MySQL 复制框架。瞬时错误可能导致接收器或应用线程错误。在这种情况下，复制源切换过程具有重试功能。

（4）重试次数

加入的新成员连接复制源时尝试的最大次数为 10，该次数可以通过 group_replication_recovery_retry_count 变量设置，SQL 语句如下：

```
SET GLOBAL group_replication_recovery_retry_count= 10;
```

（5）睡眠机制

group_replication_recovery_reconnect_interval 插件变量定义了恢复进程在重连之间间隔的时间。该变量默认值为 60 秒，可通过设置进行更改，SQL 语句如下：

```
SET GLOBAL group_replication_recovery_reconnect_interval= 120;
```

3. 网络分区

当产生改变需要被复制时，组需要达成共识，这是常规事务的情况。同样，对于组成员更改和保持组一致的内部消息传递也是必需的。共识需要大多数组成员达成一致。当大多数组成员失去连接时，组将无法运行并发生阻塞。当有多个成员意外故障时，服从大多数的机制可能会失效。另一方面，如果服务器自愿退出组，那么组应该重新配置自身。replication_group_members 表从当前服务器的角度显示当前视图中每个服务器的状态。大多数情况下，系统不会陷入网络分区。但是，如果存在网络分区，并且大多数组成员失去连接，那么表中对于未成功连接的服务器显示状态 UNREACHABLE。此信息可由组复制中内置的本地故障检测器导出。

12.6.4　组复制安全性

1. IP 地址白名单

组复制中有一个配置项 group_replication_ip_whitelist，决定能够进入组通信的连接。如果在服务器 A 上设置了该变量，当另外一个服务器 B 要连接 A 时，A 服务器首先检查白名单，如果 B 在该名单中，允许连接，否则拒绝连接。该变量可以通过 SQL 语句设置：

```
SET GLOBAL
group_replication_ip_whitelist="192.0.2.21/24,example.com"
```

2. 安全 Socket 层支持

安全 Socket 层支持即 Secure Socket Layer Support（SSL）。MySQL 组复制支持 OpenSSL 和 wolfSSL。

恢复通过一般的异步复制实现。一旦选择了复制源，新加入的服务器就建立了异步复制连接，但是需要 SSL 连接的用户必须在连接之前就被创建。在复制源服务器上执行 SQL 语句如下：

```
SET SQL_LOG_BIN=0;
CREATE USER 'rec_ssl_user'@'%' REQUIRE SSL;
GRANT replication slave ON *.* TO 'rec_ssl_user'@'%';
SET SQL_LOG_BIN=1;
```

然后在新加入的服务器上执行如下 SQL 语句即可设置恢复通道，使用 SSL 安全连接。

```
CHANGE MASTER TO MASTER_USER="rec_ssl_user" FOR
CHANNEL "group_replication_recovery";
START GROUP_REPLICATION;
```

3. 虚拟专用网络

组复制可以在虚拟专用网络上操作，依靠 IPv4 Socket 在服务器之间建立连接、传递消息。

12.6.5　组复制系统变量

组复制系统变量的前缀均为 group_replication。下面列举部分相关变量。

- group_replication_allow_local_lower_version_join：是否允许低版本的服务器加入组，默认值为 OFF，即不允许。
- group_replication_auto_increment_increment：定义执行事务的间隔时间。
- group_replication_bootstrap_group：指定服务器为引导服务器，默认值为 OFF。

- group_replication_communication_debug_options：定义消息级别，可选值有 GCS_DEBUG_NONE、GCS_DEBUG_BASIC、GCS_DEBUG_TRACE、XCOM_DEBUG_BASIC、XCOM_DEBUG_TRACE、GCS_DEBUG_ALL。
- group_replication_compression_threshold: 压缩字节的上限。
- group_replication_enforce_update_everywhere_checks: 开启或关闭多主模式下严格连续检查，默认为 OFF。
- group_replication_flow_control_applier_threshold: 应用队列等待的事务数量。
- group_replication_flow_control_certifier_threshold: 认证队列等待的事务数量。
- group_replication_flow_control_mode: 指定流控制模式。
- group_replication_flow_control_period: 定义流控制迭代之间的秒数。
- group_replication_group_name: 显示组名称。
- group_replication_ip_whitelist: 白名单。
- group_replication_recovery_reconnect_interval: 重连的间隔秒数。
- group_replication_recovery_retry_count: 重连次数。
- group_replication_recovery_ssl_ca: 信任的 SSL 认证授权名单文件地址。

由于篇幅有限，还有很多其他变量未一一列举，读者可参考官方文档深入学习。

12.6.6 要求和限制

1. 组复制要求

如果想使用组复制，必须满足以下要求。

（1）基础要求

- InnoDB 引擎：数据必须以 InnoDB 存储引擎存储。
- 主键：被复制的表都必须设置主键。
- IPv4：MySQL 组复制只支持 IPv4 网络。
- 网络性能：网络延迟和带宽对复制都有影响。

（2）服务器实例配置要求

- 启用二进制日志：设置--log-bin 选项启用二进制日志。
- 从服务器更新存储：设置--log-slave-updates 选项。
- 二进制日志行格式：设置选项--binlog-format 的值为 row。
- 开启全局事务标识：设置选项--gtid-mode 的值为 ON。
- 复制信息存储：将--master-info-repository 和--relay-log-info-repository 的值均设置为 TABLE。
- 事务写入集抽取：设置--transaction-write-set-extraction 的值为 XXHASH64。
- 多线程应用：设置变量 slave_parallel_workers 的值可开启多线程，该变量可开启的最大线程值为 1024，同时将 slave_preserve_commit_order 的值设置为 1，可保证并行事务的最终提交，然后将 slave_parallel_type 的值设置为 LOGICAL_CLOCK 指定事务并行执行的策略。

2. 组复制限制

多主复制下的某些限制同样适用于单主模式。下面列出组复制的一些限制。

（1）复制事件检查和

由于开发上的限制，目前 MySQL 无法使用该功能。

（2）间隙锁

目前认证过程无法使用间隙锁，因为有关间隙锁的信息在 InnoDB 之外不可用。

（3）表锁和命名锁

目前认证过程也无法使用表锁和命名锁。

（4）可串行化隔离层级

多主模式下默认不支持可串行化隔离层级。

（5）并发的 DDL 与 DML 操作

目前多主模式下不支持针对一个对象执行并发的数据定义语句和数据操作语句,强制执行会出现冲突。

（6）级联限制的外键

多主模式下的组不支持表使用多级外键依赖。这是由于多主模式下外键级联操作会造成不可检测的冲突以及不统一的数据。单主模式下不存在这个问题。

（7）超大型事务

超大型的事务在组成员之间复制时可能会出现失败，为了避免该问题，需要限制事务的大小。

（8）多主模式的死锁

在多主模式下，锁在组成员之间不共享，SELECT...FOR UPDATE 语句会造成死锁。

（9）复制过滤器

组复制过滤器在 MySQL 实例上不可用，因为在某些服务器上过滤事务可能会使组无法达成一致。指明通道的复制过滤器可以用在与组复制不直接相关的通道上，在 group_replication_applier 或 group_replication_recovery 通道上无法使用。

第 13 章

◀ MySQL服务管理 ▶

在 MySQL 中，MySQL 服务特别指 mysqld 服务，承担了大部分的工作。本章对 MySQL 服务做一个大概介绍，其中涵盖大部分服务管理内容。本章涉及的主要内容有：

- MySQL 服务
- MySQL 数据目录
- MySQL 系统数据库
- MySQL 服务日志
- MySQL 服务组件
- MySQL 服务插件

经过本章的学习，读者会从总体上了解 MySQL 服务，了解 MySQL 相关的组件和插件，加深对 MySQL 的理解。

13.1　MySQL 服务

MySQL 服务即 mysqld。下面讲解如何配置 mysqld 服务以及认识 MySQL 服务常见的变量和设置。

13.1.1　配置 MySQL 服务

在启动时，mysqld 可以配置很多命令选项和系统变量状态。可以通过如下语句查看 mysqld 支持的命令和配置：

```
mysqld --verbose --help
```

该语句列出的部分结果如图 13-1 所示。

图 13-1   mysqld 命令

要查看当前正在运行的服务系统变量，可使用如下语句：

```
SHOW VARIABLES;
```

查看当前系统的状态，可使用状态语句：

```
SHOW STATUS;
```

以上内容也可以通过 mysqladmin 命令查看：

```
mysqladmin variables
mysqladmin extended-status
```

前面讲了如何查看完整的命令列表。如果想要查看摘要，可使用如下命令，结果如图 13-2 所示。

```
mysqld --help
```

```
C:\Users\eleph>mysqld --help
mysqld.exe  Ver 8.0.12 for Win64 on x86_64 (MySQL Community
Server - GPL)
Copyright (c) 2000, 2018, Oracle and/or its affiliates. All
rights reserved.

Oracle is a registered trademark of Oracle Corporation and/o
r its
affiliates. Other names may be trademarks of their respectiv
e
owners.

Starts the MySQL database server.

Usage: mysqld.exe [OPTIONS]

For more help options (several pages), use mysqld --verbose
--help.
```

图 13-2   mysqld 摘要

下面介绍一些常用命令：

● --basedir=dir_name, -b dir_name：配置 MySQL 安装的路径。

- --bind-address=addr: MySQL 监听一个或多个 Socket。每个 Socket 对应一个地址。启动时配置该项,可以指定 MySQL 监听的地址。
- --character-sets-dir=dir_name: 字符集安装的目录。
- --datadir=dir_name, -h dir_name: MySQL 服务数据目录路径。
- --default-storage-engine=type: 默认的数据存储引擎。
- --transaction-isolation=level: 事务隔离级别。
- --transaction-read-only: 事务只读,默认关闭。
- --tmpdir=dir_name, -t dir_name: 临时文件目录路径。
- --sql-mode="modes": SQL 模式。

由于篇幅有限,关于命令就不全部列举了。

13.1.2　服务系统变量

前面已介绍了查看变量的方法。MySQL 服务通过很多系统变量配置,每个变量都有默认的值。系统变量可以在服务启动时使用命令选项设置,也可以在配置文件中设置。变量中的大多数可以在服务运行期间通过 SET 语句动态修改。在运行期间设置系统变量的全局值需要系统变量管理员或超级管理员权限。

下面介绍一些常用的变量。

- autocommit: 设置自动提交策略。如果为 1,事务就将自动提交。如果为 0,就需要手动执行提交或回滚操作。
- basedir: MySQL 安装的目录。
- bind_address: 可参考--bind-address 命令选项。
- caching_sha2_password_private_key_path: 加密插件 caching_sha2_password 的私钥地址。
- character_set_client: 客户端的字符集,MySQL 8.0.1 之后默认值为 utf8mb4。
- character_set_connection: 连接的字符集,MySQL 8.0.1 之后默认值为 utf8mb4。
- connect_timeout: 超时时间,单位为秒,默认值为 10。
- datadir: MySQL 数据目录。可参考--datadir 命令选项。
- default_authentication_plugin: 默认授权插件,MySQL 8.0.4 之后默认值为 caching_sha2_password。
- default_storage_engine: 默认的存储引擎,默认值为 InnoDB。
- log_error: 错误日志。
- sql-mode: SQL 模式。

由于篇幅有限,关于变量就不全部列举了。

13.1.3　服务的 SQL 模式

MySQL 服务可在不同的 SQL 模式下操作，并且可以根据 sql_mode 的值对不同的客户端使用不同的模式。数据库管理员可以设置全局的 SQL 模式，每个应用可以根据需求设置单独的 SQL 模式。这使得 MySQL 更容易兼容不同的环境。

可通过如下语句分别设置全局和会话的 SQL 模式。

```
SET GLOBAL sql_mode = 'modes';
SET SESSION sqlmode = 'modes';
```

下面列出 MySQL 中最重要的 3 种模式：

- ANSI：在这种模式下，语法和行为更接近标准 SQL。
- STRICT_TRANS_TABLES：在这种模式下，如果记录值不能根据给定的事务表正常插入，该语句将被终止。
- TRADITIONAL：使 MySQL 作为传统的 SQL 数据库系统。

MySQL 中还有很多其他模式，读者可参考官方文档深入学习。

13.2　MySQL 数据目录

MySQL 管理的数据信息存储在数据目录下。对于 MySQL 8.0 来说，以 Windows 为例，默认的目录为 C:\ProgramData\MySQL\MySQL Server 8.0\Data，示例如图 13-3 所示。

图 13-3　MySQL 数据库目录

关于数据库目录及文件的说明如下：

（1）数据目录子目录。 每个子目录代表一个数据库目录，并对应一个被管理的数据库。所有的 MySQL 安装实例都有标准的数据库。除了 MySQL 自带的数据库之外，用户创建的数据库也会生成对应的目录。

（2）服务产生的日志文件。

（3）InnoDB 表空间和日志文件。

（4）默认的或自动产生的 SSL 和 RSA 认证以及秘钥。

（5）服务过程 Id 文件。

（6）mysqld-auto.cnf 文件。该文件存储了持久化的全局系统变量设置。

13.3　系统数据库 mysql

数据库 mysql 是 MySQL 的系统数据库，存储 MySQL 服务运行需要的信息。该数据库包含数据字典表和系统表。

13.3.1　数据字典表

数据字典表包含有关数据库对象的元数据。表名及对应的说明如表 13-1 所示。

表 13-1　数据字典表

表名	描述
catalogs	目录信息
character_sets	字符集信息
collations	字符集的排序信息
column_statistics	列值的直方图统计
column_type_elements	列使用的类型信息
columns	表中的列信息
dd_properties	数据字典属性表
events	事件调度程序信息
foreign_keys foreign_key_column_usage	外键信息
index_column_usage	索引使用的列信息
index_partitions	索引使用的分区信息
index_stats	动态索引统计
indexes	索引信息
innodb_ddl_log	数据定义语言日志
parameter_type_elements	过程和函数参数信息以及返回类型
parameters	过程和函数
resource_groups	资源组信息

（续表）

表名	描述
routines	过程和函数
schemata	数据库信息
st_spatial_reference_systems	可用的空间参照系统
table_partition_values	表分区用到的值信息
table_partitions	表分区
table_stats	动态表统计
tables	表信息
tablespace_files	表空间文件信息
tablespaces	激活的表空间
triggers	触发器
view_routine_usage	视图及视图所使用的函数之间的依赖
view_table_usage	追踪视图与底层表之间的依赖

数据字典表是不可见的，不能通过查询语句查询，SHOW TABLES 语句也无法显示，在数据库中也查不到。但是，大多数数据字典表可在 INFORMATION_SCHEMA 库中查询到。

如果直接使用如下语句查询，将会出现错误，如图 13-4 所示。

```
SELECT * FROM mysql.schemata;
```

可以使用如下语句进行替代查询，正常显示结果，如图 13-5 所示。

```
SELECT * FROM INFORMATION_SCHEMA.SCHEMATA\G;
```

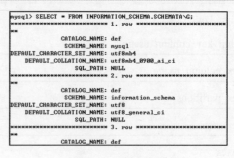

图 13-4　查询数据字典出错　　　　　　图 13-5　查询数据字典

13.3.2　授权系统表

授权系统表包含关于用户账号的授权信息。表名及对应说明如表 13-2 所示。

表 13-2　授权系统表

表名	描述
user	用户账号及权限信息
global_grants	动态全局授权
db	数据库层级的权限
tables_priv	表层级的权限
columns_priv	列层级的权限
procs_priv	存储的过程和函数权限
proxies_priv	代理用户的权限
default_roles	账号连接并认证后默认授予的角色
role_edges	角色子图的边界
password_history	密码更改信息

13.3.3　对象信息系统表

这些表包含了存储的程序、组件、用户自定义的函数以及服务器端的插件，表名及说明如表 13-3 所示。

表 13-3　对象信息系统表

表名	描述
component	注册服务器组件
func	用户自定义函数信息
plugin	服务器端的插件信息

13.3.4　日志系统表

服务器使用这些表进行日志记录，表名及说明如表 13-4 所示。

表 13-4　日志系统表

表名	描述
general_log	通用查询日志表
slow_log	慢查询日志

13.3.5　服务端帮助系统表

这些表存储服务器端的帮助信息，表名及说明如表 13-5 所示。

表 13-5　服务端帮助系统表

表名	描述
help_category	帮助目录
help_keyword	有关帮助的关键词
help_relation	帮助关键词和主题之间的对应
help_topic	帮助主题内容

13.3.6　时区系统表

这些表存储时区信息，表名及说明如表 13-6 所示。

表 13-6　时区系统表

表名	描述
time_zone	时区ID以及是否使用闰秒
time_zone_leap_second	闰秒发生的时间
time_zone_name	时区ID与名称对应关系
time_zone_transition time_zone_transition_type	时区描述

13.3.7　复制系统表

服务器使用这些表支持复制功能，表名及说明如表 13-7 所示。

表 13-7　复制系统表

表名	描述
gtid_executed	存储GTID值
ndb_binlog_index	集群复制的二进制信息
slave_master_info slave_relay_log_info slave_worker_info	存储从服务器上的复制信息

13.3.8　优化器系统表

这些表为优化器所使用，表名及说明如表 13-8 所示。

表 13-8　优化器系统表

表名	描述
innodb_index_stats innodb_table_stats	InnoDB优化器统计
server_cost engine_cost	执行查询花费的预估时间

13.3.9　其他系统表

除了以上系统表，还有一些其他类型的系统表，表名及说明如表 13-8 所示。

表 13-9　其他系统表

表名	描述
audit_log_filter audit_log_user	如果MySQL企业版中安装了审核组件,这些表将存储审核日志过滤器定义和用户账户
firewall_users firewall_whitelist	如果MySQL企业版中安装了防火墙,这些表将用来存储防火墙所需要的信息
servers	FEDERATED存储引擎使用
innodb_dynamic_metadata	InnoDB存储引擎用来存储快速更改的表的元数据

13.4　MySQL 服务日志

默认情况下，不启动任何日志，除了 Windows 系统下的错误日志。默认情况下，MySQL 在数据目录下操作日志。

通用查询日志和慢查询日志的输出方式为文件或者表，操作表比操作文件的负荷要高。错误日志包含了 mysqld 从启动到结束的错误，MySQL 8 中的错误日志使用组件框架。通用查询日志记录 mysqld 操作的记录。当客户端连接或断开连接时，服务器会写入通用日志，并且会写入从客户端收到的语句。默认情况下通用查询日志是关闭的。

二进制日志是记录数据修改的"事件"日志，有两个重要的作用：

● 　用于复制。

● 　用于数据恢复。

二进制日志不记录查询或 SHOW 语句，默认为开启状态。开启二进制日志会轻微地降低服务器性能。慢查询日志记录花费时间超过规定时间的查询，必须查询指定数量以上的记录。数据定义语句日志 DDL 由数据定义语句产生。关于日志的详细讲解可参考第 14 章。

13.5　MySQL 服务组件

MySQL 服务基于组件实现功能扩展。组件提供的服务对服务器和其他组件都可用。组件之间通过自身提供的服务进行交互。系统数据库 mysql 中的表 component 列出了已安装的组件列表。可通过如下 SQL 语句查看已安装的组件：

```
SELECT * FROM mysql.component;
```

　　MySQL 包含几个组件实现扩展功能，其中有配置错误日志的组件和密码验证组件。密码验证组件在 11.5 小节进行了详细讲解。错误日志组件通过 log_error_services 变量控制，可以通过如下语句设置：

```
SET GLOBAL log_error_services =
'log_filter_internal; log_sink_syseventlog';
```

　　该变量的值是一个列表，既可为空，也可包含多个组件。可使用如下语句查看变量的值，结果如图 13-6 所示。

```
SELECT @@global.log_error_services;
```

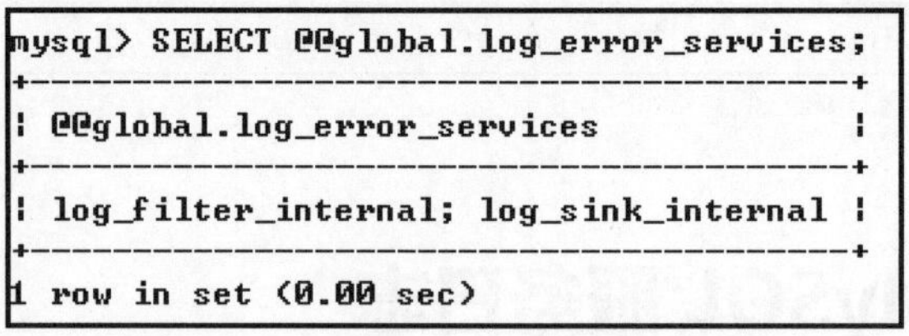

```
mysql> SELECT @@global.log_error_services;
+-------------------------------------------+
| @@global.log_error_services               |
+-------------------------------------------+
| log_filter_internal; log_sink_internal    |
+-------------------------------------------+
1 row in set (0.00 sec)
```

图 13-6　日志组件

13.6　MySQL 服务插件

　　MySQL 支持插件 API，通过 API 可以创建服务组件。插件既可在服务启动时加载，也可以在运行期间加载或卸载，而不需要重启服务。支持插件的组件包括但不限于存储引擎、信息库的表、全文解析插件和服务扩展。关于插件的安装请参考 11.5 节。

　　查看安装的插件信息，可通过以下两种方式：

```
SELECT * FROM informationschema.PLUGINS\G;
SHOW PLUGINS\G;
```

　　MySQL 包含的插件包括连接认证插件、设置延迟的连接控制插件、密码验证插件、半同步复制插件、组复制插件、企业审计的线程池插件、企业审计的审计插件、查询重写插件、版本标记插件、秘钥插件、X 插件、测试框架插件。部分插件在 11.5 节已详细讲解。X 插件请参考 17.4 节。

13.7　在一台机器上运行多个 MySQL 实例

　　在一些情境下，可能需要在同一台服务器上运行多个 MySQL 实例。多个实例可能共用一个二进制文件，也可能分别拥有自己的二进制文件，或者是结合使用。不管二进制文件的使用方式如何，对于一些操作参数，每个实例都应进行不同的配置，否则会引起冲突。MySQL 管理的主要资源是数据目录，所以每个实例都应有不同的数据目录。设置不同的数据库目录可使用--datadir 命令行选项或 datadir 配置项。除此之外，还有几个变量的值不能重复。

- port：端口号。
- socket：socket 文件。
- shared-memory-base-name：共享内存，只在 Windows 中使用。
- pid-file：进程 ID 文件地址。
- general_log_file：通用日志文件。
- log-bin：二进制日志文件。
- slow_query_log_file：慢查询日志文件。
- log-error：错误日志文件。
- tmpdir：临时目录。

在 Windows 上运行不同的 MySQL 实例，可以参考以下步骤。

（1）为每个实例创建不同的数据目录文件，确保目录中包含 mysql 系统数据库。

（2）为每个实例创建配置文件，根据以上变量列表分别设置不同的值，命令如下：

```
#server1
[mysqld]
datadir = C:/mydata1
port = 3307
#server2
[mysqld]
datadir = C:/mydata2
port = 3308
```

（3）使用--defaults-file 命令行选项分别开启服务，命令如下：

```
mysqld --defaults-file=C:\my-opts1.cnf
mysqld --defaults-file=C:\my-opts2.cnf
```

在 UNIX 上运行不同的 MySQL 实例，可以参考如下步骤。

（1）前两步与 Windows 相同，创建不同的数据目录和配置文件。

（2）使用 mysqld_safe 命令启动服务，具体如下：

```
mysqld_safe --defaults-file=/usr/local/mysql/my.cnf
mysqld_safe --defaults-file=/usr/local/mysql/my2.cnf
```

第 14 章

◀ 日志管理 ▶

MySQL 日志记录了 MySQL 数据库日常操作和错误信息。MySQL 有不同类型的日志文件（各种存储了不同类型的日志），分为二进制文件、错误日志、通过查询日志和慢查询日志，这也是常用的 4 种。MySQL 8 又新增两种支持的日志：中继日志和数据定义语句日志。分析这些日志，可以查询到 MySQL 数据库的运行情况、用户操作、错误信息等，可以为 MySQL 管理和优化提供必要的信息。对于 MySQL 的管理工作而言，这些日志文件是必不可缺的。本章将讲解的内容包括：

- 了解和学习什么是 MySQL 日志
- 了解中继日志和数据定义语句日志（属于非常用日志，只简单介绍）
- 掌握二进制日志的用法
- 掌握错误日志的用法
- 掌握查询通用日志的方法
- 掌握慢查询日志的方法

通过本章的学习，读者可以了解日志的含义、使用日志的目的以及日志的优点和缺点。读者还将了解二进制日志、错误日志、通用查询日志、慢查询日志、中继日志和数据定义语句日志的作用。日志管理是维护数据库的重要步骤。读者学好日志相关的内容后，可以通过日志了解 MySQL 数据库的运行情况。

14.1 MySQL 软件所支持的日志

日志是 MySQL 数据库的重要组成部分。日志文件中记录着 MySQL 数据库运行期间发生的变化。当数据库遭到意外的损害时，可以通过日志文件来查询出错原因，并且可以通过日志文件进行数据恢复。

目前 MySQL 日志主要分为 6 类，使用这些日志文件，可以查看 MySQL 内部发生的事情。这 6 类日志分别为：

- 二进制日志：记录所有更改数据的语句，可以用于数据复制。
- 错误日志：记录 MySQL 服务的启动、运行或停止 MySQL 服务时出现的问题。
- 查询日志：记录建立的客户端连接和执行的语句。
- 慢查询日志：记录所有执行时间超过 long_query_time 的所有查询或不适用索引的查询。
- 中继日志：记录复制时从主服务器收到的数据改变。
- 数据定义语句日志：记录数据定义语句执行的元数据操作。

除二进制文件外，其他日志都是文本文件。默认情况下，所有日志创建于 MySQL 数据目录中。通过刷新日志，可以强制 MySQL 关闭和重新打开日志文件（或者在某些情况下切换到一个新的日志）。当执行一个 FLUSH LOGS 语句或执行 mysqladmin flush-logs 或 mysqladmin refresh 时，将刷新日志。

默认情况下，在 Windows 下只启动错误日志的功能，其他类型的日志都需要数据库管理员进行设置。

启动日志功能会降低 MySQL 数据库的性能。例如，在查询非常频繁的 MySQL 数据库系统中，如果开启了通用查询日志和慢查询日志，MySQL 数据库会花费很多时间记录日志。同时，日志会占用大量的磁盘空间。对于用户量非常大、操作非常频繁的数据库，日志文件需要的存储空间设置比数据库文件需要的存储空间还要大。

如果 MySQL 数据库系统意外停止服务，可以通过错误日志查看出现错误的原因。并且，可以通过二进制日志文件来查看用户执行了哪些操作、对数据库文件做了哪些修改。然后，可以根据二进制日志中的记录来修复数据库。

14.2 操作二进制日志

二进制日志也叫作变更日志（update log），主要用于记录数据库的变化情况。通过二进制日志可以查询 MySQL 数据库中进行了哪些改变。二进制日志以一种有效的格式并且是事务安全的方式包含更新日志中可用的所有信息。二进制日志包含了所有更新了数据或者已经潜在更新了数据（例如，没有匹配任何行的一个 DELETE）的语句。语句以"事件"的形式保存，描述数据更改。

二进制日志还包含了关于每个更新数据库的语句的执行时间信息。它不包含没有修改任何数据的语句。如果想要记录所有语句（例如，为了识别有问题的查询），需要使用一般查询日志。使用二进制日志的主要目的是最大可能地恢复数据库，因为二进制日志包含备份后进行的所有更新。本节将介绍二进制日志相关的内容。

14.2.1　启动二进制日志

二进制日志的操作包括启动二进制日志、查看二进制日志、停止二进制日志和删除二进制日志。本节将详细介绍二进制日志。

如果 MySQL 数据库意外停止，可以通过二进制日志文件来查看用户执行了哪些操作，对数据库服务器文件做了哪些修改，然后根据二进制日志文件中的记录来恢复数据库服务器。在默认情况下，二进制文件是关闭的，可以通过以下 SQL 语句来查询 MySQL 系统中的二进制日志开关，如图 14-1 所示。

```
SHOW VARIABLES LIKE 'log_bin%';
```

从图 14-1 可以看出，MySQL 中的二进制日志默认是关闭的。

修改 MySQL 的 my.cnf 或 my.ini 文件可以开启二进制日志。以 Windows 系统为例，打开 MySQL 目录下的 my.ini 文件，将 log-bin 选项加入 [mysqld]组中，如图 14-2 所示。

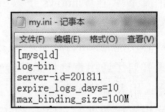

图 14-1　查询 log_bin 开关　　　　　　图 14-2　打开 log_bin 开关

在 MySQL 5.7.3 及以后版本中，如果没有设置 server-id，那么设置 binlog 后无法开启 MySQL 服务。（Bug #11763963，Bug #56739）

按图 14-2 所示的设置修改好 my.ini 文件后，重新启动 MySQL 服务，再用以下 SQL 语句查询二进制日志的信息，执行结果如图 14-3 所示。

```
SHOW VARIABLES LIKE 'log_bin%';
```

从图 14-3 中的执行结果可以看到，log_bin 变量的值为 ON，表明二进制日志已经打开，前往 C:\ProgramData\MySQL\MySQL Server 8.0\Data 目录，可以看到二进制文件和索引已经生成，如图 14-4 所示。

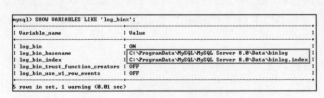

图 14-3　log_bin 开关已经开启　　　　　　图 14-4　二进制日志文件和索引

如果想改变日志文件的目录和名称，可以对 my.ini 中的 log_bin 参数修改如下：

```
[mysqld]
```

```
log-bin= "d:\mysql\logs"
```

关闭并重启 MySQL 服务之后，新的二进制日志文件将出现在 d:\mysql\logs 文件夹下面，读者可以根据情况灵活设置。

 数据库文件最好不要与日志文件放在同一个磁盘上，这样，当数据库文件所在的磁盘发生故障时，可以使用日志文件恢复数据。

14.2.2 查看二进制日志

MySQL 二进制日志存储了所有的变更信息，MySQL 二进制日志是经常用到的。当 MySQL 创建二进制日志文件时，先创建一个以"filename"为名称、以".index"为后缀的文件，再创建一个以"filename"为名称、以".000001"为后缀的文件。MySQL 服务重新启动一次，以".000001"为后缀的文件就会增加一个，并且后缀名按 1 递增；如果日志长度超过了 max_binlog_size 的上限（默认是 1GB），就会创建一个新的日志文件。

SHOW BINARAY LOGS 语句可以查看当前的二进制日志文件个数及其文件名。MySQL 二进制日志并不能直接查看，如果要查看日志内容，可以通过 mysqlbinlog 命令查看。

【示例 14-1】查看二进制日志文件个数及文件名，命令如下，执行结果如图 14-5 所示。

```
SHOW BINARY LOGS;
```

```
mysql> SHOW BINARY LOGS;
+---------------+-----------+
| Log_name      | File_size |
+---------------+-----------+
| binlog.000003 |     21040 |
| binlog.000004 |     16325 |
| binlog.000005 |       178 |
| binlog.000006 |       178 |
| binlog.000007 |       178 |
| binlog.000008 |       178 |
| binlog.000009 |       178 |
| binlog.000010 |       178 |
```

图 14-5　二进制日志文件和索引

可以看到，当前只有一个二进制日志文件，日志文件的个数与 MySQL 服务启动的次数相同，每启动一次 MySQL 服务，将会产生一个新的日志文件。

【示例 14-2】使用 mysqlbinlog 查看二进制日志。具体步骤如下：

使用如下命令查看二进制日志，执行结果如图 14-6 所示。

```
mysqlbinlog
"C:\ProgramData\MySQL\MySQL Server 8.0\Data\binlog.000005"
```

```
C:\Users\eleph>mysqlbinlog C:\ProgramData\MySQL\MySQL Server
 8.0\Data\binlog.000003
/*!50530 SET @@SESSION.PSEUDO_SLAVE_MODE=1*/;
/*!50003 SET @OLD_COMPLETION_TYPE=@@COMPLETION_TYPE,COMPLETI
ON_TYPE=0*/;
DELIMITER /*!*/;
ERROR: Failed reading header; probably an empty file.
SET @@SESSION.GTID_NEXT= 'AUTOMATIC' /* added by mysqlbinlog
 */ /*!*/;
DELIMITER ;
# End of log file
/*!50003 SET COMPLETION_TYPE=@OLD_COMPLETION_TYPE*/;
/*!50530 SET @@SESSION.PSEUDO_SLAVE_MODE=0*/;
```

图 14-6　查看二进制日志

从图 14-6 的执行结果可以看到，这是一个简单的日志文件，日志中记录了用户的一些操作。

14.2.3　使用二进制日志恢复数据库

如果 MySQL 服务器启用了二进制日志，在数据库出现意外丢失数据时，可以使用 MySQLbinlog 工具从指定的时间点开始（例如，最后一次备份）直到现在，或另一个指定的时间点的日志中恢复数据。

要从二进制日志恢复数据，需要知道当前二进制日志文件的路径和文件名。一般可以从配置文件（my.cnf 或者 my.ini，文件名取决于 MySQL 服务器的操作系统，Mac OSX 和 Linux 系统对应的是 my.cnf，Windows 系统对应的是 my.ini）中找到路径。

mysqlbinlog 恢复数据的语法如下：

```
mysqlbinlog [option] filename|mysql -uuser -ppass;
```

option 是一些可选的选项，filename 是日志文件名。比较重要的两对 option 参数是 --start-date、--stop-date 和--start-position、--stop-position。--start-date 可以指定恢复数据库的起始时间点和结束时间点。--start-position 和--stop-position 可以指定恢复数据的开始位置和结束位置。这个命令可以这样理解：使用 mysqlbinlog 命令来读取 filename 中的内容，然后使用 mysql 命令将这些内容恢复到数据库中。

使用 mysqlbinlog 命令进行恢复操作时，必须是编号小的先恢复，例如 rlog.000001 必须在 rlog.000002 之前恢复。

【示例 14-3】使用 mysqlbinlog 恢复 MySQL 数据库，命令如下：

```
mysqlbinlog
"C:\ProgramData\MySQL\MySQL Server 8.0\Data\binlog.000005"
|mysql -uroot -p
mysqlbinlog
"C:\ProgramData\MySQL\MySQL Server 8.0\Data\binlog.000005"
|mysql -uroot -p
mysqlbinlog
"C:\ProgramData\MySQL\MySQL Server 8.0\Data\binlog.000005"
```

```
|mysql -uroot -p
mysqlbinlog
"C:\ProgramData\MySQL\MySQL Server 8.0\Data\binlog.000005"
|mysql -uroot -p
```

【示例 14-4】使用 mysqlbinlog 恢复 MySQL 数据库到 2018 年 10 月 25 日 17:31:31 以前的状态，执行命令及结果如下：

```
mysqlbinlog --stop-date="2018-10-25 17:31:31" C:\ProgramData\MySQL\MySQL
Server 8.0\Data\binlog.000044|mysql -uroot -p
```

上述命令执行成功后，会根据 binlog.000003 日志文件恢复 2018 年 11 月 4 日 21:29:31 以前的状态。

mysqlbinlog 命令对于意外操作非常有效，比如因操作不当误删了数据表。

14.2.4　暂停二进制日志

在配置文件中设置了 log-bin 选项以后，MySQL 服务将会一直开启二进制日志功能。删除该选项后就可以停止二进制日志功能。如果需要再次启动这个功能，则需要重新添加 log-bin 选项。MySQL 中提供了暂时停止二进制日志功能的语句。本小节将为读者介绍暂时停止二进制日志功能的方法。

如果用户不希望自己执行的某些 SQL 语句记录在二进制日志中，可以使用 SET 语句来暂停二进制日志功能。SET 语句的代码如下：

```
SET SQL_LOG_BIN = {0|1}
```

执行如下语句将暂停记录二进制日志：

```
SET SQL_LOG_BIN = 0;
```

执行如下语句将恢复记录二进制日志：

```
SET SQL_LOG_BIN = 1;
```

14.2.5　删除二进制日志

MySQL 的二进制文件可以配置自动删除，同时 MySQL 也提供了安全的手动删除二进制文件的方法。PURGE MASTER LOGS 只删除部分二进制日志文件，RESET MASTER 删除所有的二进制日志文件，本小节将介绍这两种二进制日志删除的方法。

1. 使用 PURGE MASTER LOGS 语句删除指定日志文件

PURGE MASTER LOGS 语法如下：

```
PURGE {MASTER | BINARY} LOGS TO 'log_name'
PURGE {MASTER | BINARY} LOGS BEFORE 'date'
```

【示例 14-5】在 MySQL 数据库管理系统中，使用 PURGE MASTER LOGS 语句删除创建时间比 binlog.000005 早的所有日志，具体步骤如下：

（1）为了演示删除日志文件，先要准备多个日志文件，多次重新启动 MySQL 服务。然后用 SHOW 语句显示二进制日志文件列表，具体 SQL 语句如下，执行结果与例 14-1 中的图 14-5 相同。

```
SHOW BINARY LOGS;
```

（2）执行 PURGE MASTER LOGS 语句删除创建时间比 binlog.000005 早的所有日志，具体 SQL 语句如下，执行结果如图 14-7 所示。

```
PURGE MASTER LOGS TO "binlog.000005";
```

```
mysql> PURGE MASTER LOGS TO "binlog.000005";
Query OK, 0 rows affected (0.03 sec)
```

图 14-7　删除二进制文件

（3）显示二进制日志文件列表，具体 SQL 语句如下，执行结果如图 14-8 所示。

```
SHOW BINARY LOGS;
```

```
mysql> SHOW BINARY LOGS;
+----------------+-----------+
| Log_name       | File_size |
+----------------+-----------+
| binlog.000005  |       178 |
| binlog.000006  |       178 |
| binlog.000007  |       178 |
| binlog.000008  |       178 |
| binlog.000009  |       178 |
| binlog.000010  |       178 |
| binlog.000011  |       178 |
| binlog.000012  |       178 |
```

图 14-8　二进制日志列表

从图 14-8 的执行结果可以看到，比 binlog.000005 早的所有日志文件都已经被删除了。

【示例 14-6】在 MySQL 数据库管理系统中，使用 PURGE MASTER LOGS 语句删除 2018 年 10 月 25 号前创建的所有日志文件。具体步骤如下：

（1）显示二进制日志文件列表，SQL 语句如下，执行结果与例 14-1 中的图 14-5 相同。

```
SHOW BINARY LOGS;
```

（2）执行 mysqlbinlog 命令查看二进制日志文件 binlog.000045 的内容，具体命令如下，执行结果如图 14-9 所示。

```
mysqlbinlog --no-defaults
"C:\ProgramData\MySQL\MySQL Server 8.0\Data\binlog.000045"
```

```
C:\Users\eleph>mysqlbinlog "C:\ProgramData\MySQL\MySQL Server 8.0\Data\binlog.000045"
/*!50530 SET @@SESSION.PSEUDO_SLAVE_MODE=1*/;
/*!50003 SET @OLD_COMPLETION_TYPE=@@COMPLETION_TYPE,COMPLETION_TYPE=0*/;
DELIMITER /*!*/;
# at 4
#181025 17:32:04 server id 1  end_log_pos 124 CRC32 0x8f83e18a  Start: binlog v 4, server v
reated 181025 17:32:04 at startup
# Warning: this binlog is either in use or was not closed properly.
ROLLBACK/*!*/;
BINLOG '
lI3RWv8BAAAAeAAAAHwAAAABAAQAOC4wLjEyAAAAAAAAAAAAAAAAAAAAAAAAAAAAAAAAAAAA
AAAAAAAAAAAAAAAAACUjdFbEwANAAgAAAAABAAEAAAAYAAEGggAAAAICAgCAAAACgoKKioAEjQA
CgGK4YOP
'/*!*/;
# at 124
#181025 17:32:04 server id 1  end_log_pos 155 CRC32 0xbe2b5279  Previous-GTIDs
# [empty]
SET @@SESSION.GTID_NEXT= 'AUTOMATIC' /* added by mysqlbinlog */ /*!*/;
DELIMITER ;
# End of log file
/*!50003 SET COMPLETION_TYPE=@OLD_COMPLETION_TYPE*/;
/*!50530 SET @@SESSION.PSEUDO_SLAVE_MODE=0*/;
```

图 14-9　查看二进制日志内容

从图 14-9 中可以看出 20181025 为日志创建的时间，即 2018 年 10 月 25 日。

（3）使用 PURGE MASTER LOGS 语句删除 2018 年 10 月 25 号前创建的所有日志文件，具体 SQL 语句如下，执行结果如图 14-10 所示。

```
PURGE MASTER LOGS before "20181025";
```

（4）显示二进制日志文件列表，具体 SQL 语句如下，执行结果如图 14-11 所示。

```
SHOW BINARY LOGS;
```

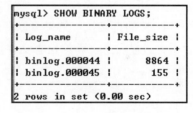

```
mysql> PURGE MASTER LOGS before "20181025";
Query OK, 0 rows affected (0.08 sec)
```

图 14-10　删除二进制日志

```
mysql> SHOW BINARY LOGS;
+---------------+-----------+
| Log_name      | File_size |
+---------------+-----------+
| binlog.000044 |      8864 |
| binlog.000045 |       155 |
+---------------+-----------+
2 rows in set (0.00 sec)
```

图 14-11　查看二进制日志列表

从图 14-11 的执行结果可以看出，2018 年 10 月 25 号之前的二进制日志文件都已经被删除，最后一个没有删除，是因为当前在用，还未记录最后的时间，所以未被删除。

2. 使用 RESET MASTER 语句删除所有二进制日志文件

RESET MASTER 语法如下：

```
RESET MASTER;
```

执行完该语句后，所有二进制日志将被删除，MySQL 会重新创建二进制文件，新的日志文件扩展名将重新从 000001 开始编号。

【示例 14-7】在 MySQL 数据库管理系统中，使用 RESET MASTER 语句删除所有日志文件。具体步骤如下：

（1）显示二进制日志文件列表，具体 SQL 语句如下，执行结果如图 14-12 所示。

```
SHOW BINARY LOGS;
```

（2）重启 MySQL 服务若干次，执行 SHOW 语句显示二进制日志文件列表，具体 SQL 语句如下，执行结果如图 14-13 所示。

```
SHOW BINARY LOGS;
```

```
mysql> SHOW BINARY LOGS;
+---------------+-----------+
| Log_name      | File_size |
+---------------+-----------+
| binlog.000044 |      8864 |
| binlog.000045 |       155 |
+---------------+-----------+
2 rows in set (0.00 sec)
```

图 14-12　查看二进制日志列表

```
mysql> SHOW BINARY LOGS;
+---------------+-----------+
| Log_name      | File_size |
+---------------+-----------+
| binlog.000044 |      8864 |
| binlog.000045 |       178 |
| binlog.000046 |       178 |
| binlog.000047 |       178 |
| binlog.000048 |       155 |
+---------------+-----------+
5 rows in set (0.00 sec)
```

图 14-13　查看二进制日志列表

（3）执行 RESET MASTER 语句，删除所有日志文件，具体 SQL 语句如下，执行结果如图 14-14 所示。删除完毕后，再查看二进制日志列表，如图 14-15 所示。

```
RESET MASTER;
```

```
mysql> RESET MASTER;
Query OK, 0 rows affected (0.05 sec)
```

图 14-14　删除所有二进制日志

```
mysql> SHOW BINARY LOGS;
+---------------+-----------+
| Log_name      | File_size |
+---------------+-----------+
| binlog.000001 |       155 |
+---------------+-----------+
1 row in set (0.00 sec)
```

图 14-15　查看二进制日志列表

从图 14-15 的直接执行结果可以看出，原来的所有二进制日志已经全部被删除，MySQL 重新创建了二进制日志，新的日志文件扩展名重新从 000001 开始编号。

14.3　操作错误日志

错误日志是 MySQL 数据库中常见的一种日志。错误日志主要用来记录 MySQL 服务的开启、关闭和错误信息。本节将为读者介绍错误日志的内容。

14.3.1　启动错误日志

在 MySQL 数据库中，错误日志功能是默认开启的。而且，错误日志无法被禁止。默认情况下，错误日志存储在 MySQL 数据库的数据文件夹下。错误日志文件的名称默认为 hostname.err。其中，hostname 表示 MySQL 服务器的主机名。如果需要制定文件名，则需要在 my.cnf 或者 my.ini 中做如下配置：

```
#my.cnf(Max OSX 操作系统、Linux 操作系统)
#my.ini(Windows 操作系统)
[mysqld]
log-error=[path/[filename]]
```

其中，path 为日志文件所在的目录路径，filename 为日志文件名。修改配置项后，需要重启 MySQL 服务以生效。

14.3.2　查看错误日志

错误日志中记录着开启和关闭 MySQL 服务的时间，以及服务运行过程中出现哪些异常等信息，通过错误日志可以见识系统的运行状态，便于即时发现故障、修复故障。如果 MySQL 服务出现异常，可以到错误日志中查找原因。本小节将为读者介绍查看错误日志的方法。

MySQL 错误日志是以文本文件形式存储的，可以使用文本编辑器直接查看 MySQL 错误日志：在 Windows 操作系统中，使用文本文件查看器；在 Linux 系统中，可以使用 vi 工具或者 gedit 工具查看；在 Mac OSX 系统中，可以使用文本文件查看器或者 vi 等工具查看。

如果不知道日志文件的存储路径，可以使用 SHOW VARIABLES 语句查询错误日志的存储路径。SHOW VARIABLES 语句如下：

```
SHOW VARIABLES LIKE 'log_err%';
```

【示例 14-8】查看 MySQL 错误日志。具体步骤如下：

使用 SHOW VARIABLES 语句查询错误日志的存储路径，具体 SQL 语句如下，执行结果如图 14-16 所示。

```
SHOW VARIABLES LIKE 'log_err%';
```

```
mysql> SHOW VARIABLES LIKE 'log_err%';

| Variable_name        | Value                                   |

| log_error            | .\ELEPH-PC.err                          |
| log_error_services   | log_filter_internal; log_sink_internal  |
| log_error_verbosity  | 2                                       |

3 rows in set, 1 warning (0.02 sec)
```

图 14-16　查看错误日志存储路径

从图 14-16 的执行结果中可以看到错误日志文件是 .\PC 名称.err，位于 MySQL 默认的数据目录下。使用文本编辑器打开该文件，可以看到 MySQL 的错误日志内容，如图 14-17 所示。

图 14-17　查看错误日志内容

图 14-17 中显示的是错误日志文件内容的一部分，记载了系统的一些错误。

14.3.3　删除错误日志

数据库管理员可以删除很长时间以前的错误日志，以保证 MySQL 服务器上的硬盘空间，MySQL 的错误日志是以文本文件的形式存储在文件系统中的，可以直接删除。

对于 MySQL 5.5.7 以前的版本，flush logs 可以将错误日志文件重命名为 filename.err_old，并创建新的日志文件。但是从 MySQL 5.5.7 开始，flush logs 只是重新打开日志文件，并不做日志备份和创建的操作。如果日志文件不存在，MySQL 启动或者执行 flush logs 时会创建新的日志文件。

在运行状态下删除错误日志文件后，MySQL 并不会自动创建日志文件。flush logs 在重新加载日志的时候，如果文件不存在，就会自动创建。所以在删除错误日志之后，如果需要重建日志文件，需要在服务器端执行以下命令，执行结果如图 14-18 所示。

```
mysqladmin -u root -p flush-logs
```

```
C:\Users\eleph>mysqladmin -u root -p flush-logs
Enter password: ******

C:\Users\eleph>
```

图 14-18　重建错误日志文件

或者在客户端登录 MySQL 数据库，执行 flush logs 语句，执行结果如图 14-19 所示。

```
FLUSH LOGS;
```

手动直接删除错误日志文件后，使用以上两种命令都会重新创建错误日志，大小为 0 字节，如图 14-20 所示。

```
mysql> flush logs;
Query OK, 0 rows affected (0.00 sec)
```

名称	修改日期	类型	大小
ELEPH-PC.err	2018/11/5 16:12	ERR 文件	0 KB

图 14-19　重建错误日志文件　　　　　　图 14-20　重建好的错误日志文件

通常情况下，管理员不需要查看错误日志。但是，MySQL 服务器发生异常时，管理员可以从错误日志中找到发生异常的时间、原因，然后根据这些信息来解决异常。对于很久以前的错误日志，管理员查看这些错误日志的可能性不大，可以将这些错误日志删除。

14.4　通用查询日志

通用查询日志用来记录用户的所有操作，包括启动和关闭 MySQL 服务、更新语句和查询语句等。本节将为读者介绍通用查询日志的启动、查看、删除等内容。

14.4.1　启动通用查询日志

MySQL 服务器默认情况下并没有开启通用查询日志。如果需要开启通用查询日志，可以通过修改 my.cnf 或者 my.ini 配置文件来设置。在[mysqld]组下加入 log 选项，形式如下：

```
[mysqld]
general_log=ON
general_log_file=[path[filename]]
```

path 为日志文件所在目录路径，filename 为日志文件名。如果不指定目录和文件名，通用查询日志将默认存储在 MySQL 数据目录中的 hostname.log 文件中。hostname 是 MySQL 数据库的主机名。这里在[mysqld]下面增加选项 log，后面不指定参数值，格式如下：

```
[mysqld]
general_log=ON
```

重启 MySQL 服务，在 MySQL 的 data 目录下生成新的通用查询日志，如图 14-21 所示。

名称	修改日期	类型	大小
ELEPH-PC.log	2018/11/5 16:40	文本文档	0 KB

图 14-21　新生成的通用查询日志文件

类似如下格式的配置，MySQL 服务是无法启动的。

```
[mysqld]
log=[path[filename]]
```

在 MySQL 5.0 版本，如果要开启 slow log、general log，需要重启，从 MySQL 5.1.6 版开始，general query log 和 slow query log 开始支持写到文件或者数据库表两种方式，并且日志的开启、输出方式的修改都可以在 Global 级别动态修改，不需要重启。

```
SET GLOBAL general_log=on;
SET GLOBAL general_log=off;
SET GLOBAL general_log_file='path/filename';
```

下面通过命令行方式关闭已开启的通用查询日志，具体 SQL 命令如下，执行结果如图 14-22、图 14-23 所示。

```
SET GLOBAL general_log=on;
SHOW VARIABLES LIKE 'general_log%';
```

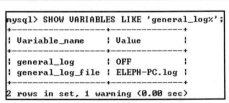

图 14-22　关闭通用查询日志　　　　图 14-23　查看通用查询日志列表

14.4.2　查看通用查询日志

通用查询日志记录了用户的所有操作。通过查看通用查询日志，可以了解用户对 MySQL 进行的操作。通用查询日志是以文本文件的形式存储在文件系统中的，可以使用文本编辑器直接打开日志文件进行查看。

【示例 14-9】查看 MySQL 通用查询日志。具体步骤如下：

（1）使用 SET 语句开启通用查询日志，具体 SQL 语句如下，执行结果如图 14-24 所示。

```
SET GLOBAL general_log=on;
```

（2）查看通用查询日志功能的信息，具体 SQL 语句如下，执行结果如图 14-25 所示。

```
SHOW VARIABLES LIKE 'general_log%';
```

```
mysql> SHOW VARIABLES LIKE 'general_log%';
+------------------+-------------+
| Variable_name    | Value       |
+------------------+-------------+
| general_log      | ON          |
| general_log_file | ELEPH-PC.log |
+------------------+-------------+
2 rows in set, 1 warning (0.00 sec)
```

```
mysql> set global general_log=on;
Query OK, 0 rows affected (0.01 sec)
```

图 14-24　启动通用查询日志　　　　图 14-25　查看通用查询日志功能信息

（3）从图 14-25 中可以看到通用查询日志为 ELEPH-PC.log。用编辑器打开日志文件，如图 14-26 所示。

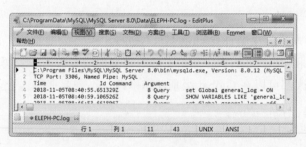

图 14-26　查看通用查询日志内容

图 14-26 显示的是通用查询日志的一部分内容，从中可以看到 MySQL 启动信息和用户 root 连接服务器和执行查询表的记录，每台 MySQL 服务器的通用查询日志内容是不同的。

14.4.3　停止通用查询日志

MySQL 服务器停止通用查询日志功能有两种方法，一种是修改 my.cnf 或者 my.ini 文件，把[mysqld]组下的 general_log 值设置为 OFF，修改保存后，再重启 MySQL 服务，即可生效。第二种方法是使用 SET 语句来设置。下面举例介绍这两种方法的使用。

【示例 14-10】修改 my.cnf 或者 my.ini 文件停止 MySQL 通用查询日志功能，步骤如下：

（1）修改 my.cnf 或者 my.ini 文件，把[mysqld]组下的 general_log 值设置为 OFF，修改后

保存后，具体语句如下：

```
[mysqld]
general_log=OFF
```

或者，把 general_log 一项注释掉，修改如下：

```
[mysqld]
#general_log=OFF
```

或者，把 general_log 一项删除掉，修改如下：

```
[mysqld]
```

（2）重启 MySQL 服务，查询通用日志功能，SQL 语句如下，执行结果如图 14-27 所示。

```
SHOW VARIABLES LIKE 'general_log%';
```

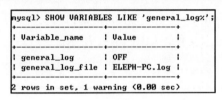

图 14-27　查看通用查询日志功能信息

【示例 14-11】使用 SET 语句停止 MySQL 通用查询日志功能。具体步骤如下：

（1）停止 MySQL 通用查询日志功能，具体 SQL 语句如下，执行结果如图 14-28 所示。

```
SET GLOBAL general_log=off;
```

（2）重启 MySQL 服务，查询通用日志功能，SQL 语句如下，执行结果如图 14-29 所示。

```
SHOW VARIABLES LIKE 'general_log%';
```

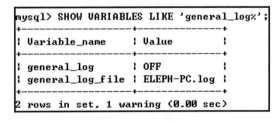

```
mysql> set global general_log=off;
Query OK, 0 rows affected (0.00 sec)
```

图 14-28　关闭通用查询日志　　　　　　图 14-29　查看通用查询日志功能

14.4.4　删除通用查询日志

通用查询日志会记录用户的所有操作。如果数据的使用非常频繁，那么通用查询日志会占用服务器非常大的磁盘空间。数据管理员可以删除很长时间之前的查询日志，以保证 MySQL 服务器上的硬盘空间。本小节将介绍删除通用查询日志的方法。

1. 手工删除通用查询日志

使用 SHOW 语句查询通用日志信息，具体 SQL 语句如下，执行结果如图 14-30 所示。

```
SHOW VARIABLES LIKE 'general_log%';
```

从图 14-30 中可以看出，通用查询日志的目录默认为 MySQL 数据目录。在该目录下手动删除通用查询日志 ELEPH-PC.log。

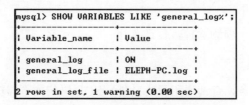

图 14-30　查看通用查询日志功能

使用命令 mysqladmin flush-logs 来重新生成查询日志文件，具体命令如下。刷新 MySQL 数据目录，发现创建了新的日志文件，如图 14-31 所示。

```
mysqladmin -uroot -p flush-logs
```

名称	修改日期	类型	大小
ELEPH-PC.log	2018/11/6 8:31	LOG 文件	1 KB

图 14-31　重新创建查询日志文件

2. 使用 mysqladmin 命令直接删除通用查询日志

使用 mysqladmin 命令之后，会开启新的通用查询日志，新的通用查询日志会直接覆盖旧的查询日志，不需要再手动删除了。mysqladmin 命令的语法如下：

```
mysqladmin -uroot -p flush-logs
```

如果希望备份旧的通用查询日志，就必须先将旧的日志文件复制出来或者改名，然后执行上面的 mysqladmin 命令。

14.5　慢查询日志

慢查询日志是用来记录执行时间超过指定时间的查询语句。通过慢查询日志，可以一边查找出哪些查询语句执行时间较长、执行效率较低，一边进行优化。本节将为读者介绍慢查询日志的内容。

14.5.1　启动慢查询日志

在 MySQL 数据库系统中，慢查询日志默认是关闭的。开启 MySQL 慢查询日志功能有两种方法，第一种是通过修改 my.cnf 或者 my.ini 文件再重启 MySQL 服务开启慢查询日志；第二种是通过 SET 语句来设置慢查询日志开关来启动慢查询日志功能。下面将详细介绍两种方法。

1. 修改配置文件开启慢查询日志

通过修改 my.cnf 或者 my.ini 文件，在里面设置选项，再重启 MySQL 服务，可以开启慢查询日志。可在[mysqld]组下设置 long_query_time、slow_query_log 和 slow_query_log_file 的值，具体形式如下：

```
[mysqld]
long_query_time=n
slow_query_log=ON
slow_query_log_file=[path[filename]]
```

其中，long_query_time 设定慢查询的阈值，超出此设定值的 SQL 即被记录到慢查询日志，默认值为 10 秒，n 表示 n 秒；slow_query_log 是开启慢查询日志的开关；slow_query_log_file 表示慢查询日志的目录和文件名信息，其中 path 参数指定慢查询日志的存储路径，filename 参数指定日志的文件名，生成日志文件的完整名称为 filename-slow.err。如果不指定存储路径，慢查询日志将默认存储到 MySQL 数据库的数据文件夹下。如果不指定文件名，默认文件名为 hostname-slow.log。

【示例 14-12】修改配置文件来启动 MySQL 慢查询日志功能。具体步骤如下：

（1）查看慢查询日志功能，具体 SQL 语句如下，执行结果如图 14-32 所示。

```
SHOW VARIABLES LIKE '%slow%';
SHOW VARIABLES LIKE '%long_query_time%';
```

从图 14-32 可以看到，MySQL 系统中的慢查询日志是关闭的。

（2）修改 my.ini 文件，具体修改如下：

```
[mysqld]
long_query_time=2
slow_query_log=ON
```

（3）重新 MySQL 服务，使用 SHOW 语句查看慢查询日志功能，具体 SQL 语句如下，执行结果如图 14-33 所示。

```
SHOW VARIABLES LIKE '%slow%';
SHOW VARIABLES LIKE '%long_query_time%';
```

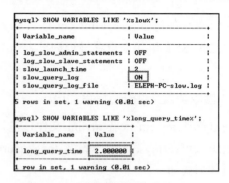

图 14-32　查询慢查询日志功能（1）　　　图 14-33　查询慢查询日志功能（2）

从图 14-33 可以看出，慢查询日志功能已经开启，而且超时时长设置为 2 秒。

（4）打开 MySQL 数据目录，查看慢查询日志 ELEPH-PC-slow.log，执行结果如图 14-34 所示。

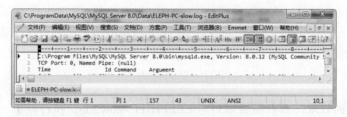

图 14-34　查看慢查询日志（3）

图 14-34 显示，慢查询日志 ELEPH-PC-slow.log 已经创建完成。

2. 通过 SET 语句开启慢查询日志

除了修改配置文件，也支持通过 SET 语句修改慢查询日志相关的全局变量来开启慢查询日志。

【示例 14-13】修改配置文件来启动 MySQL 慢查询日志功能。具体步骤如下：

（1）查看慢查询日志功能，具体 SQL 语句如下，执行结果如图 14-35、图 14-36 所示。

```
show variables like '%slow%';
show variables like '%long_query_time%';
```

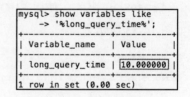

图 14-35　查询慢查询日志所在目录　　　图 14-36　查询超时时长

（2）开启慢查询日志功能，设置超时时长，SQL 语句如下，执行结果如图 14-37 所示。

```
set global slow_query_log=ON;
```

```
set global long_query_time=2;
set session long_query_time=2;
```

3）查看慢查询日志功能，具体 SQL 语句如下，执行结果如图 14-38 所示。

```
show variables like '%slow%';
show variables like '%long_query_time%';
```

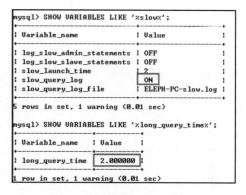

图 14-37　开启慢查询日志　　　　　图 14-38　查询慢查询日志功能

从图 14-37 可以看出，慢查询日志功能已经开启，而且超时时长设置为 2 秒。

（4）打开数据目录，查看慢查询日志 ELEPH-PC-slow.log，执行结果与图 14-34 相似。

14.5.2　查看和分析慢查询日志

MySQL 的慢查询日志是以文本形式存储的，可以直接使用文本编辑器查看。在慢查询日志中，记录着执行时间较长的查询语句，用户可以从慢查询日志中获取执行效率较低的查询语句，为查询优化提供重要的依据。

【示例 14-14】查看 MySQL 慢查询日志内容。具体步骤如下：

（1）查看慢查询日志所在目录，具体 SQL 语句如下，执行结果如图 14-39 所示。

```
show variables like '%slow_query_log_file%';
```

（2）查看慢查询日志要求的查询超时时长，SQL 语句如下，执行结果如图 14-40 所示。

```
show variables like '%long_query_time%';
```

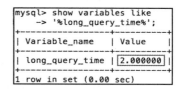

图 14-39　查询慢查询日志所在目录　　　图 14-40　查询超时时长

（3）MySQL 中提供了一个计算表达式性能的函数 BENCHMARK(count,expr)，该函数会重复计算 expr 表达式 count 次，通过这种方式就可以模拟时间较长的查询，根据客户端提示的执行时间来得到 BENCHMARK 总共执行所消耗的时间，只要超过设定的 2 秒就满足条件。具体 SQL 语句如下，执行结果如图 14-41 所示。

```
SELECT BENCHMARK(60000000,CONCAT('a','b','1234'));
```

从图 14-41 的执行结果可以看到，SELECT BENCHMARK(count,expr)函数执行的时长为 3.71 秒，超过了设定的超时时长 2 秒，所以应该在慢查询日志中有所记录。

（4）打开慢查询日志 ELEPH-PC-slow.log，日志内容如图 14-42 所示。

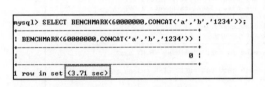

图 14-41　模拟长时间查询　　　　　　　图 14-42　查看慢查询日志内容

图 14-42 显示，慢查询日志 ELEPH-PC-slow.log 中已经记录了步骤 3 中 SELECT BENCHMARK(count,expr)函数的操作。

14.5.3　停止慢查询日志

MySQL 服务器停止慢查询日志功能有两种方法：一种方法是修改 my.cnf 或者 my.ini 文件，把[mysqld]组下的 slow_query_log 值设置为 OFF，修改保存后，再重启 MySQL 服务，即可生效；另一种方法是使用 SET 语句来设置。下面举例介绍这两种方法的使用。

【示例 14-15】修改 my.cnf 或者 my.ini 文件停止 MySQL 慢查询日志功能。步骤如下：

（1）修改 my.cnf 或者 my.ini 文件，把[mysqld]组下的 slow_query_log 值设置为 OFF，修改后保存，具体语句如下：

```
[mysqld]
slow_query_log=OFF
```

或者，把 slow_query_log 一项注释掉：

```
[mysqld]
#slow_query_log =OFF
```

或者，把 slow_query_log 一项删除掉：

```
[mysqld]
```

（2）重启 MySQL 服务，执行如下语句查询慢日志功能，结果如图 14-43、图 14-44 所示。

```
SHOW VARIABLES LIKE '%slow%';
SHOW VARIABLES LIKE '%long_query_time%';
```

```
mysql> SHOW VARIABLES LIKE '%slow%';
+-------------------------+-----------------+
| Variable_name           | Value           |
+-------------------------+-----------------+
| log_slow_admin_statements | OFF           |
| log_slow_slave_statements | OFF           |
| slow_launch_time        | 2               |
| slow_query_log          | OFF             |
| slow_query_log_file     | ELEPH-PC-slow.log |
+-------------------------+-----------------+
5 rows in set, 1 warning (0.01 sec)
```

图 14-43　查询慢查询日志所在目录

```
mysql> show variables like
    -> '%long_query_time%';
+-----------------+-----------+
| Variable_name   | Value     |
+-----------------+-----------+
| long_query_time | 10.000000 |
+-----------------+-----------+
1 row in set (0.00 sec)
```

图 14-44　查询超时时长

从图 14-44 可以看到，MySQL 系统中的慢查询日志是关闭的。

【示例 14-16】使用 SET 语句停止 MySQL 慢查询日志功能。具体步骤如下：

（1）停止 MySQL 慢查询日志功能，具体 SQL 语句如下，执行结果如图 14-45 所示。

```
SET GLOBAL slow_query_log=off;
```

```
mysql> set global slow_query_log=OFF;
Query OK, 0 rows affected (0.00 sec)
```

图 14-45　关闭慢查询日志功能

（2）重启 MySQL 服务，使用 SHOW 语句查询慢查询日志功能信息，具体 SQL 语句如下，执行结果如图 14-46、图 14-47 所示。

```
SHOW VARIABLES LIKE '%slow%';
SHOW VARIABLES LIKE '%long_query_time%';
```

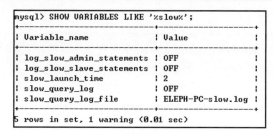

图 14-46　查询慢查询日志所在目录

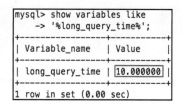

图 14-47　查询超时时长

14.5.4　删除慢查询日志

慢查询日志和通用查询日志的删除方法是一样的。本小节介绍删除慢查询日志的方法。

1. 手动删除慢查询日志

使用 SHOW 语句显示慢查询日志信息，具体 SQL 语句如下，执行结果如图 14-48 所示。

```
SHOW VARIABLES LIKE 'slow_query_log%';
```

从图 14-47 的执行结果可以看出，慢查询日志的目录默认为 MySQL 的数据目录，在该目录下手动删除慢查询日志 ELEPH-PC-slow.log。

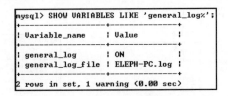

图 14-48　查看通用查询日志功能

使用命令 mysqladmin flush-logs 来重新生成查询日志文件，具体命令如下，执行完毕会在数据目录下重新生成慢查询日志文件，如图 14-49 所示。

```
mysqladmin -uroot -p flush-logs
```

名称	修改日期	类型	大小
ELEPH-PC-slow.log	2018/11/6 11:37	LOG 文件	1 KB

图 14-49　重新创建慢查询日志文件

2. 使用 mysqladmin 命令直接删除慢查询日志

使用 mysqladmin 命令之后，会开启新的慢查询日志，新的慢查询日志会直接覆盖旧的查询日志，不需要再手动删除了。mysqladmin 命令的语法如下：

```
mysqladmin -uroot -p flush-logs
```

如果希望备份旧的慢查询日志，就必须先将旧的日志文件复制出来或者改名，再执行上面的 mysqladmin 命令。

通用查询和慢查询日志都是使用 mysqladmin flush-logs 命令来删除重建的。使用时一定要注意，一旦执行了这个命令，通用查询日志和慢查询日志都只存在新的日志文件中，如果需要旧的查询日志，就必须事先备份。

第 15 章

◀MySQL 8新特性：数据字典▶

MySQL 服务包含一个事务数据字典，存储数据库对象信息。在之前的 MySQL 发布版本中，字典数据存储在元文件和指定引擎的数据字典中。本章主要讲解数据字典的特征、优点、使用方法和使用限制，包含的内容有：

- 数据字典模式
- 删除基于文件的元数据存储
- 字典数据的事务存储
- 字典对象缓存
- INFORMATION_SCHEMA 和数据字典集成
- 序列化字典信息（SDI）
- 数据字典用法差异
- 数据字典限制

15.1 数据字典模式

在 MySQL 中，数据字典表受到保护，只能通过 INFORMATION_SCHEMA 库中的表以及 SHOW 语句查看数据字典信息。MySQL 系统表与数据字典表之前的不同在于系统表包含辅助数据，例如时区和帮助信息，而数据字典包含执行 SQL 查询所需的数据。两者在升级上也不相同。升级系统表需通过 mysql_upgrade 实现，而升级数据字典由 MySQL 服务管理。

MySQL 新版本可能包含数据字典表定义的更改。当 MySQL 使用二进制就地升级后，重启 MySQL 服务即可应用这些更改。启动时，会比较数据字典版本信息来决定数据字典表是否升级。如果需要升级，MySQL 首先创建新定义的表，然后将原来的数据复制过来，并且使用新建的表替代原来的表。升级过程是 MySQL 自动完成的，如果升级失败，服务启动也会失败。在这种情况下，使用原来的服务数据重新启动服务。当二进制数据重新部署时，会再次尝试更新数据字典。升级成功后无法再使用旧版本的二进制数据，所以升级后无法降级。可通过 --no-dd-upgrade 命令行选项阻止自动升级。

不建议手动直接修改或写入数据字典表，这样可能会产生错误，导致 MySQL 不可用。

15.2 删除基于文件的元数据存储

在之前的版本中，部分数据字典存储在元数据文件中。这种情况下存在很多弊端，搜索文件耗费更高的性能，扩展性低，复制时需要处理更复杂的代码。新版本中以下元文件都已被移除：

- .frm 文件：表元数据。64KB 表定义大小的限制已被移除。INFORMATION_SCHEMA 库中的 TABLES 表中的 VERSION 列显示了一个硬编码的值，代表 MySQL 5.7 中 frm 文件的最后版本。
- .par 文件：分区定义文件。由于本地分区支持，InnoDB 不再使用分区定义文件。
- .TRN 文件：触发器命名空间文件。
- .TRG 文件：触发器参数文件。
- .isl 文件：InnoDB 符号链文件。
- db.opt 文件：数据库配置文件。

15.3 字典数据的事务存储

数据字典模式以事务表存储数据。这些表位于 mysql 系统数据库中。数据字典表创建在一个单独的 InnoDB 表空间里，空间名叫 mysql.ibd。mysql.ibd 表空间文件只能用于数据字典，并且名称不能被修改。数据字典同样支持事务的提交、回滚和崩溃恢复功能。

15.4 字典对象缓存

字典对象缓存是共享的全局缓存，存储之前使用过的字典数据对象加以重用来降低磁盘读写。与其他缓存机制类似，数据对象缓存使用基于最少使用的原则，将对象从缓存中移除。数据对象缓存由缓存分区组成，存储不同的对象类型。部分缓存分区大小限制可以设置。

- 表空间定义缓存分区：存储表空间定义对象。tablespace_definition_cache 选项用来限制表空间定义对象的数量，默认值为 256。
- 模式定义缓存分区：存储模式定义对象。schema_definition_cache 选项配置模式定义对象的限制数量，默认值为 256。

- 表定义缓存分区：存储表定义对象。max_connections 选项配置限制对象的数量，默认值为 151。
- 存储的程序定义缓存分区：存储已存储的程序定义对象。stored_program_definition_cache 选项配置对象的限制数量，默认值为 256。
- 字符集定义缓存分区：存储字符集定义对象，并且数量不超过 256，该数值不可更改。
- 排序定义缓存分区：存储排序定义对象，限制数量为 256，且不可更改。

15.5 INFORMATION_SCHEMA 和数据字典集成

INFORMATION_SCHEMA 库中的这些表是数据字典表的视图实现：CHARACTER_SETS、COLLATIONS、COLLATION_CHARACTER_SET_APPLICABILITY、COLUMNS、COLUMN_STATISTICS、EVENTS、FILES、INNODB_COLUMNS、INNODB_DATAFILES、INNODB_FIELDS、INNODB_FOREIGN、INNODB_FOREIGN_COLS、INNODB_INDEXES、INNODB_TABLES、INNODB_TABLESPACES、INNODB_TABLESPACES_BRIEF、INNODB_TABLESTATS、KEY_COLUMN_USAGE、KEYWORDS、PARAMETERS、PARTITIONS、REFERENTIAL_CONSTRAINTS、RESOURCE_GROUPS、ROUTINES、SCHEMATA、STATISTICS、ST_GEOMETRY_COLUMNS、ST_SPATIAL_REFERENCE_SYSTEMS、TABLES、TABLE_CONSTRAINTS、TRIGGERS、VIEWS、VIEW_ROUTINE_USAGE、VIEW_TABLE_USAGE。

服务器不需要为 INFORMATION_SCHEMA 的表查询创建临时表。这些表上的索引使得优化器构建更高效的查询计划。STATISTICS 和 TABLES 表包含的表统计信息目前被缓存用来提升查询性能。information_schema_stats_expiry 系统变量定义了缓存的表统计信息过期的时间，默认为 86400 秒。使用 ANALYZE TABLE 语句更新表的缓存数据。

15.6 序列化字典信息（SDI）

MySQL 使用序列化形式存储数据库对象元数据，这些数据被称为序列化字典信息。InnoDB 在表空间文件中存储 SDI 数据。其他引擎在.sdi 文件中存储。SDI 数据以紧凑的 JSON 格式产生。 在 InnoDB 中，除了临时表和撤销表，SDI 数据存储在所有的表空间里。InnoDB 表空间文件中的 SDI 记录只描述表和表空间对象。

对于 InnoDB 来说，一条 SDI 记录需要一个单独的索引页，默认大小为 16KB。但是，SDI

数据会被压缩，以减少存储脚本。对于由许多表空间组成的已分区的 InnoDB 表，SDI 数据存储在第一个分区的表空间文件中。MySQL 服务使用内部 API 创建和维护 SDI 记录。

15.7 数据字典用法差异

在之前的版本中，开启 innodb_read_only 系统变量只能够阻止创建或删除 InnoDB 表。在 MySQL 8 中，开启该变量能够阻止所有引擎下的此类操作。在任何存储引擎下，表的创建和删除都会改变 mysql 系统数据库中的数据字典表，除了使用 InnoDB 存储引擎的表。该规则同样适用其他会改变数据字典表的操作。在之前的版本中，mysql 系统数据库中的表对 DML 和 DDL 都可见，从 MySQL 8.0 版本开始，数据字典表不可见并且不能被直接修改或查询。

在之前的版本中，INFORMATION_SCHEMA 库查询 STATISTICS 和 TABLES 表直接从存储引擎获取，而 MySQL 8.0 之后，默认使用缓存的表统计信息。information_schema_stats_expiry 系统变量定义了缓存表统计信息过期的时间，默认为 24 小时。一些 INFORMATION_SCHEMA 表是数据字典表的视图，使得优化器能够使用这些表的索引。mysqldump 和 mysqlpump 不再转储 INFORMATION_SCHEMA 数据库，即使在命令行中指定也无效。在之前的版本中，从 INFORMATION_SCHEMA 库中查询的结果集的列头信息使用指定的字母大小写。从 MySQL 8.0 版本以后，这些头信息都大写，可以通过别名来更改字母大小写状态。

数据字典还影响 mysqldump 和 mysqlpump 怎样转储 mysql 系统数据库信息。在之前的版本中，可以转储 mysql 系统数据库中的所有信息；自 MySQL 8.0 以后，mysqldump 和 mysqlpump 只转储非数据字典的表。在之前的版本中，--routines 选项需要程序表的 SELECT 权限；自 MySQL 8.0 版本之后，需要全局的 SELECT 权限。之前，转储程序和事件定义时可以转储创建和修改时间戳；自 MySQL 8.0 之后，这些表不再使用，所以无法转储时间戳。

15.8 数据字典限制

MySQL 不支持在数据目录下手动创建数据库目录。如果强行创建，就无法被 MySQL 服务识别。DDL 操作比之前操作 frm 文件花费的时间更长，因为要写入存储、撤销日志、重做日志。

第 16 章

◀ MySQL 8新特性: InnoDB ▶

InnoDB 是一个平衡高可靠度与高性能的通用存储引擎。在 MySQL 8.0 中, InnoDB 是默认的存储引擎, 除非用户自定义配置其他引擎。在 MySQL 8.0 中, 增强了 InnoDB 的特性。本章将讲解 InnoDB 的特点与使用, 包括的主要内容有:

- InnoDB 表的优势
- InnoDB 和 ACID 模型
- InnoDB 架构
- 表空间
- 表和索引
- 备份和恢复
- InnoDB 和 MySQL 复制
- memcached 插件

16.1 InnoDB 表的优势

InnoDB 存储引擎在实际应用中拥有诸多优势, 比如操作便利、提高了数据库的性能、维护成本低等。如果由于硬件或软件的原因导致服务器崩溃, 那么在重启服务器之后不需要进行额外的操作。InnoDB 崩溃恢复功能自动将之前提交的内容定型, 然后撤销没有提交的进程, 重启之后继续从崩溃点开始执行。

InnoDB 存储引擎在主内存中维护缓冲池, 高频率使用的数据将在内存中直接被处理。这种缓存方式应用于多种信息, 加速了处理进程。

在专用服务器上, 物理内存中高达 80%的部分被应用于缓冲池。如果需要将数据插入不同的表中, 可以设置外键加强数据的完整性。更新或者删除数据, 关联数据将会被自动更新或删除。如果试图将数据插入从表, 但在主表中没有对应的数据, 插入的数据将被自动移除。如果磁盘或内存中的数据出现崩溃, 在使用脏数据之前, 校验和机制会发出警告。当每个表的主键都设置合理时, 与这些列有关的操作会被自动优化。插入、更新和删除操作通过做改变缓冲自动机制进行优化。InnoDB 不仅支持当前读写，也会缓冲改变的数据到数据流磁盘。

InnoDB 的性能优势不只存在于长时运行查询的大型表。在同一列多次被查询时，自适应哈希索引会提高查询的速度。使用 InnoDB 可以压缩表和相关的索引，可以在不影响性能和可用性的情况下创建或删除索引。对于大型文本和 BLOB 数据，使用动态行形式，这种存储布局更高效。通过查询 INFORMATION_SCHEMA 库中的表可以监控存储引擎的内部工作。在同一个语句中，InnoDB 表可以与其他存储引擎表混用。即使有些操作系统限制文件大小为 2GB，InnoDB 仍然可以处理。当处理大数据量时，InnoDB 兼顾 CPU，以达到最大性能。

16.2 InnoDB 和 ACID 模型

ACID 模型是一系列数据库设计规则，这些规则着重强调可靠性，而可靠性对于商业数据和任务关键型应用非常重要。 MySQL 包含类似 InnoDB 存储引擎的组件，与 ACID 模型紧密相连，这样出现意外时，数据不会崩溃，结果不会失真。如果依赖 ACID 模型，可以不使用一致性检查和崩溃恢复机制。如果拥有额外的软件保护，极可靠的硬件或者应用可以容忍一小部分的数据丢失和不一致，可以将 MySQL 设置调整为只依赖部分 ACID 特性，以达到更高的性能。下面讲解 InnoDB 存储引擎与 ACID 模型相同作用的四个方面。

1. 原子方面

ACID 的原子方面主要涉及 InnoDB 事务，与 MySQL 相关的特性主要包括：

- 自动提交设置。
- COMMIT 语句。
- ROLLBACK 语句。
- 操作 INFORMATION_SCHEMA 库中的表数据。

2. 一致性方面

ACID 模型的一致性主要涉及保护数据不崩溃的内部 InnoDB 处理过程，与 MySQL 相关的特性主要包括：

- InnoDB 双写缓存。
- InnoDB 崩溃恢复。

3. 隔离方面

隔离是应用于事务的级别，与 MySQL 相关的特性主要包括：

- 自动提交设置。
- SET ISOLATION LEVEL 语句。
- InnoDB 锁的低级别信息。

4. 耐久性方面

ACID 模型的耐久性主要涉及与硬件配置相互影响的 MySQL 软件特性。由于硬件复杂多样化，耐久性方面没有具体的规则可循。与 MySQL 相关的特性有：

- InnoDB 双写缓存，通过 innodb_doublewrite 配置项配置。
- 配置项 innodb_flush_log_at_trx_commit。
- 配置项 sync_binlog。
- 配置项 innodb_file_per_table。
- 存储设备的写入缓存。
- 存储设备的备用电池缓存。
- 运行 MySQL 的操作系统。
- 持续的电力供应。
- 备份策略。
- 对分布式或托管的应用，最主要的在于硬件设备的地点以及网络情况。

16.3　InnoDB 架构

InnoDB 引擎架构的主要组件如下所示。

1. 缓冲池

缓冲池是主内存中的一部分空间，用来缓存已使用的表和索引数据。缓冲池使得经常被使用的数据能够直接在内存中获得，从而提高速度。

2. 更改缓存

更改缓存是一个特殊的数据结构，当受影响的索引页不在缓存中时，更改缓存会缓存辅助索引页的更改。索引页被其他读取操作时会加载到缓存池，缓存的更改内容就会被合并。不同于集群索引，辅助索引并非独一无二的。当系统大部分闲置时，清除操作会定期运行，将更新的索引页刷入磁盘。更新缓存合并期间，可能会大大降低查询的性能。在内存中，更新缓存占用一部分 InnoDB 缓冲池。在磁盘中，更新缓存是系统表空间的一部分。更新缓存的数据类型由 innodb_change_buffering 配置项管理。

3. 自适应哈希索引

自适应哈希索引将负载和足够的内存结合起来，使得 InnoDB 像内存数据库一样运行，不需要降低事务上的性能或可靠性。这个特性通过 innodb_adaptive_hash_index 选项配置，或者通过--skip-innodb_adaptive_hash_index 命令行在服务启动时关闭。

4. 重做日志缓存

重做日志缓存存放要放入重做日志的数据。重做日志缓存大小通过 innodb_log_buffer_size 配置项配置。重做日志缓存会定期地将日志文件刷入磁盘。大型的重做日志缓存使得大型事务能够正常运行而不需要写入磁盘。

5. 系统表空间

系统表空间包括 InnoDB 数据字典、双写缓存、更新缓存和撤销日志，同时也包括表和索引数据。多表共享，系统表空间被视为共享表空间。

6. 双写缓存

双写缓存位于系统表空间中，用于写入从缓存池刷新的数据页。只有在刷新并写入双写缓存后，InnoDB 才会将数据页写入合适的位置。

7. 撤销日志

撤销日志是一系列与事务相关的撤销记录的集合，包含如何撤销事务最近的更改。如果其他事务要查询原始数据，可以从撤销日志记录中追溯未更改的数据。撤销日志存在于撤销日志片段中，这些片段包含于回滚片段中。

8. 每个表一个文件的表空间

每个表一个文件的表空间是指每个单独的表空间创建在自身的数据文件中，而不是系统表空间中。这个功能通过 innodb_file_per_table 配置项开启。每个表空间由一个单独的.ibd 数据文件代表，该文件默认被创建在数据库目录中。

9. 通用表空间

使用 CREATE TABLESPACE 语法创建共享的 InnoDB 表空间。通用表空间可以创建在 MySQL 数据目录之外能够管理多个表并支持所有行格式的表。

10. 撤销表空间

撤销表空间由一个或多个包含撤销日志的文件组成。撤销表空间的数量由 innodb_undo_tablespaces 配置项配置。

11. 临时表空间

用户创建的临时表空间和基于磁盘的内部临时表都创建于临时表空间。innodb_temp_data_file_path 配置项定义了相关的路径、名称、大小和属性。如果该值为空，默认会在 innodb_data_home_dir 变量指定的目录下创建一个自动扩展的数据文件。

12. 重做日志

重做日志是基于磁盘的数据结构，在崩溃恢复期间使用，用来纠正数据。正常操作期间，重做日志会将请求数据进行编码，这些请求会改变 InnoDB 表数据。遇到意外崩溃后，未完成的更改会自动在初始化期间重新进行。

16.4　表空间

本节将介绍如何更改 InnoDB 表空间的大小、如何应用磁盘分区以及如何配置表空间的内容。

1．更改系统表空间大小

增加系统表空间最简单的方法是自动扩展，也可以通过 innodb_autoextend_increment 系统变量设置。减小系统表空间的大小可以通过手动移除 ibd 文件实现，移除前使用 mysqldump 备份所有数据。手动删除文件后，配置新的表空间，重启服务器，将备份数据导入即可。

2．更改重做日志文件的数量或大小

更改重做日志文件的数量或大小可参考以下步骤：

（1）停止 MySQL 服务，确认未发生错误。

（2）修改配置文件，使用 innodb_log_file_size 变量更改文件大小，使用 innodb_log_files_in_group 更改文件数量。

（3）重启服务。

3．配置撤销表空间

可通过 innodb_undo_tablespaces 配置项设置撤销表空间的数量，默认且最小数量为 2。启动时或运行期间都可更改该变量值。innodb_undo_directory 配置项设置撤销表文件的路径，且需在启动时配置。若不配置该项，则默认在 MySQL 数据目录下创建。

4．通用表空间

通用表空间是共享的 InnoDB 表空间，可使用 CREATE TABLESPACE 语句创建，语法如下：

```
CREATE TABLESPACE tablespace_name
 ADD DATAFILE 'file_name'
 [FILE_BLOCK_SIZE = value]
 [ENGINE [=] engine_name]
```

tablespace_name 为空间文件名，file_name 为创建的文件名称。

创建一个名为 ts1 的表空间，并创建一个文件，名为 ibd1，SQL 语句如下：

```
CREATE TABLESPACE `ts1` ADD DATAFILE 'ibd1.ibd' Engine=InnoDB;
```

创建表空间后，可在创建表或修改表语句上指定表所属的空间，SQL 语句如下：

```
CREATE TABLE t1 (c1 INT PRIMARY KEY)
TABLESPACE ts1 ROW_FORMAT=COMPACT;
ALTER TABLE t2 TABLESPACE ts1;
```

16.5 表和索引

本节主要介绍 InnoDB 表和索引。

16.5.1 InnoDB 表

1. 创建 InnoDB 表

要创建 InnoDB 表，可使用如下语句：

```
CREATE TABLE t1 (a INT, b CHAR (20), PRIMARY KEY (a)) ENGINE=InnoDB;
```

如果默认的存储引擎为 InnoDB，那么上述语句中的 ENGING 语句可以删掉，不需要指定。可使用如下语句查看数据库的默认引擎，执行结果如图 16-1 所示。

```
SELECT @@default_storage_engine;
```

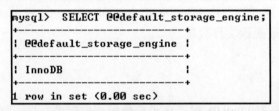

图 16-1　查看默认存储引擎

默认的 InnoDB 行格式由系统变量 innodb_default_row_format 配置，可选值有 Dynamic 和 Compressed，SQL 语句如下：

```
CREATE TABLE t3 (a INT, b CHAR (20), PRIMARY KEY (a))
ROW_FORMAT=DYNAMIC;
CREATE TABLE t4 (a INT, b CHAR (20), PRIMARY KEY (a))
ROW_FORMAT=COMPRESSED;
```

使用 SHOW TABLE STATUS 语句可以查看 InnoDB 表的属性，SQL 语句如下，执行结果如图 16-2 所示。

```
SHOW TABLE STATUS FROM test LIKE 't%' \G;
SHOW TABLE STATUS FROM test_db LIKE 'my%' \G;
```

```
mysql> SHOW TABLE STATUS FROM test_db LIKE 'my%' \G;
*************************** 1. row ***************************
           Name: my_table
         Engine: InnoDB
        Version: 10
     Row_format: Dynamic
           Rows: 0
 Avg_row_length: 0
    Data_length: 16384
Max_data_length: 0
   Index_length: 0
```

图 16-2　查看 test_db 中表的属性

2. 移动或复制 InnoDB 表

在 Windows 中，数据库和表名都以小写字母存在。要想将二进制形式的数据库由 Windows 复制到 UNIX 或由 UNIX 复制到 Windows，名称都必须设置为小写。最方便的方式是在配置文件中加入以下设置：

```
[mysqld]
lower_case_table_names=1
```

离线备份下，复制所有相关的文件即可移动 InnoDB 数据库。使用同样浮点数字格式的 InnoDB 数据和日志文件在所有平台上都是二进制兼容的。如果浮点数据格式不同，但未使用 FLOAT 或 DOUBLE 类型，也可以直接复制所有相关的文件。如果需要复制.ibd 文件，那么源服务器和目标服务器上的数据目录必须相同。如果将.ibd 文件对应的表由一个数据库复制到另外一个数据库，可以使用 RENAME 语句：

```
RENAME TABLE db1.tbl_name TO db2.tbl_name;
```

mysqldump 导入导出同样也可以用来复制 InnoDB 表。在源服务器上执行 mysqldump 导出数据文件，在目标服务器上执行 mysqldump 导入文件。不论表中是否使用了浮点数据类型，都可以使用这种方式。在使用这种方式时，关闭自动提交模式可以提升性能。

3. 将 MyISAM 表转换为 InnoDB 表

将 MyISAM 表转换为 InnoDB 表，首先要调整内存的使用：降低 key_buffer_size 的变量值，以释放不需要的缓存内存；增加 innodb_buffer_pool_size 配置项的值，为 InnoDB 表收集缓存内存。由于 MyISAM 不支持事务，因此转换时要特别注意自动提交配置项以及提交和回滚语句。当两个不同的事务进行多表操作时，接入表的时间不同，造成每个事务都在等待对方释放资源而无法向下继续，这就发生了死锁。当死锁检测启动时，MySQL 会检测到死锁状态并回滚较小的事务，使得另一个事务继续执行。死锁检测的配置项为 innodb_deadlock_detect。如果该功能被禁用，InnoDB 使用 innodb_lock_wait_timeout 配置项回滚事务。

将非 InnoDB 表转换为 InnoDB 表，可使用如下语句：

```
ALTER TABLE table_name ENGINE=InnoDB;
```

16.5.2　InnoDB 索引

1. 聚集索引和辅助索引

每个 InnoDB 表都有一个特殊的索引，即聚集索引。聚集索引定义了表中数据的物理存储顺序。一个聚集索引可以包含多个列。主键就是典型的聚集索引。如果没有在表中定义主键，那么 InnoDB 会以第一个非空的唯一列作为聚集索引。

除了聚集索引之外的其他索引被称为辅助索引。在 InnoDB 中，辅助索引中的每条记录都包含主键，InnoDB 使用这个主键在聚集索引中检索信息。

2. InnoDB 索引的物理结构

除了空间索引之外，InnoDB 索引采用 B-tree 数据结构。空间索引使用 R-tree。索引记录存储在数据结构的节点页中。索引页的大小默认为 16KB。当有新的记录插入时，InnoDB 会为以后的插入或更新预留索引页的十六分之一。 当创建或重建 B-tree 索引时，InnoDB 的负载会增大。

3. 排序索引构建

不同于在创建或重建索引时一次插入一个索引记录，InnoDB 执行批量加载。这种索引的创建方法称为排序索引构建。空间索引不支持排序索引构建，而全文索引支持。在排序索引构建期间，重做日志将被禁用，但会设置一个检查点确保索引构建能忍受服务崩溃或失败。

4. 全文索引

全文索引基于文本列创建，例如 CHAR、VARCHAR 或 TEXT 列， 可以加速查询和 DML 操作。全文索引可以作为 CREATE TABLE 语句的一部分或被添加到已存在的表中。可通过如下三种方式创建：

```
CREATE TABLE t1(
        id INT AUTO_INCREMENT NOT NULL PRIMARY KEY,
        name VARCHAR(200),
        FULLTEXT(name)
        ) ;
```

```
ALTER TABLE `t1` ADD FULLTEXT INDEX ft_t1_name  (`name`);
```

```
CREATE FULLTEXT INDEX ft_t1_name ON `t1` (`name`);
```

16.6 备份和恢复

安全数据库管理的关键在于创建定期备份。根据数据量大小、服务器数量以及数据库负载决定备份时所使用的技术。InnoDB 备份有三种形式，即热备份、冷备份和逻辑备份。热备份使用 mysqlbackup 命令备份正在运行的 MySQL 实例，包括 InnoDB 表。冷备份需要关闭服务，创建由文件组成的物理备份。相对于物理备份，定期使用 mysqldump 转储 MySQL 的逻辑备份也同样能达到目标。

如果从某一时间节点恢复数据库，就必须在备份的时间节点开启 MySQL 二进制日志。这样可以查看日志获取备份后数据库发生的改变，从而恢复整个数据库。如果数据库遇到崩溃或磁盘错误，就必须使用备份恢复数据库。找到对应时间节点的备份后，按照上述内容恢复数据库。如果是由于 MySQL 服务崩溃而需要恢复数据库，InnoDB 会自动检查日志，然后向前回滚数据库，同时自动回滚未提交的事务。

如果在恢复期间，InnoDB 出现了重做日志写入的情况，重做日志必须被应用到相关的表空间。发现受影响的表空间的过程被称为表空间探索。表空间探索通过使用映射文件实现。映射文件表明了空间 ID 与空间名的对应关系。表空间映射文件存储在 innodb_data_home_dir 变量对应的目录下。如果该变量未设置，映射文件会存储在 MySQL 数据目录下。

16.7　InnoDB 和 MySQL 复制

MySQL 复制同时支持 InnoDB 和 MyISAM。对于 InnoDB 来说，在主服务器上执行失败的事务并不会影响从服务器的操作。MySQL 复制基于二进制日志，而二进制日志记录了改变数据的 SQL 语句。失败的事务不会被写入二进制日志，从而无法发送给从服务器。

只有在表之间共享外键关系，并且主从服务器都是用 InnoDB 时，级联操作才会被复制到从服务器上。例如，使用如下语句在主服务器上创建两个表：

```
CREATE TABLE fc1 (
i INT PRIMARY KEY,
j INT
) ENGINE = InnoDB;
CREATE TABLE fc2 (
m INT PRIMARY KEY,
n INT,
FOREIGN KEY ni (n) REFERENCES fc1 (i)
ON DELETE CASCADE
) ENGINE = InnoDB;
```

主服务器使用 InnoDB 引擎，而从服务器使用的是 MyISAM 存储引擎，这种场景下将会忽略外键选项。

使用如下语句在主服务器中插入记录：

```
master> INSERT INTO fc1 VALUES (1, 1), (2, 2);
master> INSERT INTO fc2 VALUES (1, 1), (2, 2), (3, 1);
```

主从服务器中 fc1、fc2 中都分别有 2 条、3 条记录，如图 16-3、图 16-4 所示。

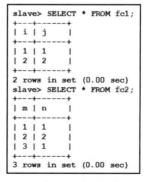

图 16-3　主服务器记录　　　　图 16-4　从服务器记录

然后在主服务器上执行如下删除操作。由于级联操作，fc2 中与 fc1 中级联的记录也会被删除。此时查询从服务器的 fc2 表，发现数据记录没有被删除，如图 16-5、图 16-6 所示。

```
master> DELETE FROM fc1 WHERE i=1;
```

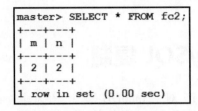

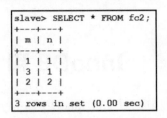

图 16-5　主服务器记录　　　　　　图 16-6　从服务器记录

这就说明了，只有当主从服务器的存储引擎都为 InnoDB 时，级联操作才会被复制。

16.8　memcached 插件

InnoDB memcached 插件 daemon_memcached 提供了一个后台进程，能够自动存储和检索 InnoDB 表中的数据，将 MySQL 转变为一个快速的"键值对存储"。除了标准化的 SQL 查询，还可以使用简单的 get、set 或 incr 操作，避免与 SQL 语句过度耦合，从而优化查询。

memcached 插件能够绕过 SQL 层直接操作 InnoDB 表。图 16-7 展示了如何使用 memcached 插件来操作数据。

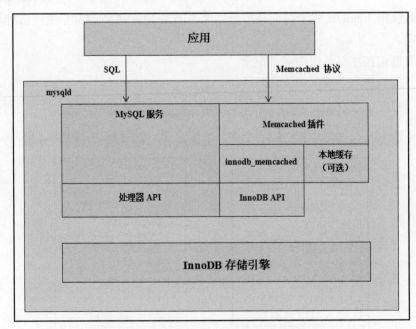

图 16-7　集成 memcached 服务的 MySQL 服务

安装和配置 memcached 插件可遵循如下步骤。为了讲解方便，以下关于 memcached 的安装均在 Linux 操作系统下完成。

（1）可以通过运行 innodb_memcached_config.sql 脚本配置 memcached 插件，该脚本文件位于 MySQL 安装目录下的 share 文件夹中。这个脚本会安装 innodb_memcache 数据库，包含 3 个表 cache_policies、config_options 和 containers，同时也会在 test 数据库中生成 demo_test 表。运行语句如下所示。

```
mysql> source MYSQL_HOME/share/innodb_memcached_config.sql
```

MYSQL_HOME 为对应的 MySQL 安装目录。安装完成后，可查看 innodb_memcache 和 test 库中对应的表信息，如图 16-8、图 16-9 所示。

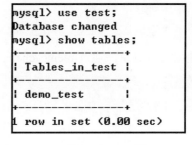

图 16-8　innodb_memcache 库　　　　图 16-9　test 库

（2）通过 INSTALL PLUGIN 语句激活 memcached 插件。

```
mysql> INSTALL PLUGIN daemon_memcached soname "libmemcached.so";
```

插件安装后会自动在 MySQL 启动时生效。下面简单介绍如何使用 memcached 插件配置 InnoDB 表。

（1）创建 InnoDB 表。这个表必须包含主键列。在 test 数据库中创建 city 城市表，其中 city_id 是主键。

```
CREATE TABLE city (
city_id VARCHAR(32),
name VARCHAR(1024),
state VARCHAR(1024),
country VARCHAR(1024),
flags INT,
cas BIGINT UNSIGNED,
expiry INT,
primary key(city_id)
) ENGINE=InnoDB;
```

（2）向 innodb_memcache 库中的 containers 表中添加一条记录，使得插件能够确定接入 InnoDB 表的方式。使用如下语句查看 containers 表的定义。

```
mysql> DESCRIBE innodb_memcache.containers;
```

插入的新记录如下所示。

```
INSERT INTO `innodb_memcache`.`containers` (
`name`, `db_schema`, `db_table`, `key_columns`, `value_columns`,
`flags`, `cas_column`, `expire_time_column`,
 `unique_idx_name_on_key`)
VALUES
('default', 'test', 'city', 'city_id', 'name|state|country',
'flags','cas','expiry','PRIMARY');
```

（3）更新完表 containers 之后，重启 memcached 插件应用这些改变，语句如下所示。

```
mysql> UNINSTALL PLUGIN daemon_memcached;
mysql> INSTALL PLUGIN daemon_memcached soname "libmemcached.so";
```

（4）使用远程登录，通过 memcached set 命令向城市表中插入数据。

```
set B 0 0 22
BANGALORE|BANGALORE|IN
STORED
```

（5）使用 mysql 命令查询 city 表，验证数据是否被插入。

```
mysql> SELECT * FROM test.city;
```

（6）使用 mysql 命令插入其他数据到表 city 中。

```
mysql> INSERT INTO city VALUES ('C','CHENNAI','TAMIL NADU','IN', 0, 0 ,0);
mysql> INSERT INTO city VALUES ('D','DELHI','DELHI','IN', 0, 0, 0);
mysql> INSERT INTO city VALUES ('H','HYDERABAD','TELANGANA','IN', 0, 0, 0);
mysql> INSERT INTO city VALUES ('M','MUMBAI','MAHARASHTRA','IN', 0, 0, 0);
```

（7）使用远程登录，执行 memcached get 命令检索已插入的数据。

```
get H
VALUE H 0 22
HYDERABAD|TELANGANA|IN
END
```

第 17 章

◄ MySQL 8新特性：NoSQL ►

从 5.6 版本开始，MySQL 就开始支持简单的 NoSQL 存储功能。MySQL 8 对这一功能做了优化，以更灵活的方式实现 NoSQL 功能，不再依赖模式（schema）。通常将 MySQL 作为文档存储指的就是将 MySQL 作为 NoSQL 存储。本章主要涉及的内容有：

- NoSQL 的概念
- 将 MySQL 设置为 NoSQL 存储
- MySQL Shell
- X 插件

17.1 NoSQL 的概念

从字面上来看，NoSQL 是 No 与 SQL 两个词的合并，更多的解释为 Not only SQL（不仅仅是 SQL），意味着与传统的 SQL 有着非常大的区别。现在 NoSQL 通常泛指那些不遵循传统关系型数据管理系统的数据存储。NoSQL 的出现打破了传统 SQL 的局限，使数据存储不再受限于关系型。

目前 NoSQL 数据库的分类主要有 4 种：列存储数据库、键值对数据库、文档数据库和图形数据库。列存储数据库通常用于分布式中的大数据存储，例如 HBase。键值对数据库灵活方便，适合数据结构相对简单、短期内频繁使用的数据，例如 Redis。文档数据库通常以 JSON 形式在文档中存储数据，例如 MongoDB。将 MySQL 作为 NoSQL 使用，即将 MySQL 设置为文档存储。图形数据库适用于节点之间关系非常复杂的数据，例如 Neo4j。

17.2 将 MySQL 设置为 NoSQL 存储

MySQL 8.0 以后，通过设置可以将 MySQL 作为 NoSQL 存储。使用前需要设置 X 插件以及 MySQL Shell。只有开启了 X 插件，使得 MySQL 能够通过 X 协议通信，才能将 MySQL 作为 NoSQL 存储。支持 X 协议的客户端有 MySQL Shell 以及 MySQL 8 的连接器。本节将针对如何安装 MySQL Shell 进行详细讲解。

MySQL Shell 支持 64 位的 Microsoft Windows、Linux 以及 macOS 操作系统。MySQL 8 安装时默认会安装该软件，为了便于学习，下面以 Windows 为例，讲解如何下载、安装 MySQL Shell。

（1）进入网址 https://dev.mysql.com/downloads/shell/，选择对应的操作系统，单击 Download 下载按钮，这里的版本是 MySQL Shell 8.0.13，如图 17-1 所示。

图 17-1　下载 MySQL Shell

（2）下载完成后，单击进行安装。所有选项选择默认设置即可。安装完成后，配置环境变量，将 MySQL Shell 安装目录的 bin 文件夹配置到系统 Path 路径中，如图 17-2 所示。

图 17-2　MySQL Shell 环境变量

配置完成后，即可用于 NoSQL 存储。下面讲解如何使用 MySQL Shell。

17.3　MySQL Shell

本小节讲解如何在不同场景下快速上手使用 MySQL Shell。首先建立数据库样本 world_x，确定 JSON 文件和集合以及相关的表。

- countryinfo，JSON 文档，存储世界上的国家信息。
- country 表用来存储一系列国家信息。
- city 表存储国家的城市信息。
- countrylanguage 表存储每个国家的语言。

以上内容可到链接 http://downloads.mysql.com/docs/world_x-db.zip 中下载，下载完成后解压，可以看到一个 sql 文件，如图 17-3 所示。

world_x-db.zip\world_x-db			当前目录
×	↑ 名称	大小	压缩后大小	类型
	..(上层目录)			
	README.txt	1.39 KB	1 KB	TXT 文件
	world_x.sql	380.15 KB	90.91 KB	SQL 文件

图 17-3　world_x-db.zip

在 MySQL 中运行以上 sql 文件，然后刷新数据库即可看到新生成的 world_x 数据库。

1. 使用 JavaScript

打开终端命令框，输入如下命令，提示输入密码，连接后如图 17-4 所示。

```
mysqlsh root@localhost
```

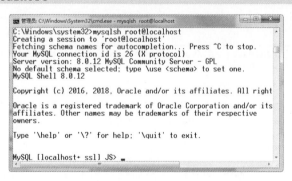

图 17-4　MySQL Shell 连接

要想退出 MySQL Shell，可使用\quit 命令。查询其他命令可使用\help。

```
\quit
\help
```

【示例 17-1】创建、查询和删除 Collection。

首先选择 world_x 数据库，命令如下所示，执行结果如图 17-5 所示。

```
db
\use world_x
```

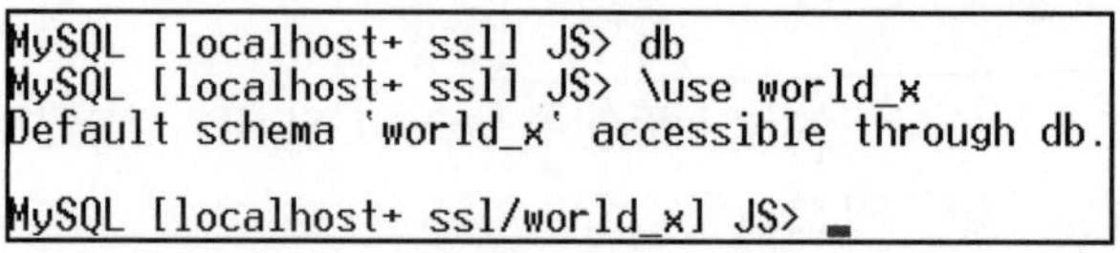

```
MySQL [localhost+ ssl] JS> db
MySQL [localhost+ ssl] JS> \use world_x
Default schema 'world_x' accessible through db.

MySQL [localhost+ ssl/world_x] JS> _
```

图 17-5　world_x

创建名为 flags 的集合，命令如下，执行结果如图 17-6 所示。

```
db.createCollection("flags")
```

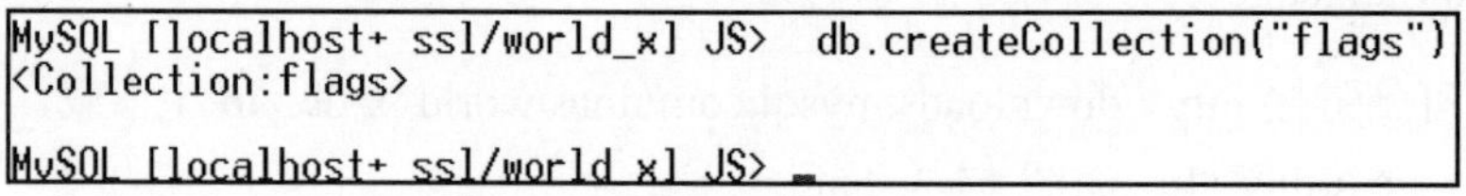

```
MySQL [localhost+ ssl/world_x] JS>  db.createCollection("flags")
<Collection:flags>

MySQL [localhost+ ssl/world_x] JS> _
```

图 17-6　world_x 创建 collection

查询数据库中的集合，命令如下，执行结果如图 17-7 所示。

```
db.getCollections()
```

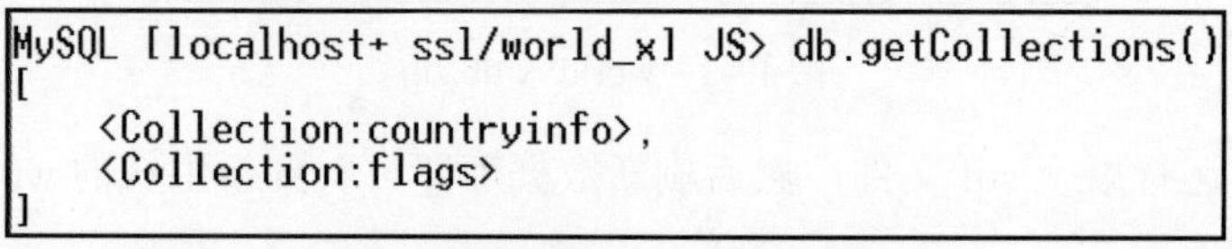

```
MySQL [localhost+ ssl/world_x] JS> db.getCollections()
[
    <Collection:countryinfo>,
    <Collection:flags>
]
```

图 17-7　查询 world_x 的集合

删除集合，命令如下，执行后无任何返回，重新查询集合列表，发现已成功删除，如图
17-8 所示。

```
db.dropCollection("flags")
```

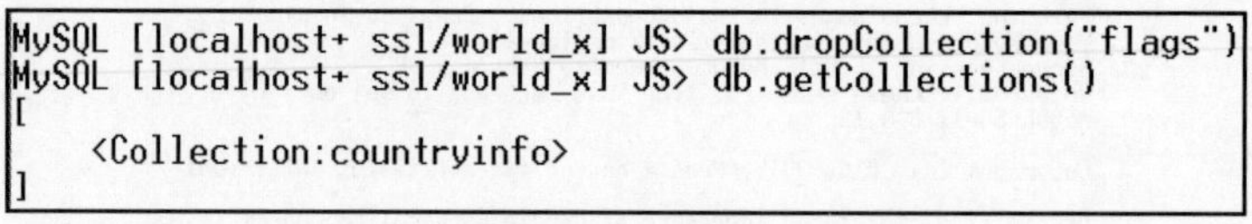

```
MySQL [localhost+ ssl/world_x] JS> db.dropCollection("flags")
MySQL [localhost+ ssl/world_x] JS> db.getCollections()
[
    <Collection:countryinfo>
]
```

图 17-8　删除集合

【示例 17-2】操作文档。

如前文描述，首先选择数据库 world_x，然后执行如下语句增加文档，执行结果如图 17-9
所示。

```
db.countryinfo.add(
{
GNP: .6,
IndepYear: 1967,
Name: "Sealand",
_id: "SEA",
```

```
demographics: {
LifeExpectancy: 79,
Population: 27
},
geography: {
Continent: "Europe",
Region: "British Islands",
SurfaceArea: 193
},
government: {
GovernmentForm: "Monarchy",
HeadOfState: "Michael Bates"
}
}
)
```

```
MySQL [localhost+ ssl/world_x] JS>  db.countryinfo.add(
    ->    {
    ->    GNP: .6,
    ->    IndepYear: 1967,
    ->    Name: "Sealand",
    ->    _id: "SEA",
    ->    demographics: {
    ->    LifeExpectancy: 79,
    ->    Population: 27
    ->    },
    ->    geography: {
    ->    Continent: "Europe",
    ->    Region: "British Islands",
    ->    SurfaceArea: 193
    ->    },
    ->    government: {
    ->    GovernmentForm: "Monarchy",
    ->    HeadOfState: "Michael Bates"
    ->    }
    ->    }
    ->  )
    ->
Query OK, 1 item affected (0.0146 sec)
```

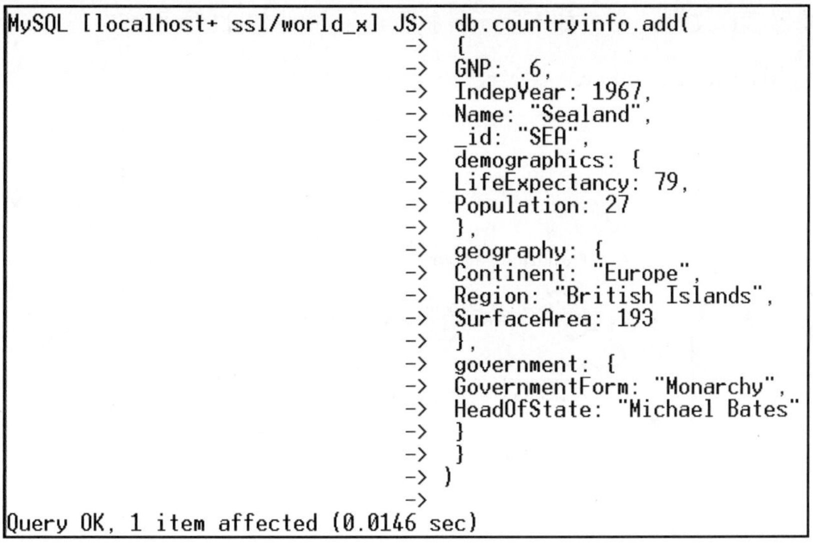

图 17-9　增加文档

使用如下语句查询文档，部分结果如图 17-10 所示。

```
db.countryinfo.find()
```

```
{
    "GNP": 5951,
    "IndepYear": 1980,
    "Name": "Zimbabwe",
    "_id": "ZWE",
    "demographics": {
        "LifeExpectancy": 37.79999923706055,
        "Population": 11669000
    },
    "geography": {
        "Continent": "Africa",
        "Region": "Eastern Africa",
        "SurfaceArea": 390757
    },
    "government": {
        "GovernmentForm": "Republic",
        "HeadOfState": "Robert G. Mugabe"
    }
}
]
240 documents in set (0.0009 sec)

MySQL [localhost+ ssl/world_x] JS>
```

图 17-10 查询文档

使用过滤器查询文档，命令如下所示，执行结果如图 17-11 所示。

```
db.countryinfo.find("_id = 'AUS'")
```

```
MySQL [localhost+ ssl/world_x] JS>  db.countryinfo.find("_id = 'AUS'")
[
    {
        "GNP": 351182,
        "IndepYear": 1901,
        "Name": "Australia",
        "_id": "AUS",
        "demographics": {
            "LifeExpectancy": 79.80000305175781,
            "Population": 18886000
        },
        "geography": {
            "Continent": "Oceania",
            "Region": "Australia and New Zealand",
            "SurfaceArea": 7741220
        },
        "government": {
            "GovernmentForm": "Constitutional Monarchy, Federation",
            "HeadOfState": "Elisabeth II"
        }
    }
]
1 document in set (0.0029 sec)
```

图 17-11 查询文档

下列语句列出了一些其他的过滤形式：

```
db.countryinfo.find("GNP > 500000")
db.countryinfo.find("GNP > 500000 and demographics.Population < 100000000")
```

可以对查询的结果进行筛选，列出所需要的信息，命令如下，执行结果如图 17-12 所示。

```
db.countryinfo.find("GNP > 5000000").fields(["GNP", "Name"])
```

```
MySQL [localhost+ ssl/world_x] JS>  db.countryinfo.find("GNP > 5000000").fields(["GNP", "Name"])
[
    {
        "GNP": 8510700,
        "Name": "United States"
    }
]
1 document in set (0.0008 sec)
```

图 17-12 筛选查询结果

可通过 modify 语句修改文档内容，命令如下，执行结果如图 17-13 所示。

```
db.countryinfo.modify("_id = 'SEA'").
set("demographics", {LifeExpectancy: 78, Population: 28})
```

```
MySQL [localhost+ ssl/world_x] JS> db.countryinfo.modify("_id = 'SEA'").
                              -> set("demographics", {LifeExpectancy: 78, Population: 28})
                              ->
Query OK, 1 item affected (0.0156 sec)
```

图 17-13　修改文档

可通过 remove 删除文档内容，命令如下，执行结果如图 17-14 所示。

```
db.countryinfo.remove("_id = 'SEA'")
```

```
MySQL [localhost+ ssl/world_x] JS> db.countryinfo.remove("_id = 'SEA'")
Query OK, 1 item affected (0.0677 sec)
```

图 17-14　删除文档内容

如果要删除整个文档，参数改为 true 即可。

```
db.countryinfo.remove("true")
```

【示例 17-3】操作表。

（1）如前文描述，首先选择 world_x 数据库。执行如下语句向 city 表中插入数据，如图 17-15 所示。

```
db.city.insert("ID", "Name", "CountryCode", "District", "Info").
values(null, "Olympia", "USA", "Washington", '{"Population": 5000}')
```

```
MySQL [localhost+ ssl/world_x] JS> db.city.insert("ID", "Name", "CountryCode", "District", "Info")
                              -> values(null, "Olympia", "USA", "Washington", '{"Population": 5
}')
                              ->
Query OK, 1 item affected (0.0355 sec)
```

图 17-15　插入数据

（2）执行如下语句查询 city 表，部分结果如图 17-16 所示。

```
db.city.select()
```

```
| 4076 | Hebron     |    | PSE | Hebron      |   |
119401)   |
| 4077 | Jabaliya   |    | PSE | North Gaza  |   |
113901)   |
| 4078 | Nablus     |    | PSE | Nablus      |   |
100231)   |
| 4079 | Rafah      |    | PSE | Rafah       |   |
92020)    |
| 4080 | Olympia    |    | USA | Washington  |   |
5000)     |
+----------+
4080 rows in set (0.0034 sec)
```

图 17-16　查询数据

（3）查询 city 表，筛选出所需要的信息，并添加过滤条件，命令如下，执行结果如图 17-17 所示。

```
db.city.select(["Name", "CountryCode"]).
```

```
where("Name like 'Zhu%' and CountryCode = 'CHN'")
```

```
MySQL [localhost+ ssl/world_x] JS> db.city.select(["Name", "CountryCode"]).
                                -> where("Name like 'Zhu%' and CountryCode = 'CHN'")
                                ->
+-----------+-------------+
| Name      | CountryCode |
+-----------+-------------+
| Zhuzhou   | CHN         |
| Zhuhai    | CHN         |
| Zhumadian | CHN         |
| Zhucheng  | CHN         |
+-----------+-------------+
4 rows in set (0.0033 sec)
```

图 17-17　查询数据

（4）修改 city 表，命令如下，执行结果如图 17-18 所示。

```
db.city.update().set("Name", "Beijing").where("Name = 'Peking'")
```

```
MySQL [localhost+ ssl/world_x] JS>  db.city.update().set("Name", "Beijing").where("Name
Query OK, 1 item affected (0.0803 sec)
```

图 17-18　修改数据

（5）删除表中数据，命令如下，执行结果如图 17-19 所示。

```
db.city.delete().where("Name = 'Olympia'")
```

```
MySQL [localhost+ ssl/world_x] JS>  db.city.delete().where("Name = 'Olympia'")
Query OK, 1 item affected (0.0293 sec)
```

图 17-19　删除数据

2. 使用 Python

登录命令终端时使用--py 选项可指定使用 Python 操作 MySQL Shell，命令如下，输入密码后结果如图 17-20 所示。

```
mysqlsh root@localhost --py
```

```
C:\Windows\system32>mysqlsh root@localhost --py
Creating a session to 'root@localhost'
Fetching schema names for autocompletion... Press ^C to stop.
Your MySQL connection id is 27 (X protocol)
Server version: 8.0.12 MySQL Community Server - GPL
No default schema selected; type \use <schema> to set one.
MySQL Shell 8.0.12

Copyright (c) 2016, 2018, Oracle and/or its affiliates. All rights reserved.

Oracle is a registered trademark of Oracle Corporation and/or its
affiliates. Other names may be trademarks of their respective
owners.

Type '\help' or '\?' for help; '\quit' to exit.

MySQL [localhost+ ssl] Py>
```

图 17-20　使用 python 模式操作 MySQL Shell

同样，操作前需要使用命令选择数据库，对各种数据的操作命令也与 JavaScript 模式下基本相同，在此不再赘述，读者可参考前文描述自行研究学习。

17.4 X 插件

本节讲解如何使用、配置以及监控 X 插件。

在安装或升级到 MySQL 8 之后，X 插件默认被安装并启动。下面通过命令验证 X 插件。登录 MySQL 之后，使用 SHOW PUGINS 命令查看插件列表，如果存在 mysqlx，代表 X 插件已安装，如图 17-21 所示。

```
| TempTable           | ACTIVE   | STORAGE ENGINE | NULL | GPL |
| ARCHIVE             | ACTIVE   | STORAGE ENGINE | NULL | GPL |
| BLACKHOLE           | ACTIVE   | STORAGE ENGINE | NULL | GPL |
| FEDERATED           | DISABLED | STORAGE ENGINE | NULL | GPL |
| ngram               | ACTIVE   | FTPARSER       | NULL | GPL |
| mysqlx              | ACTIVE   | DAEMON         | NULL | GPL |
| mysqlx_cache_cleaner| ACTIVE   | AUDIT          | NULL | GPL |

43 rows in set (0.00 sec)
```

图 17-21　查看插件

禁用 X 插件可以通过以下方式实现：

- 启动前修改配置文件，加入 mysqlx=0 配置项。
- 使用命令行启动时加入--mysqlx=0 或--skip-mysqlx 选项。

X 插件拥有自身的 SSL 设置，可通过不同于 MySQL 服务的秘钥、证书和证书授权进行配置。X 插件的 SSL 状态变量与 MySQL 服务的 SSL 变量相互独立。默认情况下，X 插件通过 mysqlx_ssl_*变量配置。如果该变量未设置，X 插件退而选择 MySQL 服务 SSL 相关的系统变量。在安装了 X 插件的 MySQL 服务上，分别配置 MySQL 协议和 X 协议要用到配置文件中的 ssl-*和 mysqlx-ssl-*变量，如下所示。

```
[mysqld]
ssl-ca=ca1.pem
ssl-cert=server-cert1.pem
ssl-key=server-key1.pem
mysqlx-ssl-ca=ca2.pem
mysqlx-ssl-cert=server-cert2.pem
mysqlx-ssl-key=server-key2.pem
```

除以上变量之外，X 插件还有很多其他的变量和配置。其中一些常见的变量如表 17-1 所示。

表 17-1　X 插件的部分变量

名称	描述
mysqlx	开启或关闭 X 插件，可选值为 OFF 或 ON
mysqlx-bind-address	连接中 X 插件使用的网络地址
mysqlx-connect-timeout	连接失效时间

（续表）

名称	描述
mysqlx-idle-worker-thread-timeout	空余线程终止时间
mysqlx-max-allowed-packet	X 插件可处理的网络包的最大容量
mysqlx-max-connections	连接 X 插件的当前客户端的最大数量

X 插件的大部分变量设置都可用于命令行选项，使用时在选项前加上"--"符号即可。由于篇幅原因，不再逐一列举，读者可在实际应用中参考官方文档进行设置。

监控 X 插件有两种方式：查看性能库中的表或者查看 X 插件的状态变量。表 17-2 列举了几个状态变量。

表 17-2　X 插件部分状态变量

名称	描述
Mysqlx_aborted_clients	由于错误导致的失去连接的客户端数量
Mysqlx_address	X 插件绑定的网络地址
Mysqlx_bytes_sent	网络发出的字节数
Mysqlx_bytes_received	网络收到的字节数
Mysqlx_port	X 插件监听的端口
Mysqlx_ssl_active	SSL 的状态
Mysqlx_errors_sent	发送给客户端的错误数

由于篇幅原因，不再逐一详述剩余状态变量。读者可根据实际需求查询官方文档列举的变量列表。

第 18 章

◀ Java操作MySQL数据库 ▶

Java 是世界上流行的计算机语言，主要用于开发企业级应用程序。大多数的企业级应用程序都需要连接数据库，Java 对 MySQL 的连接和操作提供了非常完美的支持，加上 MySQL 和 Java 都隶属于同一家公司 Oracle，因此可以说它们是天然的盟友。

Java 拥有一套独立的数据库连接和操作 API（应用程序接口），即 JDBC（Java DataBase Connectivity），任何第三方的数据库厂商均可通过实现这套 API 来提供 Java 程序连接数据库的支持。这样的设计机制使 Java 数据库的连接非常丰富强大。

通过本章的学习，读者可以了解以下内容：

- Java 连接 MySQL 数据库
- Java 操纵 MySQL 数据库
- Java 备份 MySQL 数据库
- Java 还原 MySQL 数据库

18.1 Java 连接 MySQL 数据库

通过使用 JDBC，Java 程序可以很方便地操作 MySQL 数据库。Java 语言具有跨平台特性，使用 JDBC 编写的程序不仅可以跨越数据库，还可以跨越平台，具有非常优秀的可移植性。本节将重点介绍 JDBC 的基础知识以及 JDBC 连接数据库的详细步骤。

18.1.1 JDBC 简介

JDBC（Java Database Connectivity，Java 数据库连接）是一种可以执行 SQL 语句的 Java API。程序可通过 JDBC API 连接到 MySQL 数据库，并使用 SQL 语句对数据进行增加、删除、更改和查询操作。

Java 语言具有跨平台特性，使用 JDBC 开发的数据库应用既可以在 Windows 平台上运行，也可以在 Linux 平台上运行，还可以在 Mac OSX 平台上运行。

使用 JDBC API 开发的 Java 应用，还可以跨数据库（必须使用标准的 SQL）。JDBC 既可以使用 MySQL 数据库，也可以使用 Oracle 等数据库，只需要在配置文件中修改数据库信息，而且无须对程序做任何修改，这样开发人员就不需要为了访问不同的数据库而重新学习一套新的 API 了，只需要面向 JDBC API 编写应用程序，然后根据不同的数据库，在配置文件中配置不同的数据库驱动、账户和密码信息即可。

在最初的时候，Sun 公司希望自己开发一套 Java API，可以操作所有的数据库系统，但因为数据库系统繁多，内部特性各不相同，最后没有实现这个目标。后来 Sun 公司指定了一套标准的 API，只是定义接口，并不提供实现类，这些实现类由各数据库厂商自己去实现并提供，这些实现类就是 JDBC 的驱动程序。开发人员使用 JDBC 时，只要下载相应的数据库的 JDBC 驱动程序，然后面向标准的 JDBC API 编程即可，当需要在数据库之间切换时，只要更换不同的实现类，也就是更换数据库的 JDBC 驱动程序即可，这就是面向接口编程。我们可以用图 18-1 形象地表达数据库 JDBC 驱动程序所处的层面。

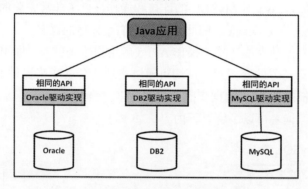

图 18-1　JDBC 驱动示意图

除了图 18-1 中的几种数据库库外，大部分其他的数据库系统（例如 Sybase）都有相应的 JDBC 驱动程序，当需要连接某个特定的数据库时，必须有相应的数据库驱动程序。

> 还有一个名为 ODBC 的技术，其全称为 Open Database Connectivity，即开发数据库连接。ODBC 和 JDBC 很像，严格地说，应该是 JDBC 模仿了 ODBC 的设计。ODBC 也允许应用程序通过一组通用的 API 访问不同的数据库，从而使得基于 ODBC 的应用程序可以在不同的数据库之间切换。同样，ODBC 也需要各数据库厂商提供相应的驱动程序，而 ODBC 则负责管理这些驱动程序。

JDBC 驱动通常有如下 4 种类型：

- 第一种 JDBC 驱动：JDBC-ODBC 桥，这种驱动是最早实现的 JDBC 驱动程序，主要目的是为了快速推广 JDBC。这种驱动将 JDBC APD 映射到 ODBC API，在 Java 8 之后的版本中已经被删除。
- 第二种 JDBC 驱动：直接将 JDBC API 映射成数据库特定的客户端 API。这种驱动包含特定数据库的本地代码，用于访问特定数据的客户端。
- 第三种 JDBC 驱动：支持三层结构的 JDBC 访问方式，主要用于 Applet 阶段，通过

Applet 访问数据库。

- 第四种 JDBC 驱动：纯 Java 的，直接与数据库实例交互。这种驱动是智能的，它知道数据库使用的底层协议。这种驱动是目前最流行的 JDBC 驱动。

> 早期为了让 Java 程序操作 Access 这种伪数据库，可能需要使用 JDBC-ODBC 桥，但 JDBC-ODBC 桥不适合在并发访问数据库的情况下使用，其固有的性能和扩展能力也非常有限，因此 Java 8 删除了 JDBC-ODBC 桥驱动。Java 应用也很少使用 Access 这种伪数据库。

通常建议选择第四种 JDBC 驱动，这种驱动避开了本地代码，减少了应用开发的复杂性，也减少了产生冲突和出错的可能。

18.1.2　下载 JDBC 驱动 MySQL Connector/J

在 18.1.1 节中介绍的 JDBC 驱动程序，读者可以在 MySQL 的官方网站下载，当前最新的 JDBC 驱动是 MySQL Connnector/J 8.0.13。MySQL Connector/J 8.0.13 的下载网址为 https://dev.mysql.com/downloads/connector/j/，下载页面如图 18-2 所示。

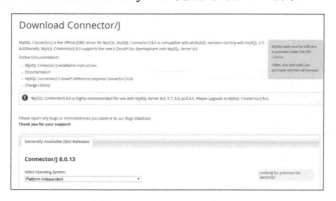

图 18-2　JDBC 驱动下载页面

在图 18-2 中，有 TAR Archive 和 ZIP Archive 两个选项，选择其中一项（在本书中选择 ZIP 文件），单击对应的 Download 按钮。下载完毕后，在本地资源管理器中的显示如图 18-3 所示。解压缩 mysql-connector-java-8.0.13.zip，解压后的包目录结构如图 18-4 所示。

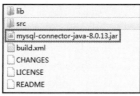

图 18-3　mysql-connector-java-5.1.44.tar.gz 压缩包　　　图 18-4　解压包

不同的操作系统，配置 MySQL Connector/J 驱动的方式是不一样的。后面将分别介绍在 Windows 操作系统、Linux 操作系统、Mac OSX 操作系统中配置 MySQL Connector/J 驱动的方法，以及如何使用 IntelliJ IDEA 工具配置 JDBC 驱动。

18.1.3 Windows 下安装 MySQL Connector/J 驱动

在 Windows 操作系统中右击"计算机"图标，在弹出的快捷菜单中选择"属性"命令，然后单击"高级系统设置"|"环境变量"，在弹出的窗口中可以看到用户的环境变量。在 CLASSPATH 变量中添加 mysql-connector-java-8.0.13.jar 的路径，如图 18-5 所示。

图 18-5　Windows 系统下安装 JDBC 驱动

在图 18-5 中，单击"确定"按钮，Windows 系统中的 MySQL Connector/J 安装完毕。在 DOS 命令窗口中执行的 Java 程序中需要调用 JDBC 驱动时，系统会自动到 CLASSPATH 变量设置的路径中去查找驱动。

18.1.4 Linux 和 Mac OSX 下安装 MySQL Connector/J 驱动

在 Linux 操作系统和 Mac OSX 操作系统下，需要在/etc/profile 文件下添加 MySQL Connect/J 解压后的 jar 包的路径。用 vi 工具打开/etc/profile 文件，按照如图 18-6 所示的方式添加配置。

```
export PATH=${PATH}:/home/hazel/dev/mysql-connector-java-8.0.13/mysql-connector
-java-8.0.13.jar
```

图 18-6　在 Linux、Mac OSX 系统下安装 MySQL Connector/J

18.1.5 IntelliJ IDEA 环境下安装 MySQL Connector/J 驱动

如果使用的是 IntelliJ IDEA 平台，就可以在 IntelliJ IDEA 的项目中直接添加 JDBC 驱动。单击右上角的"Project Structure"按钮打开窗口，选择"Libraries"，单击上方绿色加号按钮，弹出路径选择窗口，配置页面如图 18-7 所示。

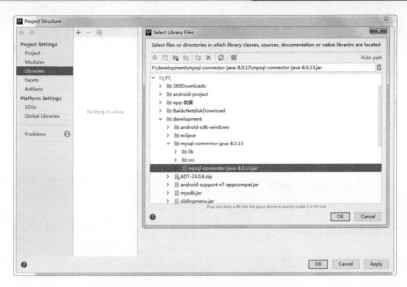

图 18-7 在 IntelliJ IDEA 中选择配置命令

在图 18-7 中找到 jar 包对应的地址，选择 mysql-connector-java-8.0.13.jar 添加，选择后单击 OK 按钮，弹出如图 18-8 所示的窗口。

在图 18-8 中单击 OK 按钮，回到 Project Structure 窗口，继续单击 OK 按钮，就会在工作平台的左侧看到项目的 External Libraries 下有刚添加的 mysql-connector-java-8.0.13.jar，如图 18-9 所示。

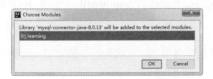

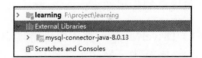

图 18-8 在 Eclipse 中添加 JDBC 驱动　　　　图 18-9 已添加 JDBC 驱动

在图 18-9 中展开 mysql-connector-java-8.0.13.jar，选择其中任意一个 class 文件，双击，如图 18-10 所示。单击上方的 Choose Sources 按钮，打开 Attach Sources 窗口，如图 18-11 所示。

图 18-10 在 Eclipse 中打开某个类文件　　　　图 18-11 添加源代码窗口

在图 18-11 中，单击输入框右侧的按钮，选择 MySQL Connector/J 解压缩目录下的 src 目录，单击 OK 按钮，弹出如图 18-12 所示的窗口。

在图 18-12 中，单击 OK 按钮后可以看到代码窗口自动刷新，重载了源码，如图 18-13 所示。

图 18-12　确认源码

图 18-13　源代码

18.1.6　Java 连接 MySQL 数据库

在 java.sql 包中存在 DriverManager 类、Connection 接口、Statement 接口和 ResultSet 接口。这些类和接口的作用如下：

（1）DriverManger 类：用于管理 JDBC 驱动的服务器，主要用于管理驱动程序和连接数据库，程序中使用该类的主要功能是获取 Connection 对象。

（2）Connection 接口：代表数据库连接对象，主要用于管理建立好的数据库连接，每个 Connection 代表一个物理连接对话。要想访问数据，必须先获得数据库连接。

（3）Statement 接口：用于执行 SQL 语句的工具接口，主要用于执行 SQL 语句，既可用于执行 DDL、DCL 语句，也可用于执行 DML 语句，还可用于执行 SQL 查询。当执行 SQL 查询时，返回查询到的结果集。

（4）PreparedStatement：预编译的 Statement 对象，是 Statement 的子接口，它允许数据库预编译 SQL 语句，以后每次只改变 SQL 命令的参数，避免数据库每次编译 SQL 语句，因此性能更好。相对 Statement 而言，使用 PreparedStatement 执行 SQL 语句时，无须再传入 SQL 语句，只要为预编译的 SQL 语句传入参数值即可。

（5）ResultSet 接口：结果集对象，主要用于存储数据库返回的记录，该对象包含访问查询结果的方法，可以通过列索引或列名获得列数据。

大致了解了 JDBC API 相关接口和类之后，就可以进行 JDBC 编程来连接数据库了。下面通过一个具体的示例来说明 Java 如何通过 JDBC 来连接 MySQL 数据库。

【示例 18-1】连接本地计算机 MySQL 数据库，默认端口为 3306，登录账户为 root，密码为 123456，连接的数据库为 company，编码格式为 UTF-8。具体步骤如下：

（1）加载 MySQL 驱动，之前的驱动版本具体代码如下：

```
String DRIVER = "com.mysql.jdbc.Driver";
Class.forName(DRIVER);
```

上述语句通过 Class 类的 forName()静态方法来加载 JDBC 驱动。目前最新版本的驱动类已改为 com.mysql.cj.jdbc.Driver，并且不需要手动加载，即加载驱动这个步骤以后可以省略。

（2）通过 DriverManger 获取数据库连接。DriverManager 提供了如下方法：

```
String URL = "jdbc:mysql://localhost:3306/school_1?characterEncoding=utf-8";
String USER = "root";
String PASSWORD = "123456";
Connection conn = DriverManager.getConnection(URL,USER,PASSWORD);
```

上述语句要调用 java.sql 包下面的 DriverManger 类和 Connection 接口。Connection 接口是在 JDBC 驱动中实现的。JDBC 驱动的 com.mysql.jdbc 包下有 Connection 类。通过 DriverManage 类的 getConnection()方法就可以连接到 MySQL 的 company 数据库了。

18.2 使用 Statement 执行 SQL 语句

连接 MySQL 数据库后，就可以对 MySQL 数据库中的数据进行查询、插入、更新和删除等操作了。本节将分别介绍 Statement、PreparedStatement 接口执行 SQL 语句的具体方法。

18.2.1　executeQuery()查询

Statement 接口是用于执行 SQL 语句的工具接口，主要用于执行 SQL 语句，有三种执行 SQL 语句的方法，即 executeQuery()、execute()和 executeUdpate()。接下来将以示例的方式详细介绍这些方法的使用。

【示例 18-2】Statement 使用 executeQuery()方法执行 SELECT 语句，从本地计算机的 MySQL 数据库系统的 school_1 数据库中的学生表 t_student 和 t_score 中查询学生的学号、姓名、性别、年龄、班级号、成绩总分。具体步骤如下：

（1）首先在 MySQL 数据库系统查询，具体 SQL 语句如下，执行结果如图 18-14 所示。

```
SELECT st.*,
    sc.Chinese+sc.English+sc.Math+sc.Chemistry+sc.Physics TOTAL
    FROM t_student st, t_score sc WHERE st.stuid = sc.stuid;
```

```
mysql> select st.*,
    -> sc.Chinese+sc.English+sc.Math+sc.Chemistry+sc.Physics total
    -> from t_student st, t_score sc where st.stuid = sc.stuid;
+-------+----------------+--------+------+---------+-------+
| stuid | name           | gender | age  | classno | total |
+-------+----------------+--------+------+---------+-------+
|  1001 | Alicia Florric | Female |   33 |       1 |   434 |
|  1002 | Kalinda Sharma | Female |   31 |       1 |   465 |
|  1003 | Cary Agos      | Male   |   27 |       1 |   411 |
|  1004 | Diane Lockhart | Female |   43 |       2 |   453 |
|  1005 | Eli Gold       | Male   |   44 |       3 |   471 |
|  1006 | Peter Florric  | Male   |   34 |       3 |   459 |
|  1007 | Will Gardner   | Male   |   38 |       2 |   445 |
|  1008 | Jac Florriok   | Male   |   38 |       4 |   439 |
|  1009 | Zach Florriok  | Male   |   14 |       4 |   439 |
|  1010 | Grace Florriok | Male   |   12 |       4 |   434 |
+-------+----------------+--------+------+---------+-------+
10 rows in set (0.00 sec)
```

图 18-14　学生信息和总分联表查询

（2）Java 程序代码如下：

```java
package jdbc_test;
import java.sql.Connection;
import java.sql.DriverManager;
import java.sql.ResultSet;
import java.sql.Statement;
public class StatementQuery {
 public static void main(String[] args) throws Exception{
    //1.加载驱动。此步可省略
    //Class.forName("com.mysql.cj.jdbc.Driver");
    //2.使用 DriverManager 获取数据库连接
    Connection conn = DriverManager.getConnection(
    "jdbc:mysql://localhost:3306/school_1","root","123456");
    //3.使用 Connection 来创建一个 Statment 对象
    Statement stmt = conn.createStatement();
    //4.executeQuery 执行 Select 语句，返回查询到的结果集。
    ResultSet rs = stmt.executeQuery("select st.*,"+
      "sc.Chinese+sc.English+sc.Math+sc.Chemistry+sc.Physics"+
      " from t_student st, t_score sc"+
      " where st.stuid = sc.stuid");
    //不断地使用 next 将记录指针下移一行
    while(rs.next()){
       System.out.println(rs.getInt(1) + "\t"
          + rs.getString(2) + "\t\t"
          + rs.getString(3) + "\t"
          + rs.getString(4) + "\t"
          + rs.getString(5) + "\t"
          + rs.getString(6));}
    if (rs != null){
       rs.close();}
    if (stmt != null){
       stmt.close();}
    if (conn != null){
```

```
        conn.close();}
  }
}
```

上面的程序严格按照 JDBC 访问数据库的步骤执行了一条多表联合查询语句，运行程序，运行结果如图 18-15 所示。

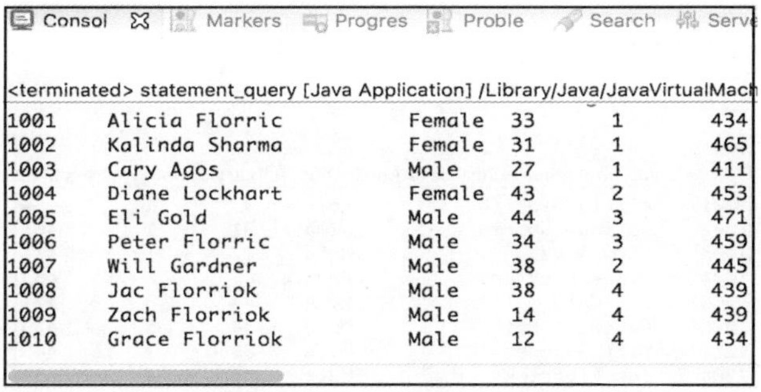

图 18-15　查询学生信息和总分

图 18-15 所示的查询结果和图 18-14 所示的查询结果是一致的。

18.2.2　execute()查询

【示例 18-3】Statement 使用 execute()方法执行 SELECT 语句，从本地计算机的 MySQL 数据库系统的 school_1 数据库中的学生表 t_student 和 t_score 中查询学生的学号、姓名、性别、年龄、班级号、成绩总分。具体代码如下：

```
package jdbc_test;
//此处省略包信息，和示例 18-2 中的包信息一致
public class StatementExecute {
 public static void main(String[] args) throws Exception{
    //Class.forName("com.mysql.cj.jdbc.Driver");
    Connection conn = DriverManager.getConnection(
    "jdbc:mysql://localhost:3306/school_1","root","123456");
    Statement stmt = conn.createStatement();
    boolean hasResultSet = stmt.execute("select st.*,"+"sc.Chinese+
        sc.English+sc.Math+sc.Chemistry+sc.Physics"+
        " from t_student st, t_score sc"+
        " where st.stuid = sc.stuid");
    if(hasResultSet){
    ResultSet rs = stmt.getResultSet();
    while(rs.next()){
        System.out.println(rs.getInt(1) + "\t"
            + rs.getString(2) + "\t\t"
            + rs.getString(3) + "\t"
            + rs.getString(4) + "\t"
```

```
                       + rs.getString(5) + "\t"
                       + rs.getString(6));}
        ......
    }
  }
}
```

运行程序，结果如图 18-16 所示。

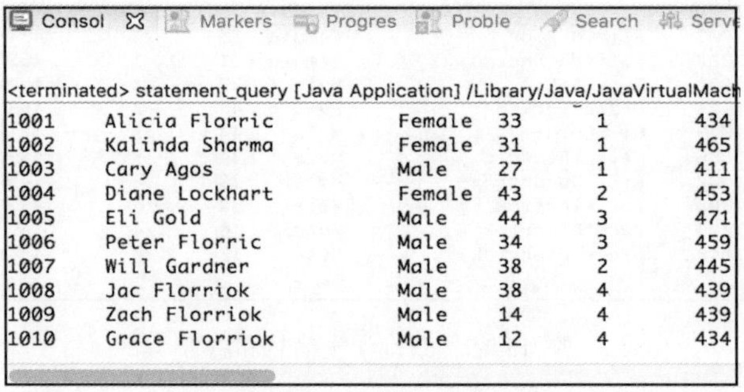

图 18-16　查询学生信息和总分

图 18-16 所示的查询结果和图 18-14 所示的查询结果是一致的。

18.2.3　executeUpdate()插入数据

【示例 18-4】使用 Statement 的 executeUpdate()方法执行 INSERT 语句，从 MySQL 数据库系统的 school_1 数据库中的学生表 t_student 表中插入一条数据。具体步骤如下：

（1）用 SELECT 语句查询 t_student 表，具体 SQL 语句如下，执行结果如图 18-17 所示。

```
SELECT * FROM t_student;
```

（2）向 t_student 表中插入一条数据（1012, "Rebecca", "Female", 35, 1），再查询 t_student 表的所有结果，Java 程序如下：

```
package jdbc_test;
//此处省略包信息，和示例 18-2 中的包信息一致
public class StatementExecuteInsert {
 public static void main(String[] args) throws Exception{
    //Class.forName("com.mysql.cj.jdbc.Driver");
    Connection conn = DriverManager.getConnection(
    "jdbc:mysql://localhost:3306/school_1","root","123456");
    Statement stmt = conn.createStatement();
    stmt.executeUpdate("insert into t_student values(" +
            "1012,\"Rebecca Rindell\", \"Female\",33,1)");
    ResultSet rs = stmt.executeQuery("select * from t_student");
    while(rs.next()){
        System.out.println(rs.getInt(1) + "\t"
```

```
                    + rs.getString(2) + "\t"
                    + rs.getString(3) + "\t"
                    + rs.getString(4) + "\t"
                    + rs.getString(5));}
        ……
    }
}
```

（3）运行上述程序，结果如图 18-18 所示。

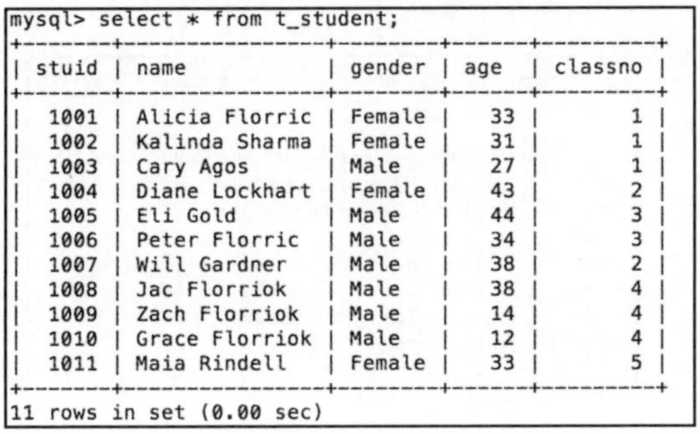

```
mysql> select * from t_student;
+-------+----------------+--------+-----+---------+
| stuid | name           | gender | age | classno |
+-------+----------------+--------+-----+---------+
|  1001 | Alicia Florric | Female |  33 |       1 |
|  1002 | Kalinda Sharma | Female |  31 |       1 |
|  1003 | Cary Agos      | Male   |  27 |       1 |
|  1004 | Diane Lockhart | Female |  43 |       2 |
|  1005 | Eli Gold       | Male   |  44 |       3 |
|  1006 | Peter Florric  | Male   |  34 |       3 |
|  1007 | Will Gardner   | Male   |  38 |       2 |
|  1008 | Jac Florriok   | Male   |  38 |       4 |
|  1009 | Zach Florriok  | Male   |  14 |       4 |
|  1010 | Grace Florriok | Male   |  12 |       4 |
|  1011 | Maia Rindell   | Female |  33 |       5 |
+-------+----------------+--------+-----+---------+
11 rows in set (0.00 sec)
```

图 18-17　查询 t_student 表数据图

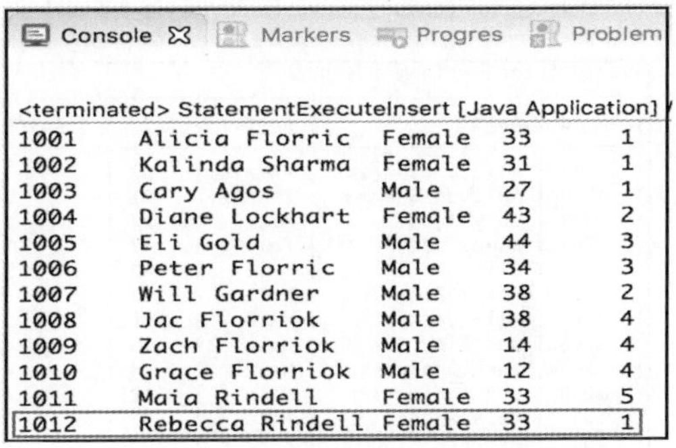

```
Console ✖  Markers  Progres  Problem

<terminated> StatementExecuteInsert [Java Application]
1001    Alicia Florric   Female   33    1
1002    Kalinda Sharma   Female   31    1
1003    Cary Agos        Male     27    1
1004    Diane Lockhart   Female   43    2
1005    Eli Gold         Male     44    3
1006    Peter Florric    Male     34    3
1007    Will Gardner     Male     38    2
1008    Jac Florriok     Male     38    4
1009    Zach Florriok    Male     14    4
1010    Grace Florriok   Male     12    4
1011    Maia Rindell     Female   33    5
1012    Rebecca Rindell  Female   33    1
```

图 18-18　在数据表中插入数据

从图 18-18 的运行结果可以看出，Java 程序已经在 t_student 表中成功插入一条数据。

18.2.4　executeUpdate()修改数据

【示例 18-5】使用 Statement 的 executeUpdate()方法执行 Update 语句，在本地计算机的 MySQL 数据库系统的 school_1 数据库中的学生表 t_student 中修改一条数据，把 stuid 为 1012 的学生的年龄修改为 34，具体步骤如下：

（1）用 SELECT 语句查询 t_student 表，具体 SQL 语句如下，执行结果如图 18-19 所示。

```
SELECT * FROM t_student;
```

（2）在学生表中修改一条数据，把 stuid 为 1012 的学生的年龄修改为 34，Java 程序如下：

```
package jdbc_test;
//此处省略包信息，和示例 18-2 中的包信息一致
public class StatementExecuteUpdate {
 public static void main(String[] args) throws Exception{
    //Class.forName("com.mysql.cj.jdbc.Driver");
    Connection conn = DriverManager.getConnection(
    "jdbc:mysql://localhost:3306/school_1","root","123456");
    Statement stmt = conn.createStatement();
    stmt.executeUpdate("update t_student set age=34 where stuid=1012");
    ResultSet rs = stmt.executeQuery("select * from t_student");
    while(rs.next()){
```

```
           System.out.println(rs.getInt(1) + "\t"
               + rs.getString(2) + "\t"
               + rs.getString(3) + "\t"
               + rs.getString(4) + "\t"
               + rs.getString(5));}
       ......
       }
}
```

（3）运行上述程序，结果如图 18-20 所示。

图 18-19　查询 t_student 表数据

图 18-20　在数据表中修改数据

从图 18-20 的运行结果可以看出，Java 程序已经在 t_student 表中成功修改了一条数据，stuid 为 1012 的学生年龄已经修改为 34。

18.2.5　executeUpdate()删除数据

【示例 18-6】使用 Statement 的 executeUpdate()方法执行 DELETE 语句，在本地计算机的 MySQL 数据库系统的 school_1 数据库中的学生表 t_student 中删除一条数据，把 stuid 为 1012 的学生数据删除。具体步骤如下：

（1）用 SELECT 语句查询 t_student 表，具体 SQL 语句如下，执行结果如图 18-21 所示。

```
SELECT * FROM t_student;
```

（2）在 t_student 表中删除一条数据，把 stuid 为 1012 的学生数据删除，Java 程序如下：

```
package jdbc_test;
//此处省略包信息，和示例 18-2 中包信息一致
public class StatementExecuteDelete {
 public static void main(String[] args) throws Exception{
     //Class.forName("com.mysql.cj.jdbc.Driver");
     Connection conn = DriverManager.getConnection(
     "jdbc:mysql://localhost:3306/school_1","root","123456");
     Statement stmt = conn.createStatement();
     stmt.executeUpdate("delete from t_student where stuid=1012");
```

```
    ResultSet rs = stmt.executeQuery("select * from t_student");
    while(rs.next()){
        System.out.println(rs.getInt(1) + "\t"
            + rs.getString(2) + "\t"
            + rs.getString(3) + "\t"
            + rs.getString(4) + "\t"
            + rs.getString(5));}
    ……
    }
}
```

（3）运行上述程序，结果如图 18-22 所示。

图 18-21　查询 t_student 表数据

图 18-22　在数据表中删除数据

图 18-22 的运行结果显示，Java 程序已经在学生表中成功删除了 stuid 为 1012 的数据。

18.3　使用 PreparedStatement 执行 SQL 语句

PreparedStatement 是 Statement 的子类，提供了预处理功能，可以把 SQL 语句预先解释，然后提供具体的参数执行，效率会比 Statement 高很多，而且可以有效地防止 SQL 注入的攻击，所以建议读者使用 PreparedStatement。

PreparedStatement 也有三种方法，即 executeQuery()、execute()和 executeUdpate()。接下来将以示例的方式详细介绍这些方法的使用。

18.3.1　executeQuery()查询

【示例 18-7】使用 PreparedStatement 的 executeQuery()方法执行 SELECT 语句，从本地计算机的 MySQL 数据库系统的 school_1 数据库中的学生表 t_student 和 t_score 中查询学生的学号为 1001 的学号、姓名、性别、年龄、班级号、成绩总分。具体步骤如下：

（1）在 MySQL 数据库系统查询，具体 SQL 语句如下，执行结果如图 18-23 所示。

```
SELECT st.*,
      sc.Chinese+sc.English+sc.Math+sc.Chemistry+sc.Physics TOTAL
FROM t_student st, t_score sc WHERE st.stuid = sc.stuid
AND st.stuid=1001;
```

（2）在 school_1 数据库中的学生表 t_student 和 t_score 中查询学生的学号为 1001 的学号、姓名、性别、年龄、班级号、成绩总分，Java 程序如下：

```java
package jdbc_test;
//此处省略包信息，和示例18-2 中的包信息一致
public class PreparedStatementExecuteQuery {
 public static void main(String[] args) throws Exception{
     //Class.forName("com.mysql.cj.jdbc.Driver");
     Connection conn = DriverManager.getConnection(
     "jdbc:mysql://localhost:3306/school_1","root","123456");
     String strSql = "select st.*,"+
"sc.Chinese+sc.English+sc.Math+sc.Chemistry+sc.Physics"+
        " from t_student st, t_score sc" +
" where st.stuid = sc.stuid" +
" and st.stuid = ?";
     PreparedStatement pstmt = conn.prepareStatement(strSql);
     pstmt.setInt(1, 1001);
     ResultSet rs = pstmt.executeQuery();
     while(rs.next()){
         System.out.println(rs.getInt(1) + "\t"
             + rs.getString(2) + "\t\t"
             + rs.getString(3) + "\t"
             + rs.getString(4) + "\t"
             + rs.getString(5) + "\t"
             + rs.getString(6));}
     ......
 }
}
```

（3）运行上述代码程序，结果如图 18-24 所示。

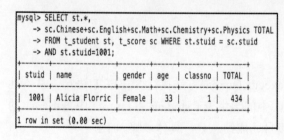

图 18-23　查询 t_student 表数据

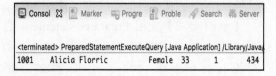

图 18-24　Java 程序查询 t_student 表数据

从图 18-24 中可以看出 Java 程序查询的数据结果和图 18-23 的查询结果是一致的。

18.3.2 execute()查询

【示例 18-8】使用 PreparedStatement 的 execute()方法执行 SELECT 语句，从本地计算机的 MySQL 数据库系统的 school_1 数据库中的学生表 t_student 和 t_score 中查询学生的学号为 1001 的学号、姓名、性别、年龄、班级号、成绩总分。具体步骤如下：

（1）Java 代码如下：

```java
package jdbc_test;
//此处省略包信息，和示例 18-2 中包信息一致
public class PreparedStatementExecute {
 public static void main(String[] args) throws Exception{
    //Class.forName("com.mysql.cj.jdbc.Driver");
    Connection conn = DriverManager.getConnection(
    "jdbc:mysql://localhost:3306/school_1","root","123456");
    String strSql = "select st.*,"+
      "sc.Chinese+sc.English+sc.Math+sc.Chemistry+sc.Physics"+
      " from t_student st, t_score sc" +
      " where st.stuid = sc.stuid" +
      " and st.stuid = ?";
      PreparedStatement pstmt = conn.prepareStatement(strSql);
    pstmt.setInt(1, 1001);
    boolean hasResultSet = pstmt.execute();
    if(hasResultSet){
        ResultSet rs = pstmt.getResultSet();
        while(rs.next()){
           System.out.println(rs.getInt(1) + "\t"
             + rs.getString(2) + "\t\t"
             + rs.getString(3) + "\t"
             + rs.getString(4) + "\t"
             + rs.getString(5) + "\t"
           + rs.getString(6));}
        ......
    }
  }
}
```

（2）运行上述代码程序，结果如图 18-25 所示。

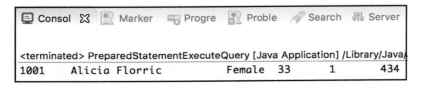

图 18-25　Java 程序查询 t_student 表数据

从图 18-25 中可以看出 Java 程序查询的数据结果和图 18-23 的查询结果是一致的。

18.3.3 executeUpdate()插入数据

【示例 18-9】使用 PreparedStatement 的 executeUpdate()方法执行 INSERT 语句，从本地计算机的 MySQL 数据库系统的 school_1 数据库中的学生表 t_student 表中插入一条数据。具体步骤如下：

（1）用 SELECT 语句查询 t_student 表，具体 SQL 语句如下，执行结果如图 18-26 所示。

```
SELECT * FROM t_student;
```

（2）向 t_student 表中插入一条数据（1012, "Rebecca", "Female", 35, 1），再查询 t_student 表的所有结果，Java 程序如下：

```java
package jdbc_test;
//此处省略包信息，和示例 18-2 中的包信息一致
public class PreparedStatementExecuteInsert {
 public static void main(String[] args) throws Exception{
    //Class.forName("com.mysql.cj.jdbc.Driver");
    Connection conn = DriverManager.getConnection(
   "jdbc:mysql://localhost:3306/school_1","root","123456");
    String strSql = "insert into t_student values(?,?,?,?,?)";
    PreparedStatement pstmt = conn.prepareStatement(strSql);
    pstmt.setInt(1, 1012);
    pstmt.setString(2, "Rebecca Rindell");
    pstmt.setString(3, "Female");
    pstmt.setInt(4, 33);
    pstmt.setInt(5, 1);
    pstmt.executeUpdate();
    ResultSet rs = pstmt.executeQuery("select * from t_student");
    while(rs.next()){
        System.out.println(rs.getInt(1) + "\t"
            + rs.getString(2) + "\t"
            + rs.getString(3) + "\t"
            + rs.getString(4) + "\t"
            + rs.getString(5));}
    ......
    }
}
```

（3）运行上述代码程序，结果如图 18-27 所示。

图 18-26　查询 t_student 表数据

图 18-27　Java 程序插入数据结果

从图 18-27 中可以看出，在 Java 程序查询的数据结果中，新数据已经插入成功。

18.3.4　executeUpdate()修改数据

【示例 18-10】使用 PreparedStatement 的 executeUpdate()方法执行 Update 语句，在本地计算机的 MySQL 数据库系统的 school_1 数据库中的学生表 t_student 表中修改一条数据，把 stuid 为 1012 的学生的年龄修改为 34。具体步骤如下：

（1）用 SELECT 语句查询 t_student 表，具体 SQL 语句如下，执行结果如图 18-28 所示。

```
SELECT * FROM t_student;
```

（2）在学生表中修改一条数据，把 stuid 为 1012 的学生的年龄修改为 31，Java 程序如下：

```java
package jdbc_test;
//此处省略包信息，和示例 18-2 中的包信息一致
public class PreparedStatementExecuteUpdate {
 public static void main(String[] args) throws Exception{
    //Class.forName("com.mysql.cj.jdbc.Driver");
    Connection conn = DriverManager.getConnection(
   "jdbc:mysql://localhost:3306/school_1","root","123456");
    String strSql = "update t_student set age=? where stuid=?";
    PreparedStatement pstmt = conn.prepareStatement(strSql);
    pstmt.setInt(1, 34);
    pstmt.setInt(2, 1012);
    pstmt.executeUpdate();
    ResultSet rs = pstmt.executeQuery("select * from t_student");
    while(rs.next()){
        System.out.println(rs.getInt(1) + "\t"
            + rs.getString(2) + "\t"
            + rs.getString(3) + "\t"
            + rs.getString(4) + "\t"
            + rs.getString(5));}
    ……
 }
}
```

```
}
```

（3）运行上述代码程序，结果如图 18-29 所示。

```
mysql> select * from t_student;
+-------+-----------------+--------+-----+---------+
| stuid | name            | gender | age | classno |
+-------+-----------------+--------+-----+---------+
|  1001 | Alicia Florric  | Female |  33 |       1 |
|  1002 | Kalinda Sharma  | Female |  31 |       1 |
|  1003 | Cary Agos       | Male   |  27 |       1 |
|  1004 | Diane Lockhart  | Female |  43 |       2 |
|  1005 | Eli Gold        | Male   |  44 |       3 |
|  1006 | Peter Florric   | Male   |  34 |       3 |
|  1007 | Will Gardner    | Male   |  38 |       2 |
|  1008 | Jac Florriok    | Male   |  38 |       4 |
|  1009 | Zach Florriok   | Male   |  14 |       4 |
|  1010 | Grace Florriok  | Male   |  12 |       4 |
|  1011 | Maia Rindell    | Female |  33 |       5 |
|  1012 | Rebecca Rindell | Female |  33 |       1 |
+-------+-----------------+--------+-----+---------+
12 rows in set (0.03 sec)
```

图 18-28　查询 t_student 表数据

```
Console ☒   Markers   Progres   Proble

<terminated> PreparedStatementExecuteUpdate [Java A
1001    Alicia Florric    Female    33       1
1002    Kalinda Sharma    Female    31       1
1003    Cary Agos         Male      27       1
1004    Diane Lockhart    Female    43       2
1005    Eli Gold          Male      44       3
1006    Peter Florric     Male      34       3
1007    Will Gardner      Male      38       2
1008    Jac Florriok      Male      38       4
1009    Zach Florriok     Male      14       4
1010    Grace Florriok    Male      12       4
1011    Maia Rindell      Female    33       5
1012    Rebecca Rindell   Female    34       1
```

图 18-29　Java 程序修改 t_student 表数据

图 18-29 执行结果显示，Java 程序修改 t_student 表数据成功。

18.3.5　executeUpdate()删除数据

【示例 18-11】使用 PreparedStatement 的 executeUpdate()方法执行 DELETE 语句，在本地计算机的 MySQL 数据库系统的 school_1 数据库中的学生表 t_student 表中删除一条数据（把 stuid 为 1012 的学生数据删除）。具体步骤如下：

（1）用 SELECT 语句查询 t_student 表，具体 SQL 语句如下，执行结果如图 18-30 所示。

```
SELECT * FROM t_student;
```

（2）在 t_student 表中删除一条数据，把 stuid 为 1012 的学生数据删除，Java 程序如下：

```java
package jdbc_test;
//此处省略包信息，和示例 18-2 中的包信息一致
public class PreparedStatementExecuteDelete {
 public static void main(String[] args) throws Exception{
    //Class.forName("com.mysql.cj.jdbc.Driver");
    Connection conn = DriverManager.getConnection(
    "jdbc:mysql://localhost:3306/school_1","root","123456");
    String strSql = "delete from t_student where stuid=?";
    PreparedStatement pstmt = conn.prepareStatement(strSql);
    pstmt.setInt(1, 1012);
    pstmt.executeUpdate();
    ResultSet rs = pstmt.executeQuery("select * from t_student");
    while(rs.next()){
        System.out.println(rs.getInt(1) + "\t"
            + rs.getString(2) + "\t"
            + rs.getString(3) + "\t"
```

```
                    + rs.getString(4) + "\t"
                    + rs.getString(5));}
        ......
    }
}
```

（3）运行上述代码程序，结果如图 18-31 所示。

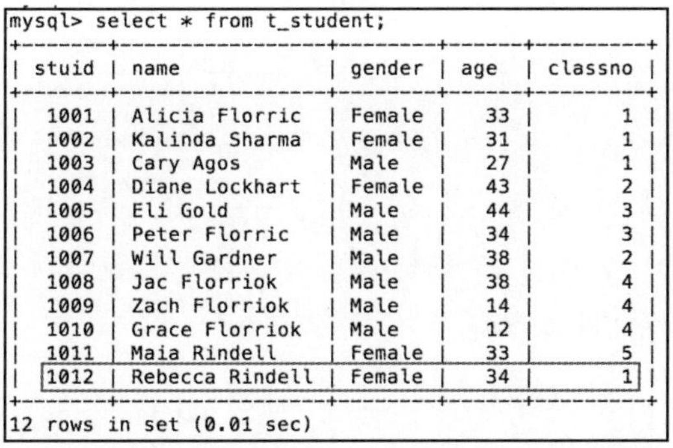

```
mysql> select * from t_student;
+-------+----------------+--------+-----+---------+
| stuid | name           | gender | age | classno |
+-------+----------------+--------+-----+---------+
|  1001 | Alicia Florric | Female |  33 |       1 |
|  1002 | Kalinda Sharma | Female |  31 |       1 |
|  1003 | Cary Agos      | Male   |  27 |       1 |
|  1004 | Diane Lockhart | Female |  43 |       2 |
|  1005 | Eli Gold       | Male   |  44 |       3 |
|  1006 | Peter Florric  | Male   |  34 |       3 |
|  1007 | Will Gardner   | Male   |  38 |       2 |
|  1008 | Jac Florriok   | Male   |  38 |       4 |
|  1009 | Zach Florriok  | Male   |  14 |       4 |
|  1010 | Grace Florriok | Male   |  12 |       4 |
|  1011 | Maia Rindell   | Female |  33 |       5 |
|  1012 | Rebecca Rindell| Female |  34 |       1 |
+-------+----------------+--------+-----+---------+
12 rows in set (0.01 sec)
```

图 18-30　查询 t_student 表数据

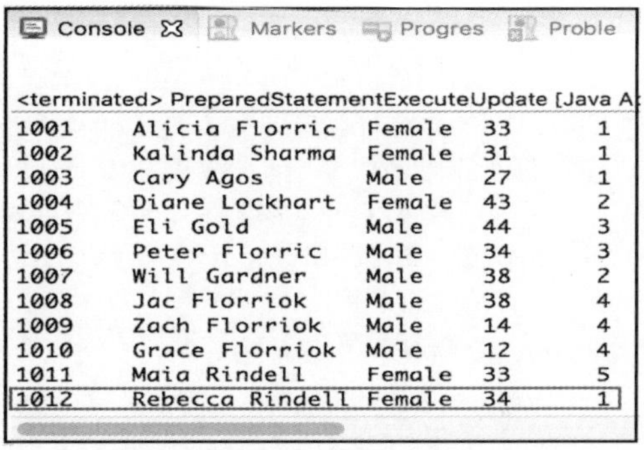

```
📋 Console ⬚  🔲 Markers  🔲 Progres  🔲 Proble

<terminated> PreparedStatementExecuteUpdate [Java A:
1001        Alicia Florric    Female   33        1
1002        Kalinda Sharma    Female   31        1
1003        Cary Agos         Male     27        1
1004        Diane Lockhart    Female   43        2
1005        Eli Gold          Male     44        3
1006        Peter Florric     Male     34        3
1007        Will Gardner      Male     38        2
1008        Jac Florriok      Male     38        4
1009        Zach Florriok     Male     14        4
1010        Grace Florriok    Male     12        4
1011        Maia Rindell      Female   33        5
1012        Rebecca Rindell   Female   34        1
```

图 18-31　Java 程序删除 t_student 表数据

图 18-31 的执行结果显示，Java 程序删除 t_student 表数据成功。

18.4　Java 备份和恢复 MySQL 数据库

在 Java 语言中可以执行 mysqldump 命令来备份 MySQL 数据库，也可以执行 mysql 命令来还原 MySQL 数据库。本节将为读者介绍 Java 备份与还原 MySQL 数据库的方法。

18.4.1　使用 Java 备份 MySQL 数据库

在 MySQL 中一般使用 mysqldump 来备份数据库，在第 12.1 节中已经介绍过如何使用 mysqldump 命令来备份 MySQL 数据库，语句如下：

```
mysqldump -u username -p password dbname table1 table2…<BackupName.sql
```

其中，dbname 参数表示数据库的名称；table1 和 table2 参数表示表的名称，没有该参数时将备份整个数据库；BackupName.sql 参数表示文件的名称，文件名前面可以加上一个绝对路径。通常将数据库备份成一个后缀名为 sql 的文件。

Java 语言中的 Runtime 类的 exec() 方法可以运行外部命令。调用 exec() 方法的代码如下：

```
Runtime rt = Runtime.getRuntime();
rt.exec("命令语句");
```

下面通过一个示例来展示 Java 使用 mysqldump 来备份数据库的用法。

【示例 18-12】在 Windows、Linux 和 Mac OSX 三个系统下，使用 Java mysqldump 备份数据库。代码如下：

```
package jdbc_test;
public class ExecuteMysqldumpComand {
    public static void main(String[] args) {
    ExecuteMysqldumpComand obj = new ExecuteMysqldumpComand();
    //in windows
    String command = "cmd /c" + "mysqldump -uroot -p123456 test
    test_1>c:/test_1.sql";
    //in linux
    /*String shellScript = "/bin/sh " + "-c " + "/usr/bin/mysqldump -uroot
    -p123456 test test_1>/var/root/sqls/test_1.sql";
    */
    //in mac
    /*String command = "/usr/local/mysql/bin/mysqldump -uroot -p123456 test
    test_1>/var/root/sqls/test_1.sql"; */
    obj.executeCommand(command);
    }
    private void executeCommand(String command) {
        try {
            Runtime.getRuntime().exec(command);
        } catch (Exception e) {
            e.printStackTrace();
        }
    }
}
```

上面代码可以将数据库 test 中的 test 表备份到相应的系统的目录下的 test_1.sql 文件中。Windows 操作系统下一定要加上 cmd /c，因为在 Windows 操作系统中，mysqldump 命令是在 DOS 窗口中运行的。在 Linux 和 mac 操作系统下，只有拥有 root 权限或者 mysql 权限的用户才可以执行这段代码。

18.4.2 使用 Java 恢复 MySQL 数据库

在 MySQL 中，一般使用 mysql 来备份数据库。在第 12.2 节中介绍过如何使用 mysql 命令来备份 MySQL 数据库，语句如下：

```
mysql -u root -p [dbname] < backup.sql
```

其中，dbname 参数表示数据库名称。该参数是可选参数，可以指定数据库名，也可以不指定：指定数据库名时，表示还原该数据库下的表；不指定数据库名时，表示还原特定的一个数据库。备份文件中有创建数据库的语句。

Java 语言中的 Runtime 类的 exec()方法可以运行外部命令。调用 exec()方法的代码如下：

```
Runtime rt = Runtime.getRuntime();
rt.exec("命令语句");
```

下面通过一个示例来展示 Java 使用 mysql 来还原数据库的用法。

【示例 18-13】在 Windows、Linux 和 Mac OSX 三个系统下，使用 Java 的 mysql 命令从 test.sql 文件恢复数据库 test。代码如下：

```
package jdbc_test;
public class ExecuteMysqldumpComand {
  public static void main(String[] args) {
    ExecuteMysqldumpComand obj = new ExecuteMysqldumpComand();
    //in windows
    String command = "cmd /c" + "mysql -uroot -p123456 test<c:/test.sql";
    //in linux
    /*String shellScript = "/bin/sh " + "-c " + "/usr/bin/mysql -uroot
     -p123456 test</var/root/sqls/test.sql";*/
    //in mac
    /*String command = "/usr/local/mysql/bin/mysql -uroot -p123456
     test</var/root/sqls/test.sql"; */
     obj.executeCommand(command);
  }
  private void executeCommand(String command) {
    try {
        Runtime.getRuntime().exec(command);
    } catch (Exception e) {
        e.printStackTrace();
    }
  }
}
```

上面的代码可从相应目录下的 test.sql 文件中恢复数据库 test。在 Windows 操作系统下，一定要加上 cmd /c，因为在 Windows 操作系统中 mysqldump 命令是在 DOS 窗口中运行的。在 Linux 和 Mac 操作系统下，只有拥有 root 权限或者 mysql 权限的用户才可以执行这段代码。

第 19 章

◀ 网上课堂系统数据库设计 ▶

随着互联网的普及，越来越方便人们的生活和学习。学校和机构逐渐开设网上课堂，相比传统教学，网上课堂能增加更多的受众，促进现代化信息技术在教学活动中的运用。本章的主要内容有：

- 网上课堂系统的概述
- 网上课堂系统的主要功能
- 网上课堂数据库的设计与实现

19.1 系统概述

20 世纪 90 年代后，互联网科技在全球迅速兴起。互联网拥有巨大的资源、方便快捷的使用方式和良好的交互性能，其传播与发展的速度出人意料。随着现代化信息技术的不断普及推广，教育教学管理也将从传统的管理模式转到应用现代化信息技术进行管理的模式上来。教育行业逐渐认识到互联网信息技术的重要性，并逐步将其应用到现代教学活动中。教育信息化是国家信息化的重要组成部分，是在教育领域全面深入地利用信息技术、开发利用教育资源、促进知识创新和共享、提高教育教学质量和效益、推动教育改革与发展的历史进程。

在这种背景下，网络教学逐渐成为各个高校普遍使用的一种教学方式，这种授课方式对老师和学生既方便又快捷。学生可在线观看讲课录像，也可回看或者下载视频，弥补课堂中的不足，起到了加深理解、巩固提高的作用。这样的方式使得学生在学习时不再受时空的限制。对于在职人员来说，工作繁忙，时间相对不自由，而网上课堂实现了随时随地可以学习的愿景，可以非常自主地安排自己的学习计划。越来越多的机构开始开设网络课堂，涵盖了社会诸多领域，例如计算机技术、网络编程、英语、小语种，甚至网络音乐、健身课堂等。

目前比较流行的网络课堂有腾讯课堂、网易公开课、中国大学慕课网以及各大学各自开设的网络课堂。本章讲解一个简单的网上课堂的系统功能以及数据库设计和实现。

19.2　系统功能

　　一个简单的网上课堂主要包括学生管理、教师管理、管理员管理和课程管理，主要实现学生在网上课堂进行注册，根据对应的会员级别选择课程进行学习，并记录学习的进度。管理员可创建教师和学生账号，并对其进行管理，也可对课程类别进行管理。教师登录后可录入新的课程，并查看课程被学习的情况。网上课堂的系统功能结构图如图 19-1 所示。

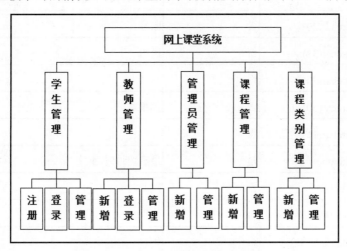

图 19-1　网上课堂系统结构

　　（1）学生管理：实现学生的注册、登录，以及对学生的信息进行修改、删除或禁用。
　　（2）教师管理：实现教师的新增、登录、修改信息和删除功能。
　　（3）管理员管理：实现管理员的新增、登录、修改信息和删除功能。
　　（4）课程管理：实现课程的新增、修改和删除功能，以及记录学生选课学习情况。
　　（5）课程类别管理：实现课程类别的新增、修改和删除功能。

下面将详细讲解网上课堂系统数据库的设计和实现。

19.3　数据库设计和实现

　　数据库设计包括设计需要的表、表中包括哪些字段、字段的数据类型以及长度、表与表之间的关系等。

19.3.1　设计表

　　本网上课堂系统的数据库名为 online_school，所有的数据库表都存储在该数据库中。本系统包括 student、teacher、admin、course、student_course 和 course_type 表。

1. student 表

student 表即学生表，存储学生的基本信息，包括账号、密码、邮箱、电话、姓名、性别、生日、注册时间、最后登录时间、总学习时长、会员等级，如表 19-1 所示。

表 19-1   student 表

字段名	数据类型	是否允许为空	说明
id	int(11)	否	学生编号、主键
username	varchar(20)	否	账号
password	varchar(32)	否	密码
realname	varchar(20)	否	姓名
email	varchar(50)	否	邮箱
phone	varchar(11)	否	手机号
lastLoginTime	datetime	是	最后登录时间
createTime	datetime	否	注册时间
sex	int(11)	否	性别
birthday	date	否	生日
total	int(11)	否	总学习时长（以秒计）
membership	int(11)	否	会员等级
remark	varchar(200)	是	说明

根据表 19-1 的设计，创建 student 表，SQL 语句如下：

```sql
CREATE TABLE student(
  id int(11) NOT NULL AUTO_INCREMENT COMMENT '主键',
  username varchar(20) NOT NULL COMMENT '账号',
  password varchar(32)  NOT NULL COMMENT '密码',
  realname varchar(20) NOT NULL COMMENT '姓名',
  email varchar(50)  NOT NULL COMMENT '邮箱',
  phone varchar(11)  NOT NULL COMMENT '手机号',
  createTime datetime(0) NOT NULL COMMENT '创建时间',
  lastLoginTime datetime(0)  COMMENT '最后登录时间',
  sex int(11) NOT NULL COMMENT '性别',
  birthday date NOT NULL COMMENT '生日',
  total int(11) NOT NULL COMMENT '学习总时长',
  membership int(11) NOT NULL COMMENT '会员等级',
  remark varchar(200)  COMMENT '说明',
  PRIMARY KEY (id)
```

```
);
```

2. teacher 表

teacher 表即教师表，存储教师的基本信息，包括账号、密码、邮箱、电话、姓名、性别、出生日期、创建时间、最后登录时间、教师等级，如表 19-2 所示。

表 19-2　teacher 表

字段名	数据类型	是否允许为空	说明
id	int(11)	否	教师编号、主键
username	varchar(20)	否	账号
password	varchar(32)	否	密码
realname	varchar(20)	否	姓名
email	varchar(50)	否	邮箱
phone	varchar(11)	否	手机号
lastLoginTime	datetime	是	最后登录时间
createTime	datetime	否	注册时间
sex	int(11)	否	性别
birthday	date	否	生日
teachLevel	int(11)	否	教师等级
remark	varchar(200)	是	说明

根据表 19-2 的设计，创建 teacher 表，SQL 语句如下：

```
CREATE TABLE teacher(
  id int(11) NOT NULL AUTO_INCREMENT COMMENT '主键',
  username varchar(20) NOT NULL COMMENT '账号',
  password varchar(32)  NOT NULL COMMENT '密码',
  realname varchar(20) NOT NULL COMMENT '姓名',
  email varchar(50)  NOT NULL COMMENT '邮箱',
  phone varchar(11)  NOT NULL COMMENT '手机号',
  createTime datetime(0) NOT NULL COMMENT '创建时间',
  lastLoginTime datetime(0)  COMMENT '最后登录时间',
  sex int(11) NOT NULL COMMENT '性别',
  birthday date NOT NULL COMMENT '生日',
  teachLevel int(11) NOT NULL COMMENT '教师等级',
  remark varchar(200)  COMMENT '说明',
  PRIMARY KEY (id)
);
```

3. admin 表

admin 表即管理员表，存储管理员的基本信息，包括账号、密码、姓名，如表 19-3 所示。

表 19-3　admin 表

字段名	数据类型	是否允许为空	说明
id	int(11)	否	管理员编号、主键
username	varchar(20)	否	账号
password	varchar(32)	否	密码
realname	varchar(20)	否	姓名

根据表 19-3 的设计，创建 admin 表，SQL 语句如下：

```
CREATE TABLE admin(
  id int(11) NOT NULL AUTO_INCREMENT COMMENT '主键',
  username varchar(20) NOT NULL COMMENT '账号',
  password varchar(32)  NOT NULL COMMENT '密码',
  realname varchar(20) NOT NULL COMMENT '姓名',
  PRIMARY KEY (id)
);
```

4. course_type 表

course_type 表即课程类别表，存储课程类别的基本信息，包括类别名称，如表 19-4 所示。

表 19-4　course_type 表

字段名	数据类型	是否允许为空	说明
id	int(11)	否	类别编号、主键
typename	varchar(20)	否	类别名称

根据表 19-4 的设计，创建 course_type 表，SQL 语句如下。

```
CREATE TABLE course_type(
  id int(11) NOT NULL AUTO_INCREMENT COMMENT '主键',
  typename varchar(20) NOT NULL COMMENT '名称',
  PRIMARY KEY (id)
);
```

5. course 表

course 表即课程表，存储课程的基本信息，包括课程名称、课程类别、创建时间、创建教师、总时长（秒）、视频地址、被学习次数、课程说明，如表 19-5 所示。

表 19-5　course 表

字段名	数据类型	是否允许为空	说明
id	int(11)	否	管理员编号、主键
name	varchar(20)	否	课程名称
typeId	int(11)	否	课程类别
createTime	datetime	否	创建时间
teacherId	int(11)	否	创建教师
totalDuration	int(11)	否	总时长（秒）
filePath	varchar(100)	否	视频地址
clickCount	int(11)	否	被学习次数
remark	varchar(500)	否	课程说明

根据表 19-5 的设计，创建 course 表，SQL 语句如下：

```
CREATE TABLE course(
    id int(11) NOT NULL AUTO_INCREMENT COMMENT '主键',
    name varchar(20) NOT NULL COMMENT '课程名称',
    typeId int(11)  NOT NULL COMMENT '课程类别',
    createTime datetime(0) NOT NULL COMMENT '创建时间',
    teacherId int(11)  NOT NULL COMMENT '创建教师',
    totalDuration int(11)  NOT NULL COMMENT '总时长（秒）',
    filePath varchar(100)  NOT NULL COMMENT '视频地址',
    clickCount int(11) NOT NULL COMMENT '被学习次数',
    remark varchar(500)  NOT NULL COMMENT '课程说明',
    PRIMARY KEY (id)
);
```

6. student_course 表

student_course 表即学生课程学习表，存储学生学习的基本信息，包括对应的课程、对应的学生、开始学习的时间、已观看时长、是否完成学习，如表 19-6 所示。

表 19-6　student_course 表

字段名	数据类型	是否允许为空	说明
id	int(11)	否	学习记录编号、主键
courseId	int(11)	否	对应的课程
studentId	int(11)	否	对应的学生
createTime	datetime	否	开始学习的时间
viewedDuration	int(11)	否	已观看时长
finish	int(11)	否	是否完成学习

根据表 19-6 的设计，创建 student_course 表，SQL 语句如下：

```
CREATE TABLE student_course(
  id int(11) NOT NULL AUTO_INCREMENT COMMENT '主键',
  courseId int(11)  NOT NULL COMMENT '对应课程 Id',
  studentId int(11)  NOT NULL COMMENT '对应学生 Id',
  createTime datetime(0) NOT NULL COMMENT '开始学习的时间',
  viewedDuration int(11)  NOT NULL COMMENT '已观看时长（秒）',
  finish int(11) NOT NULL COMMENT '是否完成学习, 0: 否, 1: 是',
  PRIMARY KEY (id)
);
```

19.3.2 设计索引

创建索引可以提高查询速度，提高性能。在 6.2 节中已经详细介绍了几种创建索引的方法，本小节主要使用 CREATE INDEX 语句来创建。读者可根据前面的介绍进行多种方法尝试。下面列举一些本系统中用到的索引，创建时可根据实际业务在某些常用的表上建立索引。

1. 设计 course 表的索引

学生在搜索课程时，会根据课程的名称进行查询，所以可以在课程的名称上建立索引：

```
CREATE INDEX index_course_name on course(name);
```

创建完成后，使用 SHOW CREATE TABLE 可以查看相关信息，如图 19-2 所示。

```
| course | CREATE TABLE `course` (
  `id` int(11) NOT NULL AUTO_INCREMENT COMMENT '主键',
  `name` varchar(20) NOT NULL COMMENT '课程名称',
  `typeId` int(11) NOT NULL COMMENT '课程类别',
  `createTime` datetime NOT NULL COMMENT '创建时间',
  `teacherId` int(11) NOT NULL COMMENT '创建教师',
  `totalDuration` int(11) NOT NULL COMMENT '总时长（秒）',
  `filePath` varchar(100) NOT NULL COMMENT '视频地址',
  `clickCount` int(11) NOT NULL COMMENT '被学习次数',
  `remark` varchar(500) NOT NULL COMMENT '课程说明',
  PRIMARY KEY (`id`),
  KEY `index_course_name` (`name`)
) ENGINE=InnoDB DEFAULT CHARSET=utf8 |
```

图 19-2 查看表信息

2. 设计 student_course 表的索引

查询学生学习的课程时会根据学生的 ID 进行查询，所以可以在 student_course 表的学生 ID 上建立索引，代码如下：

```
CREATE INDEX index_student_course_studentid
on student_course(studentId);
```

查询某个课程被学习的情况时，会根据课程的 ID 进行查询，所以可以在 student_course 表的课程 ID 字段上建立索引，代码如下：

```
CREATE INDEX index_student_course_courseid
```

```
on student_course(courseId);
```

其他索引可根据实际业务用同样的方法进行创建。

19.3.3　设计视图

单纯查询某一个表可能无法实现需求，这时就需要进行多表查询了。为了方便，建立视图是更好的办法。例如，查询课程列表时，除了课程的名称、时长和观看次数外，可能会一并查询出课程的类别以及授课的教师，示例 SQL 如下：

```
CREATE VIEW course_view AS select
c.id,c.name,c.totalDuration,c.clickCount,
ct.typename,t.realname
from course c, course_type ct,teacher t
where c.typeId = ct.id and c.teacherId = t.id
```

创建完成后，使用 SHOW CREATE VIEW 语句可查看视图信息。

19.3.4　设计触发器

在第 9 章中已经详细介绍了触发器的定义和功能，并且讲解了如何创建触发器。下面参考第 9 章的内容在网上课堂系统中创建常用的触发器。

1. 新增学习记录时的触发器

当学生单击视频进行观看时，会向学习记录表中插入一条记录，同时应将该课程对应的学习次数增加 1，创建的 SQL 如下：

```
CREATE TRIGGER course_clickCount
AFTER INSERT ON student_course FOR EACH ROW
UPDATE course set clickCount = clickCount+1
where id=NEW.courseId
```

其中，NEW 代表新插入的记录。

2. 更新学习记录时的触发器

当学生结束观看视频后，会更新学习记录中对应的时长，同时应该更新该学生学习的总时长，创建的 SQL 如下：

```
CREATE TRIGGER student_totalDuration
AFTER UPDATE ON student_course FOR EACH ROW
UPDATE student set totalDuration =
totalDuration+(NEW.viewedDuration-OLD.viewedDuration)
where id=NEW.studentId
```

其中，NEW 代表新更新的记录，OLD 代表更新前的记录。

19.4 项目小结

本章介绍了网上课堂系统的数据库设计与实现，不仅设计了表和字段，同时也设计了表与表之间的关系，还包括部分索引、视图和触发器。读者可参考网上课堂数据库的设计思路，综合运用本书中讲解的知识内容，根据实际业务需求完善相应设计，加深对数据库设计的理解和使用。

第 20 章

◀ 论坛管理系统数据库设计 ▶

随着互联网科技发展，人与人之间的沟通趋于多样化，网络上出现了各种各样的交流互动平台，例如微博、贴吧、论坛等。以论坛为例，人们可以在论坛上注册成为用户，进而进行发言、回复等互动操作，而论坛则需要对用户、发言以及其他操作进行管理，这就需要建立合理的数据库系统。本章以一个简单的论坛系统数据库设计为例进行讲解，主要内容包括：

● 论坛系统的概述
● 论坛的主要功能
● 论坛数据库的设计与实现

20.1 系统概述

论坛，英文简称为 BBS，全称是 Bulletin Board System，即"电子布告栏系统"，是一种电子信息服务系统。BBS 最早是用来公布股市价格等类信息的，慢慢地发展成为网络用户生活的一部分。1994 年，中国大陆第一个互联网 BBS（曙光 BBS）上线。随着微博的发展，虽然论坛逐渐淡出用户视野，但仍有一些论坛占据着不少分量，例如天涯论坛、新浪论坛等。论坛的作用主要有以下几点：

● 发表个人观点，分享个人经验，与他人分享、沟通。
● 上传共享资料或文件，与他人互助。
● 与他人互动交流，满足个人社交需求。
● 企业或组织可通过论坛公布信息，尽可能多地增加受众。

论坛使得不在同一地域的人们能够沟通交流，分享经验，打破传统的空间束缚。与微博相似，论坛不仅成为受众互相交流和探讨话题的公众平台，也逐渐成为舆论导向形成的主要场所。由于论坛在时间和空间上的突破，参与人数众多，信息复杂多样，对社会发展有着极其重要的影响。

20.2 系统功能

一个简单的完整论坛主要包括用户管理、管理员管理、发布内容管理和版块管理等。发布内容又分为主贴的管理以及回复贴的管理。论坛结构如图 20-1 所示。

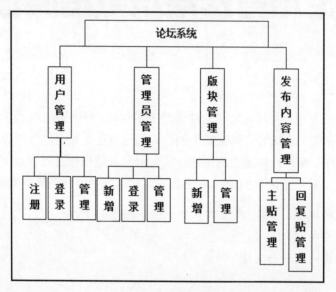

图 20-1　论坛结构

（1）用户管理：实现用户的注册、登录，以及对用户的信息进行修改、删除或禁用。

（2）管理员管理：实现管理员的新增、登录、修改信息和删除功能。

（3）版块管理：实现版块的新增、修改和禁用功能。

（4）主贴管理：实现对主贴的回复、修改、删除功能。

（5）回复贴管理：实现回复贴的发贴、修改、删除功能。

下面将详细讲解论坛数据库的设计和实现。

20.3 数据库设计和实现

数据库设计包括设计需要的表、表中包括哪些字段、字段的数据类型以及长度、表与表之间的关系等。

20.3.1 设计表

本论坛系统的数据库名为 bbs，所有的数据库表都存储在该数据库中。本系统包括 5 张表：user、admin、section、topic 和 reply。

1. user 表

user 表即用户表，存放用户的 id、用户名、密码、昵称、等级、注册时间、最后登录时间以及一些个人信息，如表 20-1 所示。

表 20-1　user 表

字段名	数据类型	是否允许为空	说明
id	int(11)	否	用户编号、主键
username	varchar(20)	否	用户名
password	varchar(32)	否	密码
nickname	varchar(20)	否	昵称
userLevel	int(11)	否	等级
createTime	datetime	否	账号注册时间
lastLoginTime	datetime	是	最后登录时间
sex	int(11)	是	性别
birthday	date	是	用户生日
email	varchar(50)	否	邮箱
experience	int(11)	否	经验值
remark	varchar(200)	是	用户说明

根据表 20-1 的设计，创建 user 表，SQL 语句如下：

```
CREATE TABLE user (
  id int(11) NOT NULL AUTO_INCREMENT COMMENT '主键',
  username varchar(20) NOT NULL COMMENT '用户名',
  password varchar(32)  NOT NULL COMMENT '密码',
  nickname varchar(20) NOT NULL COMMENT '昵称',
  userLevel int(11) NOT NULL COMMENT '等级',
  createTime datetime(0) NOT NULL COMMENT '创建时间',
  lastLoginTime datetime(0)  COMMENT '最后登录时间',
  sex int(11) COMMENT '性别',
  birthday date COMMENT '生日',
  email varchar(50)  NOT NULL COMMENT '邮箱',
  experience int(11) NOT NULL COMMENT '经验值',
  remark varchar(200)  COMMENT '用户说明',
  PRIMARY KEY (id)
);
```

2. admin 表

admin 表即管理员表，用来存放管理员账号信息，包括管理员的账号、密码、真实姓名、创建时间，如表 20-2 所示。

表 20-2　admin 表

字段名	数据类型	是否允许为空	说明
id	int(11)	否	管理员编号、主键
adminUsername	varchar(20)	否	管理员的账号
adminPassword	varchar(32)	否	管理员密码
realname	varchar(20)	否	真实姓名
createTime	datetime	否	创建时间

根据表 20-2 的设计，创建 admin 表，SQL 语句如下。

```sql
CREATE TABLE admin (
  id int(11) NOT NULL AUTO_INCREMENT COMMENT '主键',
  adminUsername varchar(20) NOT NULL COMMENT '账号',
  adminPassword varchar(32)  NOT NULL COMMENT '密码',
  realname varchar(20) NOT NULL COMMENT '真实姓名',
  createTime datetime(0) NOT NULL COMMENT '创建时间',
  PRIMARY KEY (id)
);
```

3. section 表

section 表即版块表，用于存储版块的信息，包括名称、创建时间、版主、版块说明、点击数、主贴数，如表 20-3 所示。

表 20-3　section 表

字段名	数据类型	是否允许为空	说明
id	int(11)	否	版块编号、主键
sectionName	varchar(20)	否	版块名称
userId	int(11)	否	版主 ID
remark	varchar(200)	否	版块说明
createTime	datetime	否	创建时间
clickCount	int(11)	否	点击数
topicCount	int(11)	否	主贴数

根据表 20-3 的设计，创建 section 表，SQL 语句如下。

```
CREATE TABLE section(
  id int(11) NOT NULL AUTO_INCREMENT COMMENT '主键',
  sectionName varchar(20) NOT NULL COMMENT '版块名称',
  userId int(11)  NOT NULL COMMENT '版主ID',
  remark varchar(200) NOT NULL COMMENT '版块说明',
  createTime datetime(0) NOT NULL COMMENT '创建时间',
  clickCount int(11)  NOT NULL COMMENT '点击数',
  topicCount int(11)  NOT NULL COMMENT '主贴数',
  PRIMARY KEY (id)
);
```

4. topic 表

topic 表即主贴表，存放主贴相关信息，包括标题、发贴时间、发贴用户、所属版块、内容、浏览次数、最后回复时间，如表 20-4 所示。

表 20-4　topic 表

字段名	数据类型	是否允许为空	说明
id	int(11)	否	主贴编号、主键
title	varchar(100)	否	主贴标题
createTime	datetime	否	发贴时间
userId	int(11)	否	发贴人 ID
sectionId	int(11)	否	发贴版块
content	varchar(500)	否	贴子内容
clickCount	int(11)	否	浏览次数
lastReplyTime	datetime	否	最后回复时间

根据表 20-4 的设计，创建 topic 表，SQL 语句如下：

```
CREATE TABLE topic(
  id int(11) NOT NULL AUTO_INCREMENT COMMENT '主键',
  title varchar(100) NOT NULL COMMENT '主贴标题',
  createTime datetime(0)  NOT NULL COMMENT '发贴时间',
  userId int(11)  NOT NULL COMMENT '发贴人ID',
  sectionId int(11)  NOT NULL COMMENT '发贴版块',
  content varchar(500)  NOT NULL COMMENT '贴子内容',
  clickCount int(11)  NOT NULL COMMENT '浏览次数',
  lastReplyTime datetime(0)  NOT NULL COMMENT '最后回复时间',
  PRIMARY KEY (id)
);
```

5. reply 表

reply 表即回复贴表，保存回复贴信息，包括回复的内容、回复时间、对应的主贴、回复人、浏览次数，如表 20-5 所示。

表 20-5　replay 表

字段名	数据类型	是否允许为空	说明
id	int(11)	否	回复贴编号、主键
topicId	int(11)	否	主贴 ID
replyContent	varchar(500)	否	回复内容
replyTime	datetime	否	回复时间
replyClickCount	int(11)	否	浏览次数

根据表 20-5 的设计，创建 reply 表，SQL 语句如下。

```
CREATE TABLE reply(
  id int(11) NOT NULL AUTO_INCREMENT COMMENT '主键',
  topicId int(11) NOT NULL COMMENT '主贴 ID',
  replyContent varchar(500)  NOT NULL COMMENT '回复内容',
  replyTime datetime(0)  NOT NULL COMMENT '回复时间',
  replyClickCount int(11)  NOT NULL COMMENT '浏览次数',
  PRIMARY KEY (id)
);
```

20.3.2　设计索引

创建索引可以提高查询速度，提高性能。在 6.2 节中已经详细介绍了几种创建索引的方法，本小节主要使用 CREATE INDEX 语句来创建。读者可根据前面的介绍进行多种方法尝试，创建时可根据实际需求在某些常用的表上建立索引。

1. 设计 section 表的索引

论坛中的用户在使用搜索功能时可能会查询满足某个名称的版块，所以可以在版块的名称上建立索引，代码如下：

```
CREATE INDEX index_section_name on section(sectionName);
```

创建完成后，使用 SHOW CREATE TABLE 可以查看相关信息，如图 20-2 所示。

```
| section | CREATE TABLE `section` (
  `id` int(11) NOT NULL AUTO_INCREMENT COMMENT '主键',
  `sectionName` varchar(20) NOT NULL COMMENT '版块名称',
  `userId` int(11) NOT NULL COMMENT '版主ID',
  `remark` varchar(200) NOT NULL COMMENT '版块说明',
  `createTime` datetime NOT NULL COMMENT '创建时间',
  `clickCount` int(11) NOT NULL COMMENT '点击数',
  `topicCount` int(11) NOT NULL COMMENT '主贴数',
  PRIMARY KEY (`id`),
  KEY `index_section_name` (`sectionName`)
) ENGINE=InnoDB DEFAULT CHARSET=utf8 |
```

图 20-2　查看表信息

2. 设计 topic 表的索引

查询主贴时经常需要通过标题、发贴时间或发贴的内容进行查询，所以在以上三个字段上建立相关索引，语句如下所示。

```
CREATE INDEX index_topic_title on topic(title);
CREATE INDEX index_topic_createTime on topic(createTime);
CREATE INDEX index_topic_content on topic(content);
```

3. 设计 reply 表的索引

查询回复表时，经常需要通过回复的内容、时间以及对应的回复贴进行查询，SQL 语句如下：

```
CREATE INDEX index_reply_content on reply(content);
CREATE INDEX index_reply_replyTime on reply(replyTime);
CREATE INDEX index_reply_topicId on reply(topicId);
```

20.3.3　设计视图

有些需求只查询一个表无法实现，例如在论坛中显示主贴信息时需要一并展示主贴的回复贴信息，这就需要建立视图，方便后续查询。这个视图显示主贴的标题、内容、发贴时间以及回复贴的内容、回复时间。创建视图的 SQL 语句如下：

```
CREATE VIEW topic_view AS select
t.id,t.title,t.createTime,t.content,r.replyContent,r.replyTime
from topic t, reply r
where t.id = r.topicId
```

创建完成后，使用 SHOW CREATE VIEW 语句可查看视图信息。

20.3.4　设计触发器

在第 9 章中已经详细介绍了触发器的定义和功能，并且讲解了如何创建触发器。在论坛系统中，如果某个版块下发布或删除了新的主贴，版块下对应的主贴数量应自动更改。下面参考第 9 章的内容在论坛系统中创建常用的触发器。

1. 发布主贴时的触发器

向 topic 中插入一条记录，topic 对应的 section 中的 topicCount 要对应增加 1。在 section 表上创建 section_topicCount 触发器，SQL 语句如下：

```
CREATE TRIGGER section_topicCount
AFTER INSERT ON topic FOR EACH ROW
UPDATE section set topicCount = topicCount+1
where id=NEW.sectionId
```

其中，NEW 代表新插入的记录。

2. 删除主贴时的触发器

假设要求删除主贴时，主贴对应的回复贴也要全部删除，可以创建触发器在主贴删除时一并删除回复贴，并将版块下对应的主贴数量减 1，SQL 语句如下：

```
CREATE TRIGGER topic_delete
AFTER DELETE ON topic FOR EACH ROW
BEGIN
UPDATE section set topicCount = topicCount-1
where id=OLD.sectionId;
DELETE from reply where topicId = OLD.id;
END
```

其中，OLD 代表删除的记录。

20.4 项目小结

本章介绍了论坛管理系统的数据库设计与实现，不仅设计了表和字段，也设计了一些索引、视图和触发器，涵盖了设计数据库时的常用设计。虽然示例简单，但原理基本相同。读者可参考本章的设计思路，结合前文所学内容，在实际应用中充分应用，不断练习，逐渐提高数据库的运用能力。